速度と微分法

直線上を運動する物体Pがある。
時刻 t における Pの位置を y と
すると, y は t の関数として

$$y = f(t)$$

と表されるものとする。

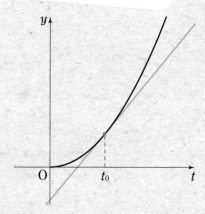

関数 $y = f(t)$ の $t = t_0$ における
微分係数 $f'(t_0)$ は, 次の2つの
ものを表す。

[1] $y = f(t)$ のグラフの $t = t_0$ における接線の傾き

[2] 物体Pの時刻 t_0 における速度

微分法を学ぶ以前に考えた
速度は

$$\frac{進んだ道のり}{要した時間}$$

の値であったが, 上の [2]
のように, ある時刻一瞬に
おける速度 (これを瞬間の
速度という) を求めるため
には, 微分法が必要となる。
自動車の速度計が示す速度
は, 瞬間の速度である。

写真提供 トヨタ自動車(株)

新課程 中高一貫教育をサポートする

体系数学5

[高校3年生用]

複素数平面と微積分の応用

数研出版

目次

数III 数C はそれぞれ，高等学校の数学III，数学Cの内容です。
外 は学習指導要領の範囲外の内容であることを表しています。

この本の使い方

例 1	本文の内容を理解するための具体例です。
例題 1	その項目の代表的な問題です。 解答，証明では模範解答の一例を示しました。
応用例題 1	代表的でやや発展的な問題です。 解答，証明では模範解答の一例を示しました。
練習 1▶	学んだ内容を確実に身につけるための練習問題です。
確認問題	各章の終わりにあり，本文の内容を確認するための問題です。
演習問題	各章の終わりにあり，その章の応用的な問題です。 AとBの2段階に分かれています。
総合問題	巻末にあり，思考力・判断力・表現力の育成に役立つ問題です。
コラム 探究 Q	数学のおもしろい話題や主体的・対話的で深い学びにつながる内容を取り上げました。
発展	やや程度の高い内容や興味深い内容を取り上げました。
[QRコード]	内容に関連するデジタルコンテンツを見ることができます。 以下の URL からも見ることができます。 https://cds.chart.co.jp/books/ev1ut9xyu5＃100

ギリシャ文字

大文字	小文字	読み方	大文字	小文字	読み方	大文字	小文字	読み方
A	α	アルファ	I	ι	イオタ	P	ρ	ロー
B	β	ベータ	K	κ	カッパ	Σ	σ	シグマ
Γ	γ	ガンマ	Λ	λ	ラムダ	T	τ	タウ
Δ	δ	デルタ	M	μ	ミュー	Υ	υ	ユプシロン
E	ε	エプシロン	N	ν	ニュー	Φ	φ, ϕ	ファイ
Z	ζ	ゼータ	Ξ	ξ	クシー	X	χ	カイ
H	η	エータ	O	o	オミクロン	Ψ	ψ	プサイ
Θ	θ, ϑ	シータ	Π	π	パイ	Ω	ω	オメガ

第1章　複素数平面

Complex
plane

↑ ガウス（1777 〜 1855）
ドイツの数学者・天文学者。ガウスは複素数平面を組織的に用いたことでも有名であり，複素数平面はガウス平面と呼ばれることもある。

　When we studied negative numbers in junior high school, we used a number line to represent the world of numbers, including negative numbers. This is very useful because each position on a number line corresponds to a real number, whether the number is positive or negative.

　Since then, we have also learned about the existence of imaginary numbers. Unlike real numbers, imaginary numbers cannot be represented on a number line. Nevertheless, a "complex plane" (which we will learn about in this chapter) can provide a way to graphically represent imaginary numbers. Let us turn to such a way of thinking in this chapter, and see how it is applied.

1. 複素数平面

複素数平面

複素数は，2つの実数 a, b と虚数単位 i を用いて $a+bi$ の形に表される数である。特に $b \neq 0$ のとき，bi の形の複素数を純虚数という。

5　実数は数直線上の点で表される。ここでは，複素数を座標平面上の点で表すことを考えよう。

座標平面上で複素数 $a+bi$ に対して点 (a, b) を対応させると，複素数と座標平面上の点は，1つずつ，もれなく対応する。

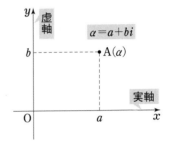

10　複素数 $\alpha = a+bi$ を座標平面上の点 (a, b) で表したとき，この平面を **複素数平面** または **複素平面** という。

複素数平面上では，x 軸を **実軸**，y 軸を **虚軸** という。実軸上の点は実数を表し，虚軸上の原点Oと異なる点は純虚数を表す。

15　複素数平面上で複素数 α を表す点Aを **A(α)** と表す。また，この点を簡単に **点 α** とよぶことがある。点 0 は原点Oのことである。

例 1

複素数平面上に，4点 A(1)，B(i)，C($-5+2i$)，D($3-i$) を図示すると，右のようになる。

20

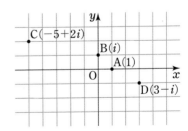

練習 1 ▶ 次の点を複素数平面上に示せ。

P(4)，Q($-3i$)，R($2+3i$)，S($-1-i$)

複素数の実数倍

複素数の実数倍について，複素数平面上で考えてみよう。

$\alpha = a + bi$ は 0 でない複素数とし，複素数平面上の 2 点 0，α を通る直線を ℓ とする。k を実数とすると

$$k\alpha = ka + (kb)i$$

であるから，点 $k\alpha$ は直線 ℓ 上にある。

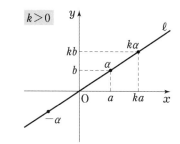

逆に，直線 ℓ 上の任意の点は，$k\alpha$ の形の複素数を表す。

よって，$\alpha \neq 0$ のとき，次のことが成り立つ。

3 点 0，α，β が一直線上にある $\iff$ $\beta = k\alpha$ となる実数 k がある

点 $k\alpha$ は直線 ℓ 上の点で，次のような関係がある。

$k > 0$ ならば，原点Oに関して点 α と同じ側にある。

$k < 0$ ならば，原点Oに関して点 α と反対側にある。

特に，点 $-\alpha$ は原点Oに関して点 α と対称の位置にある。

複素数 α を表す点を A，$k\alpha$ を表す点を B とすると，線分 OB の長さは線分 OA の長さの $|k|$ 倍である。すなわち，OB $= |k|$ OA である。

また，点 $k\alpha$ を，点 α を k 倍した点ということがある。

例 2　$\alpha = a + i$，$\beta = 6 - 2i$ とする。

3 点 0，α，β が一直線上にあるとき，実数 a の値を求める。

$\beta = k\alpha$ となる実数 k があるから　　$6 - 2i = ka + ki$

よって，$6 = ka$，$-2 = k$ より　　$a = -3$

練習 2 $\alpha = 2 + i$，$\beta = a - 2i$，$\gamma = 6 + bi$ とする。4 点 0，α，β，γ が一直線上にあるとき，実数 a，b の値を求めよ。

複素数の加法，減法

2つの複素数 $\alpha = a + bi$，$\beta = c + di$ の和，差について，複素数平面上で考えてみよう。

複素数平面上における複素数の和，差と，平面上のベクトルの和，差を比べると，次のようになる。

複素数平面	平面上のベクトル
$\alpha = a + bi,\ \beta = c + di$	$\overrightarrow{OA} = (a,\ b),\ \overrightarrow{OB} = (c,\ d)$
$\alpha + \beta = (a+c) + (b+d)i$	$\overrightarrow{OA} + \overrightarrow{OB} = (a+c,\ b+d)$
$\alpha - \beta = (a-c) + (b-d)i$	$\overrightarrow{OA} - \overrightarrow{OB} = (a-c,\ b-d)$

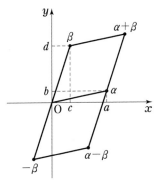 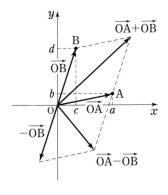

上の図からわかるように，複素数平面上における複素数の和，差は，平面上のベクトルの和，差と同じように，平行四辺形をかくことで図示することができる。

また，前のページで学んだ複素数の実数倍についても，平面上のベクトルの実数倍と同じように考えることができる。

練習 3 ▶ $\alpha = 2 - i$，$\beta = 1 + 3i$ であるとき，$\alpha + \beta$，$\alpha - \beta$ を表す点をそれぞれ，平行四辺形をかくことで図示せよ。

共役な複素数

複素数 $\alpha = a + bi$ と，α と共役な複素数 (**共役複素数**) $\overline{\alpha} = a - bi$ について，次のことが成り立つ。

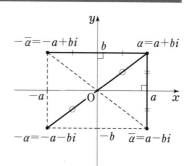

5
$$\alpha + \overline{\alpha} = (a + bi) + (a - bi) = 2a$$
$$\alpha\overline{\alpha} = (a + bi)(a - bi) = a^2 + b^2$$
$$\overline{\overline{\alpha}} = \overline{a - bi} = a + bi = \alpha$$

複素数平面上において，共役複素数は次の性質をもつ。

10
　　　　点 $\overline{\alpha}$ は点 α と実軸に関して対称

　　　　点 $-\alpha$ は点 α と原点Oに関して対称

　　　　点 $-\overline{\alpha}$ は点 α と虚軸に関して対称

これらのことから，次の関係が成り立つことがわかる。

15
$$\alpha\ \text{が実数} \iff \overline{\alpha} = \alpha$$
$$\alpha\ \text{が純虚数} \iff \overline{\alpha} = -\alpha,\ \alpha \neq 0$$

複素数の和，差の共役複素数について，次のことが成り立つ。

$$[1]\quad \overline{\alpha + \beta} = \overline{\alpha} + \overline{\beta}\qquad [2]\quad \overline{\alpha - \beta} = \overline{\alpha} - \overline{\beta}$$

[1] の **証明**　$\alpha = a + bi,\ \beta = c + di$ とすると
$$\alpha + \beta = (a + bi) + (c + di) = (a + c) + (b + d)i$$
20　　よって　$\overline{\alpha + \beta} = (a + c) - (b + d)i = (a - bi) + (c - di) = \overline{\alpha} + \overline{\beta}$

練習 4 ▶ 上の [2] $\overline{\alpha - \beta} = \overline{\alpha} - \overline{\beta}$ が成り立つことを証明せよ。

複素数の積，商の共役複素数について，次のことが成り立つ。

$$[3] \quad \overline{\alpha\beta} = \overline{\alpha}\,\overline{\beta} \qquad [4] \quad \overline{\left(\dfrac{\alpha}{\beta}\right)} = \dfrac{\overline{\alpha}}{\overline{\beta}}$$

$\alpha = a + bi$, $\beta = c + di$ とする。

[3] の **証明**

$\overline{\alpha\beta} = \overline{(a+bi)(c+di)} = \overline{(ac-bd)+(ad+bc)i} = (ac-bd)-(ad+bc)i$

$\overline{\alpha}\,\overline{\beta} = (a-bi)(c-di) = (ac-bd)-(ad+bc)i$

よって $\overline{\alpha\beta} = \overline{\alpha}\,\overline{\beta}$

[4] の **証明**

$$\overline{\left(\frac{\alpha}{\beta}\right)} = \overline{\left(\frac{a+bi}{c+di}\right)} = \overline{\left\{\frac{(a+bi)(c-di)}{(c+di)(c-di)}\right\}}$$

$$= \overline{\frac{ac+bd}{c^2+d^2} - \frac{ad-bc}{c^2+d^2}i}$$

$$= \frac{ac+bd}{c^2+d^2} + \frac{ad-bc}{c^2+d^2}i$$

$$\frac{\overline{\alpha}}{\overline{\beta}} = \frac{a-bi}{c-di} = \frac{(a-bi)(c+di)}{(c-di)(c+di)}$$

$$= \frac{ac+bd}{c^2+d^2} + \frac{ad-bc}{c^2+d^2}i$$

よって $\overline{\left(\dfrac{\alpha}{\beta}\right)} = \dfrac{\overline{\alpha}}{\overline{\beta}}$

[3] を利用して，次のように考えることもできる。

$$\overline{\left(\frac{\alpha}{\beta}\right)} \times \overline{\beta} = \frac{\overline{\alpha}}{\overline{\beta}} \times \overline{\beta} = \overline{\alpha}$$

$\beta \neq 0$ のとき，$\overline{\beta} \neq 0$ であるから，両辺を $\overline{\beta}$ で割ると

$$\overline{\left(\frac{\alpha}{\beta}\right)} = \frac{\overline{\alpha}}{\overline{\beta}}$$

[3] より，複素数 α と自然数 n について，$\overline{\alpha^n} = (\overline{\alpha})^n$ が成り立つ。

練習 5 a, b, c, d は実数とする。

複素数 α が，方程式 $ax^3 + bx^2 + cx + d = 0$ の解であるとき，$\overline{\alpha}$ も同じ方程式の解であることを証明せよ。

絶対値と 2 点間の距離

複素数 $\alpha = a + bi$ に対して，$\sqrt{a^2+b^2}$ を α の **絶対値** といい，記号で $|\alpha|$ または $|a+bi|$ と表す。

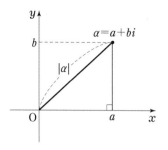

すなわち $\quad |\alpha| = |a+bi| = \sqrt{a^2+b^2}$

ここで，$\alpha\bar{\alpha} = (a+bi)(a-bi) = a^2+b^2$ であるから，次の等式が成り立つ。

$$|\alpha|^2 = \alpha\bar{\alpha}$$

$b=0$ のとき，$|\alpha| = \sqrt{a^2}$ は実数 α の絶対値と一致する。

複素数平面上で考えると，$|\alpha|$ は，原点O と点 α の間の距離に等しい。また，複素数 α と $-\alpha$，$\bar{\alpha}$，$-\bar{\alpha}$ について，次のことが成り立つ。

$$|\alpha| = |-\alpha| = |\bar{\alpha}| = |-\bar{\alpha}|$$

練習 6 ▶ 複素数 $4-3i$，$-6i$ の絶対値をそれぞれ求めよ。

3 点 O(0)，A(α)，B(β) に対して，点 A が原点Oに移るような平行移動によって，点B が $\beta-\alpha$ を表す点Cに移るとする。

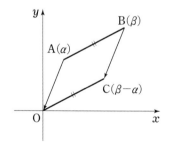

このとき $\quad$ AB=OC=$|\beta-\alpha|$

したがって，次のことが成り立つ。

2 点 α，β 間の距離は $\quad |\beta-\alpha|$

例 3 2 点 $-1+7i$，$2+3i$ 間の距離は

$$|(2+3i)-(-1+7i)| = |3-4i| = \sqrt{3^2+(-4)^2} = 5$$

練習 7 ▶ 2 点 $4-i$，$1+2i$ 間の距離を求めよ。

2. 複素数の極形式と乗法, 除法

極形式

平面上で, 点 O を中心として半直線 OX を半直線 OP の位置まで回転させる。向きを考えたこの回転の角の大きさを, 半直線 OX から半直線 OP までの回転角という。

角は弧度法で表すこととし, 負の角や 2π より大きい角も考えることとする。

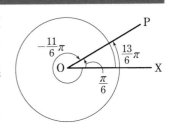

複素数平面上で, 0 でない複素数 $z=a+bi$ を表す点を P とする。

線分 OP の長さを r とし, 実軸 (x 軸) の正の部分から半直線 OP までの回転角を θ とすると

$$r=\sqrt{a^2+b^2}, \quad a=r\cos\theta, \quad b=r\sin\theta$$

であり, 複素数 z は次の形に表される。

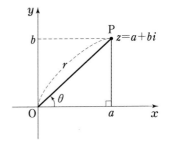

$$z=r(\cos\theta+i\sin\theta) \quad ただし, \ r>0$$

これを複素数 z の **極形式** という。r は z の絶対値に等しい。また, θ を z の **偏角** といい, $\arg z$ で表す。[*]

$$r=|z|$$
$$\theta=\arg z$$

注 意　今後, 複素数を極形式で表すとき, その複素数は 0 でないとする。

複素数 z の偏角 θ は, $0 \leqq \theta < 2\pi$ の範囲ではただ 1 通りに定まる。z の偏角の 1 つを θ_0 とすると, z の偏角は一般に次のように表される。

$$\arg z=\theta_0+2n\pi \ (n は整数)$$

(＊) arg は偏角を表す argument を略したものである。

例 **4** 複素数 $\sqrt{3}+i$ を極形式で表す。

$\sqrt{3}+i$ の絶対値を r, 偏角を θ とすると

$$r=\sqrt{(\sqrt{3})^2+1^2}=\sqrt{4}=2$$

$$\cos\theta=\frac{\sqrt{3}}{2},\ \ \sin\theta=\frac{1}{2}$$

$0\leqq\theta<2\pi$ の範囲で考えると $\theta=\dfrac{\pi}{6}$

よって $\sqrt{3}+i=2\left(\cos\dfrac{\pi}{6}+i\sin\dfrac{\pi}{6}\right)$

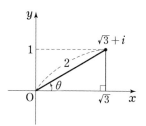

練習 8 ▶ 次の複素数を極形式で表せ。偏角 θ の範囲は, $0\leqq\theta<2\pi$ とする。

(1) $1+\sqrt{3}\,i$ (2) $1+i$ (3) $-\sqrt{3}+i$ (4) $\sqrt{2}-\sqrt{2}\,i$

(5) $-2\sqrt{3}-2i$ (6) -1 (7) i (8) $-\sqrt{5}\,i$

複素数 z について, $|z|=r$, $\arg z=\theta$ とすると

$$z=r(\cos\theta+i\sin\theta)$$

このとき, 共役複素数 $\bar{z}$ について

$$|\bar{z}|=r,\ \ \arg\bar{z}=-\theta$$

であるから, $\bar{z}$ の極形式は

$$\bar{z}=r\{\cos(-\theta)+i\sin(-\theta)\}$$

となる。

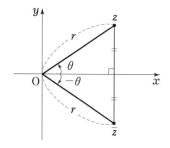

注意 上の例では, $\arg\bar{z}=-\arg z$ となっている。この偏角に関する等式は, 2π の整数倍の違いを除いて両辺が一致することを意味している。

練習 9 ▶ 複素数 z の極形式を $z=r(\cos\theta+i\sin\theta)$ とするとき $-z$, $-\bar{z}$ をそれぞれ極形式で表せ。

複素数の乗法, 除法

複素数の乗法と除法について考えてみよう。

0 でない 2 つの複素数 z_1, z_2 を, 次のように極形式で表す。

$$z_1 = r_1(\cos\theta_1 + i\sin\theta_1), \quad z_2 = r_2(\cos\theta_2 + i\sin\theta_2)$$

積 z_1z_2, 商 $\dfrac{z_1}{z_2}$ は, 加法定理を用いて次のように計算できる。

$$
\begin{aligned}
z_1z_2 &= r_1(\cos\theta_1 + i\sin\theta_1)\cdot r_2(\cos\theta_2 + i\sin\theta_2)\\
&= r_1r_2\{(\cos\theta_1\cos\theta_2 - \sin\theta_1\sin\theta_2) + i(\sin\theta_1\cos\theta_2 + \cos\theta_1\sin\theta_2)\}\\
&= r_1r_2\{\cos(\theta_1 + \theta_2) + i\sin(\theta_1 + \theta_2)\}
\end{aligned}
$$

$$
\begin{aligned}
\frac{z_1}{z_2} &= \frac{r_1(\cos\theta_1 + i\sin\theta_1)}{r_2(\cos\theta_2 + i\sin\theta_2)}\\
&= \frac{r_1(\cos\theta_1 + i\sin\theta_1)(\cos\theta_2 - i\sin\theta_2)}{r_2(\cos\theta_2 + i\sin\theta_2)(\cos\theta_2 - i\sin\theta_2)}\\
&= \frac{r_1\{(\cos\theta_1\cos\theta_2 + \sin\theta_1\sin\theta_2) + i(\sin\theta_1\cos\theta_2 - \cos\theta_1\sin\theta_2)\}}{r_2(\cos^2\theta_2 + \sin^2\theta_2)}\\
&= \frac{r_1}{r_2}\{\cos(\theta_1 - \theta_2) + i\sin(\theta_1 - \theta_2)\}
\end{aligned}
$$

したがって, 複素数の積と商についてまとめると, 次のようになる。

複素数の積, 商と絶対値, 偏角

$z_1 = r_1(\cos\theta_1 + i\sin\theta_1)$, $z_2 = r_2(\cos\theta_2 + i\sin\theta_2)$ とする。

【積】 $z_1z_2 = r_1r_2\{\cos(\theta_1 + \theta_2) + i\sin(\theta_1 + \theta_2)\}$

$\quad\quad |z_1z_2| = |z_1||z_2|, \quad \arg z_1z_2 = \arg z_1 + \arg z_2$

【商】 $\dfrac{z_1}{z_2} = \dfrac{r_1}{r_2}\{\cos(\theta_1 - \theta_2) + i\sin(\theta_1 - \theta_2)\}$

$\quad\quad \left|\dfrac{z_1}{z_2}\right| = \dfrac{|z_1|}{|z_2|}, \quad\quad \arg\dfrac{z_1}{z_2} = \arg z_1 - \arg z_2$

例 5

複素数 $z_1=1+\sqrt{3}\,i$, $z_2=1+i$ について, z_1z_2, $\dfrac{z_1}{z_2}$ を, それ

ぞれ極形式で表す。

z_1, z_2 をそれぞれ極形式で表すと

$$z_1=2\left(\cos\frac{\pi}{3}+i\sin\frac{\pi}{3}\right), \quad z_2=\sqrt{2}\left(\cos\frac{\pi}{4}+i\sin\frac{\pi}{4}\right)$$

よって $\quad z_1z_2=2\sqrt{2}\left\{\cos\left(\frac{\pi}{3}+\frac{\pi}{4}\right)+i\sin\left(\frac{\pi}{3}+\frac{\pi}{4}\right)\right\}$

$$=2\sqrt{2}\left(\cos\frac{7}{12}\pi+i\sin\frac{7}{12}\pi\right)$$

また $\quad \dfrac{z_1}{z_2}=\dfrac{2}{\sqrt{2}}\left\{\cos\left(\dfrac{\pi}{3}-\dfrac{\pi}{4}\right)+i\sin\left(\dfrac{\pi}{3}-\dfrac{\pi}{4}\right)\right\}$

$$=\sqrt{2}\left(\cos\frac{\pi}{12}+i\sin\frac{\pi}{12}\right)$$

上の例 5 では,

$$z_1z_2=(1+\sqrt{3}\,i)(1+i)=(1-\sqrt{3})+(1+\sqrt{3})i$$

$$\frac{z_1}{z_2}=\frac{1+\sqrt{3}\,i}{1+i}=\frac{(1+\sqrt{3}\,i)(1-i)}{(1+i)(1-i)}=\frac{(1+\sqrt{3})+(-1+\sqrt{3})i}{2}$$

と計算することができるが, このように計算してから z_1z_2, $\dfrac{z_1}{z_2}$ を極形

式で表すことは困難である。

あらかじめ z_1, z_2 を極形式で表しておくと, 例 5 のように考えるこ

とができる。

練習 10 複素数 $z_1=1-i$, $z_2=\dfrac{-1+\sqrt{3}\,i}{2}$ について, z_1z_2, $\dfrac{z_1}{z_2}$ を, それ

ぞれ極形式で表せ。偏角 θ の範囲は $0\leqq\theta<2\pi$ とする。

第1章

複素数 $z_1=r_1(\cos\theta_1+i\sin\theta_1),\ z_2=r_2(\cos\theta_2+i\sin\theta_2)$ (極形式) の積と商を複素数平面上で考えてみよう。

積について，$z_3=z_1z_2$ とおくと

$$|z_3|=r_1r_2,\ \arg z_3=\theta_1+\theta_2$$

このことから，点 z_3 は点 z_1 を原点Oを中心として角 θ_2 だけ回転した点 $z_1{}'$ を r_2 倍した点であることがわかる。

特に，$r_2=1$ のとき，$z_1=z,\ \theta_2=\theta$ とおくと，次のことが成り立つ。

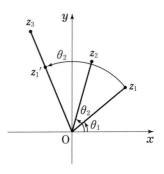

> **点 $(\cos\theta+i\sin\theta)z$ は，点 z を原点Oを中心として角 θ だけ回転した点である。**

特に，$i=\cos\dfrac{\pi}{2}+i\sin\dfrac{\pi}{2}$ であるから，次のことが成り立つ。

点 iz は，点 z を原点Oを中心として $\dfrac{\pi}{2}$ だけ回転した点である。

練習 11 ▶ 点 $-iz$ は，点 z をどのように移動した点であるか。

商について，$z_4=\dfrac{z_1}{z_2}$ とおくと

$$|z_4|=\dfrac{r_1}{r_2},\ \arg z_4=\theta_1-\theta_2$$

このことから，点 z_4 は点 z_1 を原点Oを中心として角 $-\theta_2$ だけ回転した点 $z_1{}''$ を $\dfrac{1}{r_2}$ 倍した点であることがわかる。

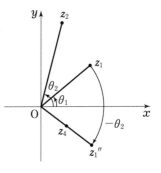

練習 12 ▶ 点 $\dfrac{z}{i}$ は，点 z をどのように移動した点であるか。

例 6
$\dfrac{1+\sqrt{3}\,i}{2}=\cos\dfrac{\pi}{3}+i\sin\dfrac{\pi}{3}$ であるから，$\dfrac{1+\sqrt{3}\,i}{2}z$ は，点 z

を原点 O を中心として $\dfrac{\pi}{3}$ だけ回転した点である。

練習 13 次の点は，点 z を原点 O を中心としてどれだけ回転した点である

か。回転の角 θ の範囲は $-\pi<\theta\leqq\pi$ とする。

5 (1) $\dfrac{-1+i}{\sqrt{2}}z$ (2) $\dfrac{\sqrt{3}-i}{2}z$

 例題 1
$z=6+2i$ とするとき，点 z を原点 O を中心として $\dfrac{\pi}{3}$ だけ回転

した点を表す複素数 w を求めよ。

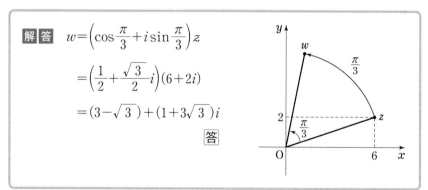

解答 $w=\left(\cos\dfrac{\pi}{3}+i\sin\dfrac{\pi}{3}\right)z$

$\quad=\left(\dfrac{1}{2}+\dfrac{\sqrt{3}}{2}i\right)(6+2i)$

10 $\quad=(3-\sqrt{3}\,)+(1+3\sqrt{3}\,)i$ 答

上の例題 1 において，点 z，w をそれぞ

れ点 A(z)，B(w) とおく。

3 点 O，A(z)，B(w) を頂点とする三

15 角形は，$\angle\mathrm{AOB}=\dfrac{\pi}{3}$ であるから，正三角

形である。

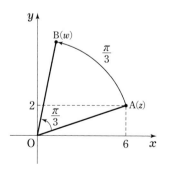

したがって，$\dfrac{w}{z}=\cos\dfrac{\pi}{3}+i\sin\dfrac{\pi}{3}$

と表すことができる。詳しくは，32 ページの半直線のなす角で学ぶ。

練習 14 ▶ 次の問いに答えなさい。

(1) $z=-2+4i$ とするとき，点 z を原点Oを中心として $-\dfrac{\pi}{3}$ だけ回転した点を表す複素数 w を求めよ。

(2) 3点 O, z, w を頂点とする三角形はどのような三角形であるか。

応用例題 1 複素数 $4+6i$ を表す点をAとする。△OAB が正三角形となるような点Bを表す複素数を求めよ。

考え方 OA＝OB，∠AOB＝$\dfrac{\pi}{3}$ であるから，点Bは，点Aを原点Oを中心として $\dfrac{\pi}{3}$ または $-\dfrac{\pi}{3}$ だけ回転した点である。

解答 点Bは，点Aを原点Oを中心として $\dfrac{\pi}{3}$ または $-\dfrac{\pi}{3}$ だけ回転した点である。

よって，求める複素数は

$$\left(\cos\frac{\pi}{3}+i\sin\frac{\pi}{3}\right)(4+6i)$$
$$=(2-3\sqrt{3})+(3+2\sqrt{3})i$$

または $\left\{\cos\left(-\dfrac{\pi}{3}\right)+i\sin\left(-\dfrac{\pi}{3}\right)\right\}(4+6i)$

$$=(2+3\sqrt{3})+(3-2\sqrt{3})i$$

答 $(2-3\sqrt{3})+(3+2\sqrt{3})i$, $(2+3\sqrt{3})+(3-2\sqrt{3})i$

練習 15 ▶ 次の問いに答えなさい。

(1) 複素数 $4-2i$ を表す点をAとする。△OAB が正三角形となるような点Bを表す複素数を求めよ。

(2) 複素数 $3+2i$ を表す点をAとする。△OAB が OA＝OB の直角二等辺三角形となるような点Bを表す複素数を求めよ。

応用例題 2　$\alpha=2+3i$, $\beta=6+i$ とする。点 β を，点 α を中心として $\dfrac{\pi}{4}$ だけ回転した点を表す複素数 γ を求めよ。

考え方　回転の中心を原点Oとするため，点 α を原点Oに移すような平行移動を考える。

第 1 章

解答　点 α を原点Oに移すような平行移動で，点 β, γ がそれぞれ点 β', γ' に移るとすると

$$\beta'=\beta-\alpha$$
$$=(6+i)-(2+3i)=4-2i$$
$$\gamma'=\gamma-\alpha$$

点 γ' は，点 β' を原点Oを中心として $\dfrac{\pi}{4}$ だけ回転した点であるから

$$\gamma'=\left(\cos\frac{\pi}{4}+i\sin\frac{\pi}{4}\right)\beta'$$
$$=\left(\frac{1}{\sqrt{2}}+\frac{1}{\sqrt{2}}i\right)(4-2i)=3\sqrt{2}+\sqrt{2}\,i$$

したがって　$\gamma=\gamma'+\alpha=3\sqrt{2}+\sqrt{2}\,i+(2+3i)$
$$=(3\sqrt{2}+2)+(\sqrt{2}+3)i \quad \boxed{答}$$

応用例題 2 から，次のことがわかる。

点 β を，点 α を中心として角 θ だけ回転した点を γ とすると

$$\gamma-\alpha=(\cos\theta+i\sin\theta)(\beta-\alpha)$$

練習 16 ▶ $\alpha=1+i$, $\beta=3-i$ とする。点 β を，点 α を中心として $\dfrac{\pi}{3}$ だけ回転した点を表す複素数 γ, $-\dfrac{\pi}{4}$ だけ回転した点を表す複素数 δ を求めよ。

点 α と点 $-\alpha$ の位置関係

2つの複素数 α, $-\alpha$ を表す点を複素数平面上にとると, 点 $-\alpha$ は原点Oに関して点 α と対称の位置にある。すなわち, 点 $-\alpha$ は, 点 α を原点Oを中心として π だけ回転した点と考えられる。このことを, 複素数を表す点の回転によって解釈してみよう。

$-\alpha$ は, 次のように変形することができる。
$$-\alpha = i^2\alpha = i(i\alpha)$$

16 ページで学んだように, 点 $i\alpha$ は, 点 α を原点Oを中心として, $\dfrac{\pi}{2}$ だけ回転した点である。

また, 点 $i(i\alpha)$ は, 点 $i\alpha$ を原点Oを中心として $\dfrac{\pi}{2}$ だけ回転した点であるから, 点 $i(i\alpha)$, すなわち点 $-\alpha$ は, 点 α を原点Oを中心として π だけ回転した点となる。

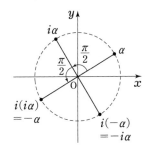

$$\alpha \xrightarrow{\quad \frac{\pi}{2}\text{ 回転}\quad} i\alpha \xrightarrow{\quad \frac{\pi}{2}\text{ 回転}\quad} i(i\alpha) = -\alpha$$

π 回転

$i^4 = (i^2)^2 = (-1)^2 = 1$ であるから, $i^4\alpha = \alpha$ が成り立つ。

上の例と同様に考えると, これは, 点 α を原点Oを中心として $\dfrac{\pi}{2}$ だけ回転する操作を 4 回続けて行うと, ちょうど 1 回転すると解釈することができる。

3. ド・モアブルの定理

ド・モアブルの定理

0 でない複素数に絶対値が 1 である複素数 $\cos\theta + i\sin\theta$

₅ を掛けると，絶対値は変わらず，偏角が θ だけ増える。このことから，

$$(\cos\theta + i\sin\theta)^2 = \cos 2\theta + i\sin 2\theta$$

$$(\cos\theta + i\sin\theta)^3 = \cos 3\theta + i\sin 3\theta$$

となる。一般に，自然数 n について，次の等式が成り立つ。

₁₀
$$(\cos\theta + i\sin\theta)^n = \cos n\theta + i\sin n\theta \quad \cdots\cdots ①$$

0 でない複素数 z に対して，$z^0 = 1$ と定めると，等式 ① は $n=0$ のときにも成り立つ。さらに，$z^{-n} = \dfrac{1}{z^n}$ と定めると，

$$(\cos\theta + i\sin\theta)^{-n} = \frac{1}{(\cos\theta + i\sin\theta)^n} = \frac{\cos 0 + i\sin 0}{\cos n\theta + i\sin n\theta}$$

$$= \cos(0 - n\theta) + i\sin(0 - n\theta)$$

₁₅
$$= \cos(-n\theta) + i\sin(-n\theta)$$

となる。以上のことから，次の **ド・モアブルの定理** が成り立つ。

ド・モアブルの定理

n が整数のとき $\quad (\cos\theta + i\sin\theta)^n = \cos n\theta + i\sin n\theta$

 例 7

(1) $\left(\cos\dfrac{\pi}{3} + i\sin\dfrac{\pi}{3}\right)^4 = \cos\dfrac{4}{3}\pi + i\sin\dfrac{4}{3}\pi = -\dfrac{1}{2} - \dfrac{\sqrt{3}}{2}i$

₂₀
(2) $\left(\cos\dfrac{\pi}{5} + i\sin\dfrac{\pi}{5}\right)^{-5} = \cos(-\pi) + i\sin(-\pi) = -1$

右上の図：
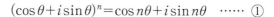
$z = \cos\theta + i\sin\theta$ を表す単位円上の点 z, z^2, z^3 と偏角 θ を示した図。

$(1+i)^8$ を計算せよ。

解答 $1+i$ を極形式で表すと，$\sqrt{2}\left(\cos\dfrac{\pi}{4}+i\sin\dfrac{\pi}{4}\right)$ となるから

$$(1+i)^8=(\sqrt{2})^8\left(\cos\dfrac{\pi}{4}+i\sin\dfrac{\pi}{4}\right)^8$$

$$=16(\cos 2\pi+i\sin 2\pi)$$

$$=16 \quad \boxed{答}$$

練習 17 ▶ 次の式を計算せよ。

(1) $\left(\dfrac{\sqrt{3}}{2}+\dfrac{1}{2}i\right)^4$

(2) $\left(-\dfrac{1}{\sqrt{2}}+\dfrac{1}{\sqrt{2}}i\right)^8$

(3) $(1-i)^5$

(4) $(1+\sqrt{3}\,i)^{-3}$

複素数の n 乗根

複素数 α と自然数 n に対して，$z^n=\alpha$ を満たす複素数 z を，α の **n 乗根** という。0 でない複素数の n 乗根は n 個ある。

まず，1 の 3 乗根を求めてみよう。

1 の 3 乗根は，$z^3=1$ を満たすから $z^3-1=0$

左辺を因数分解して $(z-1)(z^2+z+1)=0$

よって $z-1=0$ または $z^2+z+1=0$

したがって $z=1,\ \dfrac{-1+\sqrt{3}\,i}{2},\ \dfrac{-1-\sqrt{3}\,i}{2}$

ここで，$z_0=1,\ z_1=\dfrac{-1+\sqrt{3}\,i}{2},\ z_2=\dfrac{-1-\sqrt{3}\,i}{2}$ とおき，それぞれ

を極形式で表すと次のようになる。

$$z_0 = \cos 0 + i \sin 0$$

$$z_1 = \cos \frac{2}{3}\pi + i \sin \frac{2}{3}\pi$$

$$z_2 = \cos \frac{4}{3}\pi + i \sin \frac{4}{3}\pi$$

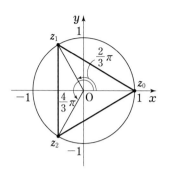

点 z_0, z_1, z_2 は，点 1 が分点の 1 つとなるように，原点 O を中心とする半径 1 の円$^{(*)}$を 3 等分した各分点である。

一般に，n を自然数として，z を 1 の n 乗根とする。このとき，$z^n = 1$ である。$|z|^n = |z^n| = 1$ であり，$|z|$ は正の実数であるから　$|z| = 1$

ここで，$z = \cos\theta + i\sin\theta$ とおく。ド・モアブルの定理から

$$z^n = \cos n\theta + i \sin n\theta = 1$$

$z^n = 1 + 0i$ であるから　　$\cos n\theta = 1$,　　$\sin n\theta = 0$

よって，$n\theta = 2k\pi$　すなわち　$\theta = \dfrac{2k\pi}{n}$（$k$ は整数）となる。

逆に，k を整数として　$z_k = \cos\dfrac{2k\pi}{n} + i\sin\dfrac{2k\pi}{n}$　とおくと，ド・モアブルの定理から

$$(z_k)^n = \left(\cos \frac{2k\pi}{n} + i\sin\frac{2k\pi}{n}\right)^n = \cos 2k\pi + i\sin 2k\pi = 1$$

が成り立つから，z_k は 1 の n 乗根である。

以上より，次のことが成り立つ。

---

1 の n 乗根

自然数 n に対して，1 の n 乗根は，次の n 個の複素数である。

$$z_k = \cos\frac{2k\pi}{n} + i\sin\frac{2k\pi}{n}\quad (k = 0,\ 1,\ 2,\ \cdots\cdots,\ n-1)$$

（＊）これを単位円という。

点 z_0, z_1, z_2, $\cdots\cdots$, z_{n-1} は，点 1 が分点の 1 つとなるように，原点 O を中心とする半径 1 の円を n 等分した各分点である。

例 8 1 の 4 乗根は，次の 4 つの複素数である。

$$z_k = \cos\frac{2k\pi}{4} + i\sin\frac{2k\pi}{4}$$

$$= \cos\frac{k\pi}{2} + i\sin\frac{k\pi}{2} \quad (k = 0, 1, 2, 3)$$

すなわち $z_0 = 1$, $z_1 = i$, $z_2 = -1$, $z_3 = -i$

練習 18 1 の 6 乗根を求めよ。

応用例題 3 $z = \cos\frac{2}{5}\pi + i\sin\frac{2}{5}\pi$ のとき，$z^4 + z^3 + z^2 + z + 1$ の値を求めよ。

[考え方] 複素数 z は 1 の何乗根であるかを考える。

解答 ド・モアブルの定理から

$$z^5 = \left(\cos\frac{2}{5}\pi + i\sin\frac{2}{5}\pi\right)^5 = \cos 2\pi + i\sin 2\pi = 1$$

よって，z は 1 の 5 乗根である。

したがって $z^5 = 1$ すなわち $z^5 - 1 = 0$

左辺を因数分解して $(z-1)(z^4 + z^3 + z^2 + z + 1) = 0$

$z - 1 \neq 0$ であるから $z^4 + z^3 + z^2 + z + 1 = 0$ **答**

応用例題 3 の因数分解について，一般に，n を自然数とすると

$$z^n - 1 = (z-1)(z^{n-1} + z^{n-2} + \cdots\cdots + 1)$$

が成り立つ。

練習 19 $z = \cos\frac{\pi}{5} + i\sin\frac{\pi}{5}$ のとき，$z^9 + z^8 + \cdots\cdots + z + 1$ の値を求めよ。

応用例題 **4** 方程式 $z^2 = 2 + 2\sqrt{3}\,i$ を解け。

[考え方] 方程式を極形式で表して，両辺の絶対値と偏角を比較する。

解答 z の極形式を $z = r(\cos\theta + i\sin\theta)$ …… ①

とすると

$$z^2 = r^2(\cos\theta + i\sin\theta)^2 = r^2(\cos 2\theta + i\sin 2\theta)$$

$2 + 2\sqrt{3}\,i$ を極形式で表すと

$$2 + 2\sqrt{3}\,i = 4\left(\cos\frac{\pi}{3} + i\sin\frac{\pi}{3}\right)$$

よって $r^2(\cos 2\theta + i\sin 2\theta) = 4\left(\cos\frac{\pi}{3} + i\sin\frac{\pi}{3}\right)$

両辺の絶対値と偏角を比較すると

$$r^2 = 4, \quad 2\theta = \frac{\pi}{3} + 2k\pi \ (k \text{ は整数})$$

r は正の実数であるから $r = 2$ …… ②

また $\theta = \frac{\pi}{6} + k\pi$

$0 \leqq \theta < 2\pi$ の範囲で考えると，$k = 0,\ 1$ であるから

$$\theta = \frac{\pi}{6},\ \frac{7}{6}\pi \ \cdots\cdots \ ③$$

②，③ を ① に代入すると，求める解は

$$z = 2\left(\cos\frac{\pi}{6} + i\sin\frac{\pi}{6}\right) = \sqrt{3} + i \quad \boxed{答}$$

$$z = 2\left(\cos\frac{7}{6}\pi + i\sin\frac{7}{6}\pi\right) = -\sqrt{3} - i \quad \boxed{答}$$

練習 20 ▶ 次の方程式を解け。また，解を表す点を，それぞれ複素数平面上に図示せよ。

(1) $z^3 = i$ (2) $z^4 = -4$ (3) $z^2 = -1 + \sqrt{3}\,i$

4. 複素数と図形

線分の内分点，外分点

複素数 $\alpha=a+bi$, $\beta=c+di$ を表す点を，それぞれ A，B とする。

5 　線分 AB を $m:n$ に内分する点 γ を表す複素数の実部，虚部は，それぞれ

$$\frac{na+mc}{m+n}, \quad \frac{nb+md}{m+n}$$

となる。外分の場合も同様に考える。

これにより，次のことが成り立つ。

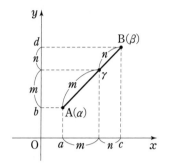

10
内分点，外分点

2 点 A(α)，B(β) に対して

線分 AB を $m:n$ に内分する点を表す複素数は　$\dfrac{n\alpha+m\beta}{m+n}$

特に，線分 AB の中点を表す複素数は　$\dfrac{\alpha+\beta}{2}$

線分 AB を $m:n$ に外分する点を表す複素数は　$\dfrac{-n\alpha+m\beta}{m-n}$

15 　練習 21 ▶ A($-1+4i$)，B($5-2i$) とする。次の点を表す複素数を求めよ。

(1) 線分 AB を $1:2$ に内分する点C　　(2) 線分 AB の中点M

(3) 線分 AB を $3:2$ に外分する点D

練習 22 ▶ 3 点 A(α)，B(β)，C(γ) を頂点とする △ABC について，その重心を

20 　G(δ) とするとき，次のことを示せ。

$$\delta=\frac{\alpha+\beta+\gamma}{3}$$

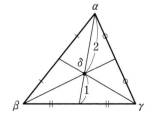

方程式の表す図形

複素数平面上の円や直線と，複素数 z の方程式の関係について考えよう。

複素数平面上の定点 α から一定の距離 r にある点を z とすると，点 z 全体が描く図形は，点 α を中心とする半径 r の円となる。

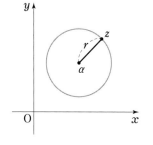

この円は，次の方程式で表される。

$$|z-\alpha|=r$$

特に，原点Oを中心とする半径 r の円は，方程式 $|z|=r$ で表される。

練習 23 ▶ 次の方程式を満たす点 z 全体は，どのような図形か。

(1) $|z|=3$　　　(2) $|z-3|=2$　　　(3) $|z+i|=4$　　　(4) $|z-2+i|=1$

複素数平面上の2つの定点 α, β から等しい距離にある点を z とすると，点 z 全体が描く図形は，2点 α, β を両端とする線分の垂直二等分線となる。

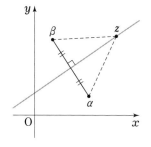

この直線は，次の方程式で表される。

$$|z-\alpha|=|z-\beta|$$

練習 24 ▶ 次の方程式を満たす点 z 全体は，どのような図形か。

(1) $|z-2|=|z-2i|$　　　(2) $|z+2|=|z-4i|$　　　(3) $|z|-|z-2+2i|=0$

例題 3 方程式 $|z+3|=2|z|$ を満たす点 z 全体は，どのような図形か。

解答 方程式の両辺を 2 乗すると $|z+3|^2=4|z|^2$

よって $\qquad (z+3)(\overline{z+3})=4z\bar{z}$

すなわち $\qquad (z+3)(\bar{z}+3)=4z\bar{z}$

左辺を展開して整理すると

$$z\bar{z}-z-\bar{z}-3=0$$

よって $\qquad (z-1)(\bar{z}-1)=4$

ゆえに $\qquad (z-1)(\overline{z-1})=4$

すなわち $\qquad |z-1|^2=2^2$

ゆえに $\qquad |z-1|=2$

したがって，方程式を満たす点 z 全体は，点 1 を中心とする半径 2 の円である。 **答**

例題 3 の方程式 $|z+3|=2|z|$ は，次のように変形できる。

$$|z+3|:|z|=2:1$$

よって，例題 3 の円は，点 -3，原点 O からの距離の比が $2:1$ である点 z 全体と考えられる。

このように，2 定点 A，B からの距離の比が $m:n$ $(m>0,\ n>0,\ m \neq n)$ であるような点全体は円になる。

この円を，**アポロニウスの円** という。

また，アポロニウスの円は，線分 AB を $m:n$ に内分する点と外分する点を直径の両端とする円である。

注意 2 定点 A，B からの距離の比が $1:1$，すなわち，2 定点 A，B からの距離が等しい点全体は，前のページで学んだように直線になる。

練習 25 ▶ 次の方程式を満たす点 z 全体は，どのような図形か。

(1) $3|z+2|=|z-6|$　　　　　(2) $|z-4i|=2|z-i|$

方程式 $z+\bar{z}=2$ を満たす点 z 全体は，どのような図形か。

考え方 　$z=x+yi$（x, y は実数）として，x, y の関係式を導く。

解答 　$z=x+yi$（x, y は実数）とおくと

$$\bar{z}=x-yi$$

これらを方程式に代入すると

$$(x+yi)+(x-yi)=2$$

よって　　$2x=2$

ゆえに　　$x=1$

したがって，方程式を満たす点 z 全体は，

点 1 を通り実軸に垂直な直線である。　答

応用例題 5 は，次のように考えて求めることもできる。

　　方程式 $z+\bar{z}=2$ を変形すると　　$\dfrac{z+\bar{z}}{2}=1$

これは，2 点 z, $\bar{z}$ を結ぶ線分の中点が常に点 1 であることを表す。

また，2 点 z, $\bar{z}$ は実軸に関して対称であるから，求める図形は，

点 1 を通り実軸に垂直な直線である。

練習 26 ▶ 次の方程式を満たす点 z 全体は，どのような図形か。

(1) $z+\bar{z}=4$　　　　　(2) $z-\bar{z}=6i$

応用例題 6 点 z が原点 O を中心とする半径 2 の円の周上を動くとき，点 z と点 -4 を結ぶ線分の中点 w は，どのような図形を描くか。

解答 点 z は，原点 O を中心とする半径 2 の円の周上にあるから

$$|z| = 2$$

$$w = \frac{z + (-4)}{2} = \frac{z}{2} - 2$$

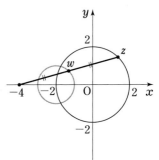

すなわち $z = 2(w+2)$

よって $|2(w+2)| = 2$

ゆえに $|w+2| = 1$

したがって，点 w は点 -2 を中心とする半径 1 の円を描く。 **答**

練習 27 点 z が原点 O を中心とする半径 6 の円の周上を動くとき，点 z と点 $2i$ を結ぶ線分の中点 w は，どのような図形を描くか。

練習 28 $w = 1 + iz$ とする。点 z が原点 O を中心とする半径 1 の円の周上を動くとき，点 w はどのような図形を描くか。

応用例題 6 において，点 w の描く図形は，次のように考えて求めることもできる。

$w = \dfrac{z}{2} - 2$ であるから，求める図形は

円 $|z| = 2$ を原点 O を中心として $\dfrac{1}{2}$ 倍に

縮小してから，x 軸（実軸）方向に -2

だけ平行移動したものである。

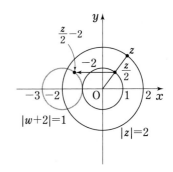

応用例題 **7** 点 z が点 $\dfrac{1}{2}$ を通り実軸に垂直な直線上を動くとき, $w=\dfrac{1}{z}$ で表される点 w は, どのような図形を描くか。

[考え方] 点 z は原点 O と点 1 を結んだ線分の垂直二等分線上を動く。

解答　　$|z|=|z-1|$ …… ①

$w=\dfrac{1}{z}$ から　　$wz=1$

$w \neq 0$ であるから　　$z=\dfrac{1}{w}$

① に代入すると　　$\left|\dfrac{1}{w}\right|=\left|\dfrac{1}{w}-1\right|$

両辺に $|w|$ を掛けると　　$1=|1-w|$

すなわち　　$|w-1|=1$

よって, 点 w は点 1 を中心とする半径 1 の円を描く。

ただし, $w \neq 0$ であるから, 原点は除く。　　**答**

応用例題 7 は, 次のように考えて求めることもできる。

点 z と点 $\bar{z}$ の中点が点 $\dfrac{1}{2}$ であるから　　$\dfrac{z+\bar{z}}{2}=\dfrac{1}{2}$

よって　　$z+\bar{z}=1$

これに $z=\dfrac{1}{w}$, $\bar{z}=\dfrac{1}{\bar{w}}$ を代入し, 方程式を変形すると, 方程式

$|w-1|=1$ が得られる。

練習 29 ▶ 点 z が点 2 を通り実軸に垂直な直線上を動くとき, $w=\dfrac{1}{z}$ で表される点 w は, どのような図形を描くか。

半直線のなす角

異なる 3 点 A(α), B(β), C(γ) について, 半直線 AB から AC までの回転角を, $\angle\beta\alpha\gamma$ と表すことにする。

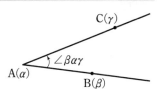

5　点 α が点 0 に移るような平行移動で, 点 β が点 β' に, 点 γ が点 γ' に移るとすると

$$\beta'=\beta-\alpha, \quad \gamma'=\gamma-\alpha$$

また　$\angle\beta\alpha\gamma=\angle\beta'0\gamma'$

$$=\arg\gamma'-\arg\beta'$$

10　　　　　　　　$=\arg\dfrac{\gamma'}{\beta'}$

よって, 次のことが成り立つ。

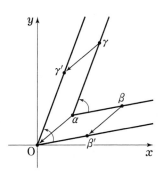

半直線のなす角

異なる 3 点 $\alpha,\ \beta,\ \gamma$ に対して　　$\angle\beta\alpha\gamma=\arg\dfrac{\gamma-\alpha}{\beta-\alpha}$

例 9

15　$\alpha=1,\ \beta=3+2i,\ \gamma=i$ とする。

$-\pi<\angle\beta\alpha\gamma\leqq\pi$ の範囲で考えると

$$\dfrac{\gamma-\alpha}{\beta-\alpha}=\dfrac{-1+i}{2+2i}=\dfrac{i}{2}$$

$$=\dfrac{1}{2}\left(\cos\dfrac{\pi}{2}+i\sin\dfrac{\pi}{2}\right)$$

よって　$\angle\beta\alpha\gamma=\dfrac{\pi}{2}$

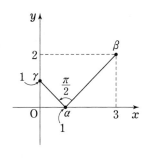

注意　例 9 では, $\angle\gamma\alpha\beta=-\dfrac{\pi}{2}$ となる。

20　**練習 30** $\alpha=1,\ \beta=-2+2i,\ \gamma=2-5i$ とする。$-\pi<\angle\beta\alpha\gamma\leqq\pi$ の範囲で, $\angle\beta\alpha\gamma$ の値を求めよ。

回転角 $\angle\beta\alpha\gamma$ が，特別な値となる場合について考えよう。

$\angle\beta\alpha\gamma$ の値が 0 または π であるのは，3 点 A(α)，B(β)，C(γ) が一直線上にあるときである。これは，$\arg\dfrac{\gamma-\alpha}{\beta-\alpha}$ の値が 0 または π で

5　あるとき，すなわち $\dfrac{\gamma-\alpha}{\beta-\alpha}$ が実数のときである。

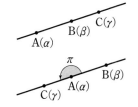

また，$\angle\beta\alpha\gamma$ の値が $\dfrac{\pi}{2}$ または $-\dfrac{\pi}{2}$ であるのは，2 直線 AB，AC が垂直に交わるときである。これは，$\arg\dfrac{\gamma-\alpha}{\beta-\alpha}$ の値が $\dfrac{\pi}{2}$ または

10　$-\dfrac{\pi}{2}$ であるとき，すなわち $\dfrac{\gamma-\alpha}{\beta-\alpha}$ が純虚数のときである。

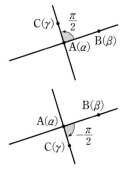

よって，異なる 3 点 A(α)，B(β)，C(γ) について，次のことが成り立つ。

---

3 点 A，B，C が一直線上にある $\iff$ $\dfrac{\gamma-\alpha}{\beta-\alpha}$ **が実数**

15　**2 直線 AB，AC が垂直に交わる** $\iff$ $\dfrac{\gamma-\alpha}{\beta-\alpha}$ **が純虚数**

練習 31 k は実数の定数とする。$\alpha=k+i$，$\beta=1$，$\gamma=3i$ を表す点を，それぞれ A，B，C とするとき，次の条件を満たすように k の値を定めよ。

(1) 3 点 A，B，C が一直線上にある。

(2) 点 A が線分 BC を直径とする円の周上にある。

応用例題 8　異なる 3 つの複素数 α, β, γ の間に，等式
$$\sqrt{3}\,\gamma - i\beta = (\sqrt{3} - i)\alpha \text{ が成り立つとき，3 点 A}(\alpha),\ \text{B}(\beta),$$
$\text{C}(\gamma)$ を頂点とする $\triangle$ABC の 3 つの角の大きさを求めよ。

解答　等式から　$\sqrt{3}\,(\gamma - \alpha) = i(\beta - \alpha)$

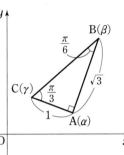

よって　　$\dfrac{\gamma - \alpha}{\beta - \alpha} = \dfrac{1}{\sqrt{3}}i$

これは純虚数であるから，2 直線

AB，AC は垂直に交わり

$$\angle A = \frac{\pi}{2} \quad \boxed{答}$$

また，$\left| \dfrac{\gamma - \alpha}{\beta - \alpha} \right| = \dfrac{1}{\sqrt{3}}$ であるから

$$|\beta - \alpha| = \sqrt{3}\,|\gamma - \alpha|$$

AB $= \sqrt{3}$ AC であるから　　AB : AC $= \sqrt{3} : 1$

したがって　　$\angle B = \dfrac{\pi}{6}$,　$\angle C = \dfrac{\pi}{3}$ 　$\boxed{答}$

注　意　応用例題 8 は三角形の角の大きさを求める問題である。解答で $\angle A = \dfrac{\pi}{2}$
と表しているが，これは $\angle A = |\angle \beta\alpha\gamma| = |\angle \gamma\alpha\beta|$ と考えている。

練習 32　異なる 3 つの複素数 α, β, γ の間に，等式
$$2\gamma - (1 + \sqrt{3}\,i)\beta = (1 - \sqrt{3}\,i)\alpha$$
が成り立つとき，次の問いに答えよ。

(1) 複素数 $\dfrac{\gamma - \alpha}{\beta - \alpha}$ を極形式で表せ。

(2) 3 点 A(α), B(β), C(γ) を頂点とする $\triangle$ABC の 3 つの角の大きさ
を求めよ。

1 複素数 z が，等式 $4z-3\bar{z}=3+14i$ を満たすとき，次の問いに答えよ。

(1) $4\bar{z}-3z$ を求めよ。　　　　(2) z を求めよ。

2 次の複素数を極形式で表せ。偏角 θ の範囲は $0\leqq\theta<2\pi$ とする。

(1) $-2+2i$　　(2) $\sqrt{3}-3i$　　(3) -4　　(4) $-\dfrac{i}{2}$

3 2つの複素数 $z_1=\sqrt{3}+i$，$z_2=\dfrac{-1+i}{2}$ について，次の複素数を極形式

で表せ。偏角 θ の範囲は $0\leqq\theta<2\pi$ とする。

(1) z_1z_2　　　　(2) $\dfrac{z_1}{z_2}$　　　　(3) $z_1{}^4$

4 $z=1-2i$ とする。点 z を原点Oを中心として次の角度だけ回転した点を
表す複素数を，それぞれ求めよ。

(1) $\dfrac{\pi}{2}$　　　　　(2) $\dfrac{2}{3}\pi$　　　　　(3) $-\dfrac{3}{4}\pi$

5 方程式 $z^4=-2(1+\sqrt{3}\,i)$ を解け。

6 3つの複素数 α，β，γ に対して，等式 $\dfrac{\gamma-\alpha}{\beta-\alpha}=\dfrac{1-\sqrt{3}\,i}{2}$ が成り立つと
き，複素数平面上で3点 $A(\alpha)$，$B(\beta)$，$C(\gamma)$ を頂点とする $\triangle ABC$ は，
どのような三角形か。

第
1
章

1 次の式を計算せよ。

(1) $\left(\dfrac{\sqrt{3}+i}{1-i}\right)^6$

(2) $\left\{\left(\dfrac{1+\sqrt{3}\,i}{2}\right)^8+\left(\dfrac{1-\sqrt{3}\,i}{2}\right)^8\right\}^2$

2 0 でない複素数 z に対し，$w=z+\dfrac{1}{z}$ とする。このとき，w が実数となるような点 z 全体は，どのような図形か。

3 0 でない 2 つの複素数 α，β が，等式 $4\alpha^2-2\alpha\beta+\beta^2=0$ を満たす。

(1) $\dfrac{\beta}{\alpha}$ を極形式で表せ。偏角 θ の範囲は $-\pi<\theta\leqq\pi$ とする。

(2) 複素数平面上の 3 点 0，α，β を頂点とする三角形の 3 つの角の大きさを求めよ。

4 複素数平面上にある原点 O を中心とする半径 1 の円の周上に点 A(α) をとる。A における円の接線上に点 P(z) をとるとき，$\overline{\alpha}z+\alpha\overline{z}$ の値は一定であることを示せ。また，その一定の値を求めよ。

5 2 つの複素数 w，z が，等式 $w=\dfrac{z-4}{z+2}$ を満たしている。複素数平面上で，点 w が原点 O を中心とする半径 2 の円の周上を動くとき，点 z はどのような図形を描くか。

式と曲線

◆ 懸垂線（カテナリー）という曲線は，電線などを両端で吊り下げたときにでき，上下を逆転させた懸垂線はアーチ型の建造物を造るのに適している。

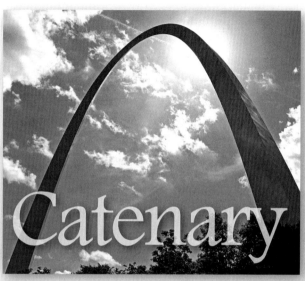

Catenary

In this chapter, we will learn about parabolas, ellipses, and hyperbolas. These are called "quadratic curves" because each of them is represented by a quadratic equation in two variables x and y. Quadratic curves are also sometimes called "conic curves" because they can be obtained by intersecting a cone (or two cones in the case of a hyperbola) with a plane.

The first half of this chapter is divided into three sections. In the first section, we define each term—parabola, ellipse, and hyperbola—and derive their standard forms. In the second, we consider the positional relationship between quadratic curves and lines, including tangent lines. Third, we show that the locus of a point with a constant ratio of distance from a fixed point and a fixed line will be either a parabola, an ellipse or a hyperbola.

The second half of the chapter consists of two sections. The first will introduce the concept of parametric equations, and the second will introduce polar coordinates as an alternative to Cartesian (x and y) coordinates.

1. 放物線

すでに学んだ放物線は，ある条件を満たす点の軌跡として定められる。

平面上で，定点Fと，Fを通らない定直線 ℓ からの距離が等しい点P の軌跡を **放物線** といい，Fをその **焦点**，ℓ を **準線** という。

5　　点 $F(p, 0)$ を焦点とし，直線 $x=-p$ を準線 ℓ とする放物線の方程式を求めてみよう。ただし，$p \neq 0$ とする。

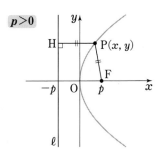

この放物線上の点を $P(x, y)$ とし，P から準線 ℓ に引いた垂線を PH とすると

10　　　　　　　PF＝PH

よって　　$\sqrt{(x-p)^2+y^2}=|x-(-p)|$

両辺を2乗すると

$$(x-p)^2+y^2=(x+p)^2$$

すなわち　$y^2=4px$ ……①

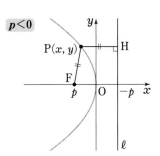

15　　逆に，①を満たす点 $P(x, y)$ について，PF＝PH が成り立つ。

①を，放物線の方程式の **標準形** という。

放物線の焦点を通り，準線に垂直な直線を，放物線の **軸**，軸と放物線の交点を，放物線の **頂点** という。放物線は，軸に関して対称である。

20　　放物線についてまとめると，次のようになる。

放物線 $y^2=4px$ $(p \neq 0)$

[1]　焦点は $F(p, 0)$，準線の方程式は $x=-p$

[2]　頂点は **原点O**，軸は x 軸　　　[3]　軸に関して対称

例 1 焦点が点 $(4, 0)$，準線が直線 $x=-4$ である放物線の方程式は

$$y^2 = 4 \cdot 4x \qquad \text{すなわち} \qquad y^2 = 16x$$

練習 1 焦点の座標と準線の方程式が次のような放物線の方程式を求めよ。

(1) 焦点 $(1, 0)$，準線 $x=-1$ (2) 焦点 $(-3, 0)$，準線 $x=3$

例 2 放物線 $y^2 = 12x$ について，

焦点の座標は $y^2 = 4 \cdot 3x$ より

$$(3, 0)$$

準線の方程式は $x=-3$

概形は図のようになる。

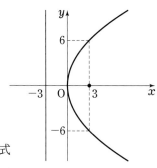

練習 2 次の放物線の焦点の座標と準線の方程式
を求めよ。また，その放物線の概形をかけ。

(1) $y^2 = 8x$ (2) $y^2 = -2x$

$p \neq 0$ のとき，点 $\mathrm{F}(0, p)$ を焦点と
し，直線 $y=-p$ を準線 ℓ とする放物
線の方程式は，前のページと同様にし
て，$x^2 = 4py$ となる。

放物線 $y = ax^2$ は，$x^2 = 4 \cdot \dfrac{1}{4a}y$ と変

形されるから，その焦点は $\mathrm{F}\left(0, \dfrac{1}{4a}\right)$，

準線の方程式は $y = -\dfrac{1}{4a}$ である。

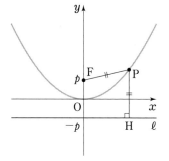

練習 3 次のものを求めよ。

(1) 焦点が点 $(0, -2)$，準線の方程式が $y=2$ である放物線の方程式

(2) 放物線 $y = x^2$ の焦点の座標と準線の方程式

2. 楕円

楕円の方程式

　平面上で，2定点 F，F′ からの距離の和が一定であるような点Pの軌跡を **楕円** といい，定点 F，F′ を，楕円の **焦点** という。ただし，F，F′ からの距離の和は，線分 FF′ の長さより大きいものとする。

　2定点 F$(c, 0)$，F′$(-c, 0)$ を焦点とし，この2定点からの距離の和が $2a$ である楕円の方程式を求めてみよう。ただし，FF′$<2a$ であるから，$a>c>0$ とする。

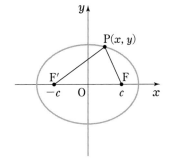

　この楕円上の点を P(x, y) とすると

$$FP+F′P=2a$$

したがって

$$\sqrt{(x-c)^2+y^2}+\sqrt{(x+c)^2+y^2}=2a$$

すなわち　　$\sqrt{(x-c)^2+y^2}=2a-\sqrt{(x+c)^2+y^2}$

両辺を2乗して整理すると

$$a\sqrt{(x+c)^2+y^2}=a^2+cx$$

さらに，両辺を2乗して整理すると

$$(a^2-c^2)x^2+a^2y^2=a^2(a^2-c^2)$$

$a>c$ であるから，$\sqrt{a^2-c^2}=b$ とおくと，$a>b>0$ で

$$b^2x^2+a^2y^2=a^2b^2$$

よって　　　　$\dfrac{x^2}{a^2}+\dfrac{y^2}{b^2}=1$　　　……①

　逆に，①を満たす点 P(x, y) について，FP+F′P$=2a$ が成り立つ。

　①を，楕円の方程式の **標準形** という。

前のページで求めた楕円の方程式 $\dfrac{x^2}{a^2}+\dfrac{y^2}{b^2}=1\ (a>b>0)$ …… ①

において，$\sqrt{a^2-c^2}=b$ であるから $c=\sqrt{a^2-b^2}$

よって，楕円 ① の焦点は，a，b を用いて，次のように表される。

$$F(\sqrt{a^2-b^2},\ 0),\qquad F'(-\sqrt{a^2-b^2},\ 0)$$

5　楕円 ① が x 軸，y 軸と交わる点は

$$A(a,\ 0),\qquad A'(-a,\ 0)$$
$$B(0,\ b),\qquad B'(0,\ -b)$$

であり，これら 4 点を楕円 ① の **頂点** という。

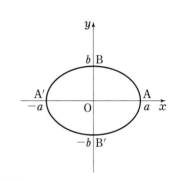

10　楕円の概形は右の図のようになる。

$a>b$ から，$AA'>BB'$ であり，線分 AA'，BB' を，それぞれ楕円 ① の **長軸，短軸** という。

また，長軸と短軸の交点を，楕円の **中心** という。

楕円は，その長軸，短軸，および中心に関して，それぞれ対称である。

15　楕円についてまとめると，次のようになる。

楕円 $\dfrac{x^2}{a^2}+\dfrac{y^2}{b^2}=1\ (a>b>0)$

[1]　焦点は $F(\sqrt{a^2-b^2},\ 0),\qquad F'(-\sqrt{a^2-b^2},\ 0)$

[2]　中心は **原点，**　　長軸の長さは $2a$，　　短軸の長さは $2b$

[3]　楕円上の点から 2 つの焦点までの距離の和は $2a$

20　[4]　x 軸，y 軸，原点Oのそれぞれに関して対称

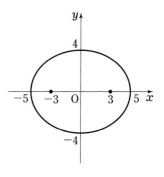

例 3 楕円 $\dfrac{x^2}{25}+\dfrac{y^2}{16}=1$ について,

焦点の座標は $\sqrt{25-16}=3$ より

$$(3,\ 0),\ (-3,\ 0)$$

長軸の長さは $2\times5=10$

短軸の長さは $2\times4=8$

概形は図のようになる。

練習 4 次の楕円の焦点の座標, 長軸, 短軸の長さを求めよ。また, その楕円の概形をかけ。

(1) $\dfrac{x^2}{25}+\dfrac{y^2}{9}=1$ (2) $\dfrac{x^2}{4}+y^2=1$

練習 5 2 点 $(2,\ 0)$, $(-2,\ 0)$ を焦点とし, 焦点からの距離の和が 6 である楕円の方程式を求めよ。

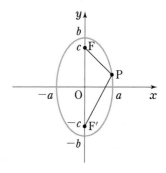

$b>c>0$ のとき, 2 定点 $\mathrm{F}(0,\ c)$, $\mathrm{F}'(0,\ -c)$ を焦点とし, この 2 点からの距離の和が $2b$ である楕円の方程式は, 40 ページと同様に考えて $\sqrt{b^2-c^2}=a$

とおくと $\dfrac{x^2}{a^2}+\dfrac{y^2}{b^2}=1$ $(\boldsymbol{b>a>0})$

となる。

この楕円の焦点は, $c=\sqrt{b^2-a^2}$ より, 次のように表される。

$$\mathrm{F}(0,\ \sqrt{b^2-a^2}),\quad \mathrm{F}'(0,\ -\sqrt{b^2-a^2})$$

また, 長軸の長さは $\boldsymbol{2b}$, 短軸の長さは $\boldsymbol{2a}$ であり, この楕円上の点から 2 つの焦点までの距離の和は $\boldsymbol{2b}$ である。

練習 6 ▶ 次の楕円の焦点の座標，長軸，短軸の長さを求めよ。また，その楕円の概形をかけ。

(1) $\dfrac{x^2}{9}+\dfrac{y^2}{25}=1$　　　　　　(2) $\dfrac{x^2}{4}+\dfrac{y^2}{8}=1$

円と楕円

例題 1 点Pが円 $C:x^2+y^2=4$ 上を動くとき，Pの y 座標だけを $\dfrac{1}{2}$ 倍した点Qの軌跡を求めよ。

解答 点P，Qの座標を，それぞれ
$(s,\ t)$，$(x,\ y)$ とおく。
Pは円 C 上にあるから
$$s^2+t^2=4 \quad \cdots\cdots ①$$
また，$x=s,\ y=\dfrac{1}{2}t$ より
$$s=x,\ t=2y$$
これを ① に代入すると　　$x^2+(2y)^2=4$
よって，求める軌跡は　　楕円 $\dfrac{x^2}{4}+y^2=1$　[答]

一般に，楕円 $\dfrac{x^2}{a^2}+\dfrac{y^2}{b^2}=1$ は，円 $x^2+y^2=a^2$ を x 軸をもとにして

y 軸方向に $\dfrac{b}{a}$ 倍に縮小または拡大した曲線である。

練習 7 ▶ 例題1において，Pの x 座標だけを $\dfrac{1}{2}$ 倍した点Rの軌跡を求めよ。

練習 8 ▶ 円 $x^2+y^2=9$ を，次のように縮小または拡大した楕円の方程式と，焦点の座標を求めよ。また，その楕円の概形をかけ。

(1) y 軸方向に $\dfrac{2}{3}$ 倍に縮小　　　(2) x 軸方向に 2 倍に拡大

長さ6の線分PQの端Pがx軸上を、端Qがy軸上をそれぞれ動くとき、線分PQの中点をRとする。

PまたはQが原点Oに一致しない場合、

5 Rは△OPQの外接円の中心である。

よって、線分ORの長さは一定で、線分PQの長さの半分に等しいから、Rは原点を中心とする半径3の円周上を動く。PまたはQがOに一致する場合も、Rはこの円周上にある。

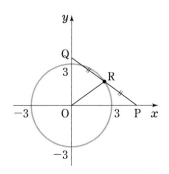

10 応用例題1 長さ6の線分PQの端Pがx軸上を、端Qがy軸上をそれぞれ動くとき、線分PQを$1:2$に内分する点Rの軌跡を求めよ。

解答 P(s, 0)、Q(0, t)、R(x, y)とする。

PQ=6であるから $s^2+t^2=6^2$ …… ①

Rは線分PQを$1:2$に内分するから $x=\dfrac{2}{3}s$, $y=\dfrac{1}{3}t$

15 よって $s=\dfrac{3}{2}x$, $t=3y$

これらを①に代入して整理すると $\dfrac{x^2}{16}+\dfrac{y^2}{4}=1$ …… ②

ゆえに、条件を満たす点Rは楕円②上にある。

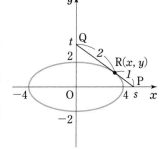

20 逆に、楕円②上の任意の点R(x, y)は、条件を満たす。

したがって、求める軌跡は 楕円 $\dfrac{x^2}{16}+\dfrac{y^2}{4}=1$ 答

練習9 応用例題1において、線分PQを$1:2$に外分する点R′の軌跡を求めよ。

3. 双曲線

双曲線の方程式

　平面上で，2定点 F，F′ からの距離の差が 0 でなく一定値であるような点Pの軌跡を **双曲線** といい，定点 F，F′ を，双曲線の **焦点** という。ただし，F，F′ からの距離の差は，線分 FF′ の長さより小さいものとする。

　2点 F$(c, 0)$，F′$(-c, 0)$ を焦点とし，この2点からの距離の差が $2a$ である双曲線の方程式を求めてみよう。ただし，FF′>$2a$ であるから，$c>a>0$ とする。

　この双曲線上の点を P(x, y) とすると

$$\text{FP}-\text{F′P}=\pm 2a$$

したがって　　　$\sqrt{(x-c)^2+y^2}-\sqrt{(x+c)^2+y^2}=\pm 2a$

楕円の場合と同様に変形すると　　$\pm a\sqrt{(x+c)^2+y^2}=a^2+cx$

ゆえに　　　　$(c^2-a^2)x^2-a^2y^2=a^2(c^2-a^2)$

$c>a$ であるから，$\sqrt{c^2-a^2}=b$ とおくと，$b>0$ で　　$b^2x^2-a^2y^2=a^2b^2$

よって，双曲線の方程式は　　$\dfrac{x^2}{a^2}-\dfrac{y^2}{b^2}=1$　　　……①

　逆に，①を満たす点 P(x, y) は，FP−F′P=$\pm 2a$ を満たす。

　①を，双曲線の方程式の **標準形** という。

　また，焦点は　　F$(\sqrt{a^2+b^2}, 0)$，　　F′$(-\sqrt{a^2+b^2}, 0)$

　2点 F，F′ を焦点とする双曲線において，直線 FF′ を **主軸**，主軸と双曲線の2つの交点を **頂点**，線分 FF′ の中点を **中心** という。

　双曲線は，その主軸，線分 FF′ の垂直二等分線，および中心に関して，それぞれ対称である。

双曲線 $\dfrac{x^2}{a^2}-\dfrac{y^2}{b^2}=1$ …… ① の概形

は右の図のようになる。このとき,

2直線 $\dfrac{x}{a}-\dfrac{y}{b}=0$ …… ②

$\dfrac{x}{a}+\dfrac{y}{b}=0$ …… ③

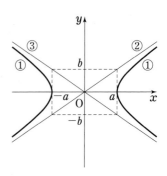

が,その漸近線であることを示そう。

双曲線 ① の第1象限内の部分を C_1 とすると,その方程式は

$$y=\dfrac{b}{a}\sqrt{x^2-a^2}\quad(x>a)$$

曲線 C_1 上の任意の点 $\mathrm{P}(x_1,\ y_1)$ に対し

て,Pを通り x 軸に垂直な直線を引き,

直線 ② との交点を $\mathrm{Q}(x_1,\ y_2)$ とすると

$$y_1=\dfrac{b}{a}\sqrt{{x_1}^2-a^2},\qquad y_2=\dfrac{b}{a}x_1$$

よって,$y_1<y_2$ で

$$\mathrm{PQ}=y_2-y_1=\dfrac{b}{a}(x_1-\sqrt{{x_1}^2-a^2})$$

$$=\dfrac{b}{a}\cdot\dfrac{{x_1}^2-(\sqrt{{x_1}^2-a^2})^2}{x_1+\sqrt{{x_1}^2-a^2}}=\dfrac{ab}{x_1+\sqrt{{x_1}^2-a^2}}$$

曲線 C_1 上で,点Pが原点から限りなく遠ざかるとき,x_1 の値は限

りなく大きくなり,PQ の値は限りなく 0 に近づく。すなわち,曲線

C_1 は直線 ② に限りなく近づくから,② は C_1 の漸近線である。

双曲線 ① は,原点に関して対称であるから,第3象限においても,

② は ① の漸近線である。また,① は y 軸に関して対称であるから,②

と y 軸に関して対称である直線 ③ も,双曲線 ① の漸近線である。

双曲線についてまとめると,次のようになる。

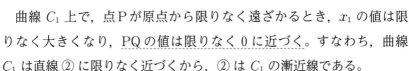

双曲線 $\dfrac{x^2}{a^2}-\dfrac{y^2}{b^2}=1\ (a>0,\ b>0)$

[1] 中心は **原点**，　焦点は　$F(\sqrt{a^2+b^2},\ 0)$,　$F'(-\sqrt{a^2+b^2},\ 0)$

[2] 頂点は　$(a,\ 0),$　　$(-a,\ 0)$

[3] 漸近線の方程式は　　$\dfrac{x}{a}-\dfrac{y}{b}=0,$　　$\dfrac{x}{a}+\dfrac{y}{b}=0$

[4] 双曲線上の点から 2 つの焦点までの距離の差は　$2a$

[5] x 軸，y 軸，原点 O のそれぞれに関して対称

例 4
双曲線 $\dfrac{x^2}{9}-\dfrac{y^2}{4}=1$ について，

焦点の座標は $\sqrt{9+4}=\sqrt{13}$ より

$(\sqrt{13},\ 0),\ (-\sqrt{13},\ 0)$

漸近線の方程式は

$$\dfrac{x}{3}-\dfrac{y}{2}=0,\ \dfrac{x}{3}+\dfrac{y}{2}=0$$

概形は図のようになる。

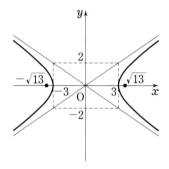

練習 10 ▶ 次の双曲線の焦点の座標，漸近線の方程式を求めよ。また，その双曲線の概形をかけ。

(1) $\dfrac{x^2}{16}-\dfrac{y^2}{9}=1$ 　　　　　(2) $\dfrac{x^2}{4}-\dfrac{y^2}{8}=1$

練習 11 ▶ 2 点 $(3,\ 0),\ (-3,\ 0)$ を焦点とし，焦点からの距離の差が 4 である双曲線の方程式を求めよ。

双曲線 $\dfrac{x^2}{a^2}-\dfrac{y^2}{a^2}=1$ すなわち $x^2-y^2=a^2$ の漸近線の方程式は

$x-y=0,\ x+y=0$ で，この 2 直線は直交する。

このように直交する漸近線をもつ双曲線を **直角双曲線** という。

練習 12 ▶ 2 点 $(4,\ 0),\ (-4,\ 0)$ を焦点とする直角双曲線の方程式を求めよ。

y 軸上に焦点をもつ双曲線

方程式 $\dfrac{x^2}{a^2}-\dfrac{y^2}{b^2}=1$ は，正の数 a, b の値の大小に関わらず，x 軸上に焦点をもつ双曲線を表す。そこで，y 軸上に焦点をもつ双曲線はどのような方程式で表されるか考えてみよう。

曲線 $\quad \dfrac{x^2}{a^2}-\dfrac{y^2}{b^2}=-1 \quad$ …… ①

は，直線 $y=x$ に関して，

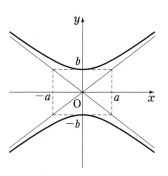

曲線 $\quad \dfrac{x^2}{b^2}-\dfrac{y^2}{a^2}=1 \quad$ …… ②

と対称である。

曲線 ② は，x 軸上の 2 点

$(\sqrt{a^2+b^2},\ 0)$, $(-\sqrt{a^2+b^2},\ 0)$

を焦点とする双曲線である。

したがって，曲線 $\dfrac{x^2}{a^2}-\dfrac{y^2}{b^2}=-1 \ (a>0,\ b>0)$ も双曲線である。

焦点は $\quad \mathrm{F}(0,\ \sqrt{a^2+b^2})$, $\quad \mathrm{F}'(0,\ -\sqrt{a^2+b^2})$

頂点は $\quad (0,\ b)$, $\quad (0,\ -b)$

漸近線の方程式は $\quad \dfrac{x}{a}-\dfrac{y}{b}=0$, $\quad \dfrac{x}{a}+\dfrac{y}{b}=0 \quad$ である。

また，この双曲線上の点から 2 つの焦点までの距離の差は **$2b$** である。

練習 13 ▶ 次の双曲線の焦点の座標，漸近線の方程式を求めよ。また，その双曲線の概形をかけ。

(1) $\dfrac{x^2}{16}-\dfrac{y^2}{9}=-1$ 　　　　　(2) $\dfrac{x^2}{9}-y^2=-1$

2次曲線

　これまでに学んだ，放物線，円，楕円，双曲線は，x，y の 2 次方程式で表される。これらをまとめて，**2次曲線** という。

　2次曲線は，円錐を，その頂点を通らない平面で切った切り口の曲線として現れることが知られている。

　そのため，2次曲線は **円錐曲線** ともよばれている。

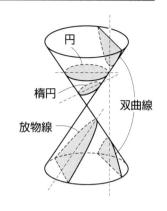

コ ラ ム

直円錐の切断と楕円

　右の図のように，直円錐を平面 α で切り，直円錐に接し，さらに平面 α に点 F，F′ で接する 2 つの球を考える。

　直円錐と平面 α の交線上の任意の点を P とし，P と直円錐の頂点 O を結んだ母線 OP を引く。また，母線 OP と 2 つの球の接点を，図のように M，M′ とする。

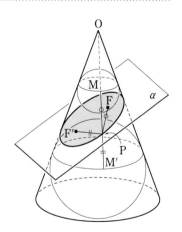

　このとき，PF，PM はともに球に接するから　　　　　　PF＝PM

同様に　　　　　PF′＝PM′

よって　　　PF＋PF′＝PM＋PM′＝MM′

P の位置に関わらず，線分 OM，OM′ の長さは一定であるから，線分 MM′ の長さも一定である。

　よって，PF＋PF′ の値も一定であり，このことから，P が，2 点 F，F′ を焦点とする楕円上にあることがわかる。

4. 2次曲線の平行移動

平行移動

x, y の方程式 $F(x, y)=0$ の表す曲線を，x 軸方向に p，y 軸方向に q だけ平行移動した曲線の方程式は，x を $x-p$ に，y を $y-q$ にそれぞれ替えた式 $F(x-p, y-q)=0$ で与えられる。

例題 2　曲線 $4x^2+9y^2-8x+36y+4=0$ は楕円であることを示し，その概形をかけ。また，焦点を求めよ。

解答　曲線の方程式を変形すると

$$4(x-1)^2+9(y+2)^2=36$$

$$\frac{(x-1)^2}{9}+\frac{(y+2)^2}{4}=1$$

よって，与えられた曲線は，

楕円 $\dfrac{x^2}{9}+\dfrac{y^2}{4}=1$ を

x 軸方向に 1，y 軸方向に -2

だけ平行移動した楕円で，その概形は図のようになる。 **答**

楕円 $\dfrac{x^2}{9}+\dfrac{y^2}{4}=1$ の焦点は 2 点 $(\sqrt{5}, 0)$，$(-\sqrt{5}, 0)$

よって，求める焦点は点 $(\sqrt{5}+1, -2)$，$(-\sqrt{5}+1, -2)$ **答**

練習 14　次の問いに答えよ。

(1)　曲線 $x^2-4y^2+4x-8y-4=0$ は双曲線であることを示し，その概形をかけ。また，焦点の座標を求めよ。

(2)　曲線 $y^2+4x-2y+9=0$ は放物線であることを示し，その概形をかけ。また，焦点の座標と準線の方程式を求めよ。

5. 2次曲線と直線

2次曲線と直線の共有点の座標も，円と直線の共有点の座標などと同様に，それらの方程式を連立させた連立方程式の実数解で与えられる。

例題 3 楕円 $4x^2+y^2=20$ と直線 $y=2x+2$ の共有点の座標を求めよ。

解答
$$\begin{cases} 4x^2+y^2=20 & \cdots\cdots ① \\ y=2x+2 & \cdots\cdots ② \end{cases}$$

② を ① に代入すると

$$4x^2+(2x+2)^2=20$$

整理すると $x^2+x-2=0$

すなわち $(x-1)(x+2)=0$

これを解くと $x=1,\ -2$

② から $x=1$ のとき $y=4$, $x=-2$ のとき $y=-2$

よって，共有点の座標は $(1,\ 4),\ (-2,\ -2)$ **答**

練習 15 双曲線 $x^2-2y^2=4$ と直線 $y=x+2$ の共有点の座標を求めよ。

2次曲線と直線の方程式から，x または y を消去して，2次方程式が得られたとする。その判別式を D とすると，次のことが成り立つ。

> [1] $D>0 \iff$ 2次曲線と直線は **異なる2点で交わる**
>
> [2] $D=0 \iff$ 2次曲線と直線は **ただ1つの共有点をもつ**
>
> [3] $D<0 \iff$ 2次曲線と直線は **共有点をもたない**

上の [2] の場合，2次曲線と直線は互いに **接する** といい，その直線を **接線**，ただ1つの共有点を **接点** という。

第2章

例題 4 k を定数とする。双曲線 $x^2-y^2=1$ と直線 $y=2x+k$ の共有点の個数を調べよ。

解答

$$\begin{cases} x^2-y^2=1 & \cdots\cdots ① \\ y=2x+k & \cdots\cdots ② \end{cases}$$

② を ① に代入すると

$$x^2-(2x+k)^2=1$$

$$3x^2+4kx+k^2+1=0$$

この 2 次方程式の判別式を D とすると

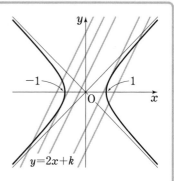

$$\frac{D}{4}=(2k)^2-3(k^2+1)=k^2-3=(k+\sqrt{3})(k-\sqrt{3})$$

よって，共有点の個数は次のようになる。

$D>0$ すなわち $k<-\sqrt{3}$，$\sqrt{3}<k$ のとき　2 個

$D=0$ すなわち $k=\pm\sqrt{3}$　　　　　 のとき　1 個

$D<0$ すなわち $-\sqrt{3}<k<\sqrt{3}$　　 のとき　0 個　**答**

2 次曲線と直線の共有点が 1 個であっても，それらは接していない場合がある。

たとえば，双曲線 $x^2-y^2=1$ と直線 $y=x+k$ の共有点の個数は，$k\neq0$ のとき 1 個であるが，双曲線と直線は接していない。

練習 16 k を定数とする。次の 2 次曲線と直線の共有点の個数を調べよ。

(1) $x^2-4y^2=12$, $y=x+k$ 　　　　　(2) $\dfrac{x^2}{9}+\dfrac{y^2}{4}=1$, $y=kx+3$

練習 17 放物線 $y^2=-8x$ と直線 $y=\dfrac{1}{2}x+k$ が異なる 2 点で交わるとき，定数 k の値の範囲を求めよ。

例題 5 点 A(3, 3) から，楕円 $x^2+2y^2=2$ に引いた接線の方程式を求めよ。

解答 求める接線は x 軸に垂直でないから，その傾きを m とすると，接線の方程式は

$$y-3=m(x-3)$$

すなわち $y=m(x-3)+3$

とおける。

$x^2+2y^2=2$ に代入すると

$$x^2+2\{m(x-3)+3\}^2=2$$

整理すると

$$(2m^2+1)x^2-12m(m-1)x+18(m-1)^2-2=0 \quad \cdots\cdots ①$$

2次方程式 ① の判別式を D とすると

$$\frac{D}{4}=\{-6m(m-1)\}^2-(2m^2+1)\{18(m-1)^2-2\}$$

$$=-2(m-2)(7m-4)$$

楕円と直線が接するための必要十分条件は $D=0$ であるから

$$m=2, \frac{4}{7}$$

よって，接線の方程式は $y=2x-3, \ y=\dfrac{4}{7}x+\dfrac{9}{7}$ **答**

上の例題 5 において，接点の x 座標は ① の重解 $x=\dfrac{6m(m-1)}{2m^2+1}$ である。これに $m=2, \dfrac{4}{7}$ を代入して接点の x 座標が得られる。

練習 18 点 A(0, 3) から，楕円 $x^2+4y^2=4$ に引いた接線の方程式を求めよ。また，その接点の座標を求めよ。

■ 2次曲線の接線の方程式

次の楕円上の点 $P(x_1, y_1)$ における接線の方程式を求めてみよう。

$$\frac{x^2}{a^2} + \frac{y^2}{b^2} = 1 \qquad \cdots\cdots ①$$

[1] 点Pが x 軸上にないとき，Pにおける楕円 ① の接線の方程式を

$$y = m(x - x_1) + y_1 \qquad \cdots\cdots ②$$

とおき，② を ① に代入して整理し，その定数項を k とすると

$$(a^2m^2 + b^2)x^2 - 2a^2m(mx_1 - y_1)x + k = 0 \qquad \cdots\cdots ③$$

直線 ② は，Pにおいて楕円 ① に接するから，$x = x_1$ は 2 次方程式

③ の重解で

$$x_1 = \frac{a^2m(mx_1 - y_1)}{a^2m^2 + b^2}$$

m について解くと，Pは x 軸上にないから，$y_1 \neq 0$ で $\quad m = -\dfrac{b^2x_1}{a^2y_1}$

これを ② に代入して整理すると $\quad \dfrac{x_1x}{a^2} + \dfrac{y_1y}{b^2} = \dfrac{x_1^2}{a^2} + \dfrac{y_1^2}{b^2}$

$P(x_1, y_1)$ は楕円 ① 上にあるから $\quad \dfrac{x_1^2}{a^2} + \dfrac{y_1^2}{b^2} = 1$

したがって，接線の方程式は $\quad \dfrac{x_1x}{a^2} + \dfrac{y_1y}{b^2} = 1$

[2] 点Pが x 軸上にあるときも，接線はこの方程式で与えられる。

同様にして，双曲線 $\dfrac{x^2}{a^2} - \dfrac{y^2}{b^2} = 1$ 上の点 $P(x_1, y_1)$ における接線の

方程式は，$\dfrac{x_1x}{a^2} - \dfrac{y_1y}{b^2} = 1$ となることがわかる。

練習 19 ▶ 次の楕円，双曲線上の与えられた点における接線の方程式を求めよ。

(1) $\dfrac{x^2}{8} + \dfrac{y^2}{4} = 1$, $(2, \sqrt{2})$ $\qquad$ (2) $x^2 - y^2 = 5$, $(-3, 2)$

応用例題 **2** 放物線 $y^2=4px$ 上の点 $P(x_1, y_1)$ における接線の方程式は，次の式で与えられることを示せ。

$$y_1y=2p(x+x_1)$$

証明 $y^2=4px$ …… ①， $y_1y=2p(x+x_1)$ …… ②

①，②から x を消去すると

$$y^2-2y_1y+4px_1=0 \quad \cdots\cdots ③$$

点Pは放物線①上にあるから $y_1{}^2=4px_1$

ゆえに $y^2-2y_1y+y_1{}^2=0$

すなわち $(y-y_1)^2=0$

よって，2次方程式③は，重解 $y=y_1$ をもつ。

したがって，直線②は，放物線①上の点 $P(x_1, y_1)$ における接線である。   **終**

練習 20 ▶ 次の放物線上の与えられた点における接線の方程式を求めよ。

(1) $y^2=8x$, $(5, 2\sqrt{10})$ (2) $y^2=-3x$, $\left(-\dfrac{16}{3}, 4\right)$

接線の方程式についてまとめると，次のようになる。

2次曲線の接線の方程式

$a>0$，$b>0$，$p \neq 0$ とする。

曲線上の点 (x_1, y_1) における接線の方程式は次のように表される。

[1]   楕円 $\dfrac{x^2}{a^2}+\dfrac{y^2}{b^2}=1$ の接線の方程式は $\dfrac{x_1x}{a^2}+\dfrac{y_1y}{b^2}=1$

[2]   双曲線 $\dfrac{x^2}{a^2}-\dfrac{y^2}{b^2}=1$ の接線の方程式は $\dfrac{x_1x}{a^2}-\dfrac{y_1y}{b^2}=1$

[3]   放物線 $y^2=4px$ の接線の方程式は $y_1y=2p(x+x_1)$

応用例題 3 放物線 $y^2=4px$ の焦点を通る直線が，この放物線と異なる 2 点 A，B で交わるとき，2 点 A，B における接線は直交することを証明せよ。

考え方 焦点 $(p, 0)$ を通る直線の方程式は，$x-p=m(y-0)$ とおける。

証明 焦点 $(p, 0)$ を通る直線の方程式を $x=my+p$ とおく。

2 点 A，B の座標を，それぞれ (x_1, y_1)，(x_2, y_2) とすると，$y_1 \neq 0$，$y_2 \neq 0$ である。

A における接線の方程式は
$$y_1 y=2p(x+x_1)$$

その傾きは $\dfrac{2p}{y_1}$

B における接線の方程式は
$$y_2 y=2p(x+x_2)$$

その傾きは $\dfrac{2p}{y_2}$

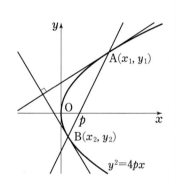

y_1，y_2 は，次の 2 次方程式の実数解である。

$$y^2=4p(my+p) \quad \text{すなわち} \quad y^2-4mpy-4p^2=0$$

このとき，解と係数の関係により $y_1 y_2=-4p^2$

よって，接線の傾きの積について $\dfrac{2p}{y_1}\cdot\dfrac{2p}{y_2}=\dfrac{4p^2}{-4p^2}=-1$

したがって，2 点 A，B における接線は直交する。 終

練習 21 応用例題 3 において，2 点 A，B における接線の交点は，放物線 $y^2=4px$ の準線上にあることを証明せよ。

練習 22 放物線 $y^2=4px$ 上の異なる 2 点 A，B における接線の交点を Q，線分 AB の中点を M とする。直線 QM は y 軸に垂直であることを示せ。

放物線の焦点の性質

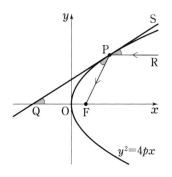

放物線 $y^2=4px$ 上の点 $P(x_1,\ y_1)$ における接線 $y_1y=2p(x+x_1)$ と x 軸との交点を Q，放物線 $y^2=4px$ の焦点をF とする。ただし，P は原点O とは異なるものとする。

焦点F の座標は $(p,\ 0)$ であるから
$$FP=\sqrt{(x_1-p)^2+y_1{}^2}$$
$y_1{}^2=4px_1$ であるから
$$\begin{aligned} FP&=\sqrt{(x_1-p)^2+4px_1}\\ &=\sqrt{(x_1+p)^2}\\ &=|x_1+p| \end{aligned}$$

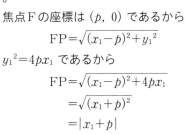

一方，接線の方程式 $y_1y=2p(x+x_1)$ において，$y=0$ とすると
$$x=-x_1$$
よって，点Q の座標は $(-x_1,\ 0)$ となり
$$FQ=|x_1+p|$$
したがって，FP＝FQ であり，△FPQ は二等辺三角形であるから
$$\angle FPQ=\angle FQP \quad \cdots\cdots ①$$
が成り立つ。

また，図のように，接線 $y_1y=2p(x+x_1)$ 上に点S をとり，x 軸に平行な直線 PR を引くと
$$\angle RPS=\angle FQP \quad \cdots\cdots ②$$
①，②から，$\angle RPS=\angle FPQ$ であるから，RP とFP は，P における接線 PS と等しい角をなすことがわかる。

このことは，図のように，放物線の軸に平行に進む光線が，放物線に当たって反射すると，すべて焦点F に集まることを意味している。

6. 2次曲線の離心率と準線

定点と定直線からの距離の比が一定である点の軌跡について考えよう。

原点Oと直線 $x=3$ からの距離の比が一定で，$e:1$ である点Pの軌跡 C を，$e=\dfrac{1}{2}$，$e=2$ の各場合について求めてみよう。

5　　点 $\mathrm{P}(x, y)$ から直線 $x=3$ に引いた垂線を PH とすると

$$\mathrm{OP:PH}=e:1$$

ここで　$\mathrm{OP}=\sqrt{x^2+y^2}$,

$$\mathrm{PH}=|x-3|$$

10　　よって　$\sqrt{x^2+y^2}=e|x-3|$

この両辺を2乗して整理すると

$$(1-e^2)x^2+y^2+6e^2x-9e^2=0 \qquad \cdots\cdots ①$$

$\underline{e=\dfrac{1}{2}}$ を ① に代入して整理すると　$\dfrac{(x+1)^2}{4}+\dfrac{y^2}{3}=1$

よって，曲線 C は，楕円 $\dfrac{x^2}{4}+\dfrac{y^2}{3}=1$ を x 軸方向に -1 だけ平行

15　　移動した楕円である。

$\underline{e=2}$ を ① に代入して整理すると　$\dfrac{(x-4)^2}{4}-\dfrac{y^2}{12}=1$

よって，曲線 C は，双曲線 $\dfrac{x^2}{4}-\dfrac{y^2}{12}=1$ を x 軸方向に 4 だけ平行

移動した双曲線である。

練習 23 ▶ 点 $\mathrm{F}(4, 0)$ と直線 $x=1$ からの距離の比が $2:1$ である点Pの軌跡
20　　を求めよ。

前のページにおいて，$e=1$ のとき，曲線 C は放物線である。その方程式は，① に $e=1$ を代入して整理すると

$$y^2 = -6\left(x - \frac{3}{2}\right)$$

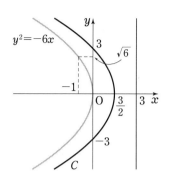

この曲線 C は，放物線 $y^2 = -6x$ を x 軸方向に $\dfrac{3}{2}$ だけ平行移動した放物線である。

また，放物線の定義から，放物線 C の焦点は原点 O，準線は直線 $x=3$ であることがわかる。

練習 24 ▶ 前のページで求めた点 P の軌跡である楕円，双曲線について，原点 O は，それぞれの 2 次曲線の焦点の 1 つであることを示せ。

一般に，定点 F と，F を通らない定直線 ℓ からの距離の比が $e:1$ と一定である点 P の軌跡は，e の値によって，次のようになる。

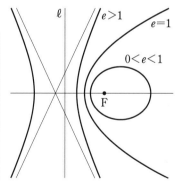

0 < e < 1 のとき

　F を焦点の 1 つとする楕円

$e=1$ のとき

　F を焦点，ℓ を準線とする放物線

e > 1 のとき

　F を焦点の 1 つとする双曲線

したがって，e の値によって，点 P の軌跡は，楕円，放物線，双曲線のいずれかになる。

この e の値を，2 次曲線の **離心率** といい，直線 ℓ を **準線** という。

7. 曲線の媒介変数表示

媒介変数表示

たとえば，放物線 $y=x^2$ は，実数 t に対して，点 $(t,\ t^2)$ 全体の表す
図形であるから，この放物線は，次のように表すことができる。

$$x=t,\ y=t^2$$

一般に，曲線 C 上の点 P$(x,\ y)$ の座
標 $x,\ y$ が，ある変数 t を用いて

$$x=f(t),\ y=g(t)$$

と表されているとき，このような表し
方を，曲線 C の **媒介変数表示** または
パラメータ表示 といい，変数 t をその
媒介変数 または **パラメータ** という。

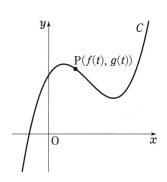

例 5
(1) $x=t-1,\ y=2t^2+3$ と媒介変数表示される曲線。

2 つの式から t を消去すると $\quad y=2(x+1)^2+3$

よって，求める曲線は $\quad$ 放物線 $y=2(x+1)^2+3$

(2) $x=\sqrt{t}\,,\ y=t+1$ と媒介変数表示される曲線。

$x=\sqrt{t}$ であるから，$x\geqq 0$ で $\quad x^2=t$

これと，$y=t+1$ から $\quad\quad\quad y=x^2+1$

よって，求める曲線は $\quad$ 放物線の一部 $y=x^2+1\ (x\geqq 0)$

注意 曲線の媒介変数表示は 1 通りではない。

練習 25 次の媒介変数表示は，どのような曲線を表すか。

(1) $x=2t+1,\ y=t^2-1$ $\qquad$ (2) $x=\sqrt{t}-1,\ y=2t$

円と楕円の媒介変数表示

原点Oを中心とする半径 a の円

$$x^2+y^2=a^2$$

上の点 $P(x, y)$ に対して，動径 OP の表

5 す一般角を θ とすると

$$x=a\cos\theta, \qquad y=a\sin\theta$$

これは，原点Oを中心とする半径 a の

円の θ を媒介変数とする媒介変数表示である。

また，楕円 $\dfrac{x^2}{a^2}+\dfrac{y^2}{b^2}=1$ は，円 $x^2+y^2=a^2$ を x 軸をもとにして

10 y 軸方向に $\dfrac{b}{a}$ 倍に縮小または拡大した曲線であるから

$$x=a\cos\theta, \qquad y=\dfrac{b}{a}\cdot a\sin\theta$$

となる。

よって，楕円 $\dfrac{x^2}{a^2}+\dfrac{y^2}{b^2}=1$ は，次のように媒介変数表示される。

$$x=a\cos\theta, \qquad y=b\sin\theta$$

15 注意 角 θ を媒介変数とする場合，θ は弧度法で表された角とする。

例 6

(1) 角 θ を媒介変数とすると，円 $x^2+y^2=25$ は
$x=5\cos\theta,\ y=5\sin\theta$ と表される。

(2) 角 θ を媒介変数とすると，楕円 $\dfrac{x^2}{9}+\dfrac{y^2}{4}=1$ は
$x=3\cos\theta,\ y=2\sin\theta$ と表される。

20 練習 26 ▶ 上と同様に考えて，角 θ を媒介変数として，次の円と楕円を表せ。

(1) $x^2+y^2=4$

(2) $\dfrac{x^2}{16}+\dfrac{y^2}{9}=1$

双曲線の媒介変数表示

双曲線 $x^2-y^2=1$ の媒介変数表示について考えてみよう。

三角関数について

$$1+\tan^2\theta=\frac{1}{\cos^2\theta}$$

5　　すなわち　　$\dfrac{1}{\cos^2\theta}-\tan^2\theta=1$

が成り立つから　　　　$x=\dfrac{1}{\cos\theta}$，$y=\tan\theta$ …… ①

とおくと，点 $P(x,\ y)$ は，双曲線 $x^2-y^2=1$ 上にある。

　　また，右の図のように，単位円上の点
$Q(\cos\theta,\ \sin\theta)$ に対して，2点

10　　　　　$R(1,\ \tan\theta)$

　　　　　$S\left(\dfrac{1}{\cos\theta},\ 0\right)$

をとり，図のように点 $P(x,\ y)$ を定め
ると ① が成り立つ。

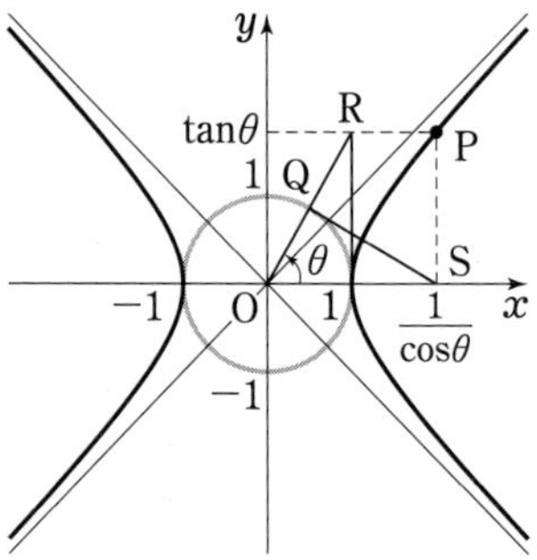

　　ここで，θ が変化するとき $\cos\theta$ の値は -1 以上 1 以下の値をすべ

15　てとるから，$-1\leqq\cos\theta\leqq1$ より　　$\dfrac{1}{\cos\theta}\leqq-1$，$1\leqq\dfrac{1}{\cos\theta}$

また，$\tan\theta$ は任意の実数値をとる。

　　よって，θ が変化して点Qが単位円上を動くとき，点 $P(x,\ y)$ は，
双曲線 $x^2-y^2=1$ の全体を動く。

　　たとえば，$0<\theta<\dfrac{\pi}{2}$ のとき，点Pは双曲線の第1象限の部分を動き，

20　$\dfrac{\pi}{2}<\theta<\pi$ のとき，点Pは双曲線の第3象限の部分を動く。

　　したがって，① は，双曲線 $x^2-y^2=1$ の媒介変数表示を与える。

一般に，双曲線 $\dfrac{x^2}{a^2} - \dfrac{y^2}{b^2} = 1$ において，$X = \dfrac{x}{a}$，$Y = \dfrac{y}{b}$ とおくと，$X^2 - Y^2 = 1$ となる。

双曲線 $X^2 - Y^2 = 1$ は，媒介変数 θ を用いて，

$X = \dfrac{1}{\cos\theta}$，$Y = \tan\theta$ と表されるから，双曲線 $\dfrac{x^2}{a^2} - \dfrac{y^2}{b^2} = 1$ の媒介変

5　数表示は，次のようになる。

$$x = \dfrac{a}{\cos\theta}, \qquad y = b\tan\theta$$

練習 27 ▶ 上と同様に考えて，角 θ を媒介変数として，次の双曲線を表せ。

(1) $\dfrac{x^2}{25} - \dfrac{y^2}{9} = 1$　　　　　(2) $x^2 - 4y^2 = 4$

■ 放物線の媒介変数表示

10　ある直線群との交点を考えて，放物線を媒介変数表示してみよう。

放物線　$y^2 = 4px$　……　①

に対して，x 軸に平行な

直線　$y = 2pt$　……　②

の集まりを考えると，t の値によって，

15　放物線 ① と直線 ② の交点 P(x, y) が定

まり　　$x = pt^2$，$y = 2pt$

これら交点の全体は，放物線 ① を表す。

したがって，放物線 $y^2 = 4px$ は，次のように媒介変数表示される。

$$x = pt^2, \qquad y = 2pt$$

20　練習 28 ▶ 上と同様に考えて，次の放物線を媒介変数 t を用いて表せ。

(1) $y^2 = 8x$　　　　　　(2) $y^2 = -4x$

分数式による媒介変数表示

　双曲線 $x^2-y^2=1$ とこの双曲線の漸近線に平行な直線との交点の全体について考え，媒介変数を用いて表してみよう。

　　双曲線　$x^2-y^2=1$　　……　①

に対して，この双曲線の漸近線に平行な

　　直線　　$y=-x+t$　　……　②

の集まりを考えると，$t \neq 0$ のとき，双曲線 ① と直線 ② の交点の全体は，双曲線 ① を表す。

　　①，② から y を消去すると

$$x^2-(-x+t)^2=1$$

整理すると　　$2tx=t^2+1$

$t \neq 0$ であるから　　$x=\dfrac{t^2+1}{2t}=\dfrac{1}{2}\left(t+\dfrac{1}{t}\right)$

このとき　　　　$y=-\dfrac{1}{2}\left(t+\dfrac{1}{t}\right)+t=\dfrac{1}{2}\left(t-\dfrac{1}{t}\right)$

　したがって，双曲線 ① は次のようにも媒介変数表示される。

$$x=\dfrac{1}{2}\left(t+\dfrac{1}{t}\right), \quad y=\dfrac{1}{2}\left(t-\dfrac{1}{t}\right)$$

練習 29 ▶ 放物線 $y^2=4px$ と直線 $y=tx$ の交点の全体を考え，この放物線から原点を除いた部分を，t を媒介変数として表せ。

練習 30 ▶ 円 $x^2+y^2=1$ と直線 $y=t(x+1)$ との交点の全体を考え，この円から点 $(-1, 0)$ を除いた部分を，t を媒介変数として表せ。

媒介変数で表された曲線の平行移動

媒介変数で表された曲線がどのような曲線を表すか考えてみよう。

例題 6　次の媒介変数表示は，どのような曲線を表すか。
$$x=2\cos\theta-1, \quad y=3\sin\theta+2$$

[考え方]　$\sin\theta$, $\cos\theta$ を x, y で表し，$\sin^2\theta+\cos^2\theta=1$ に代入する。

解答
$$\sin\theta=\frac{y-2}{3}, \quad \cos\theta=\frac{x+1}{2}$$

であるから，これらを $\sin^2\theta+\cos^2\theta=1$ に代入すると
$$\frac{(x+1)^2}{2^2}+\frac{(y-2)^2}{3^2}=1$$

よって，求める曲線は
$$楕円 \quad \frac{(x+1)^2}{2^2}+\frac{(y-2)^2}{3^2}=1 \quad \boxed{答}$$

例題 6 の曲線は「$x=2\cos\theta$, $y=3\sin\theta$」と媒介変数表示される楕円を，x 軸方向に -1，y 軸方向に 2 だけ平行移動した曲線である。

一般に，媒介変数表示された曲線 $x=f(t)$, $y=g(t)$ を，x 軸方向に p，y 軸方向に q だけ平行移動した曲線は，次の式で与えられる。
$$x=f(t)+p, \quad y=g(t)+q$$

練習 31　次の媒介変数表示は，どのような曲線を表すか。

(1)　$x=\cos\theta+3$, $y=\sin\theta-2$

(2)　$x=4\cos\theta-2$, $y=3\sin\theta+1$

(3)　$x=\dfrac{3}{\cos\theta}+1$, $y=2\tan\theta+3$

■ サイクロイド

半径が一定の円Cが，定直線上をすべることなく回転していくとき，円周上の定点Pが描く曲線を **サイクロイド** という。

円Cの半径をaとして，サイクロイドの媒介変数表示を求めてみよう。

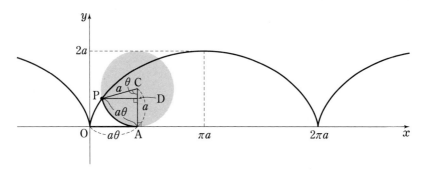

上の図のように，定直線をx軸，Pの最初の位置を原点Oとし，円Cが角θだけ回転したときのPの座標を(x, y)とする。また，円Cとx軸との接点をAとし，Pから CA に引いた垂線を PD とする。

このとき，$\mathrm{OA}=\overset{\frown}{\mathrm{PA}}=a\theta$ であるから，図において

$$x=\mathrm{OA}-\mathrm{PD}=a\theta-a\sin\theta$$
$$y=\mathrm{AC}-\mathrm{DC}=a-a\cos\theta$$

この結果は，θがどのような大きさの角であっても成り立つ。

したがって，サイクロイドの媒介変数表示は，次のようになる。

$$x=a(\theta-\sin\theta), \quad y=a(1-\cos\theta)$$

練習 **32** サイクロイド $x=2(\theta-\sin\theta)$，$y=2(1-\cos\theta)$ において，θ が次の値をとったときの点の座標を求めよ。

(1) $\theta=\dfrac{\pi}{6}$ $\qquad$ (2) $\theta=\dfrac{\pi}{2}$ $\qquad$ (3) $\theta=\pi$

8. 極座標と極方程式

　これまでは，平面上に直交する2つの軸をとり，平面上の点を表してきた。このように表した座標を **直交座標** という。

　一方，平面上に点Oと半直線OXを定めると，この平面上の任意の
5　点Pの位置は，線分OPの長さ r と，半直線OPがOXとなす角 θ によって決まる。

　このとき，2つの数の組 $(r,\ \theta)$ を，
点Pの **極座標** といい，基準にとった
点Oを **極**，半直線OXを **始線** という。
10　また，角 θ を **偏角** という。

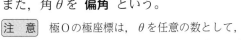

注意 極Oの極座標は，θ を任意の数として，
　　　$(0,\ \theta)$ と定める。なお，θ は弧度法で表した一般角である。

　整数 n に対して，点 $(r,\ \theta)$ と点 $(r,\ \theta+2n\pi)$ は同じ点を表しているので，点Pの極座標は1通りには定まらない。しかし，極Oと異なる点
15　の極座標は，θ の値の範囲を制限して，たとえば，$0\le\theta<2\pi$ とすると，ただ1通りに定まる。

　直交座標を用いた座標平面においては，
原点Oを極，x 軸の正の部分を始線として
極座標を考える。

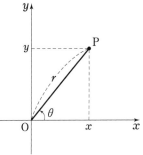

20　このとき，点Pの極座標 $(r,\ \theta)$ と直交
座標 $(x,\ y)$ の間には，次の関係がある。

極座標と直交座標

[1]　$x=r\cos\theta,\qquad y=r\sin\theta$

[2]　$r=\sqrt{x^2+y^2},\qquad r\neq0$ のとき　$\cos\theta=\dfrac{x}{r},\qquad \sin\theta=\dfrac{y}{r}$

例 7 極座標が $\left(2, \dfrac{\pi}{6}\right)$ である点Pの直交座標 (x, y) を求める。

$r=2,\ \theta=\dfrac{\pi}{6}$ であるから

$$x=r\cos\theta=2\cos\dfrac{\pi}{6}=\sqrt{3}$$

$$y=r\sin\theta=2\sin\dfrac{\pi}{6}=1$$

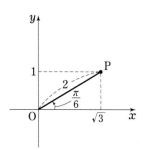

5　　よって，Pの直交座標は　$(\sqrt{3},\ 1)$

練習 33 極座標が次のような点の直交座標 (x, y) を求めよ。

(1) $\left(4, \dfrac{\pi}{3}\right)$　　　　(2) $\left(\sqrt{2}, \dfrac{3}{4}\pi\right)$　　　　(3) $\left(3, \dfrac{7}{6}\pi\right)$

例 8 直交座標が $(-1, \sqrt{3})$ である点Pの極座標 (r, θ) を求める。
ただし，$0\leqq\theta<2\pi$ とする。

10　　$x=-1,\ y=\sqrt{3}$ であるから

$$r=\sqrt{x^2+y^2}=2$$

$$\cos\theta=\dfrac{x}{r}=-\dfrac{1}{2}$$

$$\sin\theta=\dfrac{y}{r}=\dfrac{\sqrt{3}}{2}$$

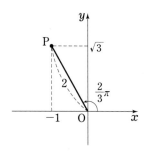

$0\leqq\theta<2\pi$ より　$\theta=\dfrac{2}{3}\pi$

15　　よって，Pの極座標は　　$\left(2, \dfrac{2}{3}\pi\right)$

練習 34 直交座標が次のような点の極座標 (r, θ) を求めよ。ただし，
$0\leqq\theta<2\pi$ とする。

(1) $(1, \sqrt{3})$　　　　(2) $(-1, 0)$　　　　(3) $(-2\sqrt{3}, -2)$

極方程式

　平面上の曲線が，その極座標 (r, θ) を用いて，方程式 $r=f(\theta)$ や $F(r, \theta)=0$ で表されるとき，その方程式を曲線の **極方程式** という。

　たとえば，極 O を中心とする半径 5 の円の極方程式は，次のようになる。

$$r=5$$

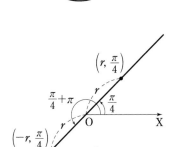

　極方程式においては，$r>0$ のとき，点 $(-r, \theta)$ は，点 $(r, \theta+\pi)$ を表すものとして，r が負である極座標の点も考える。

　このように考えると，極方程式

$$\theta=\frac{\pi}{4}$$

は，極 O を通り，始線 OX とのなす角が $\frac{\pi}{4}$ である直線を表す。

 例 9　中心 A の極座標が $(a, 0)$，半径が a である円 C の極方程式は，右の図からもわかるように

$$r=2a\cos\theta$$

注意　r が負である極座標の点も考えることで，どんな θ の値に対しても，円 C 上の点が定まる。

 練習 35　次の極方程式は，どんな図形を表すか答えよ。

(1)　$r=2$　　　　(2)　$\theta=\frac{2}{3}\pi$　　　　(3)　$r=4\cos\theta$

例題 7 極座標が $\left(3, \dfrac{\pi}{6}\right)$ である点Aを通り，OA に垂直な直線 ℓ の極方程式を求めよ。

解答 直線 ℓ 上の任意の点Pの極座標を (r, θ) とする。

このとき，$\cos \angle \mathrm{POA} = \dfrac{\mathrm{OA}}{\mathrm{OP}}$

であるから

$$\cos\left(\theta - \dfrac{\pi}{6}\right) = \dfrac{3}{r}$$

よって，直線 ℓ の極方程式は

$$r\cos\left(\theta - \dfrac{\pi}{6}\right) = 3 \quad \boxed{答}$$

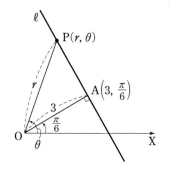

練習 36 極座標が $(2, 0)$ である点Aを通り，始線に垂直な直線 ℓ の極方程式を求めよ。

直交座標に関する方程式で与えられた曲線を極方程式で表してみよう。

例題 8 双曲線 $x^2 - y^2 = 2$ を極方程式で表せ。

解答 極座標 (r, θ) と直交座標 (x, y) について，
$$x = r\cos\theta, \quad y = r\sin\theta$$
が成り立つから，これらを $x^2 - y^2 = 2$ に代入すると
$$r^2(\cos^2\theta - \sin^2\theta) = 2$$
よって，求める極方程式は $\quad r^2\cos 2\theta = 2 \quad \boxed{答}$

練習 37 次の曲線を極方程式で表せ。

(1) $xy = 2$ (2) $x^2 + y^2 - 2x - 3 = 0$

極方程式で表された曲線を直交座標に関する方程式で表してみよう。

例題 9 次の極方程式の表す曲線を，直交座標に関する方程式で表せ。

$$r=2(\sin\theta-\cos\theta)$$

解答 $r=2(\sin\theta-\cos\theta)$ の両辺に r を掛けると

$$r^2=2(r\sin\theta-r\cos\theta) \quad\cdots\cdots ①$$

極座標 $(r,\ \theta)$ と直交座標 $(x,\ y)$ について

$$r^2=x^2+y^2, \quad x=r\cos\theta, \quad y=r\sin\theta$$

であるから，これらを ① に代入すると

$$x^2+y^2=2(y-x)$$

よって，求める方程式は $\quad x^2+y^2+2x-2y=0$ **答**

例題 9 で得られた方程式を変形すると

$$(x+1)^2+(y-1)^2=2$$

これは，点 $(-1,\ 1)$ を中心とする半径 $\sqrt{2}$ の円であり，原点Oを通る。

また，点 $(-1,\ 1)$ を極座標で表すと

$$\left(\sqrt{2},\ \frac{3}{4}\pi\right)$$

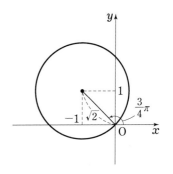

よって，極方程式 $r=2(\sin\theta-\cos\theta)$ の表す曲線は，点 $\left(\sqrt{2},\ \frac{3}{4}\pi\right)$ を中心とし，極Oを通る円であることがわかる。

練習 38 次の極方程式の表す曲線を，直交座標に関する方程式で表せ。また，それがどんな曲線であるか答えよ。

(1) $r^2\sin\theta\cos\theta=1$ (2) $r=2\sin\theta$ (3) $r=2\cos\theta-4\sin\theta$

応用例題 4　点Aの極座標を $(a, 0)$，$a \neq 0$ とし，Aを通り始線 OX に垂直な直線を ℓ とする。このとき，極Oと直線 ℓ からの距離の比が，$e : 1$ と一定である点の軌跡 C は，$0 < e < 1$ のとき楕円である。この楕円 C の極方程式を求めよ。

5　**解答**　楕円 C 上の任意の点Pの極座
　　標を (r, θ) とする。

　　Pから直線 ℓ に引いた垂線を
　　PH とすると

　　　　OP : PH $= e : 1$

10　　　　OP $= r$，　PH $= a - r\cos\theta$

　　よって　　$r = e(a - r\cos\theta)$

　　したがって，楕円 C の極方程式は　　$r = \dfrac{ae}{1 + e\cos\theta}$　**答**

　　応用例題 4 において，曲線 C は，極Oを焦点の 1 つとし，直線 ℓ を準線とする楕円で，定数 e はその離心率である。（$p.59$ 練習 24 参照）

15　**練習 39**　点Aの極座標を $(2, 0)$ とする。焦点が極Oで，Aを通り始線 OX に垂直な直線を準線とする放物線の極方程式を求めよ。

　　応用例題 4 で求めた曲線 $r = \dfrac{ae}{1 + e\cos\theta}$ は，e の値によって，次のようになる。

$0 < e < 1$ のとき	極Oを焦点の 1 つとする楕円
$e = 1$ のとき	極Oを焦点，直線 ℓ を準線とする放物線
$e > 1$ のとき	極Oを焦点の 1 つとする双曲線

極方程式を用いると簡単な式で表され
る曲線がある。

$a>0$ のとき，極方程式

$$r=a\theta \ (\theta \geqq 0)$$

5 の表す曲線は **アルキメデスの渦巻線** と
よばれ，その概形は右の図のようになる。

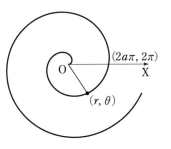

a を有理数とするとき，極方程式 $r=\sin a\theta$ で表される曲線を
正葉曲線 という。正葉曲線は，a の値によって，次のようになる。

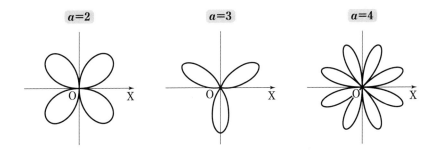

極方程式 $r=a+b\cos\theta$ で表される曲線を **リマソン** という。

10 特に，$a=b$ のとき，極方程式 $r=a(1+\cos\theta)$ で表される曲線を
カージオイド という。リマソンは，a，b の値によって，次のようにな
る。

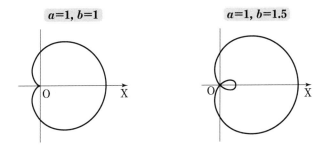

1 次のような 2 次曲線の方程式を求めよ。

(1) 頂点が原点，焦点が x 軸上にあり，点 $(-1, -4)$ を通る放物線

(2) 長軸が x 軸上，短軸が y 軸上にあり，それぞれの長さが 12，6 である楕円

(3) 漸近線が 2 直線 $y=2x$，$y=-2x$ で，点 $(1, 0)$ を通る双曲線

2 中心が $C(-3, 0)$，半径が 2 の円に外接し，直線 $x=1$ に接する円の中心 P の軌跡は，放物線であることを示せ。また，この放物線の方程式と，焦点の座標，準線の方程式を求めよ。

3 曲線 $x^2-9y^2-6x=0$ は双曲線であることを示し，その中心の座標，焦点の座標，漸近線の方程式を求めよ。

4 楕円 $\dfrac{x^2}{4}+\dfrac{y^2}{9}=1$ と直線 $2x+y+k=0$ が異なる 2 点で交わるように，定数 k の値の範囲を定めよ。

5 次の 2 次曲線に，与えられた点から引いた接線の方程式を求めよ。

(1) $x^2+3y^2=12$ $(-1, 3)$ (2) $y^2=4x$ $(-4, 0)$

6 点 $A(3, 0)$ と直線 $x=1$ からの距離の比が一定で，$1:\sqrt{3}$ となるような点 P の軌跡は 2 次曲線である。その方程式と焦点の座標を求めよ。

7 次の媒介変数表示は，どのような曲線を表すか。

(1) $x=2t^2-3$, $y=t-1$ (2) $x=2+\sin\theta$, $y=4\cos^2\dfrac{\theta}{2}$

8 a は正の数とする。極方程式 $r=2a\cos(a-\theta)$ の表す曲線を，直交座標に関する方程式で表せ。また，それがどんな曲線であるか答えよ。

演習問題 A

1 座標平面上の放物線 C_1，C_2 が次の条件を満たすとき，C_1 と C_2 の方程式を求めよ。

(A) C_1 は直線 $y=-1$ を準線とし，原点Oを頂点とする。

(B) C_2 は x 軸に垂直な直線を準線とし，原点Oを頂点とする。

(C) C_1，C_2 が交わる 2 点はどちらも直線 $y=-2x$ 上にある。

2 曲線 $4x^2+y^2-16x+8y+28=0$ は楕円であることを示し，この楕円と原点に関して対称な楕円の，中心の座標と焦点の座標を求めよ。

3 2 定点 F$(1,\ 1)$，F$'(-1,\ -1)$ に対して，次のような 2 次曲線の方程式を求めよ。

F，F$'$ からの距離の和が $2\sqrt{3}$ であるような点Pの軌跡である楕円

4 直線 $y=-x+k$ が，楕円 $\dfrac{x^2}{4}+y^2=1$ と異なる 2 点 A，B で交わるように動くとき，線分 AB の中点Pの軌跡を求めよ。

5 2 定点 A$(-a,\ 0)$，B$(a,\ 0)$ からの距離の積が a^2 である点Pの軌跡Cはレムニスケートとよばれ，その概形は図のようになる。

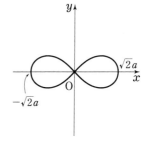

(1) レムニスケートCの方程式は，次の式で与えられることを示せ。

$$(x^2+y^2)^2=2a^2(x^2-y^2)$$

(2) レムニスケートCの極方程式を求めよ。

6 放物線 $y^2=4px$ について，次の問いに答えよ。

(1) 傾きが m である接線の方程式を求めよ。

(2) 直交する2つの接線の交点Pの軌跡を求めよ。

7 楕円 $\dfrac{x^2}{25}+\dfrac{y^2}{9}=1$ と双曲線 $\dfrac{x^2}{a^2}-\dfrac{y^2}{b^2}=1$ $(a>0,\ b>0)$ が交わり，その交点において接線が直交している。第1象限における交点の座標を $(x_0,\ y_0)$ とするとき，次の問いに答えよ。

(1) $\dfrac{9b^2{x_0}^2}{25a^2{y_0}^2}=1$ であることを示せ。

(2) a，b を，それぞれ x_0 を用いて表せ。

(3) この双曲線の焦点の座標を求めよ。

8 2直線 $y=2x-1$，$y=-2x-1$ と2点P，Qで交わる直線 $y=mx+1$ がある。線分PQの中点の座標を $(X,\ Y)$ とするとき，次の問いに答えよ。

(1) X，Y は，m を用いて，次のように表されることを示せ。

$$X=\frac{2m}{4-m^2}, \qquad Y=\frac{m^2+4}{4-m^2}$$

(2) 線分PQの中点は，どのような曲線上にあるか。

9 a を正の定数とするとき，極方程式

$$r=a(1+\cos\theta)$$

で表される曲線 C はカージオイドである。点Pがカージオイド C 上を動くとき，極座標が $(2a,\ 0)$ である点Aと点Pとの距離の最大値を求めよ。

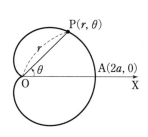

第3章　関数

↑ ワイエルシュトラス（1815 〜 1897）
ドイツの数学者。ワイエルシュトラスが行った研究が，
現代の解析学の基礎となった。

第3章

The proportional function $y=ax$ is a special kind of linear function, $y=ax+b$. In other words, proportional functions are subsets of linear functions. Similarly, the inverse proportional function $y=\dfrac{a}{x}$ is a particular kind of function that belongs to a larger family of functions, known as rational functions.

We will also study irrational functions. These are related to quadratic functions such as $y=ax^2+bx+c$. This relationship can best be understood after learning about the final topic of the chapter: inverse functions.

1. 分数関数

分数関数

$y=\dfrac{1}{x}$ や $y=\dfrac{3x+1}{x-2}$ などのように，$y=(x$の分数式$)$ の形で表された

関数を，x の **分数関数** という。

5 　分数式の分母は 0 にはならないから，x の分数関数の定義域は，分母を 0 にする x の値を除く実数全体である。

　この項目では，$y=\dfrac{ax+b}{cx+d}$ の形の分数関数について考えてみよう。

分数関数 $y=\dfrac{k}{x}$ のグラフ

　k を 0 でない定数とするとき，分数関数 $y=\dfrac{k}{x}$ のグラフは，下の図

10 　のような直角双曲線となる。

　この曲線は，x 軸と y 軸が漸近線であり，原点に関して対称である。

　また，分数関数 $y=\dfrac{k}{x}$ の定義域は $x\neq 0$，値域は $y\neq 0$ である。

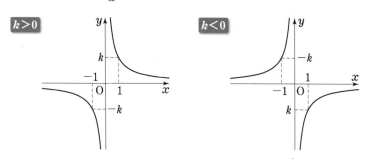

練習1 ▶ 次の分数関数のグラフをかけ。

(1)　$y=\dfrac{1}{x}$

(2)　$y=-\dfrac{4}{x}$

分数関数 $y=\dfrac{k}{x-p}+q$ のグラフ

一般に, 関数のグラフの平行移動について, 次のことが成り立つ。

> 関数 $y=f(x-p)+q$ のグラフは, 関数 $y=f(x)$ のグラフを
> **x軸方向にp, y軸方向にqだけ平行移動** したものである。

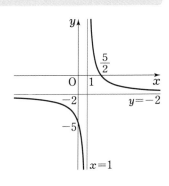

5　分数関数 $y=\dfrac{3}{x-1}-2$ のグラフは,

分数関数 $y=\dfrac{3}{x}$ のグラフを,

　x軸方向に 1, y軸方向に -2
だけ平行移動したものである。

　また, 定義域は $x\neq1$, 値域は $y\neq-2$,

10　漸近線は, 2直線 $x=1$, $y=-2$ である。

　一般に, 分数関数 $y=\dfrac{k}{x-p}+q$ について, 次のことが成り立つ。

分数関数 $y=\dfrac{k}{x-p}+q$ のグラフ

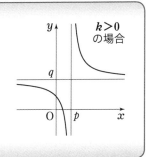

[1]　グラフは, $y=\dfrac{k}{x}$ のグラフを

　x軸方向にp, y軸方向にq
だけ平行移動したものである。

15　[2]　定義域は $x\neq p$, 値域は $y\neq q$

[3]　漸近線は　2直線 $x=p$, $y=q$

練習2 次の分数関数のグラフをかけ。また, その定義域, 値域, 漸近線を
求めよ。

20　(1) $y=\dfrac{6}{x}-2$　　　　(2) $y=-\dfrac{4}{x+2}$　　　　(3) $y=\dfrac{2}{x-1}-3$

分数関数 $y=\dfrac{ax+b}{cx+d}$ のグラフ

分数式 $\dfrac{-2x+1}{x-1}$ は，次のようにして $\dfrac{k}{x-p}+q$ の形に変形できる。

$$\dfrac{-2x+1}{x-1}=\dfrac{-2(x-1)-1}{x-1}=\dfrac{-1}{x-1}-2$$

練習 3 ▶ 次の分数式を $\dfrac{k}{x-p}+q$ の形に変形せよ。

(1) $\dfrac{4x+3}{x}$ 　　　　(2) $\dfrac{-5x-13}{x+3}$ 　　　　(3) $\dfrac{8-3x}{2-x}$

例題 1 分数関数 $y=\dfrac{-2x+1}{x-1}$ のグラフをかけ。また，その定義域，値域，漸近線を求めよ。

解答 　$\dfrac{-2x+1}{x-1}=\dfrac{-2(x-1)-1}{x-1}$

$\qquad\qquad\qquad =\dfrac{-1}{x-1}-2$

よって，この分数関数は

$$y=\dfrac{-1}{x-1}-2$$

したがって，グラフは，
右の図のようになる。　答

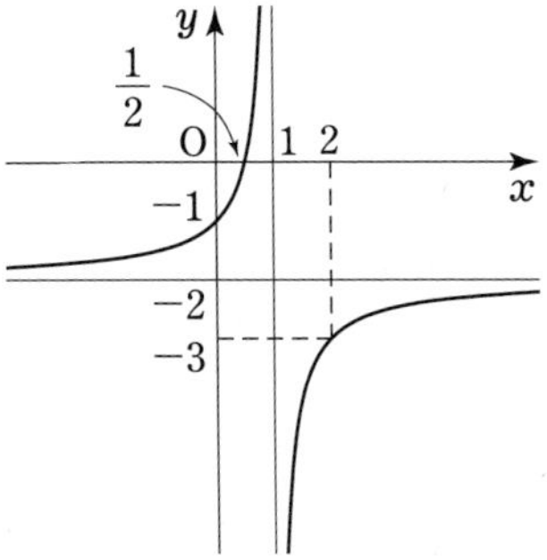

また，定義域は $x\neq1$，値域は $y\neq-2$，
　　　　漸近線は 2直線 $x=1$，$y=-2$　答

練習 4 ▶ 次の分数関数のグラフをかけ。また，その定義域，値域，漸近線を求めよ。

(1) $y=\dfrac{-3x}{x-2}$ 　　　　(2) $y=\dfrac{1-x}{x+2}$ 　　　　(3) $y=\dfrac{6x-5}{3x-3}$

分数関数のグラフと直線の共有点

分数関数のグラフと直線の共有点について考えてみよう。

応用例題 1 分数関数 $y=\dfrac{2}{x-1}$ のグラフと直線 $y=x$ の共有点の座標を求めよ。

解答 共有点の x 座標は，次の等式を満たす。

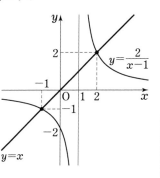

$$\frac{2}{x-1}=x$$

両辺に $x-1$ を掛けると

$$2=x(x-1)$$

整理すると $x^2-x-2=0$

よって $(x+1)(x-2)=0$

これを解くと $x=-1,\ 2$

共有点は，直線 $y=x$ 上に

あるから，共有点の座標は $(-1,\ -1),\ (2,\ 2)$ **答**

練習 5 次の分数関数のグラフと直線の共有点の座標を求めよ。

(1) $y=\dfrac{2x-4}{x-1},\ y=x-2$　　(2) $y=\dfrac{x+2}{2x+3},\ y=x$

たとえば，不等式 $\dfrac{2}{x-1}>x$ の解は，分数関数 $y=\dfrac{2}{x-1}$ のグラフが，直線 $y=x$ より上側にある部分の x の値の範囲である。

よって，応用例題 1 の結果とグラフを利用すると，この不等式の解は

$$x<-1,\ 1<x<2$$

練習 6 次の不等式を解け。

(1) $\dfrac{6}{x+1}>x$　　(2) $\dfrac{x-8}{x-2}\leqq -x+2$

2. 無理関数

無理関数とそのグラフ

多項式と分数式を合わせた有理式に対して，$\sqrt{x}$ や $\sqrt{2x-6}$ などのように，根号の中に文字を含む式を **無理式** といい，x についての無理
5　式で表された関数を，x の **無理関数** という。

根号の中の数は 0 以上であるから，無理関数の定義域は，根号の中が 0 以上となる実数全体である。

無理関数　$y=\sqrt{x}$　……　①
の定義域は $x \geqq 0$，値域は $y \geqq 0$ であ
10　る。

①の両辺を 2 乗すると

$$y^2 = x \quad \cdots\cdots \text{②}$$

②は，原点を頂点，x 軸を軸とする放物線を表している。

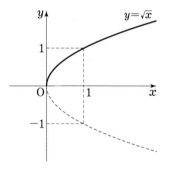

15　①の値域は $y \geqq 0$ であるから，①のグラフは，放物線②の x 軸より上側の部分である。ただし，原点を含む。

同様に考えて，無理関数 $y=-\sqrt{x}$ のグラフは，放物線②の x 軸より下
20　側の部分である。ただし，原点を含む。

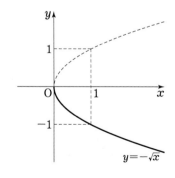

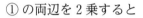

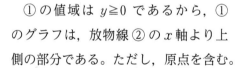

無理関数 $y=\sqrt{-x}$ のグラフは

$$y=\sqrt{x}$$

のグラフを y 軸に関して対称移動させたものである。

5 よって，$y=\sqrt{-x}$ のグラフは，右の図のようになる。

同様に考えて，無理関数 $y=-\sqrt{-x}$ のグラフは，右の図のようになる。

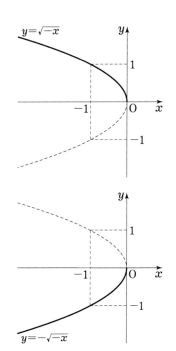

10 一般に，無理関数

$$y=\sqrt{ax}, \quad y=-\sqrt{ax}$$

のグラフは，右の図のようになる。

①：$y=\sqrt{ax} \quad (a>0)$

②：$y=-\sqrt{ax} \quad (a>0)$

15 ③：$y=\sqrt{ax} \quad (a<0)$

④：$y=-\sqrt{ax} \quad (a<0)$

① と ④ は単調に増加し，② と ③ は単調に減少する。

練習 7 次の無理関数のグラフをかけ。また，その定義域と値域を求めよ。

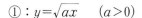

(1) $y=\sqrt{2x}$ (2) $y=-\sqrt{2x}$

20 (3) $y=\sqrt{-2x}$ (4) $y=-\sqrt{-2x}$

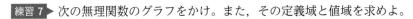

第3章

無理関数のグラフの平行移動

例題 2 無理関数 $y=\sqrt{3x-9}$ のグラフをかけ。また，その定義域と値域を求めよ。

解答 $y=\sqrt{3x-9}=\sqrt{3(x-3)}$

であるから，$y=\sqrt{3x-9}$ の

グラフは，$y=\sqrt{3x}$ のグラ

フを x 軸方向に 3 だけ平行

移動したものである。

よって，グラフは右の図のようになる。 **答**

また，定義域は $x\geqq3$，値域は $y\geqq0$ **答**

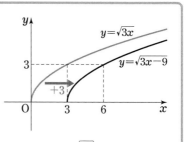

$a \neq 0$ のとき，$\sqrt{ax+b}=\sqrt{a\left(x+\dfrac{b}{a}\right)}$ であるから，$y=\sqrt{ax+b}$ は

$y=\sqrt{a(x-p)}$ の形に表すことができる。

一般に，無理関数 $y=\sqrt{a(x-p)}$ について，次のことが成り立つ。

無理関数のグラフ

[1] 無理関数 $y=\sqrt{a(x-p)}$ のグラフは，無理関数 $y=\sqrt{ax}$ のグラフを **x軸方向にpだけ平行移動** したものである。

[2] $a>0$ のとき，定義域は **$x\geqq p$**，値域は **$y\geqq0$**
$a<0$ のとき，定義域は **$x\leqq p$**，値域は **$y\geqq0$**

練習 8 次の無理関数のグラフをかけ。また，その定義域と値域を求めよ。

(1) $y=\sqrt{x-1}$　　　(2) $y=\sqrt{-2x-4}$　　　(3) $y=-\sqrt{3x-3}$

例題 **3** 次の関数のグラフをかけ。

(1) $y=\sqrt{x}+2$　　　　　　(2) $y=\sqrt{-2x+4}+1$

考え方 k を定数とするとき，関数 $y=f(x)+k$ のグラフは，$y=f(x)$ のグラフを y 軸方向に k だけ平行移動したものである。

解答 (1) $y=\sqrt{x}+2$ のグラフは，$y=\sqrt{x}$ のグラフを y 軸方向に 2 だけ平行移動したものである。

よって，グラフは下の図のようになる。　　答

(2) $y=\sqrt{-2x+4}+1=\sqrt{-2(x-2)}+1$ であるから，

$y=\sqrt{-2x+4}+1$ のグラフは，$y=\sqrt{-2x}$ のグラフを

x 軸方向に 2，y 軸方向に 1

だけ平行移動したものである。

よって，グラフは下の図のようになる。　　答

(1)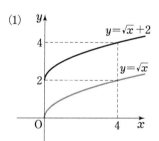

(2)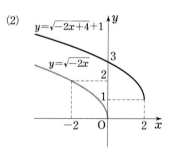

上のグラフから，次のことがわかる。

関数 $y=\sqrt{x}+2$ の　　　　定義域は $x\geqq0$，　値域は $y\geqq2$

関数 $y=\sqrt{-2x+4}+1$ の　定義域は $x\leqq2$，　値域は $y\geqq1$

練習 9 次の関数のグラフをかけ。また，その定義域と値域を求めよ。

(1) $y=\sqrt{-x}-1$　　　　　　(2) $y=-\sqrt{-2x-6}+2$

無理関数のグラフと直線の共有点

応用例題 2 無理関数 $y=\sqrt{x+2}$ のグラフと直線 $y=x$ の共有点の座標を求めよ。

解答 共有点の x 座標は，次の等式を満たす。

$$\sqrt{x+2}=x \quad \cdots\cdots ①$$

両辺を 2 乗すると $\quad x+2=x^2$

整理すると $\quad x^2-x-2=0$

よって $\quad (x+1)(x-2)=0$

これを解くと $\quad x=-1,\ 2$

$x=-1$ は，① を満たさない。

$x=2$ は，① を満たす。

よって，① の解は $\quad x=2 \quad$ このとき $\quad y=2$

したがって，共有点の座標は $\quad (2,\ 2) \quad$ **答**

注 意 応用例題 2 の解答において，方程式 $x+2=x^2$ から得られた解 $x=-1$ は，$y=-\sqrt{x+2}$ のグラフと直線 $y=x$ の共有点の x 座標となっている。
このように，得られた x の値がもとの方程式を満たすかどうかを，必ず調べなければならない。

　たとえば，不等式 $\sqrt{x+2}>x$ の解は，無理関数 $y=\sqrt{x+2}$ のグラフが直線 $y=x$ より上側にある部分の x の値の範囲である。

　よって，応用例題 2 の結果とグラフを利用すると，この不等式の解は

$$-2\leqq x<2$$

練習 10 次の問いに答えよ。

(1) 無理関数 $y=\sqrt{x+1}$ のグラフと直線 $y=-x+1$ の共有点の座標を求めよ。

(2) 不等式 $\sqrt{x+1}<-x+1$ を解け。

3. 逆関数と合成関数

逆関数

2つの変数 x, yについて，yはxの関数であるとする。このとき，逆に，xがyの関数であると考えられる場合がある。

例えば，$y=x+1$のとき，yはxの関数であるが，この式をxについて解くと $x=y-1$ となり，これはxがyの関数であることを示している。しかし，関数 $y=x^2$ の場合，これをxについて解くと

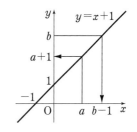

$$x=\pm\sqrt{y}$$

となり，$y>0$であるyの値に対して，対応するxの値がただ1つに定まらない。したがって，xはyの関数であるとはいえない。

一般に，関数 $y=f(x)$ の値域に含まれる任意のyの値に対して，対応するxの値がただ1つ定まるとき，xはyの関数 $x=g(y)$ と考えられる。こうして決まる関数を，もとの関数 $y=f(x)$ の **逆関数** という。

逆関数もxとyを入れ替えて $y=g(x)$ のように，xの関数という形に書くことが多く，これを **$y=f^{-1}(x)$** とも書く。

関数 $y=f(x)$ の逆関数 $y=g(x)$ は，次のようにして求められる。

> ① 関係式 $y=f(x)$ を，$x=g(y)$ の形の式に変形する。
> ② xとyを入れ替えて，$y=g(x)$ とする。

関数 $y=f(x)$ が単調に増加または単調に減少するとき，その逆関数が存在する。

練習 11 次の関数の逆関数を求めよ。

(1) $y=\dfrac{1}{2}x-3$ (2) $y=4x+1$

逆関数には，次のような性質がある。

逆関数の性質

[1] 関数 $y=f(x)$ と $y=f^{-1}(x)$ は，定義域と値域が入れ替わる。

[2] 関数 $y=f(x)$ と $y=f^{-1}(x)$ のグラフは，直線 $y=x$ に関して対称である。

例題 4

関数 $y=-\dfrac{1}{x-2}$ $(x<2)$ の逆関数を求めよ。

解答 関数の値域は $y>0$

関数の式を x について解くと

$$x=-\dfrac{1}{y}+2 \quad (y>0)$$

x と y を入れ替えると，求める逆関数は

$$y=-\dfrac{1}{x}+2 \quad (x>0) \quad \boxed{答}$$

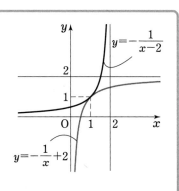

練習 12 次の関数の逆関数を求めよ。

(1) $y=-3x+6$ $(x\leqq 2)$ (2) $y=\dfrac{x+7}{x+1}$ $(0<x\leqq 2)$

関数 $f(x)$ と，その逆関数 $f^{-1}(x)$ について，その定義から

$$b=f(a) \iff a=f^{-1}(b)$$

という関係が成り立つことがわかる。

$b=f(a) \iff a=f^{-1}(b)$ を利用して，前のページの性質 [2] が成り立つことを証明してみよう。

[2] の **証明** 関数 $y=f(x)$ と，その逆関数 $y=f^{-1}(x)$ について

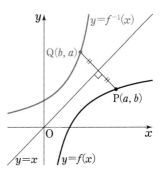

$$b=f(a) \iff a=f^{-1}(b)$$

が成り立つから，$y=f(x)$ のグラフ上に点 $P(a,\ b)$ があることと，$y=f^{-1}(x)$ のグラフ上に点 $Q(b,\ a)$ があることは，同値である。

また，2 点 P，Q は，直線 $y=x$ に関して対称であるから，関数 $y=f(x)$ のグラフ上の任意の点について同じことが成り立つ。

したがって，性質 [2] が成り立つことが証明された。　　終

 次の関数の逆関数を求め，もとの関数とその逆関数のグラフをかけ。

(1)　$y=-2x+4\ (0 \leqq x \leqq 2)$　　　　(2)　$y=x^2\ (1 \leqq x \leqq 2)$

例 1 関数 $y=2^x$ の逆関数を求める。

この関数の値域は $y>0$ である。

$y=2^x$ を x について解くと　$x=\log_2 y\ (y>0)$

x と y を入れ替えると，逆関数は　$y=\log_2 x$

練習 14 次の関数の逆関数を求めよ。

(1)　$y=\left(\dfrac{1}{3}\right)^x$　　　　　　(2)　$y=\log_3 x$

合成関数

2つの関数 $f(x)=3x-1$, $g(x)=2x^2$ について，関数 $g(f(x))$ を

$$g(f(x))=g(3x-1)=2(3x-1)^2$$

と考えると，$g(f(x))$ は，x に $2(3x-1)^2$ を対応させる関数となる。

$f(x)=3x-1 \qquad g(x)=2x^2$

$$a \qquad 3a-1 \qquad 2(3a-1)^2$$

$$g(f(x))=2(3a-1)^2$$

一般に，2つの関数 $f(x)$，$g(x)$ について，$f(x)$ の値域が $g(x)$ の定義域に含まれるとき，関数 $g(f(x))$ を考えることができる。

この関数 $g(f(x))$ を，$f(x)$ と $g(x)$ の **合成関数** といい，合成関数 $g(f(x))$ を，記号で $(g \circ f)(x)$ と表す。

例題 5 $f(x)=-x^2$, $g(x)=2x-3$ とする。次の合成関数を求めよ。

(1) $(g \circ f)(x)$ (2) $(f \circ g)(x)$

解答 (1) $f(x)$ の値域は 0 以下の実数全体で，$g(x)$ の定義域に含まれる。

よって，合成関数 $(g \circ f)(x)$ が考えられて

$$(g \circ f)(x)=g(f(x))=2(-x^2)-3=-2x^2-3 \quad \boxed{答}$$

(2) $g(x)$ の値域は実数全体で，$f(x)$ の定義域と等しい。

よって，合成関数 $(f \circ g)(x)$ が考えられて

$$(f \circ g)(x)=f(g(x))=-(2x-3)^2=-4x^2+12x-9 \quad \boxed{答}$$

例題5からわかるように，一般に，2つの合成関数 $(g \circ f)(x)$，$(f \circ g)(x)$ は一致しない。

練習 15 次の関数 $f(x)$，$g(x)$ について，合成関数 $(g \circ f)(x)$，$(f \circ g)(x)$ が考えられることを確かめ，それらを求めよ。

(1) $f(x)=x^2$, $g(x)=x-1$ (2) $f(x)=|x|+1$, $g(x)=\log_{10}x$

1 次の方程式，不等式を解け。

(1) $\dfrac{3x-6}{x-1}=-3x+6$　　　　(2) $\dfrac{3x-6}{x-1}\geqq-3x+6$

2 次の方程式，不等式を解け。

(1) $\sqrt{1-2x}=-\dfrac{1}{2}x+1$　　　　(2) $\sqrt{1-2x}\geqq-\dfrac{1}{2}x+1$

3 関数 $f(x)=x^3$, $g(x)=\cos x$ について，合成関数 $(g\circ f)(x)$, $(f\circ g)(x)$ をそれぞれ求めよ。

❖❖❖❖❖❖ 演習問題A ❖❖❖❖❖❖

1 関数 $y=\dfrac{x+5}{x+2}$ のグラフを平行移動すると，関数 $y=\dfrac{-2x+9}{x-3}$ のグラフに重なる。どのように平行移動すればよいか。

2 $-4\leqq x\leqq a$ のとき，$y=\sqrt{9-4x}+b$ の最大値が 6，最小値が 4 であるとする。このとき，定数 a, b の値を求めよ。

3 $f(x)=2x+1$, $g(x)=f(f(x))$ とするとき，$f(f^{-1}(x))$, $g^{-1}(x)$ を求めよ。

4 次の条件を満たすように，定数 a, b の値をそれぞれ定めよ。

(1) 関数 $f(x)=ax+b$ について，$f(-1)=10$, $f^{-1}(4)=2$

(2) 関数 $f(x)=\dfrac{ax+b}{x-3}$ について，$f(2)=1$, $f^{-1}(3)=4$

5 関数 $y=\dfrac{ax+b}{2x+1}$ のグラフが，点 $(-1,\ 1)$ を通り，その漸近線の 1 つが直線 $y=2$ であるとき，定数 $a,\ b$ の値を求めよ。

6 直線 $y=\dfrac{1}{2}x+k$ が曲線 $y=2\sqrt{x-1}$ に接するように，定数 k の値を定めよ。

7 k は定数とする。方程式 $\dfrac{x-5}{x-2}=3x+k$ の実数解の個数を調べよ。

8 関数 $y=\sqrt{ax+b}$ の逆関数が $y=\dfrac{1}{6}x^2-\dfrac{1}{2}$ $(x\geqq0)$ となるとき，定数 $a,\ b$ の値を求めよ。

9 $k\neq0$ とする。関数 $f(x)=2kx-4k^2$ について，$f(x)$ と $f^{-1}(x)$ が一致するように，定数 k の値を定めよ。

10 $f(x)=x+2,\ g(x)=2x-1,\ h(x)=-x^2$ とするとき，次の問いに答えよ。
(1) $(g\circ f)(x),\ (f\circ g)(x)$ を求めよ。
(2) $(h\circ(g\circ f))(x)=((h\circ g)\circ f)(x)$ を証明せよ。

11 $a,\ b,\ p,\ q,\ r$ は定数で，$a\neq0,\ p\neq0$ とする。2 つの関数 $f(x)=ax+b,\ g(x)=px^2+qx+r$ について，合成関数 $(f\circ g)(x)$ と $(g\circ f)(x)$ が一致するとき，$a,\ b,\ p,\ q,\ r$ の満たすべき条件を求めよ。

第4章 極限

Koch
Snowflake

第4章

↑ コッホ雪片と呼ばれる図形で，線分を3等分し，分割した2点を頂点とする正三角形の作図を無限に繰り返すことによって得られる図形である。

Consider the formula $\sqrt{n^2+n}-n$. Substituting various natural numbers for the variable n gives us the values shown in the table on the right. The resulting values approach 0.5 as n increases. In this chapter, we will examine similar expressions that approach real numbers as n increases.

n	$\sqrt{n^2+n}-n$
10	0.4880...
100	0.4987...
1000	0.4998...
10000	0.4999...

In addition, we will learn about the concept of "limits," including their properties and rules. The knowledge provided in this chapter will help to understand other topics in differential and integral calculus, to be introduced in the next chapter and beyond.

1. 数列の極限

項が限りなく続く数列　$a_1,\ a_2,\ a_3,\ \cdots\cdots,\ a_n,\ \cdots\cdots\cdots$

を **無限数列** といい，記号 $\{a_n\}$ で表す。今後，特に断りのない場合，数列は無限数列を意味するものとする。

5　$a_n=\dfrac{1}{n}$ である数列 $\{a_n\}$ の各項は

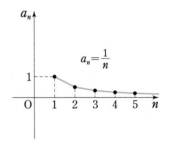

$$1,\ \frac{1}{2},\ \frac{1}{3},\ \frac{1}{4},\ \frac{1}{5},\ \cdots\cdots$$

となり，項の番号 n を限りなく大きくすると，右の図のように，a_n の値は 0 に限りなく近づく。

10　一般に，数列 $\{a_n\}$ において，n を限りなく大きくするとき，a_n が一定の値 α に限りなく近づく場合，数列 $\{a_n\}$ は α に **収束** するといい，記号で次のように表す。

$$\lim_{n\to\infty}a_n=\alpha \quad \text{または} \quad n\longrightarrow\infty \ \text{のとき}\ a_n\longrightarrow\alpha$$

注意　記号 ∞ は，「無限大」と読む。

15　たとえば，数列 $\left\{\dfrac{1}{n}\right\}$ は 0 に収束し，$\displaystyle\lim_{n\to\infty}\dfrac{1}{n}=0$ である。

数列 $\{a_n\}$ が α に収束するとき，α を数列 $\{a_n\}$ の **極限値** という。また，$\{a_n\}$ の **極限** は α であるともいう。

各項が一定の値 c である数列　$c,\ c,\ c,\ \cdots\cdots,\ c,\ \cdots\cdots\cdots$ の極限値は c であると考える。すなわち，$\displaystyle\lim_{n\to\infty}c=c$ である。

20　練習 1 ▶ 一般項が次の式で表される数列は収束する。その極限値を求めよ。

(1)　$\dfrac{2}{n}$ 　　　　　(2)　$-\dfrac{3}{n}$ 　　　　　(3)　$2+\dfrac{1}{n}$

数列 $\{a_n\}$ が収束しないとき，$\{a_n\}$ は **発散** するという。

数列 $\{a_n\}$ が発散するいろいろな場合について考えてみよう。

[1]　数列 $\{n^2\}$ の各項は 1，4，9，…… となり，n を限りなく大きくすると，n^2 の値は限りなく大きくなる。

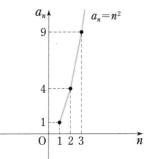

このように，n を限りなく大きくすると，a_n が限りなく大きくなる場合，

　　$\{a_n\}$ は **正の無限大に発散** する

または

　　$\{a_n\}$ の **極限は正の無限大** である

といい，記号で次のように表す。

$$\lim_{n \to \infty} a_n = \infty \qquad \text{または} \qquad n \longrightarrow \infty \quad \text{のとき} \quad a_n \longrightarrow \infty$$

たとえば，数列 $\{n^2\}$ については，$\displaystyle\lim_{n \to \infty} n^2 = \infty$ である。

注意　∞ を，$+\infty$ と書くこともある。

[2]　数列 $\{3-2n\}$ の各項は 1，-1，-3，…… となり，n を限りなく大きくすると，$3-2n$ の符号は負で，その絶対値は限りなく大きくなる。

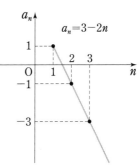

このように，n を限りなく大きくすると，a_n の符号が負で，その絶対値が限りなく大きくなる場合，

　　$\{a_n\}$ は **負の無限大に発散** する

または

　　$\{a_n\}$ の **極限は負の無限大** である

といい，記号で次のように表す。

$$\lim_{n \to \infty} a_n = -\infty \qquad \text{または} \qquad n \longrightarrow \infty \quad \text{のとき} \quad a_n \longrightarrow -\infty$$

たとえば，数列 $\{3-2n\}$ については，$\displaystyle\lim_{n \to \infty}(3-2n) = -\infty$ である。

[3] 数列 $\{(-1)^n\}$ の各項は $-1,\ 1,\ -1,\ 1,\ \cdots\cdots$ となり，-1 と 1 が交互に現れる。

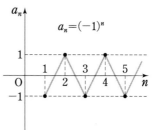

したがって，n を限りなく大きくしても，$(-1)^n$ の値が一定の値に限りなく近づくことはない。また，この数列は，正の無限大にも負の無限大にも発散しない。

数列 $\{(-1)^{n+1}n\}$ の各項は $1,\ -2,\ 3,\ -4,\ \cdots\cdots$ となり，n を限りなく大きくすると，$(-1)^{n+1}n$ の絶対値は限りなく大きくなる。

しかし，その符号は交互に正負となって一定しない。

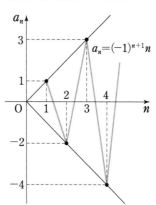

したがって，この数列は，正の無限大にも負の無限大にも発散しない。

一般に，発散する数列が，正の無限大にも負の無限大にも発散しない場合，その数列は **振動** するという。

以上をまとめると，次のようになる。

数列の収束と発散

収束　$\displaystyle\lim_{n\to\infty} a_n = \alpha$　　極限は α である

発散　$\displaystyle\lim_{n\to\infty} a_n = \infty$　　正の無限大に発散する

$\displaystyle\lim_{n\to\infty} a_n = -\infty$　　負の無限大に発散する

振動　　　　　　　　極限はない

練習 2 ▶ 次の数列の収束，発散を調べよ。

(1) $\left\{\dfrac{1}{n^2}\right\}$　　　(2) $\{3n-5\}$　　　(3) $\left\{\left(-\dfrac{1}{3}\right)^n\right\}$　　　(4) $\{1+(-1)^n\}$

収束の意味

収束する数列について，もう少し詳しく調べてみることにしよう。

 $a_n = \dfrac{n}{n+1}$ である数列 $\{a_n\}$ は 1 に収束する。この数列について，不等式 $|a_n - 1| < 0.01$ を満たす n の値の範囲を求めよ。

解答 n が自然数であるとき，$\dfrac{n}{n+1} < 1$ であるから

$$|a_n - 1| = 1 - \frac{n}{n+1}$$

よって $\qquad 1 - \dfrac{n}{n+1} < 0.01$

整理すると $\qquad \dfrac{n}{n+1} > \dfrac{99}{100}$

よって $\qquad\qquad n > 99$ **答**

応用例題 1 の結果は，数列 $\left\{\dfrac{n}{n+1}\right\}$ の各項と，その極限値 1 との差が，第 99 項より後では，0.01 より小さくなることを意味している。

練習 3 $a_n = \dfrac{n}{n+1}$ である数列 $\{a_n\}$ において，その項の値と極限値 1 との差が，0.001 より小さくなるのは第何項より後か。また，その差が，0.0001 より小さくなるのは第何項より後か。

一般に，数列 $\{a_n\}$ が α に収束するとき，どんな正の数 ε に対しても，ある番号より後の項 a_n については，a_n と α との差 $|a_n - \alpha|$ が ε より小さくなる。

このことは，ε がどんなに小さな数であっても成り立つ。

注 意 ε はギリシャ文字の小文字で，エプシロンと読む。

第4章

2. 極限の性質

2 つの無限数列 $\{a_n\}$, $\{b_n\}$ が収束するとき，次のことが成り立つ。

> ### 数列の極限値の性質
>
> $\{a_n\}$, $\{b_n\}$ が収束して，$\displaystyle\lim_{n\to\infty}a_n=\alpha$, $\displaystyle\lim_{n\to\infty}b_n=\beta$ であるとき
>
> [1]　$\displaystyle\lim_{n\to\infty}ka_n=k\alpha$　　　　　　　ただし，k は定数
>
> [2]　$\displaystyle\lim_{n\to\infty}(a_n+b_n)=\alpha+\beta$,　　$\displaystyle\lim_{n\to\infty}(a_n-b_n)=\alpha-\beta$
>
> [3]　$\displaystyle\lim_{n\to\infty}(ka_n+lb_n)=k\alpha+l\beta$　　　ただし，$k,\ l$ は定数
>
> [4]　$\displaystyle\lim_{n\to\infty}a_nb_n=\alpha\beta$
>
> [5]　$\displaystyle\lim_{n\to\infty}\frac{a_n}{b_n}=\frac{\alpha}{\beta}$　　　　　　　　ただし，$\beta\neq0$

練習 4　$\displaystyle\lim_{n\to\infty}a_n=3$, $\displaystyle\lim_{n\to\infty}b_n=-4$ のとき，次の極限を求めよ。

(1)　$\displaystyle\lim_{n\to\infty}(2a_n-b_n)$　　(2)　$\displaystyle\lim_{n\to\infty}a_nb_n$　　(3)　$\displaystyle\lim_{n\to\infty}\frac{a_n-b_n}{a_n+b_n}$

(1)　$\displaystyle\lim_{n\to\infty}\frac{n-1}{n}=\lim_{n\to\infty}\left(1-\frac{1}{n}\right)=1-0=1$

(2)　$\displaystyle\lim_{n\to\infty}\frac{2n^2-n+4}{3n^2+5n-2}=\lim_{n\to\infty}\frac{2-\dfrac{1}{n}+\dfrac{4}{n^2}}{3+\dfrac{5}{n}-\dfrac{2}{n^2}}=\frac{2}{3}$

(3)　$\displaystyle\lim_{n\to\infty}\frac{2n-1}{n^2+2}=\lim_{n\to\infty}\frac{\dfrac{2}{n}-\dfrac{1}{n^2}}{1+\dfrac{2}{n^2}}=\frac{0}{1}=0$

練習 5　次の数列の極限を求めよ。

(1)　$\left\{\dfrac{3n+2}{n}\right\}$　　(2)　$\left\{\dfrac{4n+1}{2n-5}\right\}$　　(3)　$\left\{\dfrac{n^2+2n}{2n^2-n+3}\right\}$　　(4)　$\left\{\dfrac{n+2}{n^2-1}\right\}$

例題 1　極限 $\displaystyle\lim_{n\to\infty}(\sqrt{n^2+n}-n)$ を求めよ。

解答

$$\lim_{n\to\infty}(\sqrt{n^2+n}-n)=\lim_{n\to\infty}\frac{(\sqrt{n^2+n}-n)(\sqrt{n^2+n}+n)}{\sqrt{n^2+n}+n}$$

$$=\lim_{n\to\infty}\frac{(\sqrt{n^2+n}\,)^2-n^2}{\sqrt{n^2+n}+n}=\lim_{n\to\infty}\frac{n}{\sqrt{n^2+n}+n}$$

$$=\lim_{n\to\infty}\frac{1}{\sqrt{1+\dfrac{1}{n}}+1}=\frac{1}{2}\quad \boxed{答}$$

5 　**練習 6**　次の数列の極限を求めよ。

(1) $\{\sqrt{n+1}-\sqrt{n}\,\}$　　(2) $\left\{\dfrac{1}{n-\sqrt{n^2-n}}\right\}$　　(3) $\{n(\sqrt{n^2+1}-n)\}$

また，数列 $\{a_n\}$ は発散し，$\displaystyle\lim_{n\to\infty}a_n=\infty$，数列 $\{b_n\}$ は収束し，

$\displaystyle\lim_{n\to\infty}b_n=\beta$ であるとき，次のことが成り立つ。

　$\beta>0$ ならば　$\displaystyle\lim_{n\to\infty}a_nb_n=\infty$，　　$\beta<0$ ならば　$\displaystyle\lim_{n\to\infty}a_nb_n=-\infty$

例題 2　極限 $\displaystyle\lim_{n\to\infty}(n-2n^2)$ を求めよ。

10

解答

$$\lim_{n\to\infty}(n-2n^2)=\lim_{n\to\infty}n^2\left(\frac{1}{n}-2\right)\ \text{において}$$

$$\lim_{n\to\infty}n^2=\infty,\quad \lim_{n\to\infty}\left(\frac{1}{n}-2\right)=-2$$

$$\text{よって}\quad \lim_{n\to\infty}(n-2n^2)=-\infty\quad \boxed{答}$$

練習 7　次の極限を求めよ。

15　(1) $\displaystyle\lim_{n\to\infty}(5n^2-n)$　　(2) $\displaystyle\lim_{n\to\infty}(\sqrt{n}-n)$　　(3) $\displaystyle\lim_{n\to\infty}\frac{3n^2-2}{n+2}$

極限値の大小

2つの無限数列 $\{a_n\}$, $\{b_n\}$ が収束するとき，その極限値の大小について，次のことが成り立つ。

数列の極限値の大小関係

$\{a_n\}$, $\{b_n\}$ が収束して，$\lim\limits_{n \to \infty} a_n = \alpha$, $\lim\limits_{n \to \infty} b_n = \beta$ であるとき

[6] すべての n について $a_n \leqq b_n$ ならば $\qquad \alpha \leqq \beta$

[7] すべての n について $a_n \leqq c_n \leqq b_n$ かつ $\alpha = \beta$ ならば

数列 $\{c_n\}$ は収束して $\qquad \lim\limits_{n \to \infty} c_n = \alpha$

注 意 上の [6] において，常に $a_n < b_n$ であっても，$\alpha < \beta$ であるとは限らず，$\alpha = \beta$ となる場合もある。たとえば，$a_n = 1 - \dfrac{1}{n}$, $b_n = 1 + \dfrac{1}{n}$ とすると，常に $a_n < b_n$ であるが，$\alpha = \beta = 1$ である。

また，上の [7] を「はさみうちの原理」ということがある。

応用例題 2 極限 $\lim\limits_{n \to \infty} \dfrac{1}{n} \sin \dfrac{n\pi}{8}$ を求めよ。

解答 $-1 \leqq \sin \dfrac{n\pi}{8} \leqq 1$ であるから $\qquad -\dfrac{1}{n} \leqq \dfrac{1}{n} \sin \dfrac{n\pi}{8} \leqq \dfrac{1}{n}$

ここで，$\lim\limits_{n \to \infty} \left(-\dfrac{1}{n} \right) = 0$, $\lim\limits_{n \to \infty} \dfrac{1}{n} = 0$ であるから

$$\lim_{n \to \infty} \dfrac{1}{n} \sin \dfrac{n\pi}{8} = 0 \qquad \boxed{答}$$

練習 8 θ は定数とする。極限 $\lim\limits_{n \to \infty} \dfrac{\cos n\theta}{n}$ を求めよ。

また，$\lim\limits_{n \to \infty} a_n = \infty$ のとき，次のことが成り立つ。

すべての n について $a_n \leqq b_n$ ならば $\qquad \lim\limits_{n \to \infty} b_n = \infty$

3. 無限等比数列

数列 $\quad a,\ ar,\ ar^2,\ \cdots\cdots,\ ar^{n-1},\ \cdots\cdots\cdots$

を，初項が a，公比が r の **無限等比数列** という。

初項が r，公比が r の無限等比数列 $\{r^n\}$ の極限について調べよう。

[1] $\quad r>1$ のとき，$r=1+h$ とおくと，$h>0$ で $\quad r^n=(1+h)^n$

二項定理を用いて，右辺を展開すると

$$(1+h)^n={}_nC_0+{}_nC_1h+{}_nC_2h^2+\cdots\cdots+{}_nC_nh^n$$

$$=1+nh+\frac{n(n-1)}{2}h^2+\cdots\cdots+h^n$$

$h>0$ であるから，常に，不等式 $(1+h)^n\geqq 1+nh$ が成り立ち，

$\displaystyle\lim_{n\to\infty}(1+nh)=\infty$ であるから $\qquad \displaystyle\lim_{n\to\infty}(1+h)^n=\infty$

よって，$r>1$ のとき $\qquad \displaystyle\lim_{n\to\infty}r^n=\infty$

[2] $\quad\underline{r=1\ のとき}$，数列の各項はすべて 1 であるから $\qquad \displaystyle\lim_{n\to\infty}r^n=1$

[3] $\quad\underline{0<r<1\ のとき}$，$\dfrac{1}{r}=R$ とおくと $\qquad R>1$

[1] により，$\displaystyle\lim_{n\to\infty}R^n=\infty$ であるから $\qquad \displaystyle\lim_{n\to\infty}r^n=\lim_{n\to\infty}\frac{1}{R^n}=0$

すなわち，$0<r<1$ のとき $\qquad \displaystyle\lim_{n\to\infty}r^n=0$

[4] $\quad\underline{r=0\ のとき}$，数列の各項はすべて 0 であるから $\qquad \displaystyle\lim_{n\to\infty}r^n=0$

[5] $\quad\underline{-1<r<0\ のとき}$，$-r=R$ とおくと $\qquad 0<R<1$

[3] により，$\displaystyle\lim_{n\to\infty}R^n=0$ であるから $\qquad \displaystyle\lim_{n\to\infty}r^n=\lim_{n\to\infty}(-1)^nR^n=0$

すなわち，$-1<r<0$ のとき $\qquad \displaystyle\lim_{n\to\infty}r^n=0$

[6] $\quad\underline{r=-1\ のとき}$，96 ページで学んだように，$\{r^n\}$ は振動する。

[7]　$r<-1$ のとき，$-r=R$ とおくと　　$R>1$

　　[1] により，$\lim_{n\to\infty} R^n=\infty$ であるが，$r^n=(-1)^n R^n$ であるから，r^n の

　　符号は負正負正……と交互に変わる。よって，$\{r^n\}$ は振動する。

　　これまで調べたことは，次のようにまとめられる。

無限等比数列 $\{r^n\}$ の極限

$r>1$	のとき	$\lim_{n\to\infty} r^n=\infty$
$r=1$	のとき	$\lim_{n\to\infty} r^n=1$
$\lvert r\rvert<1$	のとき	$\lim_{n\to\infty} r^n=0$

収束する

$r\leqq-1$　のとき　　**振動する**　……　**極限はない**

　　このことから，無限等比数列 $\{ar^{n-1}\}$ の極限を求めることができる。

練習 9 ▶ 次の無限等比数列の極限を調べよ。

(1)　$\dfrac{1}{2},\ \dfrac{1}{4},\ \dfrac{1}{8},\ \dfrac{1}{16},\ \cdots\cdots$　　　　(2)　$\dfrac{3}{2},\ -2,\ \dfrac{8}{3},\ -\dfrac{32}{9},\ \cdots\cdots$

(3)　$\sqrt{3},\ 3,\ 3\sqrt{3},\ 9,\ \cdots\cdots$　　　　(4)　$-6\sqrt{6},\ 12,\ -4\sqrt{6},\ 8,\ \cdots\cdots$

例題 3　極限 $\lim_{n\to\infty} \dfrac{3^n}{4^{n+1}+1}$ を求めよ。

解答　$\lim_{n\to\infty} \dfrac{3^n}{4^{n+1}+1}=\lim_{n\to\infty} \dfrac{\left(\dfrac{3}{4}\right)^n}{4+\left(\dfrac{1}{4}\right)^n}=0$　　**答**

練習 10 ▶ 次の極限を求めよ。

(1)　$\lim_{n\to\infty} \dfrac{2^n-5^n}{4^n}$　　　　(2)　$\lim_{n\to\infty} \dfrac{2^{n+1}}{2^n+1}$　　　　(3)　$\lim_{n\to\infty} \dfrac{5^n+3^n}{2^n}$

応用例題 **3** $r>0$ とする。$a_n=\dfrac{2}{r^n+1}$ である数列 $\{a_n\}$ の極限を調べよ。

解答 $0<r<1$ のとき，$\displaystyle\lim_{n\to\infty} r^n=0$ であるから $\displaystyle\lim_{n\to\infty} a_n=2$

$r=1$ のとき，$\displaystyle\lim_{n\to\infty} r^n=1$ であるから $\displaystyle\lim_{n\to\infty} a_n=1$

$r>1$ のとき，$\displaystyle\lim_{n\to\infty} r^n=\infty$ であるから $\displaystyle\lim_{n\to\infty} a_n=0$ **答**

5 **練習 11** $r>0$ とする。$a_n=\dfrac{r^n-1}{r^n+1}$ である数列 $\{a_n\}$ の極限を調べよ。

前のページでまとめた $\{r^n\}$ の極限の性質から，次のことがわかる。

数列 $\{r^n\}$ が収束するための必要十分条件は，$-1<r\leqq1$ である。

応用例題 **4** 数列 $\left\{\left(\dfrac{3x}{x^2+2}\right)^n\right\}$ が収束するように，実数 x の値の範囲を定めよ。

10 **解答** 収束するための必要十分条件は $-1<\dfrac{3x}{x^2+2}\leqq1$

すなわち $-(x^2+2)<3x\leqq x^2+2$

[1] $-(x^2+2)<3x$ から $x^2+3x+2>0$

これを解くと $x<-2,\ -1<x$ …… ①

[2] $3x\leqq x^2+2$ から $x^2-3x+2\geqq0$

15 これを解くと $x\leqq1,\ 2\leqq x$ …… ②

求める x の値の範囲は，①，② から

$x<-2,\ -1<x\leqq1,\ 2\leqq x$ **答**

練習 12 数列 $\{(x^2-4x)^n\}$ が収束するように，実数 x の値の範囲を定めよ。また，そのときの数列の極限値を求めよ。

101 ページでは，$h>0$ のとき，不等式 $(1+h)^n \geqq 1+nh$ が成り立つことを導き，$r>1$ のとき，$\lim_{n\to\infty} r^n = \infty$ であることを示した。このような考え方は，極限が一般項から直接求めにくい場合に有効で，次の応用例題も，同じ方法で，極限を調べることができる。

応用例題 5 $r>1$ のとき，数列 $\left\{\dfrac{r^n}{n}\right\}$ の極限を調べよ。

解答 $r=1+h$ とおくと，$h>0$ で $\qquad r^n=(1+h)^n$

二項定理により，

$$(1+h)^n=1+nh+\frac{n(n-1)}{2}h^2+\cdots\cdots+h^n$$

であるから $\qquad (1+h)^n > \dfrac{n(n-1)}{2}h^2$

すなわち $\qquad r^n > \dfrac{n(n-1)}{2}h^2$

よって $\qquad \dfrac{r^n}{n} > \dfrac{n-1}{2}h^2$

ここで，$\lim_{n\to\infty} \dfrac{n-1}{2}h^2 = \infty$ であるから

$$\lim_{n\to\infty} \frac{r^n}{n} = \infty \qquad \boxed{答}$$

数列 $\{n\}$ は正の無限大に発散し，$r>1$ のとき，数列 $\{r^n\}$ も正の無限大に発散する。応用例題 5 の結果は，数列 $\{n\}$ の各項が大きくなるのに比べて，数列 $\{r^n\}$ の各項が急速に大きくなることを意味している。

練習 13 次の事柄が成り立つことを証明せよ。

$$|r|<1 \text{ のとき} \qquad \lim_{n\to\infty} nr^n = 0$$

初項と漸化式で定められる数列の極限を求めよう。

応用例題 **6** 次の条件によって定められる数列 $\{a_n\}$ の極限を求めよ。

$$a_1=1, \quad a_{n+1}=\frac{1}{3}a_n+2 \quad (n=1,\ 2,\ 3,\ \cdots\cdots)$$

解答 漸化式を変形すると $\quad a_{n+1}-3=\frac{1}{3}(a_n-3)$

また $\quad a_1-3=1-3=-2$

よって，数列 $\{a_n-3\}$ は，初項 -2，公比 $\frac{1}{3}$ の等比数列で

$$a_n-3=-2\left(\frac{1}{3}\right)^{n-1}$$

したがって $\quad a_n=-2\left(\frac{1}{3}\right)^{n-1}+3$

ここで，$\displaystyle\lim_{n\to\infty}\left(\frac{1}{3}\right)^{n-1}=0$ であるから $\quad \displaystyle\lim_{n\to\infty}a_n=3$ **答**

応用例題 6 の数列 $\{a_n\}$ について，関数 $y=\frac{1}{3}x+2$ の x に a_1 の値を代入すると a_2 の値が得られ，x に a_2 の値を代入すると a_3 の値が得られる。このことから，2 直線

$$y=\frac{1}{3}x+2,\ y=x$$

を利用して，右の図のように，$a_1=1$ から，$a_2,\ a_3,\ \cdots\cdots$ が順に求められる。

このとき，数列 $\{a_n\}$ の極限値 3 は，2 直線の交点の x 座標に等しい。

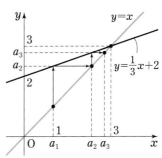

練習 14 次の条件によって定められる数列 $\{a_n\}$ の極限を求めよ。

$$a_1=4, \quad a_{n+1}=-\frac{1}{2}a_n+3 \quad (n=1,\ 2,\ 3,\ \cdots\cdots)$$

第4章

3. 無限等比数列 | **105**

4. 無限級数

無限数列 $\{a_n\}$ において，その初項から第 n 項までの和を S_n とする。このとき，次のような数列 $\{S_n\}$ が得られる。

$$S_1 = a_1$$

$$S_2 = a_1 + a_2$$

$$S_3 = a_1 + a_2 + a_3$$

$$\cdots\cdots\cdots\cdots$$

$$S_n = a_1 + a_2 + a_3 + \cdots\cdots + a_n$$

$$\cdots\cdots\cdots\cdots$$

上の数列 $\{S_n\}$ の各項は，有限個の数の和からつくられる数列である。これに対し，数列 $\{a_n\}$ の各項を順に記号＋で結んだ次の式を考える。

$$a_1 + a_2 + a_3 + \cdots\cdots + a_n + \cdots\cdots\cdots \qquad \cdots\cdots \text{①}$$

これを **無限級数** といい，a_1 をその **初項**，a_n を **第 n 項** という。無限級数 ① は，和の記号 $\sum$ を用いて，$\displaystyle\sum_{n=1}^{\infty} a_n$ とも書く。

無限級数 ① において，初項から第 n 項までの和 S_n を，第 n 項までの **部分和** という。

部分和のつくる数列 $\{S_n\}$ が収束するとき，無限級数 ① は **収束** するという。このとき，数列 $\{S_n\}$ の極限値

$$S = \lim_{n\to\infty} S_n = \lim_{n\to\infty} \sum_{k=1}^{n} a_k$$

を，無限級数 ① の **和** といい，次のように書く。

$$S = a_1 + a_2 + a_3 + \cdots\cdots + a_n + \cdots\cdots\cdots \qquad \text{または} \quad S = \sum_{n=1}^{\infty} a_n$$

数列 $\{S_n\}$ が発散するとき，無限級数 ① は **発散** するという。

例題 4

次の無限級数の収束，発散を調べ，収束するときは和を求めよ。

(1) $\dfrac{1}{1\cdot 2}+\dfrac{1}{2\cdot 3}+\dfrac{1}{3\cdot 4}+\cdots\cdots+\dfrac{1}{n(n+1)}+\cdots\cdots$

(2) $\dfrac{1}{\sqrt{2}+1}+\dfrac{1}{\sqrt{3}+\sqrt{2}}+\cdots\cdots+\dfrac{1}{\sqrt{n+1}+\sqrt{n}}+\cdots\cdots$

解答 第 n 項までの部分和を S_n とする。

(1) $S_n=\dfrac{1}{1\cdot 2}+\dfrac{1}{2\cdot 3}+\cdots\cdots+\dfrac{1}{n(n+1)}$

$=\left(1-\dfrac{1}{2}\right)+\left(\dfrac{1}{2}-\dfrac{1}{3}\right)+\cdots\cdots+\left(\dfrac{1}{n}-\dfrac{1}{n+1}\right)$

$=1-\dfrac{1}{n+1}$

したがって $\displaystyle\lim_{n\to\infty}S_n=\lim_{n\to\infty}\left(1-\dfrac{1}{n+1}\right)=1$

よって，この無限級数は収束して，その和は 1 **答**

(2) $\dfrac{1}{\sqrt{n+1}+\sqrt{n}}=\dfrac{\sqrt{n+1}-\sqrt{n}}{(\sqrt{n+1}+\sqrt{n})(\sqrt{n+1}-\sqrt{n})}$

$\phantom{\dfrac{1}{\sqrt{n+1}+\sqrt{n}}}=\sqrt{n+1}-\sqrt{n}$

であるから

$S_n=(\sqrt{2}-1)+(\sqrt{3}-\sqrt{2})+\cdots\cdots+(\sqrt{n+1}-\sqrt{n})$

$=\sqrt{n+1}-1$

したがって $\displaystyle\lim_{n\to\infty}S_n=\lim_{n\to\infty}(\sqrt{n+1}-1)=\infty$

よって，この無限級数は正の無限大に発散する。 **答**

第4章

練習 15 次の無限級数の収束，発散を調べ，収束するときは和を求めよ。

(1) $\dfrac{1}{1\cdot 3}+\dfrac{1}{3\cdot 5}+\dfrac{1}{5\cdot 7}+\cdots\cdots+\dfrac{1}{(2n-1)(2n+1)}+\cdots\cdots$

(2) $(\sqrt{3}-1)+(\sqrt{5}-\sqrt{3})+\cdots\cdots+(\sqrt{2n+1}-\sqrt{2n-1})+\cdots\cdots$

5. 無限等比級数

初項が a，公比が r である無限等比数列 $\{ar^{n-1}\}$ からつくられる次の無限級数を，初項が a，公比が r である **無限等比級数** という。

$$a+ar+ar^2+\cdots\cdots+ar^{n-1}+\cdots\cdots \qquad \cdots\cdots ①$$

無限等比級数 ① の第 n 項までの部分和を S_n とする。

$a=0$ のときは，常に $S_n=0$ であるから，無限等比級数 ① は収束して，その和は 0 である。

$a\neq0$ のとき，無限等比級数 ① の収束，発散について調べよう。

[1] $r=1$ のとき $\quad S_n=a+a+a+\cdots\cdots+a=na$

$a\neq0$ であるから，数列 $\{S_n\}$ は発散する。

[2] $r\neq1$ のとき $\quad$ 等比数列の和の公式により

$$S_n=\frac{a(1-r^n)}{1-r}=\frac{a}{1-r}-\frac{ar^n}{1-r}$$

ここで，無限等比数列 $\{r^n\}$ の収束，発散で場合を分けて考えると

$|r|<1$ の場合，$\displaystyle\lim_{n\to\infty}r^n=0$ であるから $\quad \displaystyle\lim_{n\to\infty}S_n=\frac{a}{1-r}$

$r\leqq-1$ または $1<r$ の場合，数列 $\{r^n\}$ は発散するから，数列 $\{S_n\}$ も発散する。

上で調べたことは，次のようにまとめられる。

無限等比級数の収束と発散

無限等比級数 $a+ar+ar^2+\cdots\cdots+ar^{n-1}+\cdots\cdots$ は

$a\neq0$ のとき，$|r|<1$ ならば **収束** して，その和は $\dfrac{a}{1-r}$

$\qquad\qquad\quad |r|\geqq1$ ならば **発散** する。

$a=0$ のとき，**収束** して，その和は **0**

例題 **5** 次の無限等比級数の収束，発散を調べ，収束するときは和を求めよ。

(1) $1-\dfrac{1}{2}+\dfrac{1}{4}-\cdots\cdots$　　　　(2) $(3-2\sqrt{2})+(\sqrt{2}-1)+1+\cdots\cdots$

解答 (1) 初項は $a=1$，公比は $r=-\dfrac{1}{2}$ で　　$|r|<1$

よって，この無限等比級数は収束して，その和 S は

$$S=\dfrac{1}{1-\left(-\dfrac{1}{2}\right)}=\dfrac{2}{3}$$ **答**

(2) 初項は $a=3-2\sqrt{2}$，公比は $r=\dfrac{\sqrt{2}-1}{3-2\sqrt{2}}=\sqrt{2}+1$

$|r|>1$ であるから，この無限等比級数は発散する。 **答**

練習 16 次の無限等比級数の収束，発散を調べ，収束するときは和を求めよ。

(1) $3+1+\dfrac{1}{3}+\cdots\cdots$　　　　(2) $\dfrac{1}{4}+\dfrac{1}{3}+\dfrac{4}{9}+\cdots\cdots$

(3) $(\sqrt{2}+1)+(\sqrt{2}-1)+(5\sqrt{2}-7)+\cdots\cdots$

前のページでまとめた「無限等比級数の収束と発散」から，次のことがわかる。

無限等比級数 $a+ar+ar^2+\cdots\cdots+ar^{n-1}+\cdots\cdots$ が収束するための必要十分条件は，$a=0$ または $|r|<1$ である。

練習 17 次の無限等比級数が収束するような実数 x の値の範囲を求めよ。また，そのときの和を求めよ。

$$x+x(2-x)+x(2-x)^2+\cdots\cdots$$

無限等比級数の利用

無限等比級数を用いて，いろいろな問題を考えてみよう。

応用例題 7　数直線上で，動点Pが原点Oを出発して，正の向きに1だけ進み，次に負の向きに $\dfrac{1}{3}$ だけ進む。さらに，正の向きに $\dfrac{1}{3^2}$ だけ進み，次に負の向きに $\dfrac{1}{3^3}$ だけ進む。以下，このような運動を限りなく続けるとき，点Pの極限の位置の座標を求めよ。

解答　n 回移動した後の点Pの座標を x_n とすると，数列 $\{x_n\}$ は

$$1,\ 1-\frac{1}{3},\ 1-\frac{1}{3}+\frac{1}{3^2},\ \cdots\cdots$$

よって，x_n は，初項が1，公比が $r=-\dfrac{1}{3}$ である無限等比級数の，第 n 項までの部分和で表される。

$|r|<1$ であるから，この無限等比級数は収束し，その和は

$$\sum_{n=1}^{\infty} 1\cdot\left(-\frac{1}{3}\right)^{n-1}=\frac{1}{1-\left(-\dfrac{1}{3}\right)}=\frac{3}{4}$$

したがって，点Pの極限の位置の座標は　$\dfrac{3}{4}$　**答**

練習 18　座標平面上で，動点Pが原点Oを出発して，x 軸の正の向きに1だけ進み，次に y 軸の正の向きに $\dfrac{1}{2}$ だけ進む。さらに，x 軸の負の向きに $\dfrac{1}{2^2}$ だけ進み，次に y 軸の負の向きに $\dfrac{1}{2^3}$ だけ進む。以下，このような運動を限りなく続けるとき，点Pの極限の位置の座標を求めよ。

面積が 3 の $\triangle P_1Q_1R_1$ がある。右の図のように，$\triangle P_1Q_1R_1$ の各辺の中点を頂点として $\triangle P_2Q_2R_2$ を作り，次に $\triangle P_2Q_2R_2$ の各辺の中点を頂点として $\triangle P_3Q_3R_3$ を作る。以下，同様にして作られる次の三角形の面積の総和 S を求めよ。

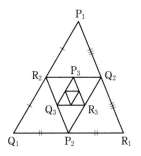

$$\triangle P_1Q_1R_1, \quad \triangle P_2Q_2R_2, \quad \triangle P_3Q_3R_3, \quad \cdots\cdots, \quad \triangle P_nQ_nR_n, \quad \cdots\cdots$$

考え方 $\triangle P_nQ_nR_n$ の各辺の中点を頂点とする三角形を $\triangle P_{n+1}Q_{n+1}R_{n+1}$ とすると，$\triangle P_{n+1}Q_{n+1}R_{n+1} \backsim \triangle P_nQ_nR_n$ で，相似比は $1:2$ である。

解 答

$$\triangle P_{n+1}Q_{n+1}R_{n+1} \backsim \triangle P_nQ_nR_n$$

であり，相似比は $1:2$ であるから，面積比は $1^2:2^2$ である。
$\triangle P_nQ_nR_n$ の面積を S_n とすると

$$S_{n+1}=\frac{1^2}{2^2}S_n=\frac{1}{4}S_n, \ \ S_1=3$$

よって，数列 $\{S_n\}$ は初項 3，公比 $\dfrac{1}{4}$ の無限等比数列である。

ゆえに，面積の総和 S は，初項 3，公比 $\dfrac{1}{4}$ の無限等比級数で表され，$\left|\dfrac{1}{4}\right|<1$ であるから収束する。

したがって $\quad S=\dfrac{3}{1-\dfrac{1}{4}}=4$ 答

練習 19 応用例題 8 において，$\triangle P_1Q_1R_1$ の周の長さが a であるとする。$\triangle P_1Q_1R_1, \ \triangle P_2Q_2R_2, \ \triangle P_3Q_3R_3, \ \cdots\cdots, \ \triangle P_nQ_nR_n, \ \cdots\cdots$ の周の長さの総和 L を求めよ。

6. 無限級数の性質

2つの無限級数 $\displaystyle\sum_{n=1}^{\infty} a_n$, $\displaystyle\sum_{n=1}^{\infty} b_n$ が収束するとき，98ページの数列の極限値の性質と $\sum$ の性質から，次のことが成り立つ。

> **無限級数の性質**
>
> $\displaystyle\sum_{n=1}^{\infty} a_n$, $\displaystyle\sum_{n=1}^{\infty} b_n$ が収束して，$\displaystyle\sum_{n=1}^{\infty} a_n=S$, $\displaystyle\sum_{n=1}^{\infty} b_n=T$ であるとき
>
> [1] $\displaystyle\sum_{n=1}^{\infty} ka_n=kS$ ただし，k は定数
>
> [2] $\displaystyle\sum_{n=1}^{\infty} (a_n+b_n)=S+T$, $\displaystyle\sum_{n=1}^{\infty} (a_n-b_n)=S-T$
>
> [3] $\displaystyle\sum_{n=1}^{\infty} (ka_n+lb_n)=kS+lT$ ただし，k, l は定数

 例題 6 無限級数 $\displaystyle\sum_{n=1}^{\infty}\left(\dfrac{1}{4^{n-1}}+\dfrac{1}{3^n}\right)$ の和を求めよ。

解答 無限等比級数 $\displaystyle\sum_{n=1}^{\infty}\dfrac{1}{4^{n-1}}$, $\displaystyle\sum_{n=1}^{\infty}\dfrac{1}{3^n}$ は，公比について，

$\left|\dfrac{1}{4}\right|<1$, $\left|\dfrac{1}{3}\right|<1$ であるから，ともに収束する。

よって

$$\sum_{n=1}^{\infty}\left(\dfrac{1}{4^{n-1}}+\dfrac{1}{3^n}\right)=\sum_{n=1}^{\infty}\dfrac{1}{4^{n-1}}+\sum_{n=1}^{\infty}\dfrac{1}{3^n}$$

$$=\dfrac{1}{1-\dfrac{1}{4}}+\dfrac{\dfrac{1}{3}}{1-\dfrac{1}{3}}=\dfrac{4}{3}+\dfrac{1}{2}=\dfrac{11}{6}\quad \boxed{答}$$

練習 20 次の無限級数の和を求めよ。

(1) $\displaystyle\sum_{n=1}^{\infty}\left(\dfrac{1}{2^{n-1}}-\dfrac{1}{3^{n-1}}\right)$ (2) $\displaystyle\sum_{n=1}^{\infty}\dfrac{2^n+3^n}{4^n}$

無限級数の収束，発散の判定

無限級数 $\displaystyle\sum_{n=1}^{\infty} a_n$ の第 n 項までの部分和を S_n とする。

$n \geqq 2$ のとき $\quad S_n = a_1 + a_2 + \cdots\cdots + a_{n-1} + a_n = S_{n-1} + a_n$

よって $\qquad\qquad a_n = S_n - S_{n-1}$

この無限級数が収束するとき，その和を S とすると

$$\lim_{n\to\infty} a_n = \lim_{n\to\infty}(S_n - S_{n-1}) = \lim_{n\to\infty} S_n - \lim_{n\to\infty} S_{n-1} = S - S = 0$$

したがって，次の [1] とその対偶である [2] がいえる。

無限級数の収束と発散

[1]　**無限級数 $\displaystyle\sum_{n=1}^{\infty} a_n$ が収束する $\implies \displaystyle\lim_{n\to\infty} a_n = 0$**

[2]　**数列 $\{a_n\}$ が 0 に収束しない $\implies$ 無限級数 $\displaystyle\sum_{n=1}^{\infty} a_n$ は発散する**

無限級数 $\dfrac{1}{3} + \dfrac{2}{4} + \dfrac{3}{5} + \dfrac{4}{6} + \cdots\cdots$ の収束，発散を調べる。

第 n 項 a_n について $\quad \displaystyle\lim_{n\to\infty} a_n = \lim_{n\to\infty} \dfrac{n}{n+2} = 1$

数列 $\{a_n\}$ は 0 に収束しないから，この無限級数は発散する。

練習 21 ▶ 次の無限級数は発散することを示せ。

(1)　$1 - 2 + 3 - 4 + \cdots\cdots$　　　　　　(2)　$\dfrac{1}{3} + \dfrac{3}{6} + \dfrac{5}{9} + \dfrac{7}{12} + \cdots\cdots$

一般に，上の [1] の逆は成り立たない。すなわち

$\displaystyle\lim_{n\to\infty} a_n = 0$ であっても，無限級数 $\displaystyle\sum_{n=1}^{\infty} a_n$ は収束するとは限らない。

115 ページの応用例題 10 で学ぶ無限級数 $\displaystyle\sum_{n=1}^{\infty} \dfrac{1}{n}$ は，その例である。

無限級数と数列の収束・発散

一般に，無限数列 $\{A_n\}$ は，次の [1]，[2] が成り立つとき収束することが知られている。

[1] $\qquad A_1 \leqq A_2 \leqq A_3 \leqq \cdots\cdots \leqq A_n \leqq \cdots\cdots$

[2] ある定数 M があって，すべての n について $\quad A_n \leqq M$

 次の無限級数の収束，発散を調べよ。

$$\frac{1}{1^2} + \frac{1}{2^2} + \frac{1}{3^2} + \cdots\cdots + \frac{1}{n^2} + \cdots\cdots$$

解答 第 n 項までの部分和を S_n とする。

無限級数の各項は，すべて正の数であるから

$$S_1 < S_2 < S_3 < \cdots\cdots < S_n < \cdots\cdots$$

$n \geqq 2$ のとき

$$\begin{aligned}
S_n &= \frac{1}{1^2} + \frac{1}{2^2} + \frac{1}{3^2} + \cdots\cdots + \frac{1}{n^2} \\
&< 1 + \frac{1}{1\cdot 2} + \frac{1}{2\cdot 3} + \cdots\cdots + \frac{1}{(n-1)n} \\
&= 1 + \left(1 - \frac{1}{2}\right) + \left(\frac{1}{2} - \frac{1}{3}\right) + \cdots\cdots + \left(\frac{1}{n-1} - \frac{1}{n}\right) \\
&= 2 - \frac{1}{n} < 2
\end{aligned}$$

また，これは $n=1$ のときも成り立つ。

よって，すべての n について $\quad S_n < 2$

したがって，部分和の数列 $\{S_n\}$ が収束するから，この無限級数は収束する。 答

練習 22 すべての自然数 k について，$k! \geqq 2^{k-1}$ が成り立つことを利用し，

無限級数 $\dfrac{1}{1!} + \dfrac{1}{2!} + \dfrac{1}{3!} + \cdots\cdots + \dfrac{1}{n!} + \cdots\cdots$ が収束することを示せ。

113 ページの [1] の逆が成り立たない例として，無限級数 $\displaystyle\sum_{n=1}^{\infty} \dfrac{1}{n}$ が発散することを示してみよう。

 応用例題 10　次の無限級数は発散することを示せ。

$$1+\frac{1}{2}+\frac{1}{3}+\cdots\cdots+\frac{1}{n}+\cdots\cdots$$

証明　第 2^m 項までの部分和を S_{2^m} とする。

$m \geqq 2$ のとき，部分和 S_{2^m} の第 3 項以降の項を，2 個，4 個，8 個，……，2^{m-1} 個ずつ括弧でくくると

$$S_{2^m} = 1 + \frac{1}{2} + \left(\frac{1}{3} + \frac{1}{4}\right) + \left(\frac{1}{5} + \frac{1}{6} + \frac{1}{7} + \frac{1}{8}\right)$$
$$+ \cdots\cdots + \left(\frac{1}{2^{m-1}+1} + \cdots\cdots + \frac{1}{2^m}\right)$$
$$> 1 + \frac{1}{2} + \left(\frac{1}{4} + \frac{1}{4}\right) + \left(\frac{1}{8} + \frac{1}{8} + \frac{1}{8} + \frac{1}{8}\right)$$
$$+ \cdots\cdots + \left(\frac{1}{2^m} + \cdots\cdots + \frac{1}{2^m}\right)$$
$$= 1 + \frac{1}{2} + \frac{1}{2} + \frac{1}{2} + \cdots\cdots + \frac{1}{2} = 1 + \frac{m}{2}$$

$\displaystyle\lim_{m\to\infty}\left(1+\frac{m}{2}\right) = \infty$　であるから　　$\displaystyle\lim_{m\to\infty} S_{2^m} = \infty$

よって　　　　$\displaystyle\lim_{n\to\infty} S_n = \infty$

したがって，部分和の数列 $\{S_n\}$ が発散するから，この無限級数は発散する。　**終**

練習 23　すべての自然数 k について，$\dfrac{1}{\sqrt{k}} = \dfrac{2}{\sqrt{k}+\sqrt{k}} > \dfrac{2}{\sqrt{k}+\sqrt{k+1}}$

が成り立つことを利用し，無限級数 $\displaystyle\sum_{n=1}^{\infty} \dfrac{1}{\sqrt{n}}$ が発散することを示せ。

第 4 章

7. 関数の極限 (1)

$x \longrightarrow a$ のときの極限

関数の極限については，その基本的な事柄をすでに学んでいる。

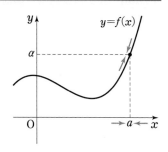

5　関数 $f(x)$ において，$\underline{x \text{ が } a \text{ と異な}}$ $\underline{\text{る値をとりながら } a \text{ に限りなく近づく}}$ とき，$f(x)$ のとる値が一定の値 α に限りなく近づく場合，

$$\lim_{x \to a} f(x) = \alpha \quad \text{または} \quad x \longrightarrow a \ \text{ のとき } \ f(x) \longrightarrow \alpha$$

10　と表し，この値 α を，$x \longrightarrow a$ のときの $f(x)$ の **極限値** という。

また，このとき，$f(x)$ は α に **収束** するという。

一般に，x の整式で表される関数，分数関数，無理関数，三角関数，指数関数，対数関数などの関数 $f(x)$ について，a がその定義域に属するならば，次のことが成り立つ。

15
$$\lim_{x \to a} f(x) = f(a)$$

注意　定数関数 $f(x) = c$ については，$\lim\limits_{x \to a} f(x) = c$ である。

たとえば，関数 $f(x) = 2x^2$, $g(x) = \sin x$ について
$$\lim_{x \to 1} 2x^2 = 2 \cdot 1^2 = 2, \quad \lim_{x \to 0} \sin x = \sin 0 = 0$$
である。

20　練習 24　次の極限を求めよ。

(1) $\lim\limits_{x \to 2} (x^2 - 3x + 4)$ 　(2) $\lim\limits_{x \to -1} (3x^3 + x)$ 　(3) $\lim\limits_{x \to 0} \dfrac{2}{x+1}$

(4) $\lim\limits_{x \to -2} \dfrac{2x+5}{x-3}$ 　(5) $\lim\limits_{x \to 1} \sqrt{2x-1}$ 　(6) $\lim\limits_{x \to \frac{\pi}{2}} (2\cos x + 1)$

116　第4章　極　限

関数 $f(x)$ について，a がその定義域に属していない場合でも，極限値 $\displaystyle\lim_{x \to a} f(x)$ が存在することがある。

例題 7 極限 $\displaystyle\lim_{x \to 1} \frac{\sqrt{x+3}-2}{x-1}$ を求めよ。

解答
$$\lim_{x \to 1} \frac{\sqrt{x+3}-2}{x-1} = \lim_{x \to 1} \frac{(\sqrt{x+3}-2)(\sqrt{x+3}+2)}{(x-1)(\sqrt{x+3}+2)}$$
$$= \lim_{x \to 1} \frac{(x+3)-4}{(x-1)(\sqrt{x+3}+2)}$$
$$= \lim_{x \to 1} \frac{1}{\sqrt{x+3}+2} = \frac{1}{4} \quad \boxed{答}$$

注 意 関数 $f(x) = \dfrac{\sqrt{x+3}-2}{x-1}$ は $x=1$ のとき定義されていない。

練習 25 次の極限を求めよ。

(1) $\displaystyle\lim_{x \to -1} \frac{x+1}{x^2-1}$ (2) $\displaystyle\lim_{x \to 3} \frac{\sqrt{x+6}-3}{x-3}$ (3) $\displaystyle\lim_{x \to 1} \frac{x-1}{\sqrt{x+1}-\sqrt{3x-1}}$

数列の場合と同様に，関数の極限値について，次のことが成り立つ。

関数の極限値の性質

$\displaystyle\lim_{x \to a} f(x) = \alpha$, $\displaystyle\lim_{x \to a} g(x) = \beta$ であるとき

[1] $\displaystyle\lim_{x \to a} \{kf(x) + lg(x)\} = k\alpha + l\beta$ ただし，k, l は定数

[2] $\displaystyle\lim_{x \to a} f(x)g(x) = \alpha\beta$

[3] $\displaystyle\lim_{x \to a} \frac{f(x)}{g(x)} = \frac{\alpha}{\beta}$ ただし，$\beta \neq 0$

$\displaystyle\lim_{x \to a} \frac{f(x)}{g(x)} = \alpha$ のとき，分母について $\displaystyle\lim_{x \to a} g(x) = 0$ とすると

$$\lim_{x \to a} f(x) = \lim_{x \to a} \left\{ \frac{f(x)}{g(x)} \cdot g(x) \right\} = \alpha \cdot 0 = 0$$

したがって，次のことがいえる。

$$\lim_{x \to a} \frac{f(x)}{g(x)} = \alpha \quad \text{のとき} \quad \lim_{x \to a} g(x) = 0 \quad \text{ならば} \quad \lim_{x \to a} f(x) = 0$$

応用例題 11 $x \longrightarrow 2$ のとき，$\dfrac{\sqrt{x+a}-3}{x^2-2x}$ が極限値をもつように，定数 a の値を定めよ。また，そのときの極限値を求めよ。

解答 極限値をもつとすると，$\displaystyle\lim_{x \to 2}(x^2-2x) = 0$ であるから

$$\lim_{x \to 2}(\sqrt{x+a}-3) = 0$$

よって　　　　$\sqrt{2+a}-3 = 0$

すなわち　　　$2+a = 9$　　これを解いて　　$a = 7$

このとき，極限値は

$$\lim_{x \to 2}\frac{\sqrt{x+7}-3}{x^2-2x} = \lim_{x \to 2}\frac{(\sqrt{x+7}-3)(\sqrt{x+7}+3)}{x(x-2)(\sqrt{x+7}+3)}$$

$$= \lim_{x \to 2}\frac{x-2}{x(x-2)(\sqrt{x+7}+3)}$$

$$= \lim_{x \to 2}\frac{1}{x(\sqrt{x+7}+3)} = \frac{1}{12}$$

答 $a = 7$，極限値 $\dfrac{1}{12}$

練習 26 $x \longrightarrow 0$ のとき，$\dfrac{a\sqrt{x+1}-2}{x}$ が極限値をもつように，定数 a の値を定めよ。また，そのときの極限値を求めよ。

練習 27 次の等式が成り立つように，定数 a，b の値を定めよ。

$$\lim_{x \to 1}\frac{a\sqrt{x^2+3x+5}+b}{x-1} = 5$$

関数の値の大小と極限値について，次のことが成り立つ。

関数の極限値の大小関係

$\displaystyle\lim_{x\to a}f(x)=\alpha$, $\displaystyle\lim_{x\to a}g(x)=\beta$ であるとき

[4]　$x=a$ の近くで，常に $f(x)\leqq g(x)$ ならば　$\alpha\leqq\beta$

[5]　$x=a$ の近くで，常に $f(x)\leqq h(x)\leqq g(x)$ かつ $\alpha=\beta$ ならば

$$\lim_{x\to a}h(x)=\alpha$$

注 意　上の [5] を「はさみうちの原理」ということがある。

応用例題 **12**　極限 $\displaystyle\lim_{x\to 0}x\sin\dfrac{1}{x}$ を求めよ。

解答　$0\leqq\left|\sin\dfrac{1}{x}\right|\leqq 1$ で，$|x|>0$ であるから　$0\leqq|x|\left|\sin\dfrac{1}{x}\right|\leqq|x|$

すなわち　　　　$0\leqq\left|x\sin\dfrac{1}{x}\right|\leqq|x|$

ここで，$\displaystyle\lim_{x\to 0}0=0$，$\displaystyle\lim_{x\to 0}|x|=0$ であるから　$\displaystyle\lim_{x\to 0}\left|x\sin\dfrac{1}{x}\right|=0$

よって　　　　　$\displaystyle\lim_{x\to 0}x\sin\dfrac{1}{x}=0$　　**答**

応用例題 12 について，関数

$y=x\sin\dfrac{1}{x}$ の定義域は，0 でない

実数の全体である。

　この関数のグラフは，右の図のようになり，$x=0$ の近くで振動しながら，y の値は 0 に限りなく近づく。

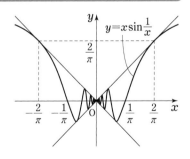

練習 28 ▶ 極限 $\displaystyle\lim_{x\to 0}x^2\cos\dfrac{1}{x}$ を求めよ。

$x \longrightarrow a$ のとき，$f(x)$ が一定の値に収束しない場合を考えよう。

関数 $f(x)$ において，x が a と異なる値をとりながら a に限りなく近づくとき，$f(x)$ の値が限りなく大きくなる場合，

$$x \longrightarrow a \text{ のとき，} f(x) \text{ は 正の無限大に発散 する}$$

または　　$x \longrightarrow a$ のとき，$f(x)$ の **極限は ∞** である

といい，記号で次のように表す。

$$\lim_{x \to a} f(x) = \infty \quad \text{または} \quad x \longrightarrow a \ \text{のとき} \ f(x) \longrightarrow \infty$$

また，x が a と異なる値をとりながら a に限りなく近づくとき，$f(x)$ の値が負で，その絶対値が限りなく大きくなる場合，

$$x \longrightarrow a \text{ のとき，} f(x) \text{ は 負の無限大に発散 する}$$

または　　$x \longrightarrow a$ のとき，$f(x)$ の **極限は $-\infty$** である

といい，記号で次のように表す。

$$\lim_{x \to a} f(x) = -\infty \quad \text{または} \quad x \longrightarrow a \ \text{のとき} \ f(x) \longrightarrow -\infty$$

例 3
$$\lim_{x \to 0} \frac{1}{x^2} = \infty$$
$$\lim_{x \to 0} \left(-\frac{1}{x^2}\right) = -\infty$$

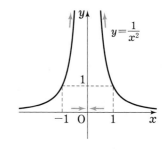

練習 29 次の極限を求めよ。

(1) $\displaystyle\lim_{x \to -1} \frac{1}{(x+1)^2}$ 　　　　(2) $\displaystyle\lim_{x \to 0} \left(1 - \frac{1}{x^2}\right)$

α を一定の数とする。関数 $f(x)$ について

$$\lim_{x \to a} f(x) = \alpha, \quad \lim_{x \to a} f(x) = \infty, \quad \lim_{x \to a} f(x) = -\infty$$

のいずれでもない場合，$x \longrightarrow a$ のときの $f(x)$ の **極限はない** という。

片側からの極限

関数 $f(x)$ において，x が a に限りなく近づくとき，$x>a$ あるいは $x<a$ など片側の範囲だけで極限を考えると，極限がない場合がある。

例 4

関数 $f(x)=\dfrac{x^2-x}{|x|}$ において

$x>0$ のとき

$$f(x)=\frac{x^2-x}{x}=x-1$$

$x<0$ のとき

$$f(x)=\frac{x^2-x}{-x}=-x+1$$

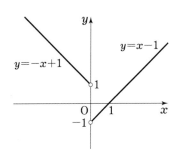

よって，x が正の値をとりながら 0 に限りなく近づくとき，$f(x)$ の値は -1 に限りなく近づく。

また，x が負の値をとりながら 0 に限りなく近づくとき，$f(x)$ の値は限りなく 1 に近づく。

例 5

関数 $f(x)=\sin\dfrac{1}{x}$ において，x が正の値をとりながら 0 に限りなく近づくときも，負の値をとりながら 0 に限りなく近づくときも，$\dfrac{1}{x}$ の絶対値は限りなく大きくなる。

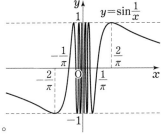

よって，$x \longrightarrow 0$ のとき，$\sin\dfrac{1}{x}$ は，-1 と 1 の間の値を繰り返しとって，一定の値に限りなく近づくことはない。

前のページの例4と例5は，ともに極限がない場合の例である。

このうち，例4は，x の近づき方によって，$f(x)$ が異なる値に限りなく近づいていく。

一般に，変数 x が，1つの値 a に限りなく近づくとき

a より大きい値をとりながら a に近づく場合には　$\boldsymbol{x \longrightarrow a+0}$

a より小さい値をとりながら a に近づく場合には　$\boldsymbol{x \longrightarrow a-0}$

と書く。特に，$a=0$ の場合は，簡単に

$\boldsymbol{x \longrightarrow +0,\ x \longrightarrow -0}$ と書く。

そして，$x \longrightarrow a+0,\ x \longrightarrow a-0$ のときの関数 $f(x)$ の極限を，それぞれ x が a に近づくときの $f(x)$ の **右側極限**，**左側極限** といい，記号で

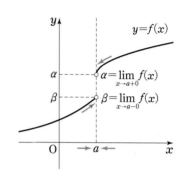

$$\lim_{x \to a+0} f(x), \qquad \lim_{x \to a-0} f(x)$$

と書く。たとえば，前のページの例4は，次のように表されるから，$x \longrightarrow 0$ のとき $f(x)$ の極限はない。

$$\lim_{x \to +0} \frac{x^2-x}{|x|} = -1, \qquad \lim_{x \to -0} \frac{x^2-x}{|x|} = 1$$

右側極限や左側極限が，正の無限大や負の無限大に発散する場合も，上と同様に表す。

　(1)　$\displaystyle \lim_{x \to +0} \frac{1}{x} = \infty, \qquad \lim_{x \to -0} \frac{1}{x} = -\infty$

(2)　$\displaystyle \lim_{x \to \frac{\pi}{2}+0} \tan x = -\infty, \qquad \lim_{x \to \frac{\pi}{2}-0} \tan x = \infty$

練習 30 ▶ 次の極限を求めよ。

(1)　$\displaystyle \lim_{x \to +0} \frac{x}{|x|}$ 　　　　(2)　$\displaystyle \lim_{x \to 1+0} \frac{x}{x-1}$ 　　　　(3)　$\displaystyle \lim_{x \to -2-0} \frac{x}{x+2}$

関数の極限について，これまで学んだことから，次のことがいえる。

$$\lim_{x \to a+0} f(x) \text{ と } \lim_{x \to a-0} f(x) \text{ が異なるならば}$$

$$x \longrightarrow a \text{ のときの } f(x) \text{ の極限はない。}$$

また，次のことが成り立つ。

$$\lim_{x \to a+0} f(x) = \lim_{x \to a-0} f(x) = \alpha \iff \lim_{x \to a} f(x) = \alpha$$

実数 x に対して，$n \leq x$ を満たす最大の整数 n を $[x]$ で表す。この記号 $[\ ]$ を **ガウスの記号** という。

たとえば，関数 $f(x) = [x]$ において

$0 \leq x < 1$ のとき　　$[x] = 0$

$1 \leq x < 2$ のとき　　$[x] = 1$

であるから

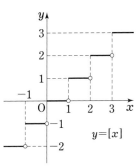

$y = [x]$

$$\lim_{x \to 1-0} [x] = 0, \ \lim_{x \to 1+0} [x] = 1$$

よって，$x \longrightarrow 1$ のとき，$f(x)$ の極限はない。

例題
8　$x \longrightarrow 1$ のとき，関数 $f(x) = [2x] - [x]$ の極限を調べよ。

解答　$\dfrac{1}{2} \leq x < 1$ のとき，$1 \leq 2x < 2$ であるから

$$[2x] - [x] = 1 - 0 = 1$$

$1 \leq x < \dfrac{3}{2}$ のとき，$2 \leq 2x < 3$ であるから

$$[2x] - [x] = 2 - 1 = 1$$

よって　　$\displaystyle\lim_{x \to 1-0} ([2x] - [x]) = \lim_{x \to 1+0} ([2x] - [x]) = 1$

したがって　　$\displaystyle\lim_{x \to 1} f(x) = 1$　　**答**

練習 31　$x \longrightarrow 2$ のとき，関数 $f(x) = x - [x]$ の極限を調べよ。

8. 関数の極限 (2)

$x \longrightarrow \infty$, $x \longrightarrow -\infty$ のときの極限

これまでは，一定の数 a に対して，$x \longrightarrow a$ のときの関数の極限を考えたが，$x \longrightarrow \infty$，$x \longrightarrow -\infty$ のときの極限についても考えよう。

5　　$x \longrightarrow \infty$ のとき，関数 $f(x)$ の値が一定の値 α に限りなく近づく場合，記号で次のように表す。

$$\lim_{x \to \infty} f(x) = \alpha \quad \text{または} \quad x \longrightarrow \infty \quad \text{のとき} \quad f(x) \longrightarrow \alpha$$

$x \longrightarrow -\infty$ のとき，極限 $\displaystyle\lim_{x \to -\infty} f(x)$ についても，同様に考える。

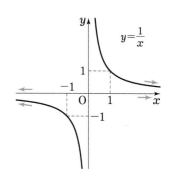

10　　たとえば，関数 $f(x) = \dfrac{1}{x}$ について，

$$\lim_{x \to \infty} \frac{1}{x} = 0, \quad \lim_{x \to -\infty} \frac{1}{x} = 0$$

である。

　　$x \longrightarrow \infty$ または $x \longrightarrow -\infty$ のとき，$f(x)$ が正の無限大や負の無限大に発散する場合や，極限がない場合も同様に考える。

15　　たとえば，次のようになる。

$$\lim_{x \to \infty} x^2 = \infty, \quad \lim_{x \to -\infty} x^2 = \infty, \quad \lim_{x \to \infty}(-x^2) = -\infty, \quad \lim_{x \to -\infty} x^3 = -\infty$$

また，三角関数 $f(x) = \sin x$，$f(x) = \cos x$，$f(x) = \tan x$ については，$x \longrightarrow \infty$，$x \longrightarrow -\infty$ のいずれの場合も，関数の極限はない。

練習 32 ▶ 次の極限を求めよ。

20　(1) $\displaystyle\lim_{x \to -\infty}\left(1 + \frac{1}{x^2}\right)$ 　　(2) $\displaystyle\lim_{x \to \infty} \sin\frac{1}{x}$ 　　(3) $\displaystyle\lim_{x \to -\infty}(1 - x^2)$

117 ページで学んだ関数の極限値の性質や，119 ページで学んだ関数の極限値の大小関係は，$x \longrightarrow \infty$，$x \longrightarrow -\infty$ の場合にも成り立つ。

(1) $\displaystyle \lim_{x \to \infty} \frac{2x^2-3x+4}{x^2+1} = \lim_{x \to \infty} \frac{2-\dfrac{3}{x}+\dfrac{4}{x^2}}{1+\dfrac{1}{x^2}} = \frac{2}{1} = 2$

(2) $\displaystyle \lim_{x \to -\infty}(x^3+3x^2) = \lim_{x \to -\infty} x^3\left(1+\frac{3}{x}\right) = -\infty$

練習 33 ▶ 次の極限を求めよ。

(1) $\displaystyle \lim_{x \to \infty} \frac{x^2+1}{3x^2-2}$ 　　(2) $\displaystyle \lim_{x \to \infty} \frac{2x+1}{x^2+x+1}$ 　　(3) $\displaystyle \lim_{x \to -\infty} \frac{x^2-4x+3}{2x+5}$

(4) $\displaystyle \lim_{x \to \infty}(x^3-2x^2+x)$ 　　　　　(5) $\displaystyle \lim_{x \to -\infty}(x^3+10x^2+2)$

例題 9 極限 $\displaystyle \lim_{x \to -\infty}(\sqrt{x^2+x}+x)$ を求めよ。

[考え方] $x<0$ のとき，$\sqrt{x^2}=-x$ であることに注意して，$x=-t$ とおく。

解答 $\sqrt{x^2+x}+x = \dfrac{(\sqrt{x^2+x}+x)(\sqrt{x^2+x}-x)}{\sqrt{x^2+x}-x} = \dfrac{x}{\sqrt{x^2+x}-x}$

$x=-t$ とおくと，$x \longrightarrow -\infty$ のとき $t \longrightarrow \infty$ で

$\displaystyle \lim_{x \to -\infty}(\sqrt{x^2+x}+x) = \lim_{t \to \infty} \frac{-t}{\sqrt{t^2-t}+t}$

$\displaystyle = \lim_{t \to \infty} \frac{-1}{\sqrt{1-\dfrac{1}{t}}+1} = -\frac{1}{2}$ 　**答**

練習 34 ▶ 次の極限を求めよ。

(1) $\displaystyle \lim_{x \to \infty}(\sqrt{x+2}-\sqrt{x+1})$ 　　(2) $\displaystyle \lim_{x \to -\infty}(\sqrt{x^2-4x}+x)$

指数関数，対数関数の極限

指数関数 a^x と対数関数 $\log_a x$ の極限について，次のことがいえる。

[1]　$a>1$ のとき　　$\displaystyle\lim_{x\to\infty}a^x=\infty$,　　　　　$\displaystyle\lim_{x\to-\infty}a^x=0$

　　　　　　　　　　$\displaystyle\lim_{x\to\infty}\log_a x=\infty$,　　　$\displaystyle\lim_{x\to+0}\log_a x=-\infty$

[2]　$0<a<1$ のとき　$\displaystyle\lim_{x\to\infty}a^x=0$,　　　　　$\displaystyle\lim_{x\to-\infty}a^x=\infty$

　　　　　　　　　　$\displaystyle\lim_{x\to\infty}\log_a x=-\infty$,　　$\displaystyle\lim_{x\to+0}\log_a x=\infty$

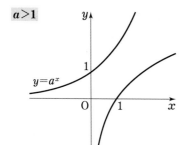

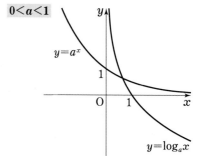

 次の極限を求めよ。

(1)　$\displaystyle\lim_{x\to\infty}3^{-x}$　　　(2)　$\displaystyle\lim_{x\to-\infty}\left(\frac{1}{2}\right)^x$　　　(3)　$\displaystyle\lim_{x\to\infty}\log_2\frac{1}{x}$　　　(4)　$\displaystyle\lim_{x\to+0}\log_{0.5}\frac{1}{x}$

例題 10　極限 $\displaystyle\lim_{x\to\infty}\{\log_2 4x-\log_2(x-1)\}$ を求めよ。

解答　$\displaystyle\lim_{x\to\infty}\{\log_2 4x-\log_2(x-1)\}$

$\displaystyle=\lim_{x\to\infty}\log_2\frac{4x}{x-1}=\lim_{x\to\infty}\log_2\frac{4}{1-\dfrac{1}{x}}=\log_2 4=2$　**答**

練習 36　次の極限を求めよ。

(1)　$\displaystyle\lim_{x\to\infty}\frac{3^x}{3^x+2^x}$　　　　　(2)　$\displaystyle\lim_{x\to\infty}\{2\log_3 x-\log_3(3x^2+1)\}$

9. 三角関数と極限

　三角関数に関する基本的な極限のうち，次の等式が成り立つことは特に重要である。ただし，角の単位は弧度法である。

> **$\dfrac{\sin x}{x}$ の極限**
>
> $$\lim_{x \to 0} \frac{\sin x}{x} = 1$$

　このことは，角 x の絶対値が十分小さいとき，$\sin x$ と x の値が，ほぼ等しいことを意味している。

証明　$x \longrightarrow 0$ のときを考えるのであるから，$0 < |x| < \dfrac{\pi}{2}$ としてよい。

[1]　$0 < x < \dfrac{\pi}{2}$ のとき　点Oを中心とする半径 1 の円において，中心角が x である扇形 OAB を考える。点Bから OA に引いた垂線を BH，点Aにおける円Oの接線が OB の延長と交わる点をTとすると，面積について

　　　$\triangle \mathrm{OAB} <$ 扇形 $\mathrm{OAB} < \triangle \mathrm{OAT}$

BH $= \sin x$，AT $= \tan x$ であるから

$$\frac{1}{2} \cdot 1 \cdot \sin x < \frac{1}{2} \cdot 1^2 \cdot x < \frac{1}{2} \cdot 1 \cdot \tan x$$

よって　　　$\sin x < x < \tan x$

各辺を $\sin x$ でわると，$\sin x > 0$ より

　　　$1 < \dfrac{x}{\sin x} < \dfrac{1}{\cos x}$　　　すなわち　　　$1 > \dfrac{\sin x}{x} > \cos x$

ここで，$\lim_{x \to +0} \cos x = 1$ であるから　　　$\lim_{x \to +0} \dfrac{\sin x}{x} = 1$

[2] $-\dfrac{\pi}{2}<x<0$ のとき $x=-\theta$ とおくと

$$\lim_{x\to-0}\frac{\sin x}{x}=\lim_{\theta\to+0}\frac{\sin(-\theta)}{-\theta}=\lim_{\theta\to+0}\frac{\sin\theta}{\theta}=1$$

[1], [2] から $\qquad \lim_{x\to0}\dfrac{\sin x}{x}=1$ $\quad$ 終

例題 11 次の極限を求めよ。

(1) $\displaystyle\lim_{x\to0}\frac{\sin 3x}{\sin x}$ $\qquad\qquad$ (2) $\displaystyle\lim_{x\to0}\frac{1-\cos x}{x^2}$

解答 (1) $\displaystyle\lim_{x\to0}\frac{\sin 3x}{\sin x}=\lim_{x\to0}3\cdot\frac{\dfrac{\sin 3x}{3x}}{\dfrac{\sin x}{x}}=3\cdot\frac{1}{1}=3$ $\quad$ 答

(2) $\displaystyle\lim_{x\to0}\frac{1-\cos x}{x^2}=\lim_{x\to0}\frac{(1-\cos x)(1+\cos x)}{x^2(1+\cos x)}$

$\qquad\qquad =\displaystyle\lim_{x\to0}\frac{1-\cos^2 x}{x^2(1+\cos x)}=\lim_{x\to0}\frac{\sin^2 x}{x^2(1+\cos x)}$

$\qquad\qquad =\displaystyle\lim_{x\to0}\left(\frac{\sin x}{x}\right)^2\frac{1}{1+\cos x}$

$\qquad\qquad =1^2\cdot\dfrac{1}{1+1}=\dfrac{1}{2}$ $\quad$ 答

練習 37 次の極限を求めよ。

(1) $\displaystyle\lim_{x\to0}\frac{\sin 2x}{x}$ $\qquad$ (2) $\displaystyle\lim_{x\to0}\frac{\sin 4x}{\sin 2x}$ $\qquad$ (3) $\displaystyle\lim_{x\to0}\frac{2x+\sin 2x}{\sin x}$

(4) $\displaystyle\lim_{x\to0}\frac{\tan x}{x}$ $\qquad$ (5) $\displaystyle\lim_{x\to0}\frac{x\sin x}{1-\cos x}$ $\qquad$ (6) $\displaystyle\lim_{x\to0}\frac{1-\cos 2x}{x^2}$

練習 38 [ ] 内のおき換えにより，次の極限を求めよ。

(1) $\displaystyle\lim_{x\to\frac{\pi}{2}}\frac{\cos x}{x-\dfrac{\pi}{2}}$ $\left[x-\dfrac{\pi}{2}=\theta\right]$ $\qquad\qquad$ (2) $\displaystyle\lim_{x\to\infty}x\sin\frac{1}{x}$ $\left[\dfrac{1}{x}=\theta\right]$

応用例題 **13** 半径 a の円Oの周上に，中心角 θ の弧 AB をとり，弦 AB，弧 AB の中点を，それぞれ C，D とする。次の極限を求めよ。

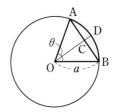

(1) $\displaystyle\lim_{\theta\to+0}\frac{\overset{\frown}{AB}}{AB}$　　　(2) $\displaystyle\lim_{\theta\to+0}\frac{CD}{AB}$

解答 (1) 半径 OD は弦 AB を垂直に2等分する。

$\angle BOD=\alpha$ とおくと，$\theta=2\alpha$ で

$\theta\longrightarrow+0$ のとき　$\alpha\longrightarrow+0$

また　$\overset{\frown}{AB}=a\theta=2a\alpha$

$AB=2BC=2a\sin\alpha$

よって　$\displaystyle\lim_{\theta\to+0}\frac{\overset{\frown}{AB}}{AB}=\lim_{\alpha\to+0}\frac{2a\alpha}{2a\sin\alpha}$

$\displaystyle=\lim_{\alpha\to+0}\frac{1}{\dfrac{\sin\alpha}{\alpha}}=1$　**答**

(2) $CD=OD-OC=a-a\cos\alpha=a(1-\cos\alpha)$

よって　$\displaystyle\lim_{\theta\to+0}\frac{CD}{AB}=\lim_{\alpha\to+0}\frac{a(1-\cos\alpha)}{2a\sin\alpha}$

$\displaystyle=\lim_{\alpha\to+0}\frac{1-\cos^2\alpha}{2\sin\alpha(1+\cos\alpha)}$

$\displaystyle=\lim_{\alpha\to+0}\frac{\sin\alpha}{2(1+\cos\alpha)}=\frac{0}{4}=0$　**答**

第4章

練習 **39** 中心がO，直径が $AB=6$ である半円の弧 AB の中点をMとする。Aから出た光線が弧 MB 上の点Pで反射して，直径 AB 上の点Qにくるとする。

(1) $\angle PAB=\theta$ とするとき，線分 OQ の長さを θ で表せ。

(2) PがBに限りなく近づくと，Qはどんな点に近づくか。

10. 関数の連続性

関数 $y=x^2$ や $y=\sin x$ などは，その定義域の全体において，グラフがつながった 1 つの曲線になっている。

このような関数 $y=f(x)$ では，定義域の任意の x の値 a において

$$\lim_{x \to a} f(x) = f(a)$$

が成り立っている。

一方，たとえば，

$$\begin{cases} x=0 \text{ のとき} \quad f(x)=0 \\ x \neq 0 \text{ のとき} \quad f(x)=x^2+1 \end{cases}$$

で定義される関数 $f(x)$ では，

$$\lim_{x \to 0} f(x) = 1$$

であるが，この極限値は，$x=0$ における

関数の値 $f(0)=0$ と一致しない。

そして，そのグラフは，$x=0$ のところでつながっていない。

また，123 ページで学んだ関数 $f(x)=[x]$

については，$f(1)=1$ であるが，

$$\lim_{x \to 1-0} f(x) = 0, \quad \lim_{x \to 1+0} f(x) = 1$$

であり，$x \longrightarrow 1$ のときの極限はない。

そして，そのグラフは，$x=1$ のところ

でつながっていない。

一般に，関数 $y=f(x)$ において，その定義域に属する値 a に対し，

極限値 $\displaystyle\lim_{x \to a} f(x)$ が存在して $\displaystyle\lim_{x \to a} f(x) = f(a)$

であるとき，関数 $f(x)$ は $x=a$ で **連続** であるという。

関数 $y=f(x)$ が $x=a$ で連続である
とき，a にどんなに近い値 x に対しても，
それに対応する値 y が，$f(a)$ のごく近
くに存在する。

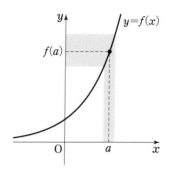

5　このことは，そのグラフが，$x=a$ に
おいて飛び離れていない，すなわち，つ
ながっていることを意味している。

　関数 $y=f(x)$ が，その定義域に属する値 a について，$x=a$ で連続で
ないとき，$f(x)$ は $x=a$ で **不連続** であるという。

10　たとえば，関数 $y=[x]$ は，x の整数値で不連続である。

　$f(x)$ が $x=a$ で不連続であるのは，$x \longrightarrow a$ のときの極限が存在しな
いか，存在しても，その極限値が $f(a)$ と異なる場合である。

練習 40 ▶ 関数 $f(x)=[\sin x]$ について，次のことを示せ。

(1)　$x=\pi$ で不連続である。　　　　(2)　$x=\dfrac{\pi}{2}$ で不連続である。

第4章

15　関数 $y=f(x)$ の定義域に属する値 a が，定義域の左端または右端で
あるとき，それぞれ $\displaystyle\lim_{x\to a+0} f(x)=f(a)$，$\displaystyle\lim_{x\to a-0} f(x)=f(a)$　が成り立

つならば，$x=a$ で連続であるという。

　たとえば，関数 $f(x)=\sqrt{x}$ において
$$\lim_{x\to +0} f(x)=0,\ f(0)=0$$

20　となるから

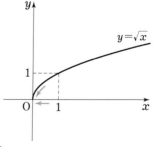

$$\lim_{x\to +0} f(x)=f(0)$$

よって，$f(x)=\sqrt{x}$ は $x=0$ で連続である。

117 ページの極限値の性質 [1]～[3] からわかるように，関数 $f(x)$，$g(x)$ が $x=a$ で連続ならば，次の各関数も $x=a$ で連続である。

[1] $kf(x)+lg(x)$ ただし，k, l は定数

[2] $f(x)g(x)$

[3] $\dfrac{f(x)}{g(x)}$ ただし，$g(a) \neq 0$

関数 $y=x$ は，すべての x の値で連続であり，したがって，x の多項式で表される関数 y も，すべての x の値で連続である。

また，分数関数 $y=\dfrac{1}{x}$ では，グラフは $x=0$ のところで切れている。しかし，その定義域は $\{x \mid x \neq 0\}$ であり，定義域に属するすべての x の値で連続である。

一般に，関数 $f(x)$ が定義域のすべての x の値で連続であるとき，$f(x)$ は **連続関数** であるという。

多項式や分数式で表される関数は，連続関数である。また，無理関数や，三角関数，指数関数，対数関数なども，すべて連続関数である。

区間 $a \leqq x \leqq b$ を **閉区間**，区間 $a < x < b$ を **開区間** といい，それぞれ $[a, \ b]$，$(a, \ b)$ で表す。

また，たとえば，区間 $a \leqq x < b$ や区間 $a < x$ は，それぞれ記号で $[a, \ b)$，$(a, \ \infty)$ などと表す。

ある区間を関数 $f(x)$ の定義域と考えたとき，その区間のすべての点で $f(x)$ が連続であるとき，$f(x)$ はその **区間で連続** であるという。

たとえば，関数 $f(x)=[x]$ は，区間 $[0, \ 1)$ で連続である。

練習 41 ▶ 関数 $f(x)=x[x]$ は，次の各区間において連続であるか。

(1) $(0, \ 1)$ (2) $[0, \ 1)$ (3) $(0, \ 1]$ (4) $[0, \ 1]$

連続な関数について，次のことが成り立つ。

閉区間で連続な関数は，その閉区間で最大値および最小値をもつ。

これに対し，開区間で連続な関数は，その開区間で最大値や最小値をもつことも，もたないこともある。

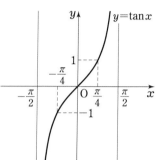

5　　たとえば，関数 $y=\tan x$ は，閉区間 $\left[-\dfrac{\pi}{4},\ \dfrac{\pi}{4}\right]$ で連続であり，この閉区間で，最大値 1，最小値 -1 をもつ。

しかし，開区間 $\left(-\dfrac{\pi}{2},\ \dfrac{\pi}{2}\right)$ では，連続であるが，最大値も最小値ももたない。

10　　練習 42 ▶ 次の関数の最大値や最小値があれば，それらを求めよ。

(1)　$y=x^2-2x$　$(0\leqq x\leqq 3)$　　　　(2)　$y=\sin x$　$(0<x<\pi)$

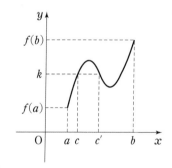

関数 $y=f(x)$ が閉区間 $[a,\ b]$ で連続であるとすると，関数のグラフは，この区間でつながっている。

15　　したがって，右の図からわかるように，$f(a) \neq f(b)$ のとき，関数 $f(x)$ は，$f(a)$ と $f(b)$ の間の任意の値をとる。

一般に，次の **中間値の定理** が成り立つ。

中間値の定理

20　関数 $f(x)$ が閉区間 $[a,\ b]$ で連続で，$f(a) \neq f(b)$ ならば

　　$f(a)$ と $f(b)$ の間の任意の実数 k に対して　　$f(c)=k$

を満たす実数 c が，a と b の間に少なくとも 1 つある。

中間値の定理において，特に，$f(a)$ と $f(b)$ の符号が異なり，$f(a)<f(b)$ ならば，$f(a)<0<f(b)$ となる。

　したがって，$k=0$ として考えると，

5　$f(c)=0$ となる c が，a と b の間に少なくとも 1 つある。

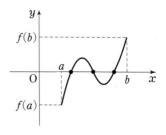

　このことから，中間値の定理の特別な場合として，次のことがいえる。

> 関数 $f(x)$ が閉区間 $[a,\ b]$ で連続であるとき，
> $f(a)$ と $f(b)$ の符号が異なるならば，方程式 $f(x)=0$ は，
> 10　$a<x<b$ の範囲に少なくとも 1 つの実数解をもつ。

例題 12　方程式 $\sin x+x\cos x+1=0$ は，$0<x<\pi$ の範囲に少なくとも 1 つの実数解をもつことを示せ。

証明　$f(x)=\sin x+x\cos x+1$ とおく。

　関数 $f(x)$ は閉区間 $[0,\ \pi]$ で連続である。

15　また　　　$f(0)=1>0,$　　$f(\pi)=-\pi+1<0$

　したがって，方程式 $f(x)=0$ は，$0<x<\pi$ の範囲に少なくとも 1 つの実数解をもつ。　**終**

練習 43　次の方程式は，（　）内の範囲に少なくとも 1 つの実数解をもつことを示せ。

20　(1) $2^x-3x=0$　$(3<x<4)$　　　　(2) $2x+\cos x=0$　$(-1<x<1)$

練習 44　関数 $f(x),\ g(x)$ はともに閉区間 $[a,\ b]$ で連続で，$f(a)>g(a)$，$f(b)<g(b)$ であるとする。このとき，方程式 $f(x)=g(x)$ は，$a<x<b$ の範囲に少なくとも 1 つの実数解をもつことを示せ。

発展

無限等比級数が連続関数とならない場合

応用例題
14
次の無限級数はすべての実数 x に対して収束することを示せ。また，その和を $f(x)$ とするとき，関数 $y=f(x)$ は $x=0$ で不連続であることを示せ。

$$x^2+\frac{x^2}{x^2+1}+\frac{x^2}{(x^2+1)^2}+\cdots\cdots+\frac{x^2}{(x^2+1)^{n-1}}+\cdots\cdots$$

証明 この級数は，初項 x^2，公比 $\dfrac{1}{x^2+1}$ の無限等比級数である。

$x=0$ のとき，この無限等比級数は収束して，その和は 0 であるから $\quad f(0)=0$

$x \neq 0$ のとき，$0<\dfrac{1}{x^2+1}<1$ であるから，この無限等比級数は収束して，その和は

$$f(x)=\frac{x^2}{1-\dfrac{1}{x^2+1}}=\frac{x^2(x^2+1)}{(x^2+1)-1}=x^2+1$$

よって，$\displaystyle\lim_{x \to 0}f(x)=1$ であるから $\quad \displaystyle\lim_{x \to 0}f(x) \neq f(0)$

したがって，この関数は $x=0$ で不連続である。 ■終

応用例題 14 の無限等比級数において，第 n 項までの部分和がつくる関数

$$f_n(x)=\sum_{k=1}^{n} x^2\left(\frac{1}{x^2+1}\right)^{k-1}$$

はすべて連続関数である。

ところが，その極限である関数 $y=f(x)$ は連続関数でない。

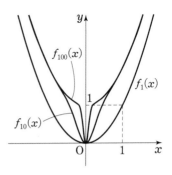

1 次の数列の収束，発散を調べ，収束するときはその極限値を求めよ。

    (1) $\{n^3-2n^2+3n\}$ (2) $\left\{n\left(\sqrt{4+\dfrac{1}{n}}-2\right)\right\}$ (3) $\{n\cos n\pi\}$

2 数列 $\{(x^2-3x+1)^n\}$ が収束するように，実数 x の値の範囲を定めよ。
また，そのときの極限値を求めよ。

3 次の条件によって定められる数列 $\{a_n\}$ の極限を求めよ。

    (1) $a_1=5$, $a_{n+1}=\dfrac{1}{2}a_n+1$ $(n=1,\ 2,\ 3,\ \cdots\cdots)$

    (2) $a_1=-4$, $a_{n+1}=3a_n+2$ $(n=1,\ 2,\ 3,\ \cdots\cdots)$

4 次の無限級数の収束，発散を調べ，収束するときは和を求めよ。

    (1) 無限級数 $\dfrac{1}{1\cdot3}+\dfrac{1}{2\cdot4}+\dfrac{1}{3\cdot5}+\cdots\cdots+\dfrac{1}{n(n+2)}+\cdots\cdots$

    (2) 無限等比級数 $(\sqrt{2}-1)+(\sqrt{2}-2)+(2\sqrt{2}-2)+\cdots\cdots$

5 次の極限を求めよ。

    (1) $\displaystyle\lim_{x\to1}\dfrac{\sqrt{x+3}-(x+1)}{x-1}$ (2) $\displaystyle\lim_{x\to2+0}\dfrac{x+3}{x-2}$

    (3) $\displaystyle\lim_{x\to\infty}x^2\left(1-\cos\dfrac{1}{x}\right)$ (4) $\displaystyle\lim_{x\to-\infty}\dfrac{2^x-2^{-x}}{2^x+2^{-x}}$

6 方程式 $x\tan x=\cos x$ は，$0<x<\dfrac{\pi}{4}$ の範囲に少なくとも1つの実数解
をもつことを示せ。

演習問題 A

1 次の問いに答えよ。

(1) $\dfrac{\pi}{4}<\theta<\dfrac{\pi}{2}$ のとき，$\displaystyle\lim_{n\to\infty}\dfrac{\cos^n\theta-\sin^n\theta}{\cos^n\theta+\sin^n\theta}$ を求めよ。

(2) 無限級数 $\displaystyle\sum_{n=1}^{\infty}\dfrac{1}{2^n}\sin\dfrac{n\pi}{2}$ の収束，発散を調べ，収束するときは和を求めよ。

(3) 極限 $\displaystyle\lim_{x\to-\infty}(\sqrt{x^2+x+1}-\sqrt{x^2+1})$ を求めよ。

2 直角を挟む 2 辺 AB，AC の長さが，それぞれ 3，4 の直角三角形 ABC がある。直角の頂点 A から対辺 BC に引いた垂線を AA_1，A_1 から AC に引いた垂線を A_1A_2，A_2 から BC に引いた垂線を A_2A_3 とする。以下，同様の操作を限りなく続けるとき，線分 AA_1，A_1A_2，A_2A_3，…… の長さの総和を求めよ。

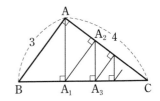

3 等式 $\displaystyle\lim_{x\to\infty}(\sqrt{x^2+ax}-bx-1)=3$ を満たす定数 a，b の値を求めよ。

4 $0<a<1$ とする。曲線 $y=x^2$ と $y=a\sin x$ の原点以外の交点の x 座標を $m(a)$ で表すとき，次の問いに答えよ。

(1) 不等式 $0<m(a)\leqq\sqrt{a}$ を導き，$\displaystyle\lim_{a\to+0}m(a)=0$ であることを示せ。

(2) $\displaystyle\lim_{a\to+0}\dfrac{m(a)}{a}$ を求めよ。

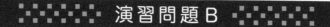

5 次の極限を求めよ。

(1) $\displaystyle \lim_{n \to \infty} \frac{(n+1)^2+(n+2)^2+\cdots\cdots+(2n)^2}{1^2+2^2+\cdots\cdots+n^2}$

(2) $\displaystyle \lim_{x \to \infty} \left\{ \frac{1}{2} \log_2 x + \log_2 (\sqrt{2x+1} - \sqrt{2x-1}) \right\}$

6 座標平面上の点の列 $P_n(x_n,\ y_n)$ $(n=1,\ 2,\ 3,\ \cdots\cdots)$ は，条件

$$x_{n+1}=\frac{1}{4}x_n+\frac{4}{5}y_n, \quad y_{n+1}=\frac{3}{4}x_n+\frac{1}{5}y_n$$

を満たし，点 P_1 は直線 $\ell : x+y=2$ 上にあるとする。

(1) 点 P_1, P_2, P_3, $\cdots\cdots$ は，すべて直線 ℓ 上にあることを示せ。

(2) 点の列 P_1, P_2, P_3, $\cdots\cdots$ はある定点に限りなく近づく。その定点の座標を求めよ。

7 複素数 a_1, a_2, a_3, $\cdots\cdots$, a_n, $\cdots\cdots$ を

$$a_1=\frac{3+i}{3-i}, \quad a_{n+1}=\frac{a_n-5}{1-5a_n} \ (n=1,\ 2,\ 3,\ \cdots\cdots)$$

で定める。また，$b_n=\dfrac{a_n+1}{a_n-1}i \ (n=1,\ 2,\ 3,\ \cdots\cdots)$ とおく。

ただし，i は虚数単位である。

(1) b_{n+1} を b_n を用いて表せ。　　(2) b_n は実数であることを示せ。

(3) $\displaystyle \lim_{n \to \infty} |a_n+1|$ を求めよ。

8 次の問いに答えよ。

(1) 極限 $\displaystyle \lim_{n \to \infty} \frac{x^{2n}-x^{2n-1}+ax^2+bx}{x^{2n}+1}$ を調べよ。

(2) 関数 $f(x)=\displaystyle \lim_{n \to \infty} \frac{x^{2n}-x^{2n-1}+ax^2+bx}{x^{2n}+1}$ がすべての x の値で連続となるように，定数 a, b の値を定めよ。

第5章 微分法

Differentiation

↑ 自動車の速度計には微分法の考え方が用いられている。

第5章

So far, we have learned how to differentiate polynomial functions. Is it possible to differentiate other functions such as rational, irrational, trigonometric, logarithmic, and exponential ones?

The answer is yes.

In this chapter, we will study other formulas that are used to differentiate various functions. A good understanding of these rules will prepare us for more advanced topics in differential calculus, to be introduced in the next chapter.

1. 微分係数と導関数

微分係数

関数 $f(x)$ について，極限値

$$\lim_{h \to 0} \frac{f(a+h)-f(a)}{h} = \lim_{x \to a} \frac{f(x)-f(a)}{x-a}$$

5 が存在するとき，これを $f(x)$ の $x=a$ における **微分係数** または変化率といい，記号で $f'(a)$ と表す。

また，このとき，関数 $f(x)$ は $x=a$ で **微分可能** であるという。

関数 $f(x)$ が $x=a$ で微分可能で

10 ないのは，$x=a$ における微分係数すなわち，極限値

$$\lim_{h \to 0} \frac{f(a+h)-f(a)}{h}$$

が存在しない場合である。

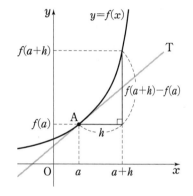

関数 $f(x)$ が $x=a$ で微分可能であるとき，$x=a$ における微分係数

15 $f'(a)$ は，曲線 $y=f(x)$ 上の点 $A(a,\ f(a))$ における曲線の接線 AT の傾きを表している。

例 1 関数 $y=x^2$ の $x=1$ における微分係数は

$$\lim_{h \to 0} \frac{(1+h)^2-1^2}{h} = \lim_{h \to 0} (2+h) = 2$$

であり，関数 $y=x^2$ のグラフ上の点 $(1,\ 1)$ における接線の傾

20 きは 2 である。

練習 1 ▶ 関数 $y=x^2$ のグラフ上の点 $(-2,\ 4)$ における接線の傾きを，定義に従って求めよ。

微分可能な関数については，次のことが成り立つ。

微分可能性と連続性

関数 $f(x)$ は，$x=a$ で微分可能ならば，$x=a$ で連続である。

証明 $f(x)$ が $x=a$ で微分可能ならば

$$\lim_{x \to a} \{f(x)-f(a)\} = \lim_{x \to a} \left\{ \frac{f(x)-f(a)}{x-a} \cdot (x-a) \right\}$$

$$= f'(a) \cdot 0 = 0$$

よって $\qquad \lim_{x \to a} f(x) = f(a)$

したがって，$f(x)$ は $x=a$ で連続である。 $\boxed{終}$

　関数 $f(x)$ が $x=a$ で連続であっても，$f(x)$ は $x=a$ で微分可能であるとは限らない。たとえば，

　関数 $f(x)=|x|$ は $x=0$ で連続である。

一方，

$$\frac{f(0+h)-f(0)}{h} = \frac{|h|}{h}$$

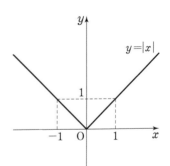

であるから

$$\lim_{h \to +0} \frac{f(0+h)-f(0)}{h} = \lim_{h \to +0} \frac{h}{h} = 1$$

$$\lim_{h \to -0} \frac{f(0+h)-f(0)}{h} = \lim_{h \to -0} \frac{-h}{h} = -1$$

よって，$\displaystyle \lim_{h \to 0} \frac{f(0+h)-f(0)}{h}$ すなわち $f'(0)$ は存在しない。

したがって，$f(x)$ は $x=0$ で微分可能でない。

導関数

関数 $y=f(x)$ が，ある区間の任意の実数 a について，$x=a$ で微分可能であるとき，$f(x)$ はその **区間で微分可能** であるという。

このとき，区間内の任意の値 a に $f'(a)$ を対応させて得られる関数を，$y=f(x)$ の **導関数** といい，記号で次のように表す。

$$y', \quad f'(x), \quad \frac{dy}{dx}, \quad \frac{d}{dx}f(x)$$

また，関数 $f(x)$ の導関数を求めることを，$f(x)$ を **微分する** という。

$f(x)$ の導関数

$$f'(x)=\lim_{h\to 0}\frac{f(x+h)-f(x)}{h}$$

関数 $y=f(x)$ において，x の増分 $\varDelta x$ に対する y の増分を $\varDelta y$ とすると，$f'(x)$ は次のように表される。

$$f'(x)=\lim_{\varDelta x\to 0}\frac{\varDelta y}{\varDelta x}=\lim_{\varDelta x\to 0}\frac{f(x+\varDelta x)-f(x)}{\varDelta x}$$

例 2 関数 $y=\sqrt{x}$ の導関数は

$$y'=\lim_{h\to 0}\frac{\sqrt{x+h}-\sqrt{x}}{h}=\lim_{h\to 0}\frac{(x+h)-x}{h(\sqrt{x+h}+\sqrt{x})}$$

$$=\lim_{h\to 0}\frac{1}{\sqrt{x+h}+\sqrt{x}}=\frac{1}{2\sqrt{x}}$$

練習 2 定義に従って，関数 $y=\dfrac{1}{x}$ の導関数を求めよ。

私たちはすでに，導関数について次のことを学んでいる。

n が自然数のとき，関数 $y=x^n$ の導関数は $y'=nx^{n-1}$

2. 導関数の計算

導関数の性質

今後この章では，特に断りのない場合，関数はすべて微分可能であるものとする。

関数 $f(x)$，$g(x)$ について，次のことが成り立つ。

> **導関数の性質**
>
> [1]　$\{kf(x)\}'=kf'(x)$ 　　　　ただし，k は定数
>
> [2]　$\{f(x)+g(x)\}'=f'(x)+g'(x)$
>
> [3]　$\{kf(x)+lg(x)\}'=kf'(x)+lg'(x)$ 　ただし，$k,\ l$ は定数

たとえば，上の [2] は，次のようにして証明される。

証明　$\displaystyle \{f(x)+g(x)\}'=\lim_{h\to 0}\frac{\{f(x+h)+g(x+h)\}-\{f(x)+g(x)\}}{h}$

$\displaystyle =\lim_{h\to 0}\left\{\frac{f(x+h)-f(x)}{h}+\frac{g(x+h)-g(x)}{h}\right\}$

$f(x)$，$g(x)$ は微分可能であるから

$\displaystyle \lim_{h\to 0}\frac{f(x+h)-f(x)}{h}=f'(x),\ \lim_{h\to 0}\frac{g(x+h)-g(x)}{h}=g'(x)$

したがって　　$\{f(x)+g(x)\}'=f'(x)+g'(x)$ 　　終

上の [1] も同様にして証明される。また，[1] と [2] から，[3] が得られる。

練習 3 ▶ 次の関数を微分せよ。

(1)　$y=2x^2+3x-1$ 　　　　　　(2)　$y=x^4-5x^3+3x^2+2x+6$

第5章

積の導関数

関数 $f(x)$, $g(x)$ の積の導関数について，次のことが成り立つ。

積の導関数

[4] $\{f(x)g(x)\}' = f'(x)g(x) + f(x)g'(x)$

証明 $\{f(x)g(x)\}'$

$$= \lim_{h \to 0} \frac{f(x+h)g(x+h) - f(x)g(x)}{h}$$

$$= \lim_{h \to 0} \frac{f(x+h)g(x+h) - f(x)g(x+h) + f(x)g(x+h) - f(x)g(x)}{h}$$

$$= \lim_{h \to 0} \frac{\{f(x+h) - f(x)\}g(x+h) + f(x)\{g(x+h) - g(x)\}}{h}$$

$$= \lim_{h \to 0} \left\{ \frac{f(x+h) - f(x)}{h} \cdot g(x+h) + f(x) \cdot \frac{g(x+h) - g(x)}{h} \right\}$$

$f(x)$, $g(x)$ は微分可能であるから

$$\lim_{h \to 0} \frac{f(x+h) - f(x)}{h} = f'(x), \quad \lim_{h \to 0} \frac{g(x+h) - g(x)}{h} = g'(x)$$

微分可能ならば連続であるから $\displaystyle \lim_{h \to 0} g(x+h) = g(x)$

したがって $\{f(x)g(x)\}' = f'(x)g(x) + f(x)g'(x)$ 終

例 3 関数 $y = (2x^3 + 3)(x^2 - 2)$ の導関数は

$$y' = (2x^3 + 3)'(x^2 - 2) + (2x^3 + 3)(x^2 - 2)'$$

$$= 6x^2(x^2 - 2) + (2x^3 + 3) \cdot 2x$$

$$= 10x^4 - 12x^2 + 6x$$

練習 4 次の関数を微分せよ。

(1) $y = (x^2 + 1)(2x - 3)$ (2) $y = (x^2 + 2x + 3)(3x^2 + x - 1)$

商の導関数

商の導関数について，次のことが成り立つ。

> **商の導関数**
>
> [5] $\left\{\dfrac{1}{g(x)}\right\}' = -\dfrac{g'(x)}{\{g(x)\}^2}$
>
> [6] $\left\{\dfrac{f(x)}{g(x)}\right\}' = \dfrac{f'(x)g(x) - f(x)g'(x)}{\{g(x)\}^2}$

[5] の **証明**

$$\left\{\dfrac{1}{g(x)}\right\}' = \lim_{h \to 0} \dfrac{1}{h} \cdot \left\{\dfrac{1}{g(x+h)} - \dfrac{1}{g(x)}\right\}$$

$$= \lim_{h \to 0} \dfrac{1}{h} \cdot \dfrac{g(x) - g(x+h)}{g(x+h)g(x)}$$

$$= \lim_{h \to 0} \left\{-\dfrac{g(x+h) - g(x)}{h} \cdot \dfrac{1}{g(x+h)g(x)}\right\}$$

$g(x)$ は微分可能であるから $\displaystyle\lim_{h \to 0} \dfrac{g(x+h) - g(x)}{h} = g'(x)$

微分可能ならば連続であるから $\displaystyle\lim_{h \to 0} g(x+h) = g(x)$

したがって $\left\{\dfrac{1}{g(x)}\right\}' = -g'(x) \cdot \dfrac{1}{\{g(x)\}^2} = -\dfrac{g'(x)}{\{g(x)\}^2}$ 終

[4]，[5] を利用すると，次のようにして [6] が証明される。

[6] の **証明**

$$\left\{\dfrac{f(x)}{g(x)}\right\}' = \left\{f(x) \cdot \dfrac{1}{g(x)}\right\}' = f'(x) \cdot \dfrac{1}{g(x)} + f(x)\left\{\dfrac{1}{g(x)}\right\}'$$

$$= \dfrac{f'(x)}{g(x)} + f(x) \cdot \dfrac{-g'(x)}{\{g(x)\}^2}$$

$$= \dfrac{f'(x)g(x) - f(x)g'(x)}{\{g(x)\}^2}$$ 終

前のページの商の導関数の公式を使って，関数を微分しよう。

例 4

(1) 関数 $y=\dfrac{1}{2x-3}$ の導関数は

$$y'=-\frac{(2x-3)'}{(2x-3)^2}=-\frac{2}{(2x-3)^2}$$

(2) 関数 $y=\dfrac{2x+5}{x^2+1}$ の導関数は

$$y'=\frac{(2x+5)'(x^2+1)-(2x+5)(x^2+1)'}{(x^2+1)^2}$$

$$=\frac{2(x^2+1)-(2x+5)\cdot 2x}{(x^2+1)^2}=\frac{-2x^2-10x+2}{(x^2+1)^2}$$

練習 5 次の関数を微分せよ。

(1) $y=\dfrac{1}{x+2}$　　　　(2) $y=\dfrac{3x+2}{1-x}$　　　　(3) $y=\dfrac{x+1}{x^2+2x+2}$

n を正の整数とするとき

$$(x^n)'=nx^{n-1} \quad \cdots\cdots ①$$

が成り立つ。これと，前のページの公式 [5] を用いると

$$(x^{-n})'=\left(\frac{1}{x^n}\right)'=-\frac{(x^n)'}{(x^n)^2}=-\frac{nx^{n-1}}{x^{2n}}=-nx^{(-n)-1}$$

よって，上の ① は，n が負の整数の場合にも成り立つ。

また，$(x^0)'=(1)'=0$ であるから，① は $n=0$ の場合にも成り立つ。

したがって，関数 $y=x^n$ の導関数について，次のことがいえる。

任意の整数 n について　　　$(x^n)'=nx^{n-1}$

練習 6 次の関数を微分せよ。

(1) $y=\dfrac{1}{x^2}$　　　　　　　　　　(2) $y=\dfrac{2}{3x^3}$

3. 合成関数の導関数

合成関数の導関数

すでに学んだように，2つの関数 $f(x)$，$g(x)$ について，その合成関数 $f(g(x))$ は x の関数である。

たとえば，$f(x)=2x^2$，$g(x)=3x+1$ について
$$f(g(x))=2(3x+1)^2$$

関数 $y=f(u)$，$u=g(x)$ がともに微分可能であるとき，その合成関数 $y=f(g(x))$ も微分可能で，次のことが成り立つ。

合成関数の導関数

[7] $$\dfrac{dy}{dx}=\dfrac{dy}{du}\cdot\dfrac{du}{dx}$$

証明 $\varDelta y=f(u+\varDelta u)-f(u)$，$\varDelta u=g(x+\varDelta x)-g(x)$

において，$\varDelta x \longrightarrow 0$ のとき $\varDelta u \longrightarrow 0$ であるから

$$\frac{dy}{dx}=\lim_{\varDelta x\to 0}\frac{\varDelta y}{\varDelta x}=\lim_{\varDelta x\to 0}\left(\frac{\varDelta y}{\varDelta u}\cdot\frac{\varDelta u}{\varDelta x}\right)$$

$$=\left(\lim_{\varDelta u\to 0}\frac{\varDelta y}{\varDelta u}\right)\left(\lim_{\varDelta x\to 0}\frac{\varDelta u}{\varDelta x}\right)=\frac{dy}{du}\cdot\frac{du}{dx} \qquad 終$$

例 5 関数 $y=(2x^2+1)^3$ の導関数を求める。

$u=2x^2+1$ とおくと　$y=u^3$

$$\frac{du}{dx}=4x, \qquad \frac{dy}{du}=3u^2$$

よって　$$\frac{dy}{dx}=\frac{dy}{du}\cdot\frac{du}{dx}=3u^2\cdot 4x=12x(2x^2+1)^2$$

 関数 $y=(x^2+2)^5$ を微分せよ。

$y=f(u),\ u=g(x)$ のとき $\quad \dfrac{dy}{du}=f'(u),\ \dfrac{du}{dx}=g'(x)$

であるから，前のページの公式 [7] は，次のように表される。

$$\{f(g(x))\}'=f'(g(x))g'(x)$$

特に，n を整数とするとき，関数 $y=\{g(x)\}^{n}$ の導関数は

$$y'=n\{g(x)\}^{n-1}g'(x)$$

このことを用いると，前のページの例 5 は，次のように計算される。

$$y'=3(2x^2+1)^{3-1}(2x^2+1)'=3(2x^2+1)^2\cdot 4x=12x(2x^2+1)^2$$

練習 8 ▶ 次の関数を微分せよ。

(1) $y=(x^2+x)^3$ $\qquad$ (2) $y=\dfrac{1}{(2x-5)^4}$ $\qquad$ (3) $y=\left(\dfrac{x+1}{x}\right)^3$

逆関数の導関数

関数 $f(x)$ の逆関数 $f^{-1}(x)$ が存在するとする。

このとき，$y=f^{-1}(x)$ とすると $\qquad x=f(y)$

等式 $x=f(y)$ の両辺を，それぞれ x の関数とみて，両辺を x につい

て微分すると $\qquad 1=\dfrac{d}{dx}f(y)$

y は x の関数であるから，合成関数の導関数の公式により

$$\frac{d}{dx}f(y)=\frac{d}{dy}f(y)\cdot\frac{dy}{dx}=\frac{dx}{dy}\cdot\frac{dy}{dx}$$

したがって，$1=\dfrac{dx}{dy}\cdot\dfrac{dy}{dx}$ が成り立つから，次のことがいえる。

逆関数の導関数

[8] $\quad \dfrac{dy}{dx}=\dfrac{1}{\dfrac{dx}{dy}}$

練習 9 公式 [8] を用いて，関数 $y=x^{\frac{1}{3}}$ を微分せよ。

m を整数，n を自然数とするとき，次の等式が成り立つ。

$$(x^{\frac{m}{n}})'=\frac{m}{n}x^{\frac{m}{n}-1}$$

証明 $y=x^{\frac{m}{n}}$ とすると $\qquad y^n=x^m$

等式 $y^n=x^m$ の両辺を x について微分すると $\qquad ny^{n-1}y'=mx^{m-1}$

よって $\qquad y'=\dfrac{m}{n}x^{m-1}y^{1-n}=\dfrac{m}{n}x^{m-1}(x^{\frac{m}{n}})^{1-n}$

$$\qquad\qquad =\frac{m}{n}x^{m-1+\frac{m}{n}-m}=\frac{m}{n}x^{\frac{m}{n}-1} \qquad \boxed{終}$$

上の結果から，r を有理数とするとき，関数 $y=x^r$ $(x>0)$ の導関数について，次のことがいえる。

任意の有理数 r について $\qquad (\boldsymbol{x}^r)'=\boldsymbol{r}\boldsymbol{x}^{r-1}$

たとえば，関数 $y=x^{\frac{1}{3}}$ を微分すると $\qquad y'=\dfrac{1}{3}x^{\frac{1}{3}-1}=\dfrac{1}{3}x^{-\frac{2}{3}}$

例題 1 次の関数を微分せよ。

$$y=\sqrt{2x^2+1}$$

解答 $y=(2x^2+1)^{\frac{1}{2}}$ であるから

$$y'=\frac{1}{2}(2x^2+1)^{\frac{1}{2}-1}\cdot(2x^2+1)'$$

$$=\frac{4x}{2\sqrt{2x^2+1}}=\frac{2x}{\sqrt{2x^2+1}} \qquad \boxed{答}$$

練習 10 次の関数を微分せよ。

(1) $y=\sqrt{4-x^2}$ 　　　(2) $y=\sqrt[3]{x^2+x+2}$ 　　　(3) $y=\dfrac{1}{\sqrt{x}}$

4. 三角関数の導関数

三角関数の導関数を求めることを考えよう。

$y = \sin x$ の導関数

三角関数の差を積に変形する公式

$$\sin A - \sin B = 2\cos\frac{A+B}{2}\sin\frac{A-B}{2}$$

と，127 ページで学んだ三角関数の極限 $\displaystyle\lim_{x \to 0}\frac{\sin x}{x} = 1$ を用いると，関数 $y = \sin x$ の導関数が，次のようにして求められる。

$$\begin{aligned}
(\sin x)' &= \lim_{h \to 0}\frac{\sin(x+h) - \sin x}{h} \\
&= \lim_{h \to 0}\frac{2\cos\left(x+\dfrac{h}{2}\right)\sin\dfrac{h}{2}}{h} \\
&= \lim_{h \to 0}\cos\left(x+\frac{h}{2}\right)\cdot\frac{\sin\dfrac{h}{2}}{\dfrac{h}{2}} \\
&= \cos x \cdot 1 = \cos x
\end{aligned}$$

したがって $\qquad (\sin x)' = \cos x$

$y = \cos x$ の導関数

$\cos x = \sin\left(x+\dfrac{\pi}{2}\right)$ であるから，合成関数の導関数の公式により

$$\begin{aligned}
(\cos x)' &= \left\{\sin\left(x+\frac{\pi}{2}\right)\right\}' \\
&= \cos\left(x+\frac{\pi}{2}\right)\cdot 1 = -\sin x
\end{aligned}$$

したがって $\qquad (\cos x)' = -\sin x$

$y = \tan x$ の導関数

$\tan x = \dfrac{\sin x}{\cos x}$ であるから，商の導関数の公式により

$$(\tan x)' = \left(\frac{\sin x}{\cos x}\right)' = \frac{(\sin x)' \cos x - \sin x \, (\cos x)'}{\cos^2 x}$$

$$= \frac{\cos^2 x + \sin^2 x}{\cos^2 x} = \frac{1}{\cos^2 x}$$

したがって $\qquad (\tan x)' = \dfrac{1}{\cos^2 x}$

以上の結果をまとめると，次のようになる。

三角関数の導関数

$$(\sin x)' = \cos x, \qquad (\cos x)' = -\sin x, \qquad (\tan x)' = \frac{1}{\cos^2 x}$$

例 6

(1) 関数 $y = \sin(2x-3)$ の導関数は

$$y' = \{\cos(2x-3)\} \cdot (2x-3)'$$

$$= 2\cos(2x-3)$$

(2) 関数 $y = \dfrac{1}{\tan x}$ の導関数は

$$y' = -\frac{(\tan x)'}{\tan^2 x} = -\frac{\dfrac{1}{\cos^2 x}}{\tan^2 x} = -\frac{1}{\sin^2 x}$$

練習 11 次の関数を微分せよ。

(1) $y = \sin(x^2+1)$ (2) $y = \cos 4x$ (3) $y = \tan(3x-2)$

(4) $y = \sin^2 x$ (5) $y = \cos^3 2x$ (6) $y = \tan^2 x$

練習 12 関数 $y = \dfrac{\sin x}{1+\cos x}$ を微分せよ。

5. 対数関数，指数関数の導関数

対数関数の導関数

$a>0$，$a\neq1$ とするとき，対数関数 $y=\log_a x$ の導関数は

$$(\log_a x)'=\lim_{h\to0}\frac{\log_a(x+h)-\log_a x}{h}=\lim_{h\to0}\frac{1}{h}\log_a\left(1+\frac{h}{x}\right)$$

5　$\dfrac{h}{x}=k$ とおくと，$h\longrightarrow0$ のとき $k\longrightarrow0$ であるから

$$(\log_a x)'=\lim_{k\to0}\frac{1}{xk}\log_a(1+k)=\frac{1}{x}\lim_{k\to0}\log_a(1+k)^{\frac{1}{k}}$$

ここで，$\displaystyle\lim_{k\to0}(1+k)^{\frac{1}{k}}$ を，$a_n=\left(1+\dfrac{1}{n}\right)^n$ で表される数列 $\{a_n\}$ の極限

から導く。

この数列 $\{a_n\}$ について，次のことが成り立つ。

10　[1]　　　　　　　　$a_1<a_2<a_3<\cdots\cdots<a_n<\cdots\cdots$

[2]　すべての n について　　$a_n<3$

よって，この数列 $\{a_n\}$ は収束し[(*)]（114 ページ参照），数列 $\{a_n\}$ の
極限値を文字 e で表す。

すなわち　　　　　$e=\displaystyle\lim_{n\to\infty}\left(1+\dfrac{1}{n}\right)^n$　　　……①

15　e は無理数で，$e=2.71828\ 18284\ 59045\cdots\cdots$ である。

①において，自然数 n を実数 x におき換えて $x\longrightarrow\infty$ としても，関
数 $\left(1+\dfrac{1}{x}\right)^x$ は収束し，その極限値は e に一致することが知られている。

また，$x\longrightarrow-\infty$ のときも，$\left(1+\dfrac{1}{x}\right)^x$ は e に収束する。

（＊）[1]，[2] が成り立つ理由は，後表紙の裏「数列 $\left\{\left(1+\dfrac{1}{n}\right)^n\right\}$ の極限」を参照。

よって，$x=\dfrac{1}{k}$ とおくと，$x \longrightarrow \infty$，$x \longrightarrow -\infty$ いずれの場合も

$k \longrightarrow 0$ で，次のことが成り立つ。

$$\lim_{k \to 0}(1+k)^{\frac{1}{k}}=e$$

このことを用いて，前のページから

$$(\log_a x)'=\frac{1}{x}\log_a e=\frac{1}{x\log_e a}$$

特に，底 a が e に等しいときは，次のようになる。

$$(\log_e x)'=\frac{1}{x}\log_e e=\frac{1}{x}$$

e を底とする対数を **自然対数** という。微分法や積分法では，普通，自然対数を単に対数といい，$\log_e x$ の底 e を省略して **$\log x$** と書く。

対数関数の導関数

$$(\log x)'=\frac{1}{x}, \qquad (\log_a x)'=\frac{1}{x\log a}$$

例 7

(1) 関数 $y=\log 2x$ の導関数は

$$y'=\frac{1}{2x}\cdot(2x)'=\frac{1}{x}$$

(2) 関数 $y=\log_2(3x+1)$ の導関数は

$$y'=\frac{1}{(3x+1)\log 2}\cdot(3x+1)'=\frac{3}{(3x+1)\log 2}$$

練習 13 次の関数を微分せよ。

(1) $y=\log 3x$　　　(2) $y=\log(x^2+3)$　　　(3) $y=(\log x)^2$

(4) $y=\log_3(x+1)$　　　(5) $y=\log_{10}(x^2+1)$　　　(6) $y=x\log x$

第5章

関数 $y=\log|x|$ の導関数について
考えてみよう。

$x>0$ のとき，$y=\log x$ であるから

$$y'=\frac{1}{x}$$

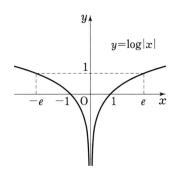

$x<0$ のとき，$y=\log(-x)$ であるから

$$y'=\frac{1}{-x}\cdot(-x)'=\frac{1}{x}$$

よって　$(\log|x|)'=\dfrac{1}{x}$

また，$y=\log_a|x|$ については，$\log_a|x|=\dfrac{\log|x|}{\log a}$ であるから，関数
$y=\log_a|x|$ の導関数は

$$y'=\frac{1}{\log a}\cdot\frac{1}{x}=\frac{1}{x\log a}$$

したがって，次のことが成り立つ。

$$(\log|\boldsymbol{x}|)'=\frac{1}{\boldsymbol{x}},\qquad(\log_a|\boldsymbol{x}|)'=\frac{1}{\boldsymbol{x}\log\boldsymbol{a}}$$

一般に，関数 $f(x)$ について，合成関数の導関数の公式から，次のことが成り立つ。

$$\{\log|\boldsymbol{f}(\boldsymbol{x})|\}'=\frac{\boldsymbol{f}'(\boldsymbol{x})}{\boldsymbol{f}(\boldsymbol{x})}$$

例 8 関数 $y=\log|\cos x|$ の導関数は
$$y'=\frac{(\cos x)'}{\cos x}=-\frac{\sin x}{\cos x}=-\tan x$$

練習 14 次の関数を微分せよ。

(1) $y=\log|2x+1|$　　(2) $y=\log|\sin x|$　　(3) $y=\log_2|x^2-5|$

応用例題 1 関数 $y=\dfrac{x^2+3}{(x+2)^2(x-1)^3}$ を微分せよ。

解答 両辺の絶対値の対数をとると

$$\log|y|=\log|x^2+3|-2\log|x+2|-3\log|x-1|$$

この両辺を x について微分すると

$$\frac{y'}{y}=\frac{2x}{x^2+3}-\frac{2}{x+2}-\frac{3}{x-1}$$

よって $y'=y\left(\dfrac{2x}{x^2+3}-\dfrac{2}{x+2}-\dfrac{3}{x-1}\right)$

$$=\frac{x^2+3}{(x+2)^2(x-1)^3}\cdot\frac{-3x^3-2x^2-19x-12}{(x^2+3)(x+2)(x-1)}$$

$$=-\frac{3x^3+2x^2+19x+12}{(x+2)^3(x-1)^4}\quad\boxed{答}$$

注 意 上のように両辺の対数をとって微分する計算を **対数微分法** という。

練習 15 応用例題 1 と同様にして，関数 $y=\left(\dfrac{x^2+1}{x^2-1}\right)^2$ を微分せよ。

α を実数とするとき，関数 $y=x^\alpha\ (x>0)$ の導関数を求めてみよう。

$y=x^\alpha$ の両辺の対数をとると $\quad\log y=\alpha\log x$

両辺を x について微分すると $\quad\dfrac{y'}{y}=\dfrac{\alpha}{x}$

したがって $\qquad y'=\dfrac{\alpha}{x}\cdot y=\dfrac{\alpha}{x}\cdot x^\alpha=\alpha x^{\alpha-1}$

よって，関数 $y=x^\alpha$ の導関数について，次のことが成り立つ。

x^α の導関数

任意の実数 α について $\quad(x^\alpha)'=\alpha x^{\alpha-1}\quad(x>0)$

指数関数の導関数

$a>0$, $a \neq 1$ とするとき，指数関数 $y=a^x$ の導関数は，次のようにして求められる。

$y=a^x$ の両辺の対数をとると

$$\log y = x \log a$$

両辺を x について微分すると $\quad \dfrac{y'}{y}=\log a$

したがって $\qquad\qquad\qquad y'=y \log a$

$y=a^x$ であるから $\qquad\qquad y'=a^x \log a$

このことから，特に，$a=e$ のとき，$y=e^x$ の導関数は

$$y'=e^x \log e = e^x$$

指数関数の導関数についてまとめると，次のようになる。

指数関数の導関数

$$(e^x)'=e^x, \qquad (a^x)'=a^x \log a$$

例 9

(1) 関数 $y=e^{2x}$ の導関数は

$$y'=e^{2x} \cdot (2x)'=2e^{2x}$$

(2) 関数 $y=xa^x$ の導関数は

$$y'=(x)' \cdot a^x + x \cdot (a^x)'$$
$$=a^x+xa^x \log a = a^x(1+x \log a)$$

練習 16 次の関数を微分せよ。

(1) $y=e^{3x}$ (2) $y=a^{2x+1}$ (3) $y=3^{-2x}$

(4) $y=(x+1)e^x$ (5) $y=e^{x^2}$ (6) $y=e^x \cos x$

練習 17 関数 $y=\dfrac{e^x-e^{-x}}{e^x+e^{-x}}$ を微分せよ。

6. 高次導関数

　関数 $y=f(x)$ の導関数 $f'(x)$ は，x の関数である。この関数 $f'(x)$ が微分可能であるとき，これをさらに微分して得られる導関数を，関数 $y=f(x)$ の **第2次導関数** といい，記号で次のように表す。

$$y'', \qquad f''(x), \qquad \frac{d^2y}{dx^2}, \qquad \frac{d^2}{dx^2}f(x)$$

　また，関数 $y=f(x)$ の第2次導関数 $f''(x)$ の導関数を，関数 $y=f(x)$ の **第3次導関数** といい，記号で次のように表す。

$$y''', \qquad f'''(x), \qquad \frac{d^3y}{dx^3}, \qquad \frac{d^3}{dx^3}f(x)$$

注意　$f'(x)$ を，$f(x)$ の **第1次導関数** ということがある。

(1)　関数 $y=x^4+3x^3-2x+5$ について　$y'=4x^3+9x^2-2$
　　　よって　　　　$y''=12x^2+18x, \qquad y'''=24x+18$

(2)　関数 $y=\cos x$ について　$y'=-\sin x$
　　　よって　　　　$y''=-\cos x, \qquad y'''=\sin x$

(3)　関数 $y=\log x$ について　$y'=\dfrac{1}{x}$
　　　よって　　　　$y''=-\dfrac{1}{x^2}, \qquad y'''=\dfrac{2}{x^3}$

練習 18 ▶ 次の関数の第2次導関数，第3次導関数を求めよ。

(1)　$y=2x^3+4x^2-5x+3$　　　(2)　$y=\sqrt{x}$　　　(3)　$y=\dfrac{1}{x+1}$

(4)　$y=\sin 2x$　　　　　　　　(5)　$y=e^x$　　　　　(6)　$y=\log_2 x$

第5章

<table>
<tr><td>例題
2</td><td>A, B, k は定数とする。関数 $y=Ae^{kx}+Be^{-kx}$ は，次の等式を満たすことを示せ。</td></tr>
</table>

$$y''=k^2y$$

解答	$y'=Ake^{kx}-Bke^{-kx}$
	$y''=Ak^2e^{kx}+Bk^2e^{-kx}=k^2(Ae^{kx}+Be^{-kx})$
	したがって $\quad y''=k^2y$ 終

練習 19 ▶ 関数 $y=e^x\sin x$ は，等式 $y''-2y'+2y=0$ を満たすことを示せ。

一般に，関数 $y=f(x)$ を n 回微分して得られる関数を，$y=f(x)$ の **第 n 次導関数** といい，記号で次のように表す。

$$y^{(n)}, \qquad f^{(n)}(x), \qquad \frac{d^ny}{dx^n}, \qquad \frac{d^n}{dx^n}f(x)$$

$y^{(1)}$, $y^{(2)}$, $y^{(3)}$ は，それぞれ y', y'', y''' を表す。

第 2 次以上の導関数をまとめて，**高次導関数** という。

たとえば，α を実数とするとき，関数 $y=x^\alpha$ $(x>0)$ について

$$y'=\alpha x^{\alpha-1}, \quad y''=\alpha(\alpha-1)x^{\alpha-2}, \quad y'''=\alpha(\alpha-1)(\alpha-2)x^{\alpha-3},$$

$$\cdots\cdots\cdots$$

であるから，関数 $y=x^\alpha$ $(x>0)$ の第 n 次導関数は，次のようになる。

$$y^{(n)}=\alpha(\alpha-1)(\alpha-2)\cdot\cdots\cdot(\alpha-n+1)x^{\alpha-n}$$

特に，$\alpha=n$ (n は自然数) の場合は

$$\frac{d^n}{dx^n}x^n=n(n-1)(n-2)\cdot\cdots\cdot2\cdot1=n!$$

練習 20 ▶ a は定数とする。関数 $y=e^{ax}$ の第 n 次導関数を求めよ。

7. 関数のいろいろな表し方と導関数

媒介変数表示と導関数

たとえば，t を媒介変数として

$$x=t-1, \quad y=t^2+2 \quad \cdots\cdots ①$$

5 と媒介変数表示される曲線を考える。

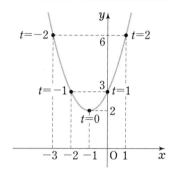

$x=t-1$ から $t=x+1$

これを $y=t^2+2$ に代入すると

$$y=(x+1)^2+2$$

すなわち $y=x^2+2x+3$

10 したがって，媒介変数表示 ① は，関数 $y=x^2+2x+3$ を表す。

これを $y=t^2+2$，$t=x+1$ の合成関数と考えると

$$\frac{dy}{dx}=\frac{dy}{dt}\cdot\frac{dt}{dx}=2t\cdot1=2(x+1)$$

となる。これは，関数 $y=x^2+2x+3$ から求めた $\dfrac{dy}{dx}$ と一致する。

一般に，x の関数 y が，t を媒介変数として，$x=f(t)$，$y=g(t)$ と

15 表されているとき，合成関数および逆関数の導関数の公式から

$$\frac{dy}{dx}=\frac{dy}{dt}\cdot\frac{dt}{dx}=\frac{dy}{dt}\cdot\frac{1}{\dfrac{dx}{dt}}$$

したがって，次のことが成り立つ。

媒介変数で表された関数の導関数

$x=f(t)$，$y=g(t)$ であるとき $\dfrac{dy}{dx}=\dfrac{\dfrac{dy}{dt}}{\dfrac{dx}{dt}}=\dfrac{g'(t)}{f'(t)}$

例 11	x の関数 y が，t を媒介変数として

$$x = \cos t, \quad y = 2\sin t$$

と表されるとき

$$\frac{dx}{dt} = -\sin t, \quad \frac{dy}{dt} = 2\cos t$$

であるから

$$\frac{dy}{dx} = \frac{2\cos t}{-\sin t} = -\frac{2\cos t}{\sin t}$$

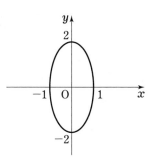

注 意 上の例 11 の結果を x，y で表すと $\dfrac{dy}{dx} = -\dfrac{2x}{\dfrac{y}{2}} = -\dfrac{4x}{y}$

練習 21 x の関数 y が，t を媒介変数として次のように表されるとき，$\dfrac{dy}{dx}$ を t の関数として表せ。

(1) $x = 2t-1, \quad y = t^2+2t+3$ (2) $x = \cos t+1, \quad y = \sin t-2$

(3) $x = a(t-\sin t), \quad y = a(1-\cos t)$ ただし，a は正の定数

方程式 $F(x, y) = 0$ で定められる関数の導関数

上の例 11 で考えた媒介変数表示は，次の楕円を表す。

$$x^2 + \frac{y^2}{4} = 1 \quad \cdots\cdots \ ①$$

① を y について解くと

$$y = \pm 2\sqrt{1-x^2}$$

したがって，① は，$-1 \leqq x \leqq 1$ を
定義域とする 2 つの関数

$$y = 2\sqrt{1-x^2} \quad \cdots\cdots \ ②$$

$$y = -2\sqrt{1-x^2} \quad \cdots\cdots \ ③$$

を定めると考えられる。

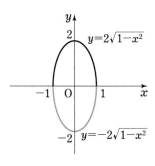

前のページの ② を x について微分すると

$$\frac{dy}{dx}=2\cdot\frac{1}{2\sqrt{1-x^2}}\cdot(-2x)=-\frac{2x}{\sqrt{1-x^2}}=-\frac{4x}{y}$$

③ を x について微分すると

$$\frac{dy}{dx}=-2\cdot\frac{1}{2\sqrt{1-x^2}}\cdot(-2x)=\frac{2x}{\sqrt{1-x^2}}=-\frac{4x}{y}$$

一方，① の両辺を x について微分すると

$$\frac{d}{dx}x^2+\frac{d}{dx}\left(\frac{y^2}{4}\right)=0$$

$$2x+\frac{2}{4}y\frac{dy}{dx}=0 \qquad \leftarrow \frac{d}{dx}\left(\frac{y^2}{4}\right)=\frac{d}{dy}\left(\frac{y^2}{4}\right)\frac{dy}{dx}$$

よって，$y\neq0$ のとき $\qquad \dfrac{dy}{dx}=-\dfrac{4x}{y}$

これは，②，③ をそれぞれ x について微分した結果と一致する。

このように，方程式 $F(x,\ y)=0$ で定められる関数は，その両辺を x の関数とみて x で微分することで，導関数 $\dfrac{dy}{dx}$ を求めることもできる。

 例12 方程式 $y^2=4x$ で定められる x の関数 y の導関数 $\dfrac{dy}{dx}$ を求める。

$y^2=4x$ の両辺を x について微分すると

$$2y\frac{dy}{dx}=4$$

よって，$y\neq0$ のとき $\qquad \dfrac{dy}{dx}=\dfrac{2}{y}$

練習 22 ▶ 次の方程式で定められる x の関数 y について，$\dfrac{dy}{dx}$ を求めよ。

(1) $x^2+y^2=4$ (2) $\dfrac{x^2}{9}+\dfrac{y^2}{4}=1$ (3) $2x^2-3y^2=6$

第5章

1 定義に従って，関数 $y=\dfrac{1}{\sqrt{x}}$ の導関数を求めよ。

2 次の関数を微分せよ。

(1) $y=\dfrac{x^4+2x+3}{x^2}$ (2) $y=\dfrac{x^2-x+1}{x+2}$

(3) $y=(\sqrt{x}+2x)^2$ (4) $y=\dfrac{\sqrt{x}}{\sqrt{x+1}}$

3 次の関数を微分せよ。

(1) $y=\sin x \cos x$ (2) $y=x^2\sin(x+1)$

(3) $y=xe^{2x}$ (4) $y=\log(\log x)$

4 次の関数の第2次導関数を求めよ。

(1) $y=e^x(\sin x+\cos x)$ (2) $y=\log(\sqrt{x^2+1}-x)$

5 a，b は定数とする。関数 $y=e^{-2x}(a\cos 2x+b\sin 2x)$ は，次の等式を満たすことを示せ。

$$y''+4y'+8y=0$$

6 x の関数 y が，t を媒介変数として次のように表されるとき，$\dfrac{dy}{dx}$ を t の関数として表せ。

(1) $x=t^3+1$，$y=2t^2$ (2) $x=2\cos t$，$y=\sin 2t$

7 次の方程式で定められる x の関数 y について，$\dfrac{dy}{dx}$ を求めよ。

(1) $x^2+y^2-2x-3=0$ (2) $y^2+4x-2y+9=0$

1 次のように定義された関数 $f(x)$ がある。

$$x<0 \text{ のとき } f(x)=0, \quad x \geqq 0 \text{ のとき } f(x)=x^2$$

この関数は，$x=0$ において連続であるか。また，$x=0$ において微分可能であるか。

2 次の関数を微分せよ。ただし，a は定数とする。

(1) $y=x^3\sqrt{1+x^2}$

(2) $y=\sqrt[3]{\dfrac{x^2+1}{(x+3)(x-1)}}$

(3) $y=\log\sqrt{1+\cos^2\dfrac{x}{2}}$

(4) $y=\log(x+\sqrt{x^2+a^2})$

3 $x=\tan y$, $-\dfrac{\pi}{2}<y<\dfrac{\pi}{2}$ とするとき，$\dfrac{dy}{dx}$ を x の関数として表せ。

4 $\lim\limits_{h\to 0}(1+h)^{\frac{1}{h}}=e$ であることを用いて，次の極限を求めよ。

(1) $\lim\limits_{h\to 0}(1-h)^{\frac{1}{h}}$

(2) $\lim\limits_{x\to\infty}\left(1+\dfrac{2}{x}\right)^x$

5 方程式 $x^2+y^2=1$ で定められる x の関数 y について，$\dfrac{dy}{dx}$, $\dfrac{d^2y}{dx^2}$ をそれぞれ x, y の式で表せ。

6 関数 $f(x)=(ax^2+bx+c)e^{-x}$ が，すべての実数 x に対して，等式

$$f'(x)=f(x)+xe^{-x}$$

を満たすとき，定数 a, b, c の値を求めよ。

7 関数 $f(x)$ が $x=a$ で微分可能であるとき,次の極限を $f'(a)$ を用いて表せ。

$$\lim_{h \to 0} \frac{f(a+3h)-f(a+h)}{h}$$

8 関数 $y=x^x \ (x>0)$ を微分せよ。

9 x の整式で表される関数 $f(x)$ について,$f(1)=2$,$f'(1)=3$ であるとき,$f(x)$ を $(x-1)^2$ で割った余りを求めよ。

10 任意の自然数 n について,次の等式が成り立つことを,数学的帰納法を用いて証明せよ。

$$\frac{d^n}{dx^n}\sin x = \sin\left(x+\frac{n}{2}\pi\right)$$

11 $f(x)$ は微分可能な関数で,$f(-x)=f(x)+2x$,$f'(1)=1$,$f(1)=0$ を満たすものとする。このとき,次のものを求めよ。

(1) $f'(-1)$ の値   (2) 極限 $\displaystyle\lim_{x \to 1}\frac{f(x)+f(-x)-2}{x-1}$

12 関数 $f(x)$ が,常に $f''(x)=-2f'(x)-2f(x)$ を満たすとする。$F(x)=e^x f(x)$ とおくとき,次の問いに答えよ。

(1) $F(x)$ は $F''(x)=-F(x)$ を満たすことを示せ。

(2) $\{F'(x)\}^2+\{F(x)\}^2$ は定数であることを示せ。また,$\displaystyle\lim_{x \to \infty}f(x)$ を求めよ。

↑ ニュートン（1642 ～ 1727）
イングランドの自然哲学者・数学者。ニュートンは物理学全般に微分積分学を適用するということを初めて行った。

第6章

Differential calculus can be used to investigate the relationships that hold between a) the slope of a tangent line, b) increases and decreases in function, and c) the shape of a graph. In the previous chapter, we learned how to differentiate various functions. Here we examine how they can be used to answer questions about these relationships.

Differential calculus can also be used to examine the physical relationships between position, velocity, and acceleration. This has contributed significantly to the development of modern mathematics. Once learned, we may truly appreciate the usefulness of advanced differential calculus.

1. 接線と法線

　曲線 $y=f(x)$ 上の点 $A(x_1, y_1)$ を通り，Aにおける接線と垂直に交わる直線を，その曲線の点Aにおける

5　**法線** という。

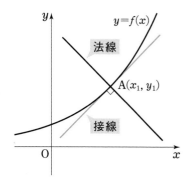

　曲線 $y=f(x)$ 上の点 $A(x_1, y_1)$ における接線の傾きは $f'(x_1)$ であるから，$f'(x_1) \neq 0$ のとき，点Aにおける法線の傾きは，$-\dfrac{1}{f'(x_1)}$ である。

10　よって，曲線 $y=f(x)$ 上の点 $A(x_1, y_1)$ における接線と法線の方程式は，次のようになる。

> **接線と法線の方程式**
>
> 接線　　$y-y_1=f'(x_1)(x-x_1)$
>
> 法線　　$y-y_1=-\dfrac{1}{f'(x_1)}(x-x_1)$　　　　ただし，$f'(x_1) \neq 0$

15　注意　$f'(x_1)=0$ のとき，法線の方程式は $x=x_1$ である。

 例 1　曲線 $y=\log x$ 上の点 $(1, 0)$ において，$f(x)=\log x$ とおくと，

$f'(x)=\dfrac{1}{x}$ であるから　　$f'(1)=1$

　よって，接線の方程式は　$y-0=1\cdot(x-1)$

　　すなわち　　　　　　　$y=x-1$

20　　また，法線の方程式は　　$y-0=-\dfrac{1}{1}(x-1)$

　　すなわち　　　　　　　$y=-x+1$

次の曲線上の点Aにおける接線と法線の方程式を求めよ。

(1) $y=\sqrt{x}$, A(4, 2)

(2) $y=\sin x$, A(π, 0)

応用例題 1 曲線 $y=e^x$ に，原点Oから引いた接線の方程式を求めよ。また，その接点の座標を求めよ。

解答 $y=e^x$ を微分すると $y'=e^x$

接点の座標を (t, e^t) とおくと，

接線の方程式は

$$y-e^t=e^t(x-t)$$

となる。

この直線が原点Oを通るから

$$0-e^t=e^t(0-t)$$

すなわち $e^t(t-1)=0$

$e^t>0$ であるから $t=1$

よって，接線の方程式は $y-e=e(x-1)$

すなわち $y=ex$

また，接点の座標は $(1, e)$

答 接線の方程式は $y=ex$，接点の座標は $(1, e)$

練習 2 次の曲線について，与えられた点から引いた接線の方程式を求めよ。また，その接点の座標を求めよ。

(1) $y=\dfrac{2}{x}$, 点 (4, 0)

(2) $y=2\sqrt{x}$, 点 $(-2, -1)$

練習 3 曲線 $y=\log x$ について，傾きが $\dfrac{1}{e}$ である接線の方程式を求めよ。また，その接点の座標を求めよ。

2つの曲線の共有点における接線について考えてみよう。

応用例題 2 放物線 $y=ax^2-\dfrac{1}{2}$ と曲線 $y=\log x$ が共有点をもち, その点

における 2 曲線の接線が一致するとき, 定数 a の値を求めよ。

[考え方] 2 つの曲線 $y=f(x)$, $y=g(x)$ が共有点 (p, q) で共通の接線をもつための必要十分条件は, 次の [1], [2] が成り立つことである。

[1] $q=f(p)$, $q=g(p)$ であるから $f(p)=g(p)$

[2] 共有点 (p, q) における接線の傾きは等しいから $f'(p)=g'(p)$

解答 共有点の座標を (p, q) とおく。

$$q=ap^2-\dfrac{1}{2}, \quad q=\log p$$

であるから

$$ap^2-\dfrac{1}{2}=\log p \quad \cdots\cdots ①$$

また, $f(x)=ax^2-\dfrac{1}{2}$,

$$g(x)=\log x$$

とおくと $f'(x)=2ax$, $g'(x)=\dfrac{1}{x}$

点 (p, q) における接線の傾きは等しいから $f'(p)=g'(p)$

よって $2ap=\dfrac{1}{p}$ すなわち $ap^2=\dfrac{1}{2}$ $\cdots\cdots ②$

② を ① に代入すると $0=\log p$ ゆえに $p=1$

したがって, ② より $a=\dfrac{1}{2}$ **答**

練習 4 放物線 $y=(x-a)^2$ と曲線 $y=e^x$ が共有点をもち, その点における 2 曲線の接線が一致するとき, 定数 a の値を求めよ。

$F(x, y)=0$ の形の式で表される曲線の接線や法線の方程式を求めてみよう。

例題 1 楕円 $\dfrac{x^2}{8}+\dfrac{y^2}{2}=1$ 上の点 A$(2, 1)$ における接線の方程式を求めよ。

解答 $\dfrac{x^2}{8}+\dfrac{y^2}{2}=1$ の両辺を x につ

いて微分すると

$$\dfrac{2x}{8}+\dfrac{2y}{2}\cdot y'=0$$

よって，$y\neq0$ のとき

$$y'=-\dfrac{x}{4y}$$

ゆえに，点 A$(2, 1)$ における接線の傾きは $-\dfrac{2}{4\cdot1}=-\dfrac{1}{2}$

したがって，求める接線の方程式は

$$y-1=-\dfrac{1}{2}(x-2) \quad\text{すなわち}\quad y=-\dfrac{1}{2}x+2 \quad \boxed{答}$$

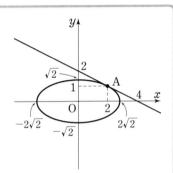

練習 5 放物線 $(y-2)^2=4x-4$ 上の点 A$(2, 0)$ における接線と法線の方程式を求めよ。

練習 6 媒介変数 t を用いて

$$x=t-\sin t, \ y=1-\cos t$$

と表されるサイクロイド C がある。

$t=\dfrac{\pi}{2}$ に対応する点をAとする。

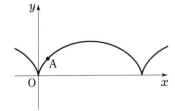

(1) 点Aの座標を求めよ。

(2) 点Aにおけるサイクロイド C の接線の方程式を求めよ。

2. 平均値の定理

関数の値の変化と導関数との関係を考えよう。

関数 $f(x) = x^3 - 3x$ は，微分可能で
$$f'(x) = 3x^2 - 3$$

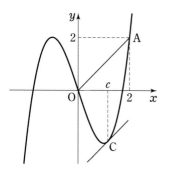

5 　また，閉区間 $[0,\ 2]$ における関数の
平均変化率は
$$\frac{f(2) - f(0)}{2 - 0} = \frac{2 - 0}{2} = 1$$

このとき， 0 と 2 の間の値 c を適当にと
ると，微分係数 $f'(c)$ が上の平均変化率に
10 　等しくなる。すなわち
$$\frac{f(2) - f(0)}{2 - 0} = f'(c), \quad 0 < c < 2 \qquad \cdots\cdots ①$$

を満たす値 c が存在する。

このことは，上の図において

線分 OA ∥ 点Cにおける接線

15 　であることを意味している。

練習 7 上の関数 $f(x) = x^3 - 3x$ について，条件 ① を満たす c の値を求めよ。

練習 8 関数 $f(x) = \sqrt{x+1}$ について，$a = -1$, $b = 3$ として，条件
$$\frac{f(b) - f(a)}{b - a} = f'(c), \quad a < c < b$$

を満たす c の値を求めよ。

20 　練習 8 の関数 $f(x) = \sqrt{x+1}$ は，閉区間 $[-1,\ 3]$ の左端 $x = -1$ では
微分可能でないが，この場合も条件を満たす c の値は存在する。

一般に，次の **平均値の定理** が成り立つ。

> ### 平均値の定理
>
> 関数 $f(x)$ が閉区間 $[a, b]$ で連続，
> 開区間 (a, b) で微分可能ならば
> $$\frac{f(b)-f(a)}{b-a}=f'(c),$$
> $$a<c<b$$
> を満たす実数 c が存在する。

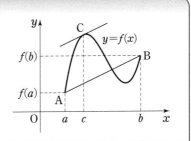

応用例題 3 平均値の定理を利用して，次のことを証明せよ。

$$0<a<b \text{ のとき} \qquad \frac{1}{b}<\frac{\log b-\log a}{b-a}<\frac{1}{a}$$

[考え方] $\dfrac{\log b-\log a}{b-a}$ が平均値の定理における $\dfrac{f(b)-f(a)}{b-a}$ となるような関数

$f(x)$ を考え，閉区間 $[a, b]$ に平均値の定理を適用する。

証明 関数 $f(x)=\log x$ は $x>0$ で微分可能で $\qquad f'(x)=\dfrac{1}{x}$

よって，閉区間 $[a, b]$ において平均値の定理を用いると

$$\frac{\log b-\log a}{b-a}=\frac{1}{c}, \qquad a<c<b$$

を満たす実数 c が存在する。

また，$0<a<c<b$ であるから $\qquad \dfrac{1}{b}<\dfrac{1}{c}<\dfrac{1}{a}$

したがって $\qquad \dfrac{1}{b}<\dfrac{\log b-\log a}{b-a}<\dfrac{1}{a}$

練習9 $a<b$ のとき，不等式 $e^a<\dfrac{e^b-e^a}{b-a}<e^b$ を証明せよ。

第6章

平均値の定理の証明

平均値の定理を証明してみよう。

まず，平均値の定理の特別な場合である **ロルの定理** を証明する。

ロルの定理

関数 $f(x)$ が閉区間 $[a, b]$ で連続，開区間 (a, b) で微分可能であるとき

$$f(a) = f(b) \text{ ならば}$$

$$f'(c) = 0, \quad a < c < b$$

を満たす実数 c が存在する。

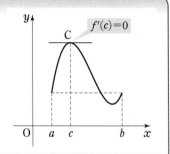

ロルの定理の 証明

[1]　$f(a) = f(b) = 0$ のとき

　関数 $f(x)$ は，閉区間 $[a, b]$ で連続であるから，この区間で最大値 M，最小値 m をもつ。

　$M = m$ ならば，この区間で，常に $f(x) = 0$ である。

　よって，常に $f'(x) = 0$ となり，定理は成り立つ。

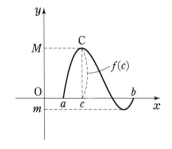

　$M \neq m$ ならば，M, m のいずれか一方は 0 でないから，$a < c < b$ を満たす値 c で，$f(x)$ は 0 でない最大値または最小値をとる。

　まず，$f(c)$ が最大値である場合に，$f'(c) = 0$ となることを示す。

　$f(c)$ は最大値であるから，$|\Delta x|$ が十分小さいとき

$$f(c + \Delta x) \leqq f(c)$$

よって　　　　　　　　　　$\Delta y = f(c + \Delta x) - f(c) \leqq 0$

このとき，$\Delta x > 0$ ならば，$\dfrac{\Delta y}{\Delta x} \leqq 0$ より $\displaystyle\lim_{\Delta x \to +0} \dfrac{\Delta y}{\Delta x} \leqq 0$

$\Delta x < 0$ ならば，$\dfrac{\Delta y}{\Delta x} \geqq 0$ より $\displaystyle\lim_{\Delta x \to -0} \dfrac{\Delta y}{\Delta x} \geqq 0$

$f(x)$ は開区間 $(a,\ b)$ で微分可能であるから，$f'(c)$ が定まり

$$f'(c) = \lim_{\Delta x \to 0} \frac{\Delta y}{\Delta x} = 0$$

$f(c)$ が最小値である場合も，同様にして $f'(c) = 0$ となる。

[2] 　一般の場合

$g(x) = f(x) - f(a)$ とおく。

$f(a) = f(b)$ であるから 　　$g(a) = g(b) = 0$

よって，[1] により 　　　　$g'(c) = 0,\ a < c < b$

を満たす実数 c が存在する。

$f'(c) = g'(c) = 0$ であるから，定理の結論が成り立つ。 　　終

ロルの定理を用いて，平均値の定理を証明してみよう。

平均値の定理の 証明

$\dfrac{f(b) - f(a)}{b - a} = k$ とおき，関数 $F(x) = f(x) - k(x - a)$ を考えると

$$F(a) = F(b) = f(a), \qquad F'(x) = f'(x) - k$$

よって，ロルの定理により

$$F'(c) = 0, \qquad a < c < b$$

を満たす実数 c が存在する。

$F'(c) = 0$ より $f'(c) = k$ であるから

$$\frac{f(b) - f(a)}{b - a} = f'(c),\ a < c < b$$

を満たす実数 c が存在する。 　　終

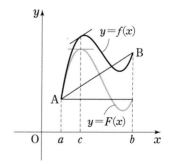

第6章

極限値と平均値の定理

第4章で学んだ方法では求めにくい極限値が，平均値の定理を応用した方法で求められる場合がある。まず，次の定理を証明する。

> **コーシーの平均値の定理**
>
> 2つの関数 $f(x)$，$g(x)$ が閉区間 $[a, b]$ で連続，
> 開区間 (a, b) で微分可能であるとする。
> 開区間 (a, b) で $g'(x) \neq 0$，$g(a) \neq g(b)$ であるとき
> $$\frac{f(b)-f(a)}{g(b)-g(a)}=\frac{f'(c)}{g'(c)}, \qquad a<c<b$$
> を満たす実数 c が存在する。

証明 $k=\dfrac{f(b)-f(a)}{g(b)-g(a)}$ とおき，次のような関数 $F(x)$ を考える。
$$F(x)=f(b)-f(x)-k\{g(b)-g(x)\}$$
$F(x)$ は閉区間 $[a, b]$ で連続，開区間 (a, b) で微分可能であり
$$F(a)=0, \qquad F(b)=0$$
したがって，$F(a)=F(b)$ が成り立つ。

よって，ロルの定理により　　　$F'(c)=0, \qquad a<c<b$
を満たす実数 c が存在する。

ここで，$F'(x)=-f'(x)+kg'(x)$ であるから
$$-f'(c)+kg'(c)=0$$

開区間 (a, b) で $g'(x) \neq 0$ であるから　　$k=\dfrac{f'(c)}{g'(c)}$

したがって　　　　　$\dfrac{f(b)-f(a)}{g(b)-g(a)}=\dfrac{f'(c)}{g'(c)}$ 　　【終】

コーシーの平均値の定理を用いると，次の **ロピタルの定理** が証明できる。

ロピタルの定理

2つの関数 $f(x)$, $g(x)$ が $x=a$ を含む区間で連続, $x \neq a$ のとき微分可能で $g'(x) \neq 0$, $f(a)=g(a)=0$ であるとする。

このとき, $\displaystyle\lim_{x \to a} \frac{f'(x)}{g'(x)}$ が存在するならば, $\displaystyle\lim_{x \to a} \frac{f(x)}{g(x)}$ も存在して

$$\lim_{x \to a} \frac{f(x)}{g(x)} = \lim_{x \to a} \frac{f'(x)}{g'(x)}$$

証明 $f(a)=g(a)=0$ であるから $\qquad \dfrac{f(x)}{g(x)} = \dfrac{f(x)-f(a)}{g(x)-g(a)}$

よって, コーシーの平均値の定理により, 次の条件を満たす実数 c が存在する。

$$\frac{f(x)}{g(x)} = \frac{f'(c)}{g'(c)}, \quad x < c < a \quad \text{または} \quad a < c < x$$

$x \longrightarrow a$ のとき $c \longrightarrow a$ であるから

$$\lim_{x \to a} \frac{f(x)}{g(x)} = \lim_{c \to a} \frac{f'(c)}{g'(c)} = \lim_{x \to a} \frac{f'(x)}{g'(x)} \qquad \text{終}$$

例 2 極限値 $\displaystyle\lim_{x \to 0} \frac{e^x - 1}{\sin x}$ を求める。

$f(x) = e^x - 1$, $g(x) = \sin x$ とすると, $f(0) = g(0) = 0$ であり

$$f'(x) = e^x, \quad g'(x) = \cos x$$

また $\qquad \displaystyle\lim_{x \to 0} \frac{f'(x)}{g'(x)} = \lim_{x \to 0} \frac{e^x}{\cos x} = 1$

よって, ロピタルの定理により $\qquad \displaystyle\lim_{x \to 0} \frac{e^x - 1}{\sin x} = 1$

練習 ロピタルの定理を用いて, 次の極限値を求めよ。

(1) $\displaystyle\lim_{x \to 0} \frac{x - \log(1+x)}{x^2}$
(2) $\displaystyle\lim_{x \to 0} \frac{e^x - e^{-x}}{x}$

第6章

3. 関数の値の変化

関数の増減

関数 $f(x)$ は，閉区間 $[a, b]$ で連続，開区間 (a, b) で微分可能であるとする。このとき，次のことが成り立つ。

> **関数の増減**
>
> [1] 開区間 (a, b) で常に $f'(x)>0$ ならば
>
> $\qquad$ $f(x)$ は閉区間 $[a, b]$ で **単調に増加** する。
>
> [2] 開区間 (a, b) で常に $f'(x)<0$ ならば
>
> $\qquad$ $f(x)$ は閉区間 $[a, b]$ で **単調に減少** する。
>
> [3] 開区間 (a, b) で常に $f'(x)=0$ ならば
>
> $\qquad$ $f(x)$ は閉区間 $[a, b]$ で **定数** である。

このことを，平均値の定理を用いて証明してみよう。

証明 平均値の定理により，$a \leqq x_1 < x_2 \leqq b$ である任意の 2 つの実数 x_1，x_2 に対して

$$\frac{f(x_2)-f(x_1)}{x_2-x_1}=f'(c), \qquad x_1<c<x_2$$

を満たす実数 c が存在する。

ここで，$x_2-x_1>0$ であるから，次のことが成り立つ。

$f'(c)>0$ のとき，$f(x_2)-f(x_1)>0$ であるから $\quad f(x_1)<f(x_2) \cdots$ ①

$f'(c)<0$ のとき，$f(x_2)-f(x_1)<0$ であるから $\quad f(x_1)>f(x_2) \cdots$ ②

$f'(c)=0$ のとき，$f(x_2)-f(x_1)=0$ であるから $\quad f(x_1)=f(x_2) \cdots$ ③

① より [1] が，② より [2] が，③ より [3] が成り立つ。 $\boxed{終}$

また，[3] から，次のことが成り立つ。

関数 $f(x)$, $g(x)$ が閉区間 $[a, b]$ で連続で，開区間 (a, b) でともに微分可能で常に $f'(x)=g'(x)$ ならば，$f(x)$, $g(x)$ には，次の関係がある。

閉区間 $[a, b]$ で　　$f(x)=g(x)+C$　　ただし，Cは定数

練習 10 ▶ 上のことを証明せよ。

例 3　関数 $f(x)=x-\log x$ の増減を調べる。

関数 $f(x)$ の定義域は，$x>0$ である。

$$f'(x)=1-\frac{1}{x}=\frac{x-1}{x}$$

$f'(x)=0$ とすると　$x=1$

$f(x)$ の増減表は右のようになる。

x	0	$\cdots$	1	$\cdots$
$f'(x)$		$-$	0	$+$
$f(x)$		$\searrow$	1	$\nearrow$

よって，$f(x)$ は区間 $0<x\leqq1$ で単調に減少し，

区間 $1\leqq x$　　で単調に増加する。

注 意 増減する区間を示すときは，区間の端も含めておく。

練習 11 ▶ 次の関数の増減を調べよ。

(1) $f(x)=e^x-ex$　　　(2) $f(x)=x+\dfrac{1}{x}$　　　(3) $f(x)=x-2\sqrt{x}$

区間内のある x の値 c で $f'(c)=0$ であっても，c を除く x の値で $f'(x)>0$ ならば，$f(x)$ はその区間で単調に増加する。

たとえば，関数 $y=x^3$ では，$y'=3x^2$ であるから　$x=0$ のときは　$y'=0$,

$x\neq0$ のときは　$y'>0$

となり，関数 $y=x^3$ は単調に増加する。

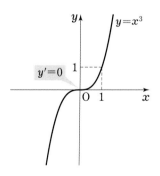

■ 関数の極大，極小

関数 $f(x)$ は連続であるとする。$x=a$ を含む十分小さい開区間において，a ではない任意の x の値に対し

$f(a)>f(x)$ であるとき，$f(a)$ を関数 $f(x)$ の **極大値**

$f(a)<f(x)$ であるとき，$f(a)$ を関数 $f(x)$ の **極小値**

という。極大値と極小値をまとめて **極値** という。

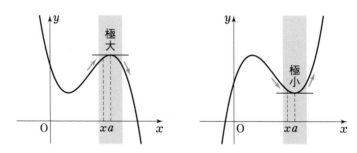

関数 $f(x)$ が $x=a$ の前後で増加から減少に移るとき，$f(x)$ は $x=a$ で極大となり，$x=a$ の前後で減少から増加に移るとき，$f(x)$ は $x=a$ で極小となる。

一般に，次のことが成り立つ。

極値をとるための必要条件

関数 $f(x)$ が $x=a$ で微分可能であるとする。

　　関数 $f(x)$ が $x=a$ で極値をとるならば　　$f'(a)=0$

しかし，上の逆は一般には成り立たない。

すなわち

$f'(a)=0$ であっても，$f(x)$ は $x=a$ で極値をとるとは限らない。

たとえば，関数 $f(x)=x^3$ は，$f'(0)=0$ であるが，$x=0$ では極値をとらない。

$f(x)$ が微分可能で $f'(a)=0$ であるとき，$x=a$ を境目として $f'(x)$ の符号が変わるときは，次のように極値を判定することができる。

$x=a$ を内部に含むある区間において

$x<a$ で $f'(x)>0$，$a<x$ で $f'(x)<0$ ならば $f(a)$ は極大値

$x<a$ で $f'(x)<0$，$a<x$ で $f'(x)>0$ ならば $f(a)$ は極小値

例題 2　次の関数に極値があれば，それを求めよ。

(1)　$f(x)=xe^{1-x}$ 　　　　　(2)　$f(x)=x-\dfrac{1}{x}$

解答　(1)　　　$f'(x)=e^{1-x}-xe^{1-x}=e^{1-x}(1-x)$

$f'(x)=0$ とすると　　$x=1$

よって，$f(x)$ の増減表は次のようになる。

x	$\cdots$	1	$\cdots$
$f'(x)$	$+$	0	$-$
$f(x)$	$\nearrow$	極大 1	$\searrow$

したがって，$f(x)$ は $x=1$ で極大値 1 をとる。

また，$f(x)$ は極小値をもたない。　**答**

(2)　　　$f'(x)=1+\dfrac{1}{x^2}$

よって，$f'(x)$ は x の値によらず常に正となる。

したがって，$f(x)$ は単調に増加し，極値をもたない。**答**

練習 12　次の関数に極値があれば，それを求めよ。

(1)　$f(x)=x^2e^{-x}$ 　　　　(2)　$f(x)=\sin^2 x+2\sin x$ 　$(0\leqq x\leqq 2\pi)$

(3)　$f(x)=x+\dfrac{4}{x^2}$ 　　　(4)　$f(x)=\dfrac{e^x-e^{-x}}{e^x+e^{-x}}$

応用例題 4 関数 $f(x)=|x-3|\sqrt{x}$ の極値を求めよ。

解答 関数 $f(x)$ の定義域は $x\geqq 0$ である。

また, $f(x)=\begin{cases} -(x-3)\sqrt{x} & (0\leqq x\leqq 3 \text{ のとき}) \\ (x-3)\sqrt{x} & (3\leqq x \text{ のとき}) \end{cases}$ である。

$0<x<3$ のとき $f'(x)=-\sqrt{x}-(x-3)\cdot\dfrac{1}{2\sqrt{x}}=-\dfrac{3(x-1)}{2\sqrt{x}}$

$f'(x)=0$ とすると $x=1$

$3<x$ のとき $f'(x)=\dfrac{3(x-1)}{2\sqrt{x}}$

よって, $3<x$ のとき, $f'(x)$ は常に正の値をとる。

以上から, $f(x)$ の増減表は次のようになる。

x	0	$\cdots$	1	$\cdots$	3	$\cdots$
$f'(x)$		$+$	0	$-$		$+$
$f(x)$	0	↗	極大 2	↘	極小 0	↗

したがって, $f(x)$ は $x=1$ で極大値 2, $x=3$ で極小値 0 をとる。 **答**

右の図は, 応用例題 4 の関数 $y=|x-3|\sqrt{x}$ のグラフである。この関数のように, $f(x)$ が $x=a$ で微分可能でなくても, $x=a$ で極値をとることがある。

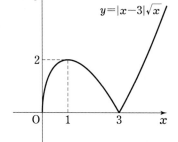
$y=|x-3|\sqrt{x}$

練習 13 次の関数の極値を求めよ。

(1) $f(x)=|x^2-4|$

(2) $f(x)=|x|\sqrt{x+2}$

応用例題 5 次の関数 $f(x)$ が $x=1$ で極値をとるように，定数 a の値を定めよ。また，このとき，$f(x)$ の極値を求めよ。

$$f(x)=\frac{x^2-x+a}{x+1}$$

解答 $f'(x)=\dfrac{(2x-1)(x+1)-(x^2-x+a)\cdot1}{(x+1)^2}=\dfrac{x^2+2x-1-a}{(x+1)^2}$

$f(x)$ は $x=1$ で極値をとり，かつ微分可能であるから

$$f'(1)=0$$

よって，$\dfrac{2-a}{4}=0$ となるから $a=2$

このとき $f(x)=\dfrac{x^2-x+2}{x+1}$

$$f'(x)=\frac{x^2+2x-3}{(x+1)^2}=\frac{(x+3)(x-1)}{(x+1)^2}$$

$f'(x)=0$ とすると $x=-3,\ 1$

よって，$f(x)$ の増減表は次のようになる。

x	$\cdots$	-3	$\cdots$	-1	$\cdots$	1	$\cdots$
$f'(x)$	$+$	0	$-$	/	$-$	0	$+$
$f(x)$	↗	極大 -7	↘	/	↘	極小 1	↗

したがって，求める a の値は $a=2$ であり，$f(x)$ は

$x=-3$ で極大値 -7，$x=1$ で極小値 1 をとる。 **答**

注意 $f'(1)=0$ を満たすような a の値を定めても，それだけでは $f(1)$ が極値になるとは限らない。したがって，$a=2$ のときに $f(1)$ が極値となることを確かめる必要がある。

練習 14 関数 $f(x)=x+\dfrac{a}{x-1}$ が $x=0$ で極値をとるように，定数 a の値を定めよ。また，このとき，$f(x)$ の極値を求めよ。

関数の最大値，最小値

133ページで学んだように，閉区間で連続な関数は，その閉区間で最大値および最小値をもつ。

よって，関数の最大値，最小値を求めるには，まず関数の極値を調べ，極値と区間の端における関数の値を比較すればよい。

例題 **3** 次の関数の最大値，最小値を求めよ。
$$y=\frac{x+2}{e^x} \qquad (-2 \leqq x \leqq 1)$$

解答

$$y'=\frac{1 \cdot e^x - (x+2)e^x}{(e^x)^2} = -\frac{x+1}{e^x}$$

$y'=0$ とすると $x=-1$

よって，$-2 \leqq x \leqq 1$ における y の増減表は次のようになる。

x	-2	$\cdots$	-1	$\cdots$	1
y'		$+$	0	$-$	
y	0	↗	極大 $\dfrac{e}{}$	↘	$\dfrac{3}{e}$

$\dfrac{3}{e}>0$ であるから，y は

$$x=-1 \text{ で最大値 } e, \quad x=-2 \text{ で最小値 } 0$$

をとる。 答

練習 15 ▶ 次の関数の最大値，最小値を求めよ。

(1) $y=xe^x \quad (-2 \leqq x \leqq 0)$

(2) $y=x\sin x+\cos x \quad (0 \leqq x \leqq 2\pi)$

練習 16 ▶ 関数 $y=x\sqrt{4-x^2}$ の最大値，最小値を求めよ。

周の長さが 6 である二等辺三角形のうち，面積 S が最大のもの
は，どのような三角形か。

解答 二等辺三角形の等しい 2 辺の長さを x と
すると，底辺の長さは　$6-2x$

このとき，高さは

$$\sqrt{x^2-(3-x)^2}=\sqrt{6x-9}$$

よって　　$S=\dfrac{1}{2}\cdot(6-2x)\cdot\sqrt{6x-9}$

$$=(3-x)\sqrt{6x-9}$$

x の値の範囲は　　$\dfrac{3}{2}<x<3$

また　　$S'=-\sqrt{6x-9}+(3-x)\cdot\dfrac{3}{\sqrt{6x-9}}$

$$=\dfrac{-9x+18}{\sqrt{6x-9}}=\dfrac{9(2-x)}{\sqrt{6x-9}}$$

$S'=0$ とすると　$x=2$

よって，$\dfrac{3}{2}<x<3$ における S の増減表は次のようになる。

したがって，$x=2$ のとき，
S は最大となる。

$x=2$ のとき 3 辺の長さは
すべて 2 である。

答　1 辺の長さが 2 の正三角形

x	$\dfrac{3}{2}$	$\cdots$	2	$\cdots$	3
S'		$+$	0	$-$	
S		$\nearrow$	極大 $\sqrt{3}$	$\searrow$	

注 意　応用例題 6 は，$S^2=(3-x)^2(6x-9)$ として，S^2 の最大値から S の最大値
を求めてもよい。

練習 17 体積 V が π である直円柱のうち，表面積 S が最小であるものの底
面の半径を求めよ。

第6章

3. 関数の値の変化　**183**

4. 関数のグラフ

曲線の凹凸

関数 $f(x)$ は微分可能であるとする。

ある区間において，x の値が増加するにしたがって，接線の傾きが増
5 加するとき，曲線 $y=f(x)$ は，この区間で **下に凸** であるという。

また，x の値が増加するにしたがって，接線の傾きが減少するとき，
曲線 $y=f(x)$ は，この区間で **上に凸** であるという。

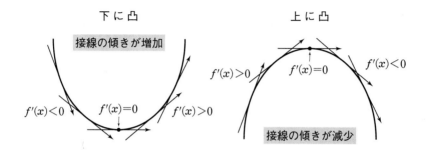

関数 $f(x)$ が第2次導関数 $f''(x)$ をもつとする。

このとき，ある区間において
10      $f''(x)>0$　ならば　$f'(x)$ は単調に増加

　　　　　$f''(x)<0$　ならば　$f'(x)$ は単調に減少　　する。

$f'(x)$ は曲線の接線の傾きを表すから，曲線 $y=f(x)$ の凹凸につい
て，次のことが成り立つ。

> **第2次導関数と曲線の凹凸**
>
> 15 関数 $f(x)$ は第2次導関数 $f''(x)$ をもつとする。
>
> $f''(x)>0$ である区間では，曲線 $y=f(x)$ は **下に凸** であり，
>
> $f''(x)<0$ である区間では，曲線 $y=f(x)$ は **上に凸** である。

例 4

曲線 $y=x^3-3x^2+3$ について

$$y'=3x^2-6x$$

$$y''=6x-6=6(x-1)$$

$y''=0$ とすると $x=1$

よって $x<1$ のとき $y''<0$

$1<x$ のとき $y''>0$

したがって，曲線は

$x<1$ で上に凸，$1<x$ で下に凸　である。

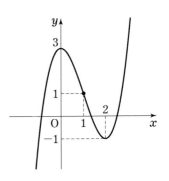

例 4 の曲線は，点 $(1, 1)$ を境目として曲線の凹凸が変わっている。この点のように，曲線の凹凸が変わる境目の点を **変曲点** という。

関数 $f(x)$ が第 2 次導関数をもつとき，次のことが成り立つ。

変曲点であるための必要条件

点 $(a, f(a))$ が曲線 $y=f(x)$ の変曲点ならば　$f''(a)=0$

しかし，$f''(a)=0$ であっても，点 $(a, f(a))$ が曲線 $y=f(x)$ の変曲点であるとは限らない。

たとえば，$f(x)=x^4$ とすると，

$$f''(x)=12x^2 \quad より \quad f''(0)=0$$

であるが，$x=0$ の前後で $f''(x)>0$ であるから，曲線の凹凸は変わらない。

したがって，原点 O は曲線 $y=x^4$ の変曲点ではない。

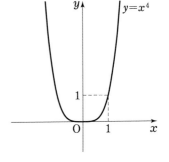

練習 18 次の曲線の凹凸を調べ，変曲点を求めよ。

(1) $y=x+\sin x \quad (0<x<2\pi)$

(2) $y=xe^{-x}$

関数のグラフの概形

これまでに学んだことを用いて，関数のグラフをかいてみよう。

例題 4

関数 $y = e^{-2x^2}$ のグラフをかけ。

解答 関数 $y = e^{-2x^2}$ の定義域は実数全体である。

$$y' = -4xe^{-2x^2},$$

$$y'' = 4(4x^2-1)e^{-2x^2} = 4(2x+1)(2x-1)e^{-2x^2} \quad \text{であるから}$$

$y' = 0$ とすると $x = 0$， $y'' = 0$ とすると $x = \pm\dfrac{1}{2}$

よって，y の増減とグラフの凹凸は，次の表のようになる。

x	$\cdots$	$-\dfrac{1}{2}$	$\cdots$	0	$\cdots$	$\dfrac{1}{2}$	$\cdots$
y'	$+$	$+$	$+$	0	$-$	$-$	$-$
y''	$+$	0	$-$	$-$	$-$	0	$+$
y	⤴	変曲点 $\dfrac{1}{\sqrt{e}}$	⤴	極大 1	⤵	変曲点 $\dfrac{1}{\sqrt{e}}$	⤵

ここで，

$$\lim_{x\to\infty} y = 0, \qquad \lim_{x\to-\infty} y = 0$$

であるから，x 軸はこの曲線の
漸近線である。
以上から，グラフの概形は右の
図のようになる。 **答**

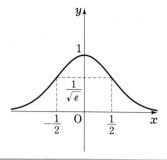

注意 記号 ⤴, ⤴, ⤵, ⤵ は，それぞれ，下に凸で増加，上に凸で増加，上に
凸で減少，下に凸で減少を表す。

練習 19 関数 $y = \dfrac{2x}{x^2+1}$ のグラフをかけ。

186 第6章 微分法の応用

例題 5

関数 $y=\dfrac{x^2+x+1}{x}$ のグラフをかけ。

解答 $\dfrac{x^2+x+1}{x}=x+1+\dfrac{1}{x}$ であるから $y=x+1+\dfrac{1}{x}$

この関数の定義域は $x<0,\ 0<x$ である。

$$y'=1-\frac{1}{x^2}=\frac{(x+1)(x-1)}{x^2},$$

$$y''=\frac{2}{x^3} \quad であるから$$

$y'=0$ とすると $x=\pm1$

よって，y の増減とグラフの凹凸は，次の表のようになる。

x	$\cdots$	-1	$\cdots$	0	$\cdots$	1	$\cdots$
y'	$+$	0	$-$		$-$	0	$+$
y''	$-$	$-$	$-$		$+$	$+$	$+$
y	$\nearrow$	極大 -1	$\searrow$		$\searrow$	極小 3	$\nearrow$

ここで，$\lim\limits_{x\to+0}y=\infty,\ \lim\limits_{x\to-0}y=-\infty$ であるから，y 軸はこの曲線の漸近線である。

また，$\lim\limits_{x\to\infty}\{y-(x+1)\}=0,$

$\qquad \lim\limits_{x\to-\infty}\{y-(x+1)\}=0$

であるから，直線 $y=x+1$ も，この曲線の漸近線である。

以上から，グラフの概形は右の図のようになる。 答

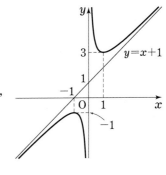

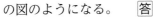 練習 20 関数 $y=\dfrac{x^3-3x^2+4}{x^2}$ のグラフをかけ。

第6章

漸近線の求め方

曲線 $y=f(x)$ の漸近線について，次のことが成り立つ。

[1]
$$\lim_{x \to a-0} f(x)=\infty, \qquad \lim_{x \to a-0} f(x)=-\infty$$
$$\lim_{x \to a+0} f(x)=\infty, \qquad \lim_{x \to a+0} f(x)=-\infty$$

のいずれかが成り立つとき，x 軸に垂直な直線 $x=a$ が曲線 $y=f(x)$ の漸近線になる。

[2] $\quad \lim_{x \to \infty} \{f(x)-(ax+b)\}=0, \qquad \lim_{x \to -\infty} \{f(x)-(ax+b)\}=0$

のいずれかが成り立つとき，直線 $y=ax+b$ が曲線 $y=f(x)$ の漸近線になる。

[2] において，$x \longrightarrow \infty$ の場合，

$$\lim_{x \to \infty} x\left\{\frac{f(x)}{x}-\left(a+\frac{b}{x}\right)\right\}=0 \quad \text{より} \quad \lim_{x \to \infty}\left\{\frac{f(x)}{x}-\left(a+\frac{b}{x}\right)\right\}=0$$

となるから，次のことが成り立つ。

$$\lim_{x \to \infty}\frac{f(x)}{x}=a, \ \lim_{x \to \infty}\{f(x)-ax\}=b \ \text{ならば，}$$

直線 $y=ax+b$ が曲線 $y=f(x)$ の漸近線になる。

$x \longrightarrow -\infty$ の場合も，同様に考えることができる。

たとえば，前のページの例題 5 の $y=\dfrac{x^2+x+1}{x}$ の場合，

$$\lim_{x \to \infty}\frac{y}{x}=\lim_{x \to \infty}\left(1+\frac{1}{x}+\frac{1}{x^2}\right)=1 \ (=a)$$

$$\lim_{x \to \infty}(y-1 \cdot x)=\lim_{x \to \infty}\left(1+\frac{1}{x}\right)=1 \ (=b)$$

であるから，直線 $y=x+1$ が曲線 $y=\dfrac{x^2+x+1}{x}$ の漸近線になること がわかる。

■ 第2次導関数と極値

関数 $f(x)$ は，$x=a$ の前後で微分可能であるとする。

$f'(a)=0$ であるとき，$f(a)$ が極値であるかどうかを，第2次導関数
の値 $f''(a)$ を利用して判定することができる。ただし，$x=a$ の前後で
第2次導関数 $f''(x)$ は連続であるとする。

[1]　$f''(a)>0$ のとき

$x=a$ の前後では $f''(x)>0$ であるから，$x=a$ の前後で $f'(x)$ は単調
に増加する。$f'(a)=0$ であるから

$\qquad x<a$ では $f'(x)<0$,
$\qquad a<x$ では $f'(x)>0$
よって，$f(a)$ は極小値となる。

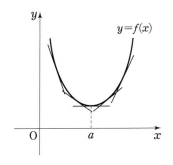

x	$\cdots$	a	$\cdots$
$f'(x)$	$-$	0	$+$
$f''(x)$	$+$	$+$	$+$
$f(x)$	$\searrow$	極小	$\nearrow$

[2]　$f''(a)<0$ のとき

$x=a$ の前後では $f''(x)<0$ であるから，$x=a$ の前後で $f'(x)$ は単調
に減少する。$f'(a)=0$ であるから

$\qquad x<a$ では $f'(x)>0$,
$\qquad a<x$ では $f'(x)<0$
よって，$f(a)$ は極大値となる。

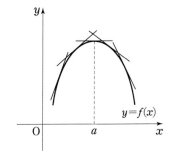

x	$\cdots$	a	$\cdots$
$f'(x)$	$+$	0	$-$
$f''(x)$	$-$	$-$	$-$
$f(x)$	$\nearrow$	極大	$\searrow$

第6章

前のページで調べたことをまとめると，次のようになる。

第 2 次導関数と極値

$x=a$ を含むある区間で $f''(x)$ は連続であるとする。

[1]　$f'(a)=0$ **かつ** $f''(a)>0$　**ならば**　$f(a)$ **は極小値** である。

[2]　$f'(a)=0$ **かつ** $f''(a)<0$　**ならば**　$f(a)$ **は極大値** である。

注意 $f''(a)=0$ のときは，$f(a)$ が極値となる場合も，そうでない場合もあり，$y=f(x)$ のグラフなどを，さらに調べる必要がある。

例題 6 第 2 次導関数を利用して，次の関数の極値を求めよ。
$$f(x)=\sqrt{3}\,x+2\cos x \quad (0\leqq x\leqq\pi)$$

解答　$f'(x)=\sqrt{3}-2\sin x,\quad f''(x)=-2\cos x$　である。

$0<x<\pi$ において $f'(x)=0$ とすると
$$x=\frac{\pi}{3},\ \frac{2}{3}\pi$$

ここで
$$f''\left(\frac{\pi}{3}\right)=-1<0,\quad f''\left(\frac{2}{3}\pi\right)=1>0$$

$$f\left(\frac{\pi}{3}\right)=\frac{\sqrt{3}}{3}\pi+1,\ f\left(\frac{2}{3}\pi\right)=\frac{2\sqrt{3}}{3}\pi-1$$

よって，$f(x)$ は $x=\frac{\pi}{3}$ で極大値 $\frac{\sqrt{3}}{3}\pi+1$，

$x=\frac{2}{3}\pi$ で極小値 $\frac{2\sqrt{3}}{3}\pi-1$ をとる。答

練習 21 第 2 次導関数を利用して，次の関数の極値を求めよ。

(1)　$f(x)=x^3-3x$

(2)　$f(x)=x-2\sin x \quad (0\leqq x\leqq 2\pi)$

5. 方程式，不等式への応用

例題
7

$x>0$ のとき，次の不等式が成り立つことを証明せよ。

$$e^x>1+x+\frac{x^2}{2}$$

証明 $f(x)=e^x-\left(1+x+\dfrac{x^2}{2}\right)$ とおくと

$$f'(x)=e^x-1-x, \quad f''(x)=e^x-1$$

$x>0$ のとき，$e^x>1$ であるから $\quad f''(x)>0$

よって，$f'(x)$ は $x\geqq0$ において，単調に増加する。

ゆえに，$x>0$ のとき $\quad f'(x)>f'(0)$

$f'(0)=0$ であるから $\quad f'(x)>0$

よって，$f(x)$ は $x\geqq0$ において，単調に増加する。

ゆえに，$x>0$ のとき $\quad f(x)>f(0)$

$f(0)=0$ であるから $\quad f(x)>0$

したがって $\quad e^x>1+x+\dfrac{x^2}{2}$ 　終

練習 22 ▶ $x>0$ のとき，次の不等式が成り立つことを証明せよ。

(1) $x>\log(1+x)$ 　　　　　　(2) $\sin x>x-\dfrac{x^3}{6}$

上の例題7で示した不等式から，次のことがわかる。

$$x>0 \text{ のとき} \quad e^x>\frac{x^2}{2}$$

よって，$0<\dfrac{1}{e^x}<\dfrac{2}{x^2}$ から $\qquad 0<\dfrac{x}{e^x}<\dfrac{2}{x}$

ここで，$\displaystyle\lim_{x\to\infty}\dfrac{2}{x}=0$ であるから $\qquad \displaystyle\lim_{x\to\infty}\dfrac{x}{e^x}=0$

一般に，自然数 n に対して　$\displaystyle\lim_{x\to\infty}\frac{x^n}{e^x}=0,\ \lim_{x\to\infty}\frac{e^x}{x^n}=\infty$　が成り立つ。

これは，$x\longrightarrow\infty$ のとき，e^x が x^n より急速に増加することを表している。

グラフの概形を利用して，方程式の実数解の個数を調べてみよう。

応用例題 7

方程式 $\dfrac{x^2}{e^x}=a$ が異なる 2 つの実数解をもつように，定数 a の値を定めよ。$\displaystyle\lim_{x\to\infty}\frac{x^2}{e^x}=0$ となることを利用してよい。

解答　$y=\dfrac{x^2}{e^x}$ とおくと

$y'=\dfrac{2xe^x-x^2e^x}{(e^x)^2}=\dfrac{x(2-x)}{e^x}$

$y'=0$ とすると　$x=0,\ 2$

したがって，y の増減表は右のようになる。

x	$\cdots$	0	$\cdots$	2	$\cdots$
y'	$-$	0	$+$	0	$-$
y	$\searrow$	極小 0	$\nearrow$	極大 $\dfrac{4}{e^2}$	$\searrow$

$\displaystyle\lim_{x\to\infty}\frac{x^2}{e^x}=0$ より，x 軸は曲線 $y=\dfrac{x^2}{e^x}$ の漸近線である。

また，$\displaystyle\lim_{x\to-\infty}\frac{x^2}{e^x}=\infty$ であるから，曲線 $y=\dfrac{x^2}{e^x}$ の概形は右の図のようになる。

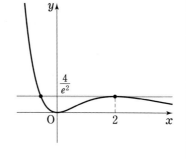

よって，求める a の値は　$a=\dfrac{4}{e^2}$　**答**

練習 23　a は定数とする。方程式 $\dfrac{x}{e^x}=a$ の異なる実数解の個数を求めよ。

6. 速度と加速度

直線上の点の運動

数直線上を運動する点Pの座標 x が，時刻 t の関数として $x = f(t)$ と表されるとする。

時刻 t から $t + \Delta t$ までの関数 $f(t)$ の平均変化率 $\dfrac{f(t + \Delta t) - f(t)}{\Delta t}$ を，点Pの **平均速度** という。

また，時刻 t における関数 $f(t)$ の変化率 $\displaystyle\lim_{\Delta t \to 0} \dfrac{f(t + \Delta t) - f(t)}{\Delta t}$ を，点Pの時刻 t における **瞬間の速度** または単に **速度** という。

速度を v で表すと，次の関係が成り立つ。

$$v = f'(t) = \frac{dx}{dt}$$

また，速度 v の絶対値 $|v|$ を **速さ** という。

注 意　点Pは，$v > 0$ のとき数直線上を正の向きに，$v < 0$ のとき負の向きに動く。また，$v = 0$ のときPは動かない。

速度 v の時刻 t における変化率を **加速度** という。

加速度を α で表すと，次の関係が成り立つ。

$$\alpha = f''(t) = \frac{dv}{dt}\left(= \frac{d^2 x}{dt^2} \right)$$

また，$|\alpha|$ を **加速度の大きさ** という。

直線上の点の運動の速度，加速度

数直線上を運動する点Pの時刻 t における座標を $x = f(t)$ とすると，点Pの時刻 t における速度 v，加速度 α は

$$v = f'(t) = \frac{dx}{dt}, \qquad \alpha = f''(t) = \frac{dv}{dt}$$

第6章

例題 8

地上から初速度 24.5 m/s で真上に投げ上げた物体の, t 秒後の高さを x m とすると, 等式 $x=24.5t-4.9t^2$ が成り立つ。

(1) この物体が最高点に到達するまでにかかる時間を求めよ。

(2) この物体が再び地上に達するときの速度を求めよ。

(3) この運動では加速度が一定であることを示せ。

解答 (1) t 秒後の速度を v とすると $\quad v=\dfrac{dx}{dt}=24.5-9.8t$

物体が最高点に到達するとき, 物体の速度は 0 となる。

よって $\quad 24.5-9.8t=0$

これを解くと $\quad t=2.5$ (秒) 答

(2) 物体が地上にあるとき, $x=0$ であるから

$$24.5t-4.9t^2=0$$

これを解くと $\quad t=0,\ 5$

$t=0$ は投げ上げた瞬間を表しているから, 再び地上に到達するのは $t=5$ のときである。このときの物体の速度は

$$24.5-9.8\cdot5=-24.5 \,(\text{m/s}) \quad \boxed{答}$$

(3) 加速度を α とすると $\quad \alpha=\dfrac{dv}{dt}=-9.8$ (定数)

したがって, 加速度は一定である。 終

注意 例題 8(1)は, $24.5t-4.9t^2=0$ の解と, 2 次関数のグラフの対称性を用いれば, $t=2.5$ がすぐにわかる。

練習 24 x 軸上を運動する点Pの座標 x が, 時刻 t の関数として

$$x=\sin\left(\pi t-\dfrac{\pi}{4}\right)$$

と表されるとき, 時刻 $t=2$ における点Pの速度 v と加速度 α を求めよ。

平面上の点の運動

　座標平面上を動く点Pの座標 (x, y)
が，時刻 t の関数として

$$x=f(t), \qquad y=g(t)$$

5　と表されるとする。

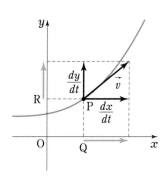

　点Pから x 軸，y 軸に下ろした垂線を，
それぞれ PQ，PR とするとき，Pが運
動すると点Qは x 軸上を，点Rは y 軸上
を直線運動する。

10　時刻 t における点Qの速度は $\dfrac{dx}{dt}=f'(t)$，点Rの速度は $\dfrac{dy}{dt}=g'(t)$
で表され，これらを成分とするベクトル

$$\vec{v}=\left(\frac{dx}{dt},\ \frac{dy}{dt}\right)=(f'(t),\ g'(t))$$

を，点Pの時刻 t における **速度** または **速度ベクトル** という。$\vec{v}$ の向
きは，点Pの描く曲線の点Pにおける接線の方向と同じである。

15　また，**速さ** $|\vec{v}|$ は，次のように表される。

$$|\vec{v}|=\sqrt{\left(\frac{dx}{dt}\right)^2+\left(\frac{dy}{dt}\right)^2}=\sqrt{\{f'(t)\}^2+\{g'(t)\}^2}$$

　さらに，時刻 t における点Qの加速度は $\dfrac{d^2x}{dt^2}=f''(t)$，点Rの加速度
は $\dfrac{d^2y}{dt^2}=g''(t)$ で表され，これらを成分とするベクトル

$$\vec{\alpha}=\left(\frac{d^2x}{dt^2},\ \frac{d^2y}{dt^2}\right)=(f''(t),\ g''(t))$$

20　を，点Pの時刻 t における **加速度** または **加速度ベクトル** という。

　また，**加速度の大きさ** $|\vec{\alpha}|$ は，次のように表される。

$$|\vec{\alpha}|=\sqrt{\left(\frac{d^2x}{dt^2}\right)^2+\left(\frac{d^2y}{dt^2}\right)^2}=\sqrt{\{f''(t)\}^2+\{g''(t)\}^2}$$

以上のことをまとめると，次のようになる。

> **平面上の点の運動の速度，加速度**
>
> 座標平面上を運動する点Pの時刻 t における座標を (x, y) とする。
> $x=f(t)$，$y=g(t)$ とすると，点Pの時刻 t における速度 $\vec{v}$，速さ
> $|\vec{v}|$，加速度 $\vec{\alpha}$，加速度の大きさ $|\vec{\alpha}|$ は
>
> $$\vec{v}=\left(\frac{dx}{dt}, \frac{dy}{dt}\right)=(f'(t),\ g'(t))$$
>
> $$|\vec{v}|=\sqrt{\left(\frac{dx}{dt}\right)^2+\left(\frac{dy}{dt}\right)^2}=\sqrt{\{f'(t)\}^2+\{g'(t)\}^2}$$
>
> $$\vec{\alpha}=\left(\frac{d^2x}{dt^2}, \frac{d^2y}{dt^2}\right)=(f''(t),\ g''(t))$$
>
> $$|\vec{\alpha}|=\sqrt{\left(\frac{d^2x}{dt^2}\right)^2+\left(\frac{d^2y}{dt^2}\right)^2}=\sqrt{\{f''(t)\}^2+\{g''(t)\}^2}$$

例 5 座標平面上を運動する点Pの時刻 t における座標 (x, y) が

$$x=t^2-1, \qquad y=3t$$

で表されるとする。時刻 t における

速度 $\vec{v}$ は　　　　$\vec{v}=(2t,\ 3)$

速さ $|\vec{v}|$ は　　　$|\vec{v}|=\sqrt{(2t)^2+3^2}=\sqrt{4t^2+9}$

加速度 $\vec{\alpha}$ は　　　$\vec{\alpha}=(2,\ 0)$

加速度の大きさ $|\vec{\alpha}|$ は　$|\vec{\alpha}|=\sqrt{2^2+0^2}=2$

となる。

練習 25 座標平面上を運動する点Pの時刻 t における座標 (x, y) が，次の
式で表されるとき，速度 $\vec{v}$，加速度 $\vec{\alpha}$ を求めよ。また，$t=3$ における速
さ $|\vec{v}|$，加速度の大きさ $|\vec{\alpha}|$ を求めよ。

(1)　$x=t^2+2,\ y=3t^2-1$ 　　　　　(2)　$x=e^t+e^{-t},\ y=e^t-e^{-t}$

例題 9

座標平面上を運動する点Pの時刻 t における座標 (x, y) が
$$x = r\cos\omega t, \quad y = r\sin\omega t \quad (r, \omega \text{ は正の定数})$$
で表されるとき，点Pの時刻 t における速さ $|\vec{v}|$ と，加速度の大きさ $|\vec{a}|$ を求めよ。

解答

$$\vec{v} = (-r\omega\sin\omega t, \ r\omega\cos\omega t)$$

であるから
$$|\vec{v}| = \sqrt{(-r\omega\sin\omega t)^2 + (r\omega\cos\omega t)^2}$$
$$= \sqrt{r^2\omega^2(\sin^2\omega t + \cos^2\omega t)} = r\omega \quad \boxed{\text{答}}$$

また
$$\vec{a} = (-r\omega^2\cos\omega t, \ -r\omega^2\sin\omega t)$$

であるから
$$|\vec{a}| = \sqrt{(-r\omega^2\cos\omega t)^2 + (-r\omega^2\sin\omega t)^2}$$
$$= \sqrt{r^2\omega^4(\cos^2\omega t + \sin^2\omega t)} = r\omega^2 \quad \boxed{\text{答}}$$

上の例題 9 の点Pは，円 $x^2 + y^2 = r^2$ の周上を動く。例題 9 の結果から，Pの速さは一定であることがわかる。このように，速さが一定の円運動を **等速円運動** という。

また，例題 9 から $\vec{a} = -\omega^2(x, y)$ であることがわかる。これは，等速円運動の加速度が，常にPから円の中心Oに向いていることを表している。

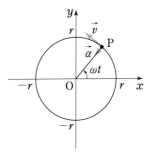

練習 26 ▶ 等速円運動において，速度 $\vec{v}$ と加速度 $\vec{a}$ は直交することを示せ。

練習 27 ▶ 座標平面上を運動する点Pの時刻 t における座標 (x, y) が
$$x = r(\omega t - \sin\omega t), \quad y = r(1 - \cos\omega t) \quad (r, \omega \text{ は正の定数})$$
で表されるとき，点Pの時刻 t における速さ $|\vec{v}|$ と，加速度の大きさ $|\vec{a}|$ を求めよ。

7. 近似式

　関数 $f(x)$ が $x=a$ で微分可能であるとき，$x=a$ の近くで $f(x)$ を x の1次式で近似することを考えよう。

5　$f(x)$ は $x=a$ で微分可能であるから

$$f'(a)=\lim_{x\to a}\frac{f(a+h)-f(a)}{h}$$

よって，$|h|$ が十分小さいとき

$$f'(a)≒\frac{f(a+h)-f(a)}{h}$$

したがって　　　　　$f(a+h)≒f(a)+f'(a)h$

10　よって，次のことが成り立つ。

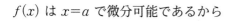

> **近似式 I**
>
> $|h|$ が十分小さいとき
> $$f(a+h)≒f(a)+f'(a)h$$

例 6　$|h|$ が十分小さいとき，$\sin(a+h)$ の近似式は，
15　$(\sin x)'=\cos x$ より　　$\sin(a+h)≒\sin a+h\cos a$

練習 28 ▶ $|h|$ が十分小さいとき，$\cos(a+h)$ の近似式をつくれ。

　上の近似式　　　$f(a+h)≒f(a)+f'(a)h$
において，$a=0$，$h=x$ とすると，$|x|$ が十分小さいとき次の近似式が得られる。

近似式 II

|x| が十分小さいとき
$$f(x) \fallingdotseq f(0) + f'(0)x$$

例 7

|x| が十分小さいとき，e^x の近似式は，$(e^x)' = e^x$ より
$$e^x \fallingdotseq e^0 + e^0 x \quad \text{すなわち} \quad e^x \fallingdotseq 1 + x$$

練習 29 ▶ |x| が十分小さいとき，次の関数の近似式をつくれ。

(1) $\sin x$　　　　(2) $\sqrt{x+1}$　　　　(3) $\dfrac{1}{x-1}$

例題 10

次の問いに答えよ。

(1) p は定数とする。|x| が十分小さいとき，$(1+x)^p$ の近似式をつくれ。

(2) $\sqrt[3]{1.009}$ の近似値を求めよ。

解答 (1) $\{(1+x)^p\}' = p(1+x)^{p-1}$ より
$$(1+x)^p \fallingdotseq (1+0)^p + p(1+0)^{p-1}x$$
すなわち　　$(1+x)^p \fallingdotseq 1 + px$　**答**

(2) 0.009 は 0 に十分近い値と考えられる。(1)の近似式で，
$x = 0.009,\ p = \dfrac{1}{3}$ とおくと　　$1.009^{\frac{1}{3}} \fallingdotseq 1 + \dfrac{1}{3} \cdot 0.009$

したがって　　$\sqrt[3]{1.009} \fallingdotseq 1.003$　**答**

練習 30 ▶ 近似式を利用して，次の数の近似値を求めよ。

(1) $\sqrt[4]{1.004}$　　　　(2) $\sqrt{100.5}$　　　　(3) $\log 1.003$

第6章

1 曲線 $y=\cos x$ 上の点 $\left(\dfrac{\pi}{4},\ \dfrac{1}{\sqrt{2}}\right)$ における接線と法線の方程式をそれぞれ求めよ。

2 曲線 $y=2x\sqrt{x}$ の接線のうち，傾きが 3 であるものについて，接点の座標と接線の方程式を求めよ。

3 $0<p<q<r$ のとき，次の不等式が成り立つことを証明せよ。

$$\frac{\log q-\log p}{q-p}>\frac{\log r-\log q}{r-q}$$

4 関数 $y=x+2\cos x\ (0\leqq x\leqq \pi)$ の増減を調べ，極値を求めよ。

5 関数 $y=\dfrac{\log x}{x}\ (1\leqq x\leqq 3)$ の最大値，最小値を求めよ。

6 関数 $y=(x-2)\sqrt{x+1}$ のグラフをかけ。

7 $x>0$ のとき，次の不等式が成り立つことを証明せよ。

$$\log(x+1)>x-\frac{1}{2}x^2$$

8 x 軸上を運動する点Pの座標 x が，時刻 t の関数として
$$x=2t^3-3t+4$$
で表されるとき，時刻 $t=0,\ 2$ における点Pの速度 v と加速度 α をそれぞれ求めよ。

1 関数 $y=\sqrt[3]{x^2}(x+5)$ の増減を調べ，極値を求めよ。

2 関数 $y=x+\sqrt{1-x^2}$ の最大値，最小値を求めよ。

3 右の図のように，線分 AB を直径と
する半径 1 の半円の周上に，動点 P，
Q があり，AB の中点を O とする。
AP=PQ を満たす四角形 APQB の
面積 S の最大値を求めよ。

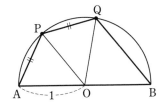

4 関数 $y=f(x)$ は，x の 4 次関数で，2 点 $(0,\,0)$，$(2,\,16)$ がそのグラフ
の変曲点であり，かつ，点 $(2,\,16)$ における接線は x 軸に平行であると
いう。関数 $f(x)$ を求めよ。

5 関数 $y=\dfrac{x^2-3x+3}{x-2}$ のグラフをかけ。

6 座標平面上を運動する点 P の時刻 t における座標 $(x,\,y)$ が
$$x=e^t\cos t, \qquad y=e^t\sin t$$
で表されるとき，速度ベクトル $\vec{v}$ とベクトル $\overrightarrow{\mathrm{OP}}$ のなす角 θ を求めよ。

7 媒介変数 t を用いて $x=t-\sin t$, $y=1-\cos t$ $(0\leqq t\leqq 2\pi)$ と表される曲線 C がある。曲線 C 上の $t=t_0$ のときの点を P とおく。また，点 P における法線が直線 $x=\pi$ と交わる点を Q とする。ただし，P は点 $(0,\ 0)$，$(\pi,\ 2)$，$(2\pi,\ 0)$ とは異なる点である。

(1) 点 Q の y 座標を t_0 で表せ。

(2) t_0 を π に近づけるとき，Q はどのような点に近づくか。

8 曲線 $y=e^x$ の上に点 P が，円 $(x-1)^2+y^2=\dfrac{1}{4}$ の上に点 Q がある。線分 PQ の長さの最小値を求めよ。

9 関数 $y=\dfrac{x^3}{x^2-1}$ のグラフをかけ。

10 n は自然数とする。$x>0$ のとき，不等式

$$e^x>1+\frac{x}{1!}+\frac{x^2}{2!}+\cdots\cdots+\frac{x^n}{n!}$$

が成り立つことを証明せよ。

11 点 $(1,\ a)$ を通って，曲線 $y=e^x$ にちょうど 2 本の接線が引けるような a の値の範囲を求めよ。

12 上面の半径が 4 cm，深さが 10 cm である直円錐の形の容器が，その軸を垂直にして置かれている。この容器に毎秒 3 cm³ の割合で静かに水を注ぐ。水面の高さが 5 cm になったときの次の速度を求めよ。

(1) 水面の上昇する速度   (2) 水面の面積の増加する速度

第7章 積分法

Integration

↑ スマートフォンのバッテリー残量
の算出に積分法の考え方が用い
られている。

We have learned how to apply integral calculus to polynomial functions. In this chapter, we will learn how to calculate indefinite and definite integrals of various other functions.

In order to integrate the logarithm function $y=\log x$, for example, we need to understand the "integration by parts" formula, as well as how to express $\log x$ as $1 \times \log x$ before applying it. The ability to understand the formulas and to devise ways of applying them are important steps in mastering integral calculus as a whole. Examining several examples will help us learn important techniques for solving problems in integral calculus.

第7章

1. 不定積分とその基本性質

関数 $f(x)$ に対して，微分すると $f(x)$ になる関数を，$f(x)$ の **原始関数** という。関数 $f(x)$ の原始関数の 1 つを $F(x)$ とすると，$f(x)$ の任意の原始関数は，次の形に表される。

$$F(x)+C \qquad \text{ただし，} C \text{は定数}$$

これを，関数 $f(x)$ の **不定積分** といい，記号 $\int f(x)dx$ で表す。

この記号を用いると，関数 $f(x)$ の原始関数の 1 つを $F(x)$ とするとき，$f(x)$ の不定積分は，次のように表される。

$$\int f(x)dx = F(x)+C \qquad \text{ただし，} C \text{は定数}$$

関数 $f(x)$ の不定積分を求めることを，$f(x)$ を **積分する** といい，$f(x)$ を **被積分関数**，x を **積分変数**，C を **積分定数** という。

不定積分を求めるには，導関数の公式が逆に利用される。

$$\alpha \text{を実数とするとき} \qquad (x^{\alpha+1})' = (\alpha+1)x^{\alpha}$$

$$\text{また} \qquad (\log|x|)' = \frac{1}{x}$$

よって，x^{α}（α は実数）の不定積分について，次の公式が成り立つ。ただし，C は積分定数である。

---

x^{α} の不定積分

$$\alpha \neq -1 \text{ のとき} \quad \int x^{\alpha}dx = \frac{1}{\alpha+1}x^{\alpha+1}+C$$

$$\alpha = -1 \text{ のとき} \quad \int \frac{dx}{x} = \log|x|+C$$

注　意　今後，本書では「C は積分定数」と書くことを省略する場合がある。また，$\int \frac{1}{f(x)}dx$ を $\int \frac{dx}{f(x)}$ と表すことが多い。

例1

(1) $\displaystyle\int\frac{dx}{x^4}=\int x^{-4}\,dx=\frac{1}{-4+1}x^{-4+1}+C=-\frac{1}{3x^3}+C$

(2) $\displaystyle\int\sqrt{x}\,dx=\int x^{\frac{1}{2}}\,dx=\frac{1}{\frac{1}{2}+1}x^{\frac{1}{2}+1}+C=\frac{2}{3}x\sqrt{x}+C$

練習1 次の不定積分を求めよ。

(1) $\displaystyle\int x^3\,dx$　　(2) $\displaystyle\int\frac{3}{x^7}\,dx$　　(3) $\displaystyle\int\sqrt[3]{t}\,dt$　　(4) $\displaystyle\int\frac{dx}{2\sqrt{x}}$

5　不定積分について，次の等式が成り立つ。

不定積分の基本性質

k，l は定数とする。

[1] $\displaystyle\int kf(x)\,dx=k\int f(x)\,dx$

[2] $\displaystyle\int\{f(x)+g(x)\}\,dx=\int f(x)\,dx+\int g(x)\,dx$

10　[3] $\displaystyle\int\{kf(x)+lg(x)\}\,dx=k\int f(x)\,dx+l\int g(x)\,dx$

例2

$\displaystyle\int\frac{(\sqrt{x}-3)^2}{\sqrt{x}}\,dx=\int\frac{x-6\sqrt{x}+9}{\sqrt{x}}\,dx=\int\left(\sqrt{x}-6+\frac{9}{\sqrt{x}}\right)dx$

$\displaystyle=\int x^{\frac{1}{2}}\,dx-6\int dx+9\int x^{-\frac{1}{2}}\,dx$

$\displaystyle=\frac{2}{3}x^{\frac{3}{2}}-6x+18x^{\frac{1}{2}}+C$

$\displaystyle=\frac{2}{3}x\sqrt{x}-6x+18\sqrt{x}+C$

15　練習2 次の不定積分を求めよ。

(1) $\displaystyle\int\frac{x^3-2x^2+4x-1}{x^2}\,dx$　　(2) $\displaystyle\int\frac{(\sqrt{x}-2)^3}{x}\,dx$　　(3) $\displaystyle\int\frac{2t+5}{\sqrt[3]{t}}\,dt$

第7章

三角関数の不定積分について考えてみよう。

$$(\sin x)'=\cos x, \qquad\qquad (\cos x)'=-\sin x$$

$$(\tan x)'=\frac{1}{\cos^2 x}, \qquad\qquad \left(\frac{1}{\tan x}\right)'=-\frac{1}{\sin^2 x}$$

であるから，次の公式が成り立つ。

三角関数の不定積分

$$\int \sin x\, dx=-\cos x+C, \qquad \int \cos x\, dx=\sin x+C$$

$$\int \frac{dx}{\cos^2 x}=\tan x+C, \qquad \int \frac{dx}{\sin^2 x}=-\frac{1}{\tan x}+C$$

例 3
$$\int(3\sin x-2\cos x)dx=3\int\sin x\,dx-2\int\cos x\,dx$$
$$=-3\cos x-2\sin x+C$$

練習 3 ▶ 次の不定積分を求めよ。

(1) $\displaystyle\int(4\cos x+3\sin x)dx$ 　　(2) $\displaystyle\int\frac{1-2\sin^3 x}{\sin^2 x}dx$ 　　(3) $\displaystyle\int\tan^2\theta\, d\theta$

次に，指数関数の不定積分について考えてみよう。

$(e^x)'=e^x, \quad (a^x)'=a^x\log a$ 　であるから，次の公式が成り立つ。

指数関数の不定積分

$$\int e^x\, dx=e^x+C, \qquad \int a^x\, dx=\frac{a^x}{\log a}+C$$

例 4
$$\int(3e^x-2^x)dx=3\int e^x\,dx-\int 2^x\,dx=3e^x-\frac{2^x}{\log 2}+C$$

練習 4 ▶ 次の不定積分を求めよ。

(1) $\displaystyle\int(5^x-3e^x)dx$ 　　(2) $\displaystyle\int(2^x\log 2+3^x)dx$ 　　(3) $\displaystyle\int(7^t-3\sin t)dt$

2. 置換積分法

$f(ax+b)$ の不定積分

関数 $f(x)$ の原始関数の1つを $F(x)$ とする。

合成関数の微分法により，次の等式が成り立つ。

$$\{F(ax+b)\}'=aF'(ax+b)=af(ax+b)$$

よって，次の公式が成り立つ。

$f(ax+b)$ の不定積分

$F'(x)=f(x)$，$a \neq 0$ とするとき

$$\int f(ax+b)dx=\frac{1}{a}F(ax+b)+C$$

例 5

(1) $\displaystyle\int (2x-1)^3 dx=\frac{1}{2}\cdot\frac{1}{4}(2x-1)^4+C=\frac{1}{8}(2x-1)^4+C$

(2) $\displaystyle\int \sqrt{3x+5}\,dx=\int (3x+5)^{\frac{1}{2}}dx=\frac{1}{3}\cdot\frac{(3x+5)^{\frac{1}{2}+1}}{\frac{1}{2}+1}+C$

$$=\frac{2}{9}(3x+5)^{\frac{3}{2}}+C$$

$$=\frac{2}{9}(3x+5)\sqrt{3x+5}+C$$

(3) $\displaystyle\int \cos(4x-3)dx=\frac{1}{4}\sin(4x-3)+C$

(4) $\displaystyle\int 2e^{-5x+1}dx=2\cdot\frac{1}{-5}e^{-5x+1}+C=-\frac{2}{5}e^{-5x+1}+C$

練習 5 次の不定積分を求めよ。

(1) $\displaystyle\int (3x+2)^5 dx$

(2) $\displaystyle\int \frac{5}{4x+3}dx$

(3) $\displaystyle\int \sqrt{6x+1}\,dx$

(4) $\displaystyle\int \sin\left(\frac{x}{3}+2\right)dx$

(5) $\displaystyle\int \frac{dx}{\cos^2(2x-1)}$

(6) $\displaystyle\int 2^{3x+1}dx$

第7章

置換積分法

関数 $f(x)$ の不定積分 $y=\displaystyle\int f(x)dx$ において，x が微分可能な t の関数 $g(t)$ を用いて $x=g(t)$ と表されているとする。

このとき，y は t の関数で

$$\frac{dy}{dt}=\frac{dy}{dx}\cdot\frac{dx}{dt}=f(x)g'(t)=f(g(t))g'(t)$$

よって $y=\displaystyle\int f(g(t))g'(t)dt$

したがって，次の **置換積分法** の公式が得られる。

置換積分法 I

[1] $\displaystyle\int f(x)\,dx=\int f(g(t))g'(t)\,dt$ ただし，$x=g(t)$

注意 上の公式は $\displaystyle\int f(x)dx=\int f(g(t))\frac{dx}{dt}dt$ と表すこともできる。

例題 1 不定積分 $\displaystyle\int x\sqrt{x+1}\,dx$ を求めよ。

解答 $\sqrt{x+1}=t$ とおくと $x=t^2-1$ であるから $\dfrac{dx}{dt}=2t$

よって $\displaystyle\int x\sqrt{x+1}\,dx=\int(t^2-1)t\cdot2t\,dt=2\int(t^4-t^2)dt$

$$=2\left(\frac{t^5}{5}-\frac{t^3}{3}\right)+C=\frac{2}{15}t^3(3t^2-5)+C$$

$$=\frac{2}{15}(x+1)(3x-2)\sqrt{x+1}+C \quad \boxed{答}$$

練習 6 次の不定積分を求めよ。

(1) $\displaystyle\int(x+5)\sqrt{x+2}\,dx$

(2) $\displaystyle\int\frac{x}{\sqrt{1-x}}dx$

前のページの置換積分法Ⅰの公式において，左辺と右辺を入れ替え，積分変数 t を x に，x を t に変えると，次の公式が得られる。

置換積分法Ⅱ

[2] $\displaystyle\int f(g(x))g'(x)dx=\int f(t)dt$ ただし，$g(x)=t$

5 注 意 $g(x)=t$ のとき，$g'(x)=\dfrac{dt}{dx}$ であるが，これを形式的に $g'(x)dx=dt$ と書くことがある。被積分関数が $f(g(x))g'(x)$ の形をしているときは，形式的に $g'(x)dx$ を dt におき換えればよい。

例題 2 次の不定積分を求めよ。

(1) $\displaystyle\int \sin^3 x \cos x\, dx$ (2) $\displaystyle\int \dfrac{\log x}{x}dx$

10 考え方 (1) $f(x)=x^3$, $g(x)=\sin x$ (2) $f(x)=x$, $g(x)=\log x$
と考える。(1)は $\sin x=t$，(2)は $\log x=t$ とおけばよい。

解 答 (1) $\sin x=t$ とおくと $\cos x\, dx=dt$ であるから

$$\int \sin^3 x \cos x\, dx=\int t^3 dt=\dfrac{t^4}{4}+C=\dfrac{\sin^4 x}{4}+C \quad 答$$

(2) $\log x=t$ とおくと $\dfrac{1}{x}dx=dt$ であるから

15 $$\int \dfrac{\log x}{x}dx=\int t\, dt=\dfrac{t^2}{2}+C=\dfrac{(\log x)^2}{2}+C \quad 答$$

練習 7 次の不定積分を求めよ。

(1) $\displaystyle\int 2x(x^2+5)^3 dx$ (2) $\displaystyle\int (3x^2+2)\sqrt{x^3+2x-1}\, dx$

(3) $\displaystyle\int \cos^4 x \sin x\, dx$ (4) $\displaystyle\int \dfrac{4\tan^3 x}{\cos^2 x}dx$ (5) $\displaystyle\int xe^{x^2}dx$

第7章

前のページの置換積分法Ⅱの公式において，$f(t)=\dfrac{1}{t}$ とすると

$$\int \frac{g'(x)}{g(x)}\,dx = \int \frac{1}{t}\,dt = \log|t| + C$$

であるから，次の公式が得られる。

置換積分法Ⅲ

5 [3]
$$\int \frac{g'(x)}{g(x)}\,dx = \log|g(x)| + C$$

例題 3 次の不定積分を求めよ。

(1) $\displaystyle\int \frac{3x^2}{x^3+4}\,dx$ (2) $\displaystyle\int \tan x\,dx$

[考え方] (2) $\tan x = \dfrac{\sin x}{\cos x}$，$(\cos x)' = -\sin x$ であるから，$g(x)=\cos x$ とおいて

公式 [3] を利用する。ただし，符号に注意。

---

10 **解答** (1) $\displaystyle\int \frac{3x^2}{x^3+4}\,dx = \int \frac{(x^3+4)'}{x^3+4}\,dx = \log|x^3+4| + C$ **答**

(2) $\displaystyle\int \tan x\,dx = \int \frac{\sin x}{\cos x}\,dx = \int \frac{-(\cos x)'}{\cos x}\,dx$

$$= -\log|\cos x| + C \qquad \boxed{答}$$

注意 上の例題 3 (1) と同様に考えると $\displaystyle\int \frac{2x}{x^2+1}\,dx = \log|x^2+1| + C$

となるが，x の値によらず常に $x^2+1>0$ であるから，上の式の右辺は

15 $\log(x^2+1) + C$ と書いてもよい。

練習 8 次の不定積分を求めよ。

(1) $\displaystyle\int \frac{3x^2+4x}{x^3+2x^2}\,dx$ (2) $\displaystyle\int \frac{\sin x}{3+\cos x}\,dx$ (3) $\displaystyle\int \frac{dx}{\tan x}$

3. 部分積分法

微分可能な 2 つの関数の積の導関数について，次の公式が成り立つ。

$$\{f(x)g(x)\}'=f'(x)g(x)+f(x)g'(x)$$

よって，次の等式が成り立つ。

$$f(x)g'(x)=\{f(x)g(x)\}'-f'(x)g(x)$$

この両辺を積分すると，次の **部分積分法** の公式が得られる。

部分積分法

$$\int f(x)g'(x)dx=f(x)g(x)-\int f'(x)g(x)dx$$

例 6

(1)
$$\int x\cos x\,dx=\int x(\sin x)'\,dx$$
$$=x\sin x-\int(x)'\sin x\,dx$$
$$=x\sin x-\int\sin x\,dx$$
$$=x\sin x-(-\cos x)+C=x\sin x+\cos x+C$$

(2)
$$\int\log x\,dx=\int 1\cdot\log x\,dx=\int(x)'\log x\,dx$$
$$=x\log x-\int x(\log x)'\,dx=x\log x-\int x\cdot\frac{1}{x}\,dx$$
$$=x\log x-\int dx=x\log x-x+C$$

上の例 6 (2) の $\log x$ の不定積分は，公式として覚えておくと便利である。

練習 9 次の不定積分を求めよ。

(1) $\int x\sin x\,dx$ (2) $\int xe^x\,dx$ (3) $\int\log(x+2)\,dx$

第7章

部分積分法を複数回使ったり，うまく組み合わせたりすることで，不定積分を求めてみよう。

応用例題 1 次の不定積分を求めよ。
$$\int x^2 \sin x\, dx$$

5 [考え方] 部分積分法を2回適用する。

[解答] $\displaystyle\int x^2 \sin x\, dx = \int x^2 (-\cos x)'\, dx$

$\displaystyle = x^2(-\cos x) - \int (x^2)'(-\cos x)\, dx$

$\displaystyle = -x^2 \cos x + 2\int x \cos x\, dx$

$\displaystyle = -x^2 \cos x + 2\int x(\sin x)'\, dx$

10 $\displaystyle = -x^2 \cos x + 2\left\{ x \sin x - \int (x)' \sin x\, dx \right\}$

$\displaystyle = -x^2 \cos x + 2x \sin x - 2\int \sin x\, dx$

$\displaystyle = -x^2 \cos x + 2x \sin x + 2\cos x + C$ [答]

[練習 10] 次の不定積分を求めよ。

(1) $\displaystyle\int x^2 \cos x\, dx$ (2) $\displaystyle\int x^2 e^x\, dx$

15 [練習 11] $I = \displaystyle\int e^x \sin x\, dx,\ J = \int e^x \cos x\, dx$ とする。次の問いに答えよ。

(1) 部分積分法を用いて，I を x の式と J を用いて表せ。

(2) 部分積分法を用いて，J を x の式と I を用いて表せ。

(3) (1)，(2)の結果を用いて，不定積分 I，J をそれぞれ求めよ。

4. いろいろな関数の不定積分

分数関数の不定積分を求めてみよう。

例 7 $\displaystyle\int \frac{2x^2-5x+4}{x-1}\,dx = \int\left(2x-3+\frac{1}{x-1}\right)dx$

$$= x^2-3x+\log|x-1|+C$$

 例題 4 次の不定積分を求めよ。

$$\int \frac{x+4}{(x+2)(x+3)}\,dx$$

解答 $\dfrac{x+4}{(x+2)(x+3)} = \dfrac{2}{x+2} - \dfrac{1}{x+3}$ であるから

$$\int \frac{x+4}{(x+2)(x+3)}\,dx = \int\left(\frac{2}{x+2} - \frac{1}{x+3}\right)dx$$

$$= 2\log|x+2| - \log|x+3| + C$$

$$= \log\frac{(x+2)^2}{|x+3|} + C \quad \boxed{答}$$

上の例題 4 の被積分関数の変形は

$$\frac{x+4}{(x+2)(x+3)} = \frac{a}{x+2} + \frac{b}{x+3}$$

を満たす定数 a, b を求めることで得られる。

両辺に $(x+2)(x+3)$ を掛けると $x+4 = a(x+3) + b(x+2)$

右辺を整理すると $x+4 = (a+b)x + (3a+2b)$

よって $a+b=1, \quad 3a+2b=4$

したがって $a=2, \quad b=-1$

このような分数式の変形を，分数式を **部分分数に分解** するという。

第7章

練習 12 ▶ 次の不定積分を求めよ。

(1) $\displaystyle\int \frac{2x^2}{x+1}\,dx$　　　　(2) $\displaystyle\int \frac{4}{x(x+2)}\,dx$　　　(3) $\displaystyle\int \frac{3x-3}{x^2-x-2}\,dx$

三角関数に関する不定積分を求めてみよう。

例 8
$$\int \cos^2 x\,dx = \int \frac{1+\cos 2x}{2}\,dx = \frac{1}{2}\int (1+\cos 2x)\,dx$$
$$= \frac{1}{2}\left(x+\frac{1}{2}\sin 2x\right)+C = \frac{x}{2}+\frac{\sin 2x}{4}+C$$

練習 13 ▶ 次の不定積分を求めよ。

(1) $\displaystyle\int \sin^2 x\,dx$　　　　(2) $\displaystyle\int \cos^2 3x\,dx$　　　(3) $\displaystyle\int \sin\frac{x}{2}\cos\frac{x}{2}\,dx$

三角関数の積を和や差に変形する公式も，よく用いられる。

$$\sin\alpha\cos\beta = \frac{1}{2}\{\sin(\alpha+\beta)+\sin(\alpha-\beta)\}$$
$$\cos\alpha\cos\beta = \frac{1}{2}\{\cos(\alpha+\beta)+\cos(\alpha-\beta)\}$$
$$\sin\alpha\sin\beta = -\frac{1}{2}\{\cos(\alpha+\beta)-\cos(\alpha-\beta)\}$$

例 9
$$\int \sin 4x\cos 3x\,dx = \frac{1}{2}\int (\sin 7x+\sin x)\,dx$$
$$= -\frac{\cos 7x}{14}-\frac{\cos x}{2}+C$$

練習 14 ▶ 次の不定積分を求めよ。

(1) $\displaystyle\int \sin 5x\cos 2x\,dx$　　(2) $\displaystyle\int \cos 4x\cos 3x\,dx$　　(3) $\displaystyle\int \sin 6x\sin 3x\,dx$

例題 5 不定積分 $\int \cos^3 x \, dx$ を求めよ。

解答
$$\int \cos^3 x \, dx = \int (1 - \sin^2 x) \cos x \, dx$$

$\sin x = t$ とおくと $\cos x \, dx = dt$

よって $\int \cos^3 x \, dx = \int (1 - t^2) \, dt = t - \dfrac{t^3}{3} + C$

$$= \sin x - \frac{\sin^3 x}{3} + C \quad \boxed{答}$$

別解 $\cos 3x = 4 \cos^3 x - 3 \cos x$ より $\cos^3 x = \dfrac{1}{4}(\cos 3x + 3 \cos x)$

よって $\int \cos^3 x \, dx = \dfrac{1}{4} \int (\cos 3x + 3 \cos x) \, dx$

$$= \frac{\sin 3x}{12} + \frac{3 \sin x}{4} + C \quad \boxed{答}$$

上の例題 5 の 2 つの解答の結果は見かけが異なるが,式変形により

$$\sin x - \frac{\sin^3 x}{3} = \frac{\sin 3x}{12} + \frac{3 \sin x}{4}$$

であることがわかる。

このように,積分する方法が異なると,不定積分の結果の式は,見かけが異なる場合があるが,そのようなときでも不定積分は互いに等しいか,あるいは,異なってもその差は定数である。

よって,「+C」を加えれば,互いに等しい,と考えられる。

練習 15 ▶ 次の不定積分を求めよ。

(1) $\int \sin^3 x \, dx$

(2) $\int \dfrac{\cos^3 x}{\sin^2 x} \, dx$

次の不定積分を求めよ。

$$\int \frac{dx}{\sin x}$$

解答

$$\int \frac{dx}{\sin x} = \int \frac{\sin x}{\sin^2 x}\,dx = \int \frac{\sin x}{1-\cos^2 x}\,dx$$

$\cos x = t$ とおくと $\qquad -\sin x\,dx = dt$

よって $\qquad \displaystyle\int \frac{dx}{\sin x} = \int \frac{-1}{1-t^2}\,dt = \int \frac{dt}{t^2-1}$

$$= \frac{1}{2}\int\left(\frac{1}{t-1} - \frac{1}{t+1}\right)dt$$

$$= \frac{1}{2}(\log|t-1| - \log|t+1|) + C$$

$$= \frac{1}{2}\log\left|\frac{t-1}{t+1}\right| + C$$

$$= \frac{1}{2}\log\left|\frac{\cos x-1}{\cos x+1}\right| + C$$

$$= \frac{1}{2}\log\left(\frac{1-\cos x}{1+\cos x}\right) + C \qquad \boxed{答}$$

上の応用例題 2 では，$\sin x \neq 0$ であるから，$\cos x \neq \pm 1$ となる。

よって，x の値によらず常に，$-1 < \cos x < 1$ となるから，

$\dfrac{\cos x-1}{\cos x+1}$ は負の値をとる。

すなわち，$\dfrac{1-\cos x}{1+\cos x}$ は常に正の値をとるから，不定積分の結果の式

を $\dfrac{1}{2}\log\left(\dfrac{1-\cos x}{1+\cos x}\right) + C$ の形に変形した方がよい。

練習 16 次の不定積分を求めよ。

$$\int \frac{dx}{\cos x}$$

5. 定積分とその基本性質

x の多項式で表された関数の定積分についてはすでに学んだが，その関数以外の一般の関数 $f(x)$ についても，閉区間 $[a, b]$ で連続であれば，定積分 $\int_a^b f(x)dx$ を，次のように定義することができる。

5

> **定積分**
>
> 閉区間 $[a, b]$ で連続な関数 $f(x)$ の原始関数の 1 つを $F(x)$ とすると
>
> $$\int_a^b f(x)dx = \Big[F(x)\Big]_a^b = F(b) - F(a)$$

閉区間 $[a, b]$ で，常に $f(x) \geqq 0$ で

10 あるとき，定積分 $\int_a^b f(x)dx$ の値は，この区間で曲線 $y = f(x)$ と x 軸に挟まれた部分の面積 S に等しい。

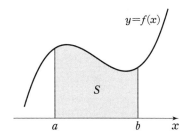

例10 $\displaystyle \int_1^4 \sqrt{x}\, dx = \left[\frac{2}{3}x\sqrt{x}\right]_1^4 = \frac{2}{3}(4\sqrt{4} - 1 \cdot \sqrt{1}) = \frac{14}{3}$

定積分の計算では，どの原始関数を用いても結果は等しいから，上の

15 ように積分定数を省いて計算を行えばよい。

練習 17 次の定積分を求めよ。

(1) $\displaystyle \int_1^e \frac{dx}{x}$ 　　(2) $\displaystyle \int_1^2 \frac{dx}{x^2}$ 　　(3) $\displaystyle \int_0^{\frac{\pi}{4}} \tan\theta\, d\theta$ 　　(4) $\displaystyle \int_{-1}^2 e^x dx$

定積分について，次の等式が成り立つ。

定積分の性質

k, l は定数とする。

[1] $\displaystyle\int_a^b kf(x)\,dx = k\int_a^b f(x)\,dx$

[2] $\displaystyle\int_a^b \{kf(x)+lg(x)\}\,dx = k\int_a^b f(x)\,dx + l\int_a^b g(x)\,dx$

[3] $\displaystyle\int_a^b f(x)\,dx = -\int_b^a f(x)\,dx$ 　　　　[4] $\displaystyle\int_a^a f(x)\,dx = 0$

[5] $\displaystyle\int_a^b f(x)\,dx = \int_a^c f(x)\,dx + \int_c^b f(x)\,dx$

例 11

(1) $\displaystyle\int_1^2 \frac{3x+4}{x^2}\,dx = \int_1^2 \left(\frac{3}{x}+\frac{4}{x^2}\right)dx = 3\int_1^2 \frac{dx}{x} + 4\int_1^2 \frac{dx}{x^2}$

$\displaystyle\qquad\qquad = 3\Big[\log|x|\Big]_1^2 + 4\left[-\frac{1}{x}\right]_1^2$

$\displaystyle\qquad\qquad = 3(\log 2 - \log 1) + 4\left(-\frac{1}{2}+1\right) = 3\log 2 + 2$

(2) $\displaystyle\int_0^\pi \sin 5x \cos 2x\,dx = \frac{1}{2}\int_0^\pi (\sin 7x + \sin 3x)\,dx$

$\displaystyle\qquad\qquad = \frac{1}{2}\int_0^\pi \sin 7x\,dx + \frac{1}{2}\int_0^\pi \sin 3x\,dx$

$\displaystyle\qquad\qquad = \frac{1}{2}\left[-\frac{\cos 7x}{7}\right]_0^\pi + \frac{1}{2}\left[-\frac{\cos 3x}{3}\right]_0^\pi$

$\displaystyle\qquad\qquad = \frac{10}{21}$

練習 18 次の定積分を求めよ。

(1) $\displaystyle\int_0^1 \frac{dx}{(x+2)(x+3)}$ 　　(2) $\displaystyle\int_0^\pi (\sin x - \cos x)^2\,dx$ 　　(3) $\displaystyle\int_{-\pi}^\pi \sin^2 x\,dx$

連続な関数 $f(x)$ が

$\quad a \leqq x \leqq c$ のとき $\quad f(x) \geqq 0$

$\quad c \leqq x \leqq b$ のとき $\quad f(x) \leqq 0$

であるとき，関数 $|f(x)|$ は，次のよう
に表される。

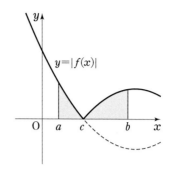

$$|f(x)| = \begin{cases} f(x) & (a \leqq x \leqq c) \\ -f(x) & (c \leqq x \leqq b) \end{cases}$$

よって，定積分 $\displaystyle\int_a^b |f(x)|\,dx$ は，次のように区間を分けて計算する。

$$\int_a^b |f(x)|\,dx = \int_a^c f(x)\,dx + \int_c^b \{-f(x)\}\,dx$$

例題 6 定積分 $\displaystyle\int_0^\pi |\cos x|\,dx$ を求めよ。

解答 $|\cos x| = \begin{cases} \cos x & \left(0 \leqq x \leqq \dfrac{\pi}{2}\right) \\ -\cos x & \left(\dfrac{\pi}{2} \leqq x \leqq \pi\right) \end{cases}$

であるから

$\displaystyle\int_0^\pi |\cos x|\,dx$

$\displaystyle = \int_0^{\frac{\pi}{2}} \cos x\,dx + \int_{\frac{\pi}{2}}^\pi (-\cos x)\,dx$

$\displaystyle = \Big[\sin x\Big]_0^{\frac{\pi}{2}} - \Big[\sin x\Big]_{\frac{\pi}{2}}^\pi = (1-0)-(0-1) = 2$ 　**答**

練習 19 次の定積分を求めよ。

(1) $\displaystyle\int_0^{2\pi} |\sin x|\,dx$

(2) $\displaystyle\int_{-1}^2 |e^x - 1|\,dx$

6. 定積分の置換積分法

定積分の置換積分法

関数 $f(x)$ は閉区間 $[a,\ b]$ で連続であるとし，$f(x)$ の原始関数の1つを $F(x)$ とする。

5　　x が微分可能な関数 $g(t)$ を用いて，$x=g(t)$ と表されているとき，合成関数の微分法により

$$\frac{d}{dt}F(g(t))=f(g(t))g'(t)$$

となる。

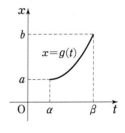

t が α から β まで変化すると，x が a から b ま
10　で変化するとき，右の表のように表す。

x	a	$\rightarrow$	b
t	α	$\rightarrow$	β

このとき，

$$\int_{\alpha}^{\beta}f(g(t))g'(t)dt=\Big[F(g(t))\Big]_{\alpha}^{\beta}$$
$$=F(g(\beta))-F(g(\alpha))$$
$$=F(b)-F(a)$$
15
$$=\Big[F(x)\Big]_{a}^{b}=\int_{a}^{b}f(x)dx$$

となる。

したがって，定積分に関して，次の **置換積分法** が成り立つ。

定積分の置換積分法

閉区間 $[\alpha,\ \beta]$ で微分可能な関数 $x=g(t)$
20　に対し，$a=g(\alpha)$，$b=g(\beta)$ ならば

$$\int_{a}^{b}f(x)dx=\int_{\alpha}^{\beta}f(g(t))g'(t)dt$$

x	a	$\rightarrow$	b
t	α	$\rightarrow$	β

例 12

(1) 定積分 $\displaystyle\int_0^1 x(2x+1)^3\,dx$ を求める。

$2x+1=t$ とおくと

$$x=\frac{t-1}{2}, \qquad dx=\frac{1}{2}\,dt$$

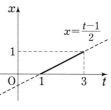

また，x と t の対応は，右の表のようになる。

x	0	$\to$	1
t	1	$\to$	3

よって $\displaystyle\int_0^1 x(2x+1)^3\,dx$

$$=\int_1^3 \frac{t-1}{2}\cdot t^3\cdot\frac{1}{2}\,dt$$

$$=\frac{1}{4}\int_1^3 (t^4-t^3)\,dt=\frac{1}{4}\left[\frac{t^5}{5}-\frac{t^4}{4}\right]_1^3=\frac{71}{10}$$

(2) 定積分 $\displaystyle\int_3^6 \frac{x}{\sqrt{x-2}}\,dx$ を求める。

$\sqrt{x-2}=t$ とおくと

$$x=t^2+2, \qquad dx=2t\,dt$$

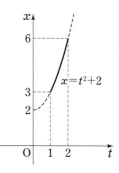

また，x と t の対応は，右の表のようになる。

よって $\displaystyle\int_3^6 \frac{x}{\sqrt{x-2}}\,dx$

$$=\int_1^2 \frac{t^2+2}{t}\cdot 2t\,dt$$

x	3	$\to$	6
t	1	$\to$	2

$$=2\int_1^2 (t^2+2)\,dt$$

$$=2\left[\frac{t^3}{3}+2t\right]_1^2=\frac{26}{3}$$

練習 20 ▶ 次の定積分を求めよ。

(1) $\displaystyle\int_0^1 x(1-x)^3\,dx$　　(2) $\displaystyle\int_0^3 x\sqrt{x+1}\,dx$　　(3) $\displaystyle\int_1^2 \frac{x-2}{(x-3)^2}\,dx$

第7章

6. 定積分の置換積分法 | **221**

$x=a\sin\theta,\ x=a\tan\theta$ とおく定積分

例題 7 a は正の定数とする。定積分 $\displaystyle\int_0^a \sqrt{a^2-x^2}\,dx$ を求めよ。

解答 $x=a\sin\theta$ とおくと $dx=a\cos\theta\,d\theta$

また，x と θ の対応は，右の表のようになる。

x	0	$\to$	a
θ	0	$\to$	$\dfrac{\pi}{2}$

$0\leqq\theta\leqq\dfrac{\pi}{2}$ のとき，$\cos\theta\geqq 0$ である。また，$a>0$ であるから

$$\sqrt{a^2-x^2}=\sqrt{a^2(1-\sin^2\theta)}=\sqrt{a^2\cos^2\theta}=a\cos\theta$$

よって $\displaystyle\int_0^a\sqrt{a^2-x^2}\,dx=\int_0^{\frac{\pi}{2}}a\cos\theta\cdot a\cos\theta\,d\theta$

$$=a^2\int_0^{\frac{\pi}{2}}\cos^2\theta\,d\theta=a^2\int_0^{\frac{\pi}{2}}\frac{1+\cos2\theta}{2}\,d\theta$$

$$=a^2\left[\frac{\theta}{2}+\frac{\sin2\theta}{4}\right]_0^{\frac{\pi}{2}}=\frac{\pi}{4}a^2 \quad \boxed{答}$$

例題 7 の定積分は，図で確かめられる。

関数 $y=\sqrt{a^2-x^2}$ のグラフは，原点 O を中心とする半径 a の円のうち，$y\geqq0$ の部分である。

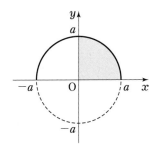

よって，上の例題 7 の定積分は，半径 a の円の面積の $\dfrac{1}{4}$，すなわち $\dfrac{\pi}{4}a^2$ となる。

練習 21 次の定積分を求めよ。

(1) $\displaystyle\int_0^1\sqrt{4-x^2}\,dx$

(2) $\displaystyle\int_0^{\frac{\sqrt{3}}{2}}\frac{dx}{\sqrt{1-x^2}}$

例題 8 a は 0 でない定数とする。定積分 $\displaystyle\int_0^a \frac{dx}{a^2+x^2}$ を求めよ。

解答 $x=a\tan\theta$ とおくと $dx=\dfrac{a}{\cos^2\theta}d\theta$

また，x と θ の対応は，右の表のようになる。

x	0	$\to$	a
θ	0	$\to$	$\dfrac{\pi}{4}$

$$\frac{1}{a^2+x^2}=\frac{1}{a^2(1+\tan^2\theta)}=\frac{\cos^2\theta}{a^2}$$

よって $\displaystyle\int_0^a \frac{dx}{a^2+x^2}=\int_0^{\frac{\pi}{4}} \frac{\cos^2\theta}{a^2}\cdot\frac{a}{\cos^2\theta}d\theta$

$$=\frac{1}{a}\int_0^{\frac{\pi}{4}}d\theta=\frac{1}{a}\Bigl[\theta\Bigr]_0^{\frac{\pi}{4}}=\frac{\pi}{4a}$$ **答**

練習 22 次の定積分を求めよ。

(1) $\displaystyle\int_{-1}^{\sqrt{3}} \frac{dx}{1+x^2}$ (2) $\displaystyle\int_{-2}^{2} \frac{dx}{x^2+4}$

偶関数，奇関数の定積分

すでに学んだように，関数 $y=f(x)$ において

常に $f(-x)=f(x)$ であるとき，$f(x)$ は **偶関数**，

常に $f(-x)=-f(x)$ であるとき，$f(x)$ は **奇関数** という。

たとえば，x^2 や $\cos x$ は偶関数であり，x や $\sin x$ は奇関数である。

偶関数のグラフは y 軸に関して対称であり，奇関数のグラフは原点に関して対称である。

また，一般に，偶関数と奇関数の積は奇関数，偶関数と偶関数の積は偶関数，奇関数と奇関数の積は偶関数である。

偶関数，奇関数の定義を利用すると，定積分の計算が簡単になる場合がある。

偶関数，奇関数の定積分について，次のことが成り立つ。

偶関数，奇関数の定積分

[1]　$f(x)$ が偶関数であるとき　$\displaystyle\int_{-a}^{a} f(x)dx = 2\int_{0}^{a} f(x)dx$

[2]　$f(x)$ が奇関数であるとき　$\displaystyle\int_{-a}^{a} f(x)dx = 0$

[1] の **証明**　$\displaystyle\int_{-a}^{a} f(x)dx = \int_{-a}^{0} f(x)dx + \int_{0}^{a} f(x)dx$

ここで，右辺の第 1 項において，$x=-t$ とおくと　$dx=-dt$

$f(x)$ が偶関数のとき　$f(-x)=f(x)$

であるから

x	$-a$	$\to$	0
t	a	$\to$	0

$$\int_{-a}^{0} f(x)dx = \int_{a}^{0} f(-t)(-1)dt$$

$$= \int_{0}^{a} f(-t)dt = \int_{0}^{a} f(-x)dx = \int_{0}^{a} f(x)dx$$

よって　$\displaystyle\int_{-a}^{a} f(x)dx = \int_{0}^{a} f(x)dx + \int_{0}^{a} f(x)dx = 2\int_{0}^{a} f(x)dx$　終

練習 23　上の [2] を証明せよ。

例 13

(1)　$f(x)=3x^2$ は偶関数であるから

$$\int_{-1}^{1} 3x^2 dx = 2\int_{0}^{1} 3x^2 dx = 2\Big[x^3\Big]_{0}^{1} = 2$$

(2)　$f(x)=\sin x$ は奇関数であるから

$$\int_{-3}^{3} \sin x\, dx = 0$$

練習 24　偶関数，奇関数の定積分の性質を用いて，次の定積分を求めよ。

(1)　$\displaystyle\int_{-2}^{2} (x^2-3)\sin x\, dx$　　　　(2)　$\displaystyle\int_{-\frac{\pi}{2}}^{\frac{\pi}{2}} \sin^2\theta \cos\theta\, d\theta$

7. 定積分の部分積分法

不定積分の部分積分法の公式 $\int f(x)g'(x)dx = f(x)g(x) - \int f'(x)g(x)dx$ から，次の定積分の **部分積分法** の公式が成り立つ。

> **定積分の部分積分法**
>
> $$\int_a^b f(x)g'(x)dx = \Big[f(x)g(x)\Big]_a^b - \int_a^b f'(x)g(x)dx$$

例 14

(1) $\displaystyle\int_0^\pi x\cos x\,dx = \int_0^\pi x(\sin x)'\,dx$

$\qquad\qquad\qquad = \Big[x\sin x\Big]_0^\pi - \int_0^\pi (x)'\sin x\,dx$

$\qquad\qquad\qquad = 0 - \int_0^\pi \sin x\,dx = -\Big[-\cos x\Big]_0^\pi = -2$

(2) $\alpha,\ \beta$ は定数とする。

$\displaystyle\int_\alpha^\beta (x-\alpha)(x-\beta)dx = \int_\alpha^\beta \left\{\frac{(x-\alpha)^2}{2}\right\}'(x-\beta)dx$

$\qquad\qquad\qquad = \left[\frac{(x-\alpha)^2}{2}(x-\beta)\right]_\alpha^\beta - \int_\alpha^\beta \frac{(x-\alpha)^2}{2}dx$

$\qquad\qquad\qquad = 0 - \left[\frac{(x-\alpha)^3}{6}\right]_\alpha^\beta = -\frac{(\beta-\alpha)^3}{6}$

練習 25 次の定積分を求めよ。

(1) $\displaystyle\int_0^\pi x\sin x\,dx$ 　　(2) $\displaystyle\int_{-1}^1 xe^x\,dx$ 　　(3) $\displaystyle\int_1^e \log x\,dx$

(4) $\displaystyle\int_\alpha^\beta (x-\alpha)^2(x-\beta)dx$ 　　ただし，$\alpha,\ \beta$ は定数

練習 26 定積分 $\displaystyle\int_0^{\frac{\pi}{2}} x^2\sin x\,dx$ を求めよ。

定積分 $I = \displaystyle\int_0^\pi e^x \cos x\, dx$ を求めよ。

[考え方] 部分積分法を2回適用すると，両辺に I を含む等式ができる。

この等式を，I を未知数とする方程式と考えると，定積分の値を求めることができる。

5

解答

$$I = \int_0^\pi e^x \cos x\, dx = \int_0^\pi e^x (\sin x)'\, dx$$

$$= \Big[e^x \sin x \Big]_0^\pi - \int_0^\pi (e^x)' \sin x\, dx$$

$$= 0 - \int_0^\pi e^x \sin x\, dx$$

$$= -\int_0^\pi e^x (-\cos x)'\, dx$$

$$= \Big[e^x \cos x \Big]_0^\pi - \int_0^\pi (e^x)' \cos x\, dx$$

10

$$= (-e^\pi - 1) - \int_0^\pi e^x \cos x\, dx = (-e^\pi - 1) - I$$

よって $\qquad I = (-e^\pi - 1) - I$

したがって $\qquad I = -\dfrac{e^\pi + 1}{2}$ **答**

応用例題3は，定積分を次のように2通りの方法で変形し，辺々を加えることでも解くことができる。

15

$$I = \int_0^\pi e^x (\sin x)'\, dx = 0 - \int_0^\pi e^x \sin x\, dx$$

$$I = \int_0^\pi (e^x)' \cos x\, dx = (-e^\pi - 1) + \int_0^\pi e^x \sin x\, dx$$

この2つの式から $\qquad 2I = -e^\pi - 1$

練習 27 ▶ 定積分 $I = \displaystyle\int_0^\pi e^x \sin x\, dx$ を求めよ。

$\displaystyle\int_0^{\frac{\pi}{2}} \sin^n x\, dx$ の値

n は 0 以上の整数とする。次の定積分を求めてみよう。

$$I_n = \int_0^{\frac{\pi}{2}} \sin^n x\, dx$$

$n=0,\ 1$ のときは，次のようになる。

$$I_0 = \int_0^{\frac{\pi}{2}} 1\, dx = \Big[\, x\, \Big]_0^{\frac{\pi}{2}} = \frac{\pi}{2}, \qquad I_1 = \int_0^{\frac{\pi}{2}} \sin x\, dx = \Big[\, -\cos x\, \Big]_0^{\frac{\pi}{2}} = 1$$

$n \geqq 2$ のときは

$$I_n = \int_0^{\frac{\pi}{2}} \sin^{n-1} x\, \sin x\, dx = \int_0^{\frac{\pi}{2}} \sin^{n-1} x\, (-\cos x)'\, dx$$

$$= \Big[\, \sin^{n-1} x\, (-\cos x)\, \Big]_0^{\frac{\pi}{2}} + (n-1)\int_0^{\frac{\pi}{2}} \sin^{n-2} x\, \cos^2 x\, dx$$

$$= 0 + (n-1)\int_0^{\frac{\pi}{2}} \sin^{n-2} x\, (1-\sin^2 x)\, dx$$

$$= (n-1)\left(\int_0^{\frac{\pi}{2}} \sin^{n-2} x\, dx - \int_0^{\frac{\pi}{2}} \sin^n x\, dx \right)$$

$$= (n-1)(I_{n-2} - I_n)$$

よって，$I_n = \dfrac{n-1}{n} I_{n-2}$ が成り立ち，次の結果が得られる。

n が偶数のとき $\qquad I_n = \dfrac{n-1}{n} \cdot \dfrac{n-3}{n-2} \cdots\cdots \dfrac{3}{4} \cdot \dfrac{1}{2} \cdot \dfrac{\pi}{2}$

n が奇数のとき $\qquad I_n = \dfrac{n-1}{n} \cdot \dfrac{n-3}{n-2} \cdots\cdots \dfrac{4}{5} \cdot \dfrac{2}{3} \cdot 1$

さらに，$\cos x = \sin\left(\dfrac{\pi}{2} - x\right)$ であるから，次の等式が成り立つ。

$$\int_0^{\frac{\pi}{2}} \sin^n x\, dx = \int_0^{\frac{\pi}{2}} \cos^n x\, dx \quad (n=0,\ 1,\ 2,\ \cdots\cdots)$$

8. 定積分と関数

$f(x)$ は連続な関数で，a は定数とする。

このとき，$\displaystyle\int_a^x f(t)dt$ は x の関数で，関数 $f(x)$ の原始関数である。

すなわち，次の等式が成り立つ。

$\displaystyle\int_a^x f(t)dt$ **の導関数**

$$\frac{d}{dx}\int_a^x f(t)dt = f(x) \qquad \text{ただし，} a \text{ は定数}$$

練習 28 x の関数 $F(x)=\displaystyle\int_3^x t\log t\,dt$ を x で微分せよ。

応用例題 4 x の関数 $F(x)=\displaystyle\int_0^x (x-t)\cos t\,dt$ を x で微分せよ。

解答 右辺の積分変数は t であるから，次のように変形できる。

$$F(x)=x\int_0^x \cos t\,dt-\int_0^x t\cos t\,dt$$

したがって

$$F'(x)=(x)'\int_0^x \cos t\,dt+x\left(\frac{d}{dx}\int_0^x \cos t\,dt\right)-\frac{d}{dx}\int_0^x t\cos t\,dt$$

$$=\int_0^x \cos t\,dt+x\cos x-x\cos x$$

$$=\int_0^x \cos t\,dt=\Big[\sin t\Big]_0^x=\sin x \qquad \boxed{\text{答}}$$

練習 29 x の関数 $F(x)=\displaystyle\int_0^x (x-t)e^t\,dt$ を x で微分せよ。

練習 30 x の関数 $F(x)=\displaystyle\int_x^{2x} \sin^2 t\,dt$ を x で微分せよ。

定積分を含む関数について考えてみよう。

応用例題 5 次の等式を満たす関数 $f(x)$ を求めよ。

$$f(x)=\sin x+3\int_0^{\frac{\pi}{2}} f(t)\cos t\,dt$$

考え方 $\int_0^{\frac{\pi}{2}} f(t)\cos t\,dt$ は定数であるから，これを k とおく。

解答 $\int_0^{\frac{\pi}{2}} f(t)\cos t\,dt=k$ とおくと，与えられた等式は，

$$f(x)=\sin x+3k$$

となる。

よって $\quad k=\int_0^{\frac{\pi}{2}}(\sin t+3k)\cos t\,dt$

$$=\int_0^{\frac{\pi}{2}}\sin t\cos t\,dt+3k\int_0^{\frac{\pi}{2}}\cos t\,dt$$

$$=\frac{1}{2}\int_0^{\frac{\pi}{2}}\sin 2t\,dt+3k\int_0^{\frac{\pi}{2}}\cos t\,dt$$

$$=\frac{1}{2}\left[-\frac{\cos 2t}{2}\right]_0^{\frac{\pi}{2}}+3k\Bigl[\sin t\Bigr]_0^{\frac{\pi}{2}}$$

$$=\frac{1}{2}+3k$$

ゆえに $\quad k=-\dfrac{1}{4}$

したがって，求める関数は $\quad f(x)=\sin x-\dfrac{3}{4}$ 答

練習 31 次の等式を満たす関数 $f(x)$ を求めよ。

$$f(x)=\sin x-\int_0^{\frac{\pi}{3}}\Bigl\{f(t)-\frac{\pi}{3}\Bigr\}\sin t\,dt$$

9. 定積分と和の極限

下の図の [1]，[2]，[3] の影の部分の面積について考えてみよう。

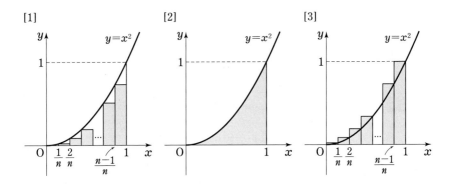

[1] 区間 $[0, 1]$ を n 等分したときの n 個の長方形の総和であるから

$$\frac{1}{n}\left\{0+\left(\frac{1}{n}\right)^2+\left(\frac{2}{n}\right)^2+\cdots\cdots+\left(\frac{n-1}{n}\right)^2\right\}=\frac{1^2+2^2+\cdots\cdots+(n-1)^2}{n^3}$$

$$=\frac{1}{n^3}\cdot\frac{1}{6}(n-1)n(2n-1)$$

[2] 曲線 $y=x^2$ と x 軸，および直線 $x=1$ で囲まれた部分の面積であるから

$$\int_0^1 x^2\,dx=\left[\frac{x^3}{3}\right]_0^1=\frac{1}{3}$$

[3] [1] と同様に考えて

$$\frac{1}{n}\left\{\left(\frac{1}{n}\right)^2+\left(\frac{2}{n}\right)^2+\cdots\cdots+\left(\frac{n}{n}\right)^2\right\}=\frac{1^2+2^2+\cdots\cdots+n^2}{n^3}$$

$$=\frac{1}{n^3}\cdot\frac{1}{6}n(n+1)(2n+1)$$

ここで，[1]，[3] について，$n\longrightarrow\infty$ のとき

$$\lim_{n\to\infty}\left\{\frac{1}{n^3}\cdot\frac{1}{6}(n-1)n(2n-1)\right\}=\lim_{n\to\infty}\left\{\frac{1}{6}\left(1-\frac{1}{n}\right)\left(2-\frac{1}{n}\right)\right\}=\frac{1}{3}$$

$$\lim_{n\to\infty}\left\{\frac{1}{n^3}\cdot\frac{1}{6}n(n+1)(2n+1)\right\}=\lim_{n\to\infty}\left\{\frac{1}{6}\left(1+\frac{1}{n}\right)\left(2+\frac{1}{n}\right)\right\}=\frac{1}{3}$$

したがって，[1]，[3] の面積は，[2] の面積 $\dfrac{1}{3}$ に近づくことがわかる。

また，[1]，[3] のような方法で，面積を求めることを **区分求積法** という。

閉区間 $[a,\ b]$ で連続な関数
$y=f(x)$ が常に $f(x)\geqq 0$ である
とき，面積 $S=\displaystyle\int_a^b f(x)dx$ は，区
分求積法で考えることもできる。

閉区間 $[a,\ b]$ を n 等分して，
その分点を順に

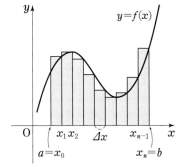

$$a=x_0,\ x_1,\ x_2,\ \cdots\cdots,\ x_{k-1},\ x_k,\ \cdots\cdots,\ x_{n-1},\ x_n=b$$

とおき，分点の間隔 $\dfrac{b-a}{n}$ を $\varDelta x$ とする。

このとき，$x_k=a+k\varDelta x$ であり，上の図における各長方形の面積の和
の極限 $\displaystyle\lim_{n\to\infty}\sum_{k=1}^{n} f(x_k)\varDelta x$　が，面積 $S=\displaystyle\int_a^b f(x)dx$ となる。

一般に，関数 $f(x)$ が閉区間 $[a,\ b]$ で連続であるとき，次の等式が
成り立つ。

定積分と和の極限

$$\int_a^b f(x)dx=\lim_{n\to\infty}\sum_{k=1}^{n} f(x_k)\varDelta x$$

$$\text{ただし，}\ \varDelta x=\dfrac{b-a}{n},\ \ x_k=a+k\varDelta x$$

極限 $\displaystyle\lim_{n\to\infty}\sum_{k=1}^{n} f(x_k)\varDelta x$ と同様に，極限 $\displaystyle\lim_{n\to\infty}\sum_{k=0}^{n-1} f(x_k)\varDelta x$ も，面積 S を
表す。

第7章

前のページの和の極限の等式におい
て，a，b の代わりに 0，c とすると

$$\int_0^c f(x)\,dx = \lim_{n\to\infty} \sum_{k=1}^{n} \frac{c}{n} f\left(\frac{kc}{n}\right)$$

となる。

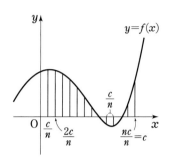

5　したがって，この右辺の形の極限を，
左辺の定積分を計算することで求めら
れる場合がある。

応用例題 **6**　次の極限を求めよ。

$$\lim_{n\to\infty}\left(\frac{1}{n+1}+\frac{1}{n+2}+\cdots\cdots+\frac{1}{n+n}\right)$$

10　**解答**　$\dfrac{1}{n+1}+\dfrac{1}{n+2}+\cdots\cdots+\dfrac{1}{n+n}=\displaystyle\sum_{k=1}^{n}\dfrac{1}{n+k}=\sum_{k=1}^{n}\dfrac{1}{n}\cdot\dfrac{1}{1+\dfrac{k}{n}}$

よって，$f(x)=\dfrac{1}{1+x}$ とおくと

$$\sum_{k=1}^{n}\frac{1}{n+k}=\sum_{k=1}^{n}\frac{1}{n}f\left(\frac{k}{n}\right)$$

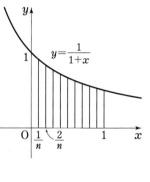

したがって，求める極限は

$$\lim_{n\to\infty}\sum_{k=1}^{n}\frac{1}{n+k}=\lim_{n\to\infty}\sum_{k=1}^{n}\frac{1}{n}f\left(\frac{k}{n}\right)$$

15
$$=\int_0^1 \frac{dx}{1+x}$$

$$=\Big[\log|1+x|\Big]_0^1=\log 2 \quad \boxed{答}$$

練習 32 ▶ 次の極限を求めよ。

(1)　$\displaystyle\lim_{n\to\infty}\sum_{k=1}^{n}\frac{\pi}{n}\sin\frac{k\pi}{n}$　　　　(2)　$\displaystyle\lim_{n\to\infty}\frac{1}{n\sqrt{n}}(1+\sqrt{2}+\sqrt{3}+\cdots\cdots+\sqrt{n})$

10. 定積分と不等式

閉区間 $[a, b]$ で連続な関数 $f(x)$ が，この区間で常に $f(x) \geqq 0$ であるとき，定積分 $\displaystyle\int_a^b f(x)dx$ は，閉区間 $[a, b]$ で曲線 $y=f(x)$ と x 軸で囲まれた部分の面積 S に等しいから，次のことが成り立つ。

閉区間 $[a, b]$ で常に $f(x) \geqq 0$ ならば $\displaystyle\int_a^b f(x)dx \geqq 0$

等号は，常に $f(x)=0$ のときに限って成り立つ。

また，次のことも成り立つ。

定積分と不等式

閉区間 $[a, b]$ で常に $f(x) \geqq g(x)$ ならば

$$\int_a^b f(x)dx \geqq \int_a^b g(x)dx$$

等号は，常に $f(x)=g(x)$ のときに限って成り立つ。

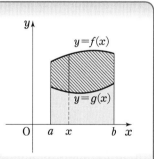

例 15　不等式 $\dfrac{1}{2} < \displaystyle\int_1^2 \dfrac{dx}{x} < 1$ を示す。

$1 \leqq x \leqq 2$ のとき $\dfrac{1}{2} \leqq \dfrac{1}{x} \leqq 1$ であり，この不等式の等号は常には成り立たないから $\displaystyle\int_1^2 \dfrac{1}{2}dx < \int_1^2 \dfrac{dx}{x} < \int_1^2 dx$

したがって $\dfrac{1}{2} < \displaystyle\int_1^2 \dfrac{dx}{x} < 1$

練習 33 ▶ $0 < x < 1$ のとき，$1 < 1+x^3 < 1+x^2$ であることを用いて，不等式 $\dfrac{\pi}{4} < \displaystyle\int_0^1 \dfrac{dx}{1+x^3} < 1$ を証明せよ。

第7章

応用例題 **7** $n \geqq 1$ とする。次の不等式を証明せよ。

$$\frac{1}{2} + \frac{1}{3} + \cdots\cdots + \frac{1}{n+1} < \log(n+1) < 1 + \frac{1}{2} + \cdots\cdots + \frac{1}{n}$$

証明 自然数 k に対して，

$$k \leqq x \leqq k+1$$

とすると $\dfrac{1}{k+1} \leqq \dfrac{1}{x} \leqq \dfrac{1}{k}$

等号は常には成り立たないから

$$\int_k^{k+1} \frac{dx}{k+1} < \int_k^{k+1} \frac{dx}{x} < \int_k^{k+1} \frac{dx}{k}$$

ゆえに $\dfrac{1}{k+1} < \displaystyle\int_k^{k+1} \frac{dx}{x} < \dfrac{1}{k}$

この式で，$k=1,\ 2,\ \cdots\cdots,\ n$ とおき，辺々を加えると

$$\frac{1}{2} + \frac{1}{3} + \cdots\cdots + \frac{1}{n+1} < \sum_{k=1}^{n} \int_k^{k+1} \frac{dx}{x} < 1 + \frac{1}{2} + \cdots\cdots + \frac{1}{n}$$

ここで $\displaystyle\int_1^{n+1} \frac{dx}{x} = \int_1^2 \frac{dx}{x} + \int_2^3 \frac{dx}{x} + \cdots\cdots + \int_n^{n+1} \frac{dx}{x}$

また $\displaystyle\int_1^{n+1} \frac{dx}{x} = \Big[\log x\Big]_1^{n+1} = \log(n+1)$

よって $\displaystyle\sum_{k=1}^{n} \int_k^{k+1} \frac{dx}{x} = \log(n+1)$

したがって

$$\frac{1}{2} + \frac{1}{3} + \cdots\cdots + \frac{1}{n+1} < \log(n+1) < 1 + \frac{1}{2} + \cdots\cdots + \frac{1}{n} \quad \boxed{終}$$

練習 34 ▶ $n \geqq 2$ とする。関数 $y = \sqrt{x}$ の定積分を用いて，次の不等式を証明せよ。

$$1 + \sqrt{2} + \cdots\cdots + \sqrt{n-1} < \frac{2}{3} n\sqrt{n} < 1 + \sqrt{2} + \cdots\cdots + \sqrt{n}$$

$\displaystyle\sum_{n=1}^{\infty}\frac{1}{n}$, $\displaystyle\sum_{n=1}^{\infty}\frac{1}{n^2}$ の収束・発散

115 ページで学んだように，無限級数 $\displaystyle\sum_{n=1}^{\infty}\frac{1}{n}$ は発散する。

このことを，定積分を利用して確かめてみよう。

234 ページの応用例題 7 から，$n \geqq 1$ のとき，次の不等式が成り立つことがわかる。

$$\log(n+1) < 1+\frac{1}{2}+\cdots\cdots+\frac{1}{n}$$

ここで，$\displaystyle\lim_{n\to\infty}\log(n+1)=\infty$ であるから

$$\lim_{n\to\infty}\left(1+\frac{1}{2}+\cdots\cdots+\frac{1}{n}\right)=\infty$$

したがって，無限級数 $\displaystyle\sum_{n=1}^{\infty}\frac{1}{n}$ は発散する。

また，$k \geqq 2$ のとき，不等式 $\displaystyle\frac{1}{k^2} < \int_k^{k+1}\frac{dx}{(x-1)^2}$ が成り立つことを用いると，114 ページで学んだ無限級数 $\displaystyle\sum_{n=1}^{\infty}\frac{1}{n^2}$ が収束することが確かめられる。

一般に，無限級数 $\displaystyle\sum_{n=1}^{\infty}\frac{1}{n^r}$ は，$0 < r \leqq 1$ のとき発散し，$r > 1$ のとき収束することが，定積分を利用して確かめられる。

1 次の不定積分を求めよ。

(1) $\displaystyle\int \frac{4x^3-2x^2+3x-1}{x^2}\,dx$

(2) $\displaystyle\int \frac{2t-3}{\sqrt{t}}\,dt$

(3) $\displaystyle\int (\sin x+\cos x)^2\,dx$

(4) $\displaystyle\int e^x(e^x-3)\,dx$

(5) $\displaystyle\int (4x+3)^5\,dx$

(6) $\displaystyle\int (x+2)\sqrt{x+1}\,dx$

(7) $\displaystyle\int xe^{3x}\,dx$

(8) $\displaystyle\int \theta\sin 4\theta\,d\theta$

(9) $\displaystyle\int \frac{x^2+1}{x+1}\,dx$

(10) $\displaystyle\int \frac{x+5}{(x+1)(x-3)}\,dx$

(11) $\displaystyle\int \cos^4 x\,dx$

(12) $\displaystyle\int \frac{dx}{1+\sin x}$

2 次の定積分を求めよ。

(1) $\displaystyle\int_1^3 \frac{(x^2-1)^2}{x^4}\,dx$

(2) $\displaystyle\int_1^e \frac{|x-2|}{x}\,dx$

(3) $\displaystyle\int_{\frac{\pi}{4}}^{\frac{\pi}{2}} \frac{\sin 3\theta}{\sin \theta}\,d\theta$

(4) $\displaystyle\int_2^7 \frac{x}{\sqrt{x+2}}\,dx$

(5) $\displaystyle\int_1^{\sqrt{3}} \frac{dx}{3+x^2}$

(6) $\displaystyle\int_1^e t\log t\,dt$

3 次の等式を満たす関数 $f(x)$ を求めよ。

$$f(x)=x+\int_0^\pi f(t)\sin t\,dt$$

4 次の極限を求めよ。

$$\lim_{n\to\infty} n\left(\frac{1}{4n^2-1^2}+\frac{1}{4n^2-2^2}+\cdots\cdots+\frac{1}{4n^2-n^2} \right)$$

1 次の不定積分を求めよ。

(1) $\displaystyle\int \frac{e^x - e^{-x}}{e^x + e^{-x}} dx$ (2) $\displaystyle\int \frac{dx}{x \log x}$ (3) $\displaystyle\int \frac{\sin x \cos x}{1 + \sin x} dx$

2 〔 〕のおき換えを用いて，次の不定積分を求めよ。

$$\int \frac{\log x}{x(1 + \log x)^2} dx \qquad [1 + \log x = t]$$

3 次の定積分を求めよ。

(1) $\displaystyle\int_0^{\frac{\pi}{2}} \frac{\cos 2\theta}{\sin\theta + \cos\theta} d\theta$ (2) $\displaystyle\int_0^{\frac{\pi}{4}} \frac{\sin x \cos x}{1 + \cos 2x} dx$

4 m, n は自然数とする。次の定積分を，$m \ne n$，$m = n$ の 2 つの場合に分けて求めよ。

$$\int_0^{2\pi} \sin mx \cos nx \, dx$$

5 次の定積分を求めよ。

(1) $\displaystyle\int_{-\pi}^{\pi} \sin^3 x \cos x \, dx$ (2) $\displaystyle\int_{-\frac{\pi}{2}}^{\frac{\pi}{2}} \sin^2 x \cos x \, dx$

6 x の関数 $f(x) = \displaystyle\int_0^x (1 + \cos t) \sin t \, dt \ (0 < x < 3\pi)$ の極値を求めよ。

7 $x > 0$ のとき，次の極限を求めよ。

$$\lim_{n\to\infty} \left(\frac{x}{n+x} + \frac{x}{n+2x} + \cdots + \frac{x}{n+nx} \right)$$

第7章

8 不定積分 $\displaystyle\int \frac{e^{2x}}{(e^x+1)^2}\,dx$ を求めよ。

9 $f(x)=\cos(\log x),\ g(x)=\sin(\log x),\ F(x)=x\cos(\log x),$
$G(x)=x\sin(\log x)$ とする。次の問いに答えよ。

(1) $f'(x),\ g'(x)$ を求めよ。   (2) $F'(x),\ G'(x)$ を求めよ。

(3) $\displaystyle\int f(x)\,dx$ を求めよ。

10 次の定積分を求めよ。

(1) $\displaystyle\int_0^1 \frac{x}{\sqrt{x^2+1}+x}\,dx$ (2) $\displaystyle\int_0^{\sqrt{3}} \frac{dx}{(1+x^2)^2\sqrt{1+x^2}}$

11 $x=\dfrac{\pi}{2}-t$ とおいて，定積分 $I=\displaystyle\int_0^{\frac{\pi}{2}} \frac{\sin x}{\sin x+\cos x}\,dx$ を求めよ。

12 定積分 $I=\displaystyle\int_0^1 (e^x-ax)^2\,dx$ を最小にする定数 a の値と，I の最小値を求めよ。

13 次の x の関数の導関数を求めよ。ただし，a は定数とする。

(1) $\displaystyle\int_x^{x^2} \log t\,dt$ (2) $\displaystyle\int_x^{x+1} f(t)\,dt$ (3) $\displaystyle\int_a^{x^2} f(t)\,dt$

14 n が2以上の整数であるとき，次の不等式を証明せよ。

$$2(\sqrt{n+1}-1)<1+\frac{1}{\sqrt{2}}+\cdots\cdots+\frac{1}{\sqrt{n}}<2\sqrt{n}-1$$

第8章　積分法の応用

第8章

Gottfried Wilhelm Leibniz

↑ ライプニッツ（1646 〜 1716）
ドイツの哲学者・数学者。現在使われている微分や積分の記号はライプニッツによるところが多い。

　The concept of the integral plays an important role in determining areas enclosed by curves, as well as the volume enclosed by curved surfaces.　In the previous chapter, we learned how to integrate different functions.　In this chapter, we will apply this concept in order to calculate the area and volume of various figures.

　In advanced integral calculus, we learn how to calculate the lengths of curves.　We also consider differential equations, a new kind of equation whose solution is not a number, but a function.

　This chapter reviews the goals of differential and integral calculus for senior high school students.　The enjoyment of mathematics will expand greatly if we have a strong command of these two methods of calculation.

239

1. 面積

関数 $f(x)$ は，閉区間 $[a,\ b]$ で連続であるとする。

このとき，$y=f(x)$ のグラフと x 軸，および 2 直線 $x=a$，$x=b$ で囲まれた部分の面積 S について，次のことが成り立つ。

面積 I

$$S=\int_a^b |f(x)|\,dx$$

例 1　曲線 $y=\cos x$ $(0\leqq x\leqq\pi)$ と x 軸，y 軸，および直線 $x=\pi$ で囲まれた部分の面積 S は

$$S=\int_0^\pi |\cos x|\,dx$$

$$=\int_0^{\frac{\pi}{2}} \cos x\,dx+\int_{\frac{\pi}{2}}^\pi (-\cos x)dx$$

$$=\Big[\sin x\Big]_0^{\frac{\pi}{2}}+\Big[-\sin x\Big]_{\frac{\pi}{2}}^\pi=2$$

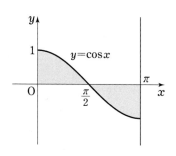

練習 1　次の曲線や直線，および x 軸で囲まれた部分の面積 S を求めよ。

(1)　$y=\sqrt{x-1}$，$x=5$　　　　(2)　$y=\dfrac{1}{x}$，$x=e$，$x=e^2$

(3)　$y=\sin x$ $(0\leqq x\leqq 2\pi)$

曲線 $x=g(y)$ のグラフと y 軸に挟まれた部分の面積も，同様に考えることができる。

区間 $c\leqq y\leqq d$ のとき，$x=g(y)$ のグラフと y 軸，および 2 直線 $y=c$，$y=d$ で囲まれた部分の面積 S について，次のことが成り立つ。

$$S=\int_c^d |g(y)|\,dy$$

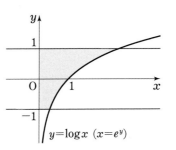

例 2 曲線 $y=\log x$ と y 軸，および 2 直線 $y=1$，$y=-1$ で囲まれた部分の面積 S を求める。

$y=\log x$ を $x=e^y$ と変形して

$$S=\int_{-1}^{1} e^y\,dy=\Big[e^y\Big]_{-1}^{1}=e-\frac{1}{e}$$

$y=\log x$ $(x=e^y)$

第8章

練習 2 次の曲線や直線，および y 軸で囲まれた部分の面積 S を求めよ。

(1) $x=y^2+1$，$y=0$，$y=1$　　　　(2) $y=\log(x-1)$，$y=-1$，$y=1$

2 つの関数 $f(x)$，$g(x)$ は，閉区間 $[a,\ b]$ で連続であるとする。

このとき，$y=f(x)$ のグラフと $y=g(x)$ のグラフ，および 2 直線 $x=a$，$x=b$ で囲まれた部分の面積 S について，次のことが成り立つ。

面積 II

$$S=\int_{a}^{b}|f(x)-g(x)|\,dx$$

例 3 曲線 $y=e^x$ と 3 直線 $y=x$，$x=0$，$x=1$ で囲まれた部分の面積 S を求める。

$0\leqq x\leqq 1$ で $e^x>x$ であるから

$$S=\int_{0}^{1}(e^x-x)\,dx$$

$$=\Big[e^x-\frac{x^2}{2}\Big]_{0}^{1}=e-\frac{3}{2}$$

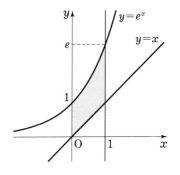

練習 3 次の曲線や直線で囲まれた部分の面積 S を求めよ。

(1) $y=x^2$，$x=y^2$　　　　　　　(2) $y=\tan x$，$x=0$，$y=1$

(3) $y=\sqrt{x}$，$y=x-2$，$y=0$　　(4) $y=|\log x|$，$y=1$

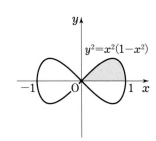

応用例題 1 楕円 $\dfrac{x^2}{a^2}+\dfrac{y^2}{b^2}=1$ …… ① で囲まれた部分の面積 S を求めよ。

ただし，$a>0$，$b>0$ とする。

解答 求める面積 S は，右の図の影を
つけた部分の面積の 4 倍である。

① の方程式を y について解くと

$$y=\pm\dfrac{b}{a}\sqrt{a^2-x^2}$$

第 1 象限では，$y>0$ であるから

$$y=\dfrac{b}{a}\sqrt{a^2-x^2}$$

したがって

$$S=4\int_0^a \dfrac{b}{a}\sqrt{a^2-x^2}\,dx=\dfrac{4b}{a}\int_0^a \sqrt{a^2-x^2}\,dx$$

$\displaystyle\int_0^a \sqrt{a^2-x^2}\,dx$ の値は，半径 a の円の面積の $\dfrac{1}{4}$ であるから

$$S=\dfrac{4b}{a}\cdot\dfrac{\pi}{4}a^2=\pi ab \qquad \boxed{答}$$

注意 第 1 象限において，① の方程式は $y=\dfrac{b}{a}\sqrt{a^2-x^2}$ であり，半径 a の円の
方程式は $y=\sqrt{a^2-x^2}$ であるから，① が半径 a の円を y 軸方向に $\dfrac{b}{a}$ 倍に
縮小または拡大した曲線であることがわかる。

練習 4 曲線 $C:y^2=x^2(1-x^2)$ について，
次の問いに答えよ。

(1) C は，x 軸および y 軸に関して対称で
あることを示せ。

(2) C で囲まれた部分の面積 S を求めよ。

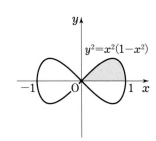

応用例題 **2** サイクロイド $x=a(t-\sin t)$, $y=a(1-\cos t)$ $(0\le t\le 2\pi)$ と x 軸で囲まれた部分の面積 S を求めよ。ただし，$a>0$ とする。

解答 $S=\displaystyle\int_0^{2\pi a} y\,dx$ である。

$x=a(t-\sin t)$ から

$dx=a(1-\cos t)dt$

また，x と t の対応は，右の表のようになる。

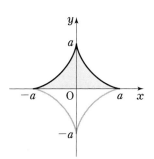

x	0	→	$2\pi a$
t	0	→	2π

よって

$$S=\int_0^{2\pi} a(1-\cos t)\cdot a(1-\cos t)\,dt$$

$$=a^2\int_0^{2\pi}(1-\cos t)^2\,dt$$

$$=a^2\int_0^{2\pi}(1-2\cos t+\cos^2 t)\,dt$$

$$=a^2\int_0^{2\pi}\left(1-2\cos t+\frac{1+\cos 2t}{2}\right)dt$$

$$=a^2\left[\frac{3}{2}t-2\sin t+\frac{\sin 2t}{4}\right]_0^{2\pi}=3\pi a^2 \quad \boxed{答}$$

練習 5 曲線 $x=a\cos^3 t$, $y=a\sin^3 t$ $(0\le t\le \pi)$ と x 軸で囲まれた部分の面積 S を求めよ。ただし，$a>0$ とする。

($p.227$ で学んだ公式を用いるとよい。)

上の練習 5 のように，t を媒介変数として

$$x=a\cos^3 t, \quad y=a\sin^3 t \quad (a>0)$$

で表される曲線を **アステロイド** という。

2. 体積

　右の図のように，x 軸に垂直な 2 平面 α，β $(a<b)$ に挟まれている立体の体積 V を考える。$a \le x \le b$ において，x 軸に垂直な平面 γ による切り口の面積が $S(x)$ で表されるとき，次のことが成り立つ。

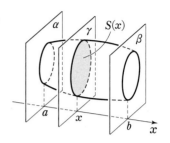

立体の体積

$$V = \int_a^b S(x)\,dx \qquad \text{ただし，} a < b$$

 座標平面上の 2 点 $P(x,\ 0)$，$Q\left(x,\ \dfrac{1}{x}\right)$ を結ぶ線分を 1 辺とする正方形を，x 軸に垂直な平面上につくる。点 P が x 軸上を点 $(1,\ 0)$ から点 $(2,\ 0)$ まで動くとき，この正方形が描く立体の体積 V を求める。

　線分 PQ の長さは $\dfrac{1}{x}$ である。

　PQ を 1 辺とする正方形の面積を $S(x)$ とすると

$$S(x) = \dfrac{1}{x^2}$$

　よって　　$V = \displaystyle\int_1^2 S(x)\,dx = \int_1^2 \dfrac{dx}{x^2} = \left[-\dfrac{1}{x}\right]_1^2 = \dfrac{1}{2}$

練習 6 ▶ 半径 a の円の直径 AB 上の点 P を通り，AB に垂直な弦を底辺とし，高さが一定値 h の二等辺三角形を AB に垂直な平面上につくる。点 P が AB 上を A から B まで動くとき，この三角形が描く立体の体積 V を求めよ。

x 軸の周りの回転体の体積

$a<b$ とする。

曲線 $y=f(x)$ と x 軸，および
2 直線 $x=a$，$x=b$ で囲まれた部
分を，x 軸の周りに 1 回転させて
できる回転体の体積 V は，次の式
で表される。

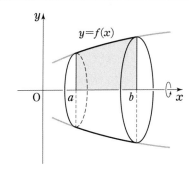

回転体の体積

$$V=\pi\int_{a}^{b}\{f(x)\}^{2}\,dx=\pi\int_{a}^{b}y^{2}\,dx \qquad ただし，\ a<b$$

例5 曲線 $y=e^{x}$ と x 軸，y 軸，およ
び直線 $x=-1$ で囲まれた部分
を，x 軸の周りに 1 回転させて
できる回転体の体積 V は

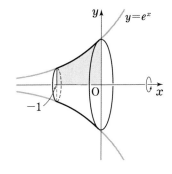

$$V=\pi\int_{-1}^{0}(e^{x})^{2}\,dx=\pi\int_{-1}^{0}e^{2x}\,dx$$
$$=\pi\left[\frac{1}{2}e^{2x}\right]_{-1}^{0}=\frac{\pi}{2}\left(1-\frac{1}{e^{2}}\right)$$

練習7 曲線 $y=\sin x$ $(0\leqq x\leqq\pi)$ と x 軸で囲まれた部分を，x 軸の周りに 1
回転させてできる回転体の体積 V を求めよ。

練習8 曲線 $y=\tan x$ と x 軸，および直線 $x=\dfrac{\pi}{4}$ で囲まれた部分を，x 軸
の周りに 1 回転させてできる回転体の体積 V を求めよ。

練習9 半径 r の球の体積 V を，定積分を用いて求めよ。

応用例題 **3**

$0<r<b$ とする。円 $x^2+(y-b)^2=r^2$ を x 軸の周りに1回転させてできる回転体の体積 V を求めよ。

解答 方程式 $x^2+(y-b)^2=r^2$ を y について解くと

$$y=b\pm\sqrt{r^2-x^2}$$

半円 $y=b+\sqrt{r^2-x^2}$ と x 軸および2直線 $x=-r$, $x=r$ で囲まれた部分を x 軸の周りに1回転させてできる立体の体積を V_1, 半円 $y=b-\sqrt{r^2-x^2}$ と x 軸および2直線 $x=-r$, $x=r$ で囲まれた部分を x 軸の周りに1回転させてできる立体の体積を V_2 とすると

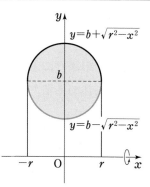

$$V=V_1-V_2$$
$$=\pi\int_{-r}^{r}(b+\sqrt{r^2-x^2})^2\,dx-\pi\int_{-r}^{r}(b-\sqrt{r^2-x^2})^2\,dx$$
$$=2\pi\int_{0}^{r}\{(b+\sqrt{r^2-x^2})^2-(b-\sqrt{r^2-x^2})^2\}\,dx$$
$$=8\pi b\int_{0}^{r}\sqrt{r^2-x^2}\,dx=8\pi b\cdot\frac{\pi}{4}r^2=2\pi^2r^2b \quad \boxed{答}$$

注意 応用例題3の回転体を **円環体** という。

練習 **10** 曲線 $y=e^x$ と y 軸, および直線 $y=e$ で囲まれた部分を, x 軸の周りに1回転させてできる回転体の体積 V を求めよ。

注意 平面上の曲線で囲まれた図形 K が, K と同じ平面上にある K と交わらない1つの直線を軸として回転してできる回転体の体積は, K の重心が描く円周の長さと, K の面積の積に等しくなることが知られている。応用例題3の場合, $V=2\pi b\times\pi r^2$ であり, 成り立っていることが確認できる。

y 軸の周りの回転体の体積

　曲線 $y=f(x)$ を y 軸の周りに 1 回転
させてできる回転体の体積も，定積分
を用いて求めることができる。

5　　等式 $y=f(x)$ を変形して，$x=g(y)$
の等式が得られるとき，y 座標が c か
ら d までの間にある回転体の体積 V は，
次の式で与えられる。

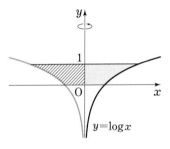

$$V=\pi\int_c^d \{g(y)\}^2\,dy=\pi\int_c^d x^2\,dy$$
ただし，$c<d$

10　　曲線 $y=\log x$ と x 軸，y 軸，
および直線 $y=1$ で囲まれた部
分を，y 軸の周りに 1 回転させ
てできる立体の体積 V を求める。
等式 $y=\log x$ は $x=e^y$ と変形
15　できるから

$$V=\pi\int_0^1 (e^y)^2\,dy=\pi\int_0^1 e^{2y}\,dy$$

$$=\pi\left[\frac{1}{2}e^{2y}\right]_0^1=\frac{\pi}{2}(e^2-1)$$

練習 **11**　次の曲線と直線で囲まれた部分を，y 軸の周りに 1 回転させてで
きる回転体の体積 V を求めよ。

20　(1)　$y=x^2-1$，$y=3$　　　　　(2)　$y=\log(x+1)$，y 軸，$y=1$

練習 **12**　楕円 $\dfrac{x^2}{a^2}+\dfrac{y^2}{b^2}=1$ を y 軸の周りに 1 回転させてできる回転体の体
積 V を求めよ。ただし，$a>0$，$b>0$ とする。

応用例題 4 $0\leqq x\leqq\dfrac{\pi}{2}$ の範囲で，曲線 $y=\sin x$ と y 軸，および直線 $y=1$ で囲まれた部分を，y 軸の周りに1回転させてできる回転体の体積 V を求めよ。

考え方 $y=\sin x$ を変形して $x=g(y)$ の形の式を導くのは難しい。

ここでは，y についての定積分 $V=\pi\displaystyle\int_0^1 x^2\,dy$ を置換積分法により，x についての定積分の形で表すとよい。

解答 $y=\sin x$ より $dy=\cos x\,dx$
また，y と x の対応は，右の表のようになる。

y	0	→	1
x	0	→	$\dfrac{\pi}{2}$

$$V=\pi\int_0^1 x^2\,dy=\pi\int_0^{\frac{\pi}{2}} x^2\cos x\,dx$$

$$=\pi\Bigl[x^2\sin x\Bigr]_0^{\frac{\pi}{2}}-\pi\int_0^{\frac{\pi}{2}}2x\sin x\,dx$$

$$=\frac{\pi^3}{4}-2\pi\int_0^{\frac{\pi}{2}}x\sin x\,dx$$

$$=\frac{\pi^3}{4}-2\pi\Bigl[x(-\cos x)\Bigr]_0^{\frac{\pi}{2}}+2\pi\int_0^{\frac{\pi}{2}}(-\cos x)\,dx$$

$$=\frac{\pi^3}{4}-2\pi\cdot 0+2\pi\Bigl[-\sin x\Bigr]_0^{\frac{\pi}{2}}=\frac{\pi^3}{4}-2\pi \quad \boxed{答}$$

練習 13 $0\leqq x\leqq\dfrac{\pi}{2}$ の範囲で，曲線 $y=\cos x$ と y 軸，および x 軸で囲まれた部分を，y 軸の周りに1回転させてできる回転体の体積 V を求めよ。

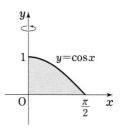

一般の回転体の体積

空間における直線 ℓ の周りの回転体の体積を求めるには，回転体を ℓ に垂直な平面で切った切り口の面積 S の定積分を考えればよい。

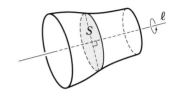

たとえば，曲線 $y=x^2$ と直線 $y=x$ で囲まれた部分を，直線 $y=x$ の周りに1回転させてできる回転体の体積 V を求めてみよう。

曲線と直線の交点は原点Oと点 $A(1, 1)$ で，$OA=\sqrt{2}$ である。

$0 \leqq x \leqq 1$ とし，曲線上の点 $P(x, x^2)$ から直線 $y=x$ に垂線 PH を下ろし，$PH=h$，$OH=t$ とおく。

Hを通り，直線 $y=x$ に垂直な平面による回転体の切り口の面積を $S(t)$ とすると

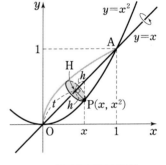

$$V=\int_0^{\sqrt{2}} S(t)dt=\pi\int_0^{\sqrt{2}} h^2\, dt$$

ここで，$h=\dfrac{x-x^2}{\sqrt{2}}$ であるから

$$t=\sqrt{2}\,x-h=\frac{x+x^2}{\sqrt{2}}$$

t	0	$\to$	$\sqrt{2}$
x	0	$\to$	1

したがって　$dt=\dfrac{1+2x}{\sqrt{2}}dx$

よって　$V=\pi\displaystyle\int_0^1 \left(\dfrac{x-x^2}{\sqrt{2}}\right)^2 \cdot \dfrac{1+2x}{\sqrt{2}}dx=\dfrac{\pi}{2\sqrt{2}}\int_0^1 (x^2-3x^4+2x^5)dx$

$$=\frac{\pi}{2\sqrt{2}}\left[\frac{x^3}{3}-\frac{3x^5}{5}+\frac{x^6}{3}\right]_0^1=\frac{\sqrt{2}}{60}\pi$$

練習　曲線 $y=x^2-x$ と直線 $y=x$ で囲まれた部分を，直線 $y=x$ の周りに1回転させてできる回転体の体積 V を求めよ。

3. 曲線の長さ

　曲線の方程式が次のように媒介変数で表され，$f(t)$，$g(t)$ の導関数はともに連続であるとする。

$$x=f(t), \qquad y=g(t) \quad (\alpha \leqq t \leqq \beta)$$

5　この曲線の長さを，定積分を利用して求めてみよう。

　$A(f(\alpha),\ g(\alpha))$，$B(f(\beta),\ g(\beta))$ とし，点Aから点 $P(f(t),\ g(t))$ までの曲線の長さを，$s(t)$ で表す。

　また，t の増分 Δt に対する $s(t)$，

10　$f(t)$，$g(t)$ の増分を，それぞれ Δs，Δx，Δy とすると，$|\Delta t|$ が十分小さいとき，次のように考えることができる。

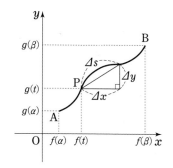

$$|\Delta s| \fallingdotseq \sqrt{(\Delta x)^2 + (\Delta y)^2} \quad \cdots\cdots ①$$

　点Pが曲線上をAからBに向かって動くとき，$s(t)$ は単調に増加す

15　る t の関数で，Δt と Δs は同符号である。

　したがって，① から　　$\dfrac{\Delta s}{\Delta t} \fallingdotseq \sqrt{\left(\dfrac{\Delta x}{\Delta t}\right)^2 + \left(\dfrac{\Delta y}{\Delta t}\right)^2} \quad \cdots\cdots ②$

　ここで，$\Delta t \longrightarrow 0$ とすると，② の両辺の差は0に近づくから

$$\frac{ds}{dt} = \sqrt{\{f'(t)\}^2 + \{g'(t)\}^2}$$

　よって，$s(t)$ は t の関数 $\sqrt{\{f'(t)\}^2 + \{g'(t)\}^2}$ の原始関数の1つで

20

$$\int_{\alpha}^{\beta} \sqrt{\{f'(t)\}^2 + \{g'(t)\}^2}\, dt = s(\beta) - s(\alpha)$$

　曲線の長さをLとすると，$s(\alpha)=0$，$s(\beta)=L$　であるから

$$L = \int_{\alpha}^{\beta} \sqrt{\{f'(t)\}^2 + \{g'(t)\}^2}\, dt$$

したがって，曲線 $x=f(t)$，$y=g(t)$ $(\alpha \leqq t \leqq \beta)$ の長さ L は，次の式で求められる。

> ### 曲線の長さ I
>
> $$L=\int_{\alpha}^{\beta}\sqrt{\left(\frac{dx}{dt}\right)^2+\left(\frac{dy}{dt}\right)^2}\,dt=\int_{\alpha}^{\beta}\sqrt{\{f'(t)\}^2+\{g'(t)\}^2}\,dt$$

例題 1 次のサイクロイドの長さ L を求めよ。

$$x=t-\sin t, \quad y=1-\cos t \quad (0\leqq t\leqq 2\pi)$$

解答 $\dfrac{dx}{dt}=1-\cos t$，$\dfrac{dy}{dt}=\sin t$ であるから

$$\sqrt{\left(\frac{dx}{dt}\right)^2+\left(\frac{dy}{dt}\right)^2}$$

$$=\sqrt{(1-\cos t)^2+\sin^2 t}$$

$$=\sqrt{2(1-\cos t)}$$

$$=2\sqrt{\frac{1-\cos t}{2}}$$

$$=2\sqrt{\sin^2\frac{t}{2}}=2\left|\sin\frac{t}{2}\right|$$

$0\leqq\dfrac{t}{2}\leqq\pi$ であるから $\sin\dfrac{t}{2}\geqq 0$

よって $\sqrt{\left(\dfrac{dx}{dt}\right)^2+\left(\dfrac{dy}{dt}\right)^2}=2\sin\dfrac{t}{2}$

したがって

$$L=\int_{0}^{2\pi}2\sin\frac{t}{2}\,dt=\left[-4\cos\frac{t}{2}\right]_{0}^{2\pi}=8 \quad \boxed{答}$$

練習 14 次のアステロイドの長さ L を求めよ。

$$x=\cos^3 t, \quad y=\sin^3 t \quad (0\leqq t\leqq 2\pi)$$

曲線の方程式が $y=f(x)$ $(a \leqq x \leqq b)$ の形で表されている場合は

$$x=t, \qquad y=f(t) \qquad (a \leqq t \leqq b)$$

と考える。

このとき $\qquad \dfrac{dx}{dt}=1, \qquad \dfrac{dy}{dt}=\dfrac{dy}{dx}\cdot\dfrac{dx}{dt}=\dfrac{dy}{dx}=f'(x)$

5 よって，曲線 $y=f(x)$ $(a \leqq x \leqq b)$ の長さ L を求める式は，次のようになる。

> **曲線の長さ II**
>
> $$L=\int_a^b \sqrt{1+\left(\dfrac{dy}{dx}\right)^2}\,dx=\int_a^b \sqrt{1+\{f'(x)\}^2}\,dx$$

例題 2　曲線 $\quad y=\dfrac{1}{2}(e^x+e^{-x}) \quad (0 \leqq x \leqq 1)$ の長さ L を求めよ。

10 **解答**　$\dfrac{dy}{dx}=\dfrac{1}{2}(e^x-e^{-x})$ であるから

$$1+\left(\dfrac{dy}{dx}\right)^2=1+\dfrac{1}{4}(e^x-e^{-x})^2$$

$$=\left(\dfrac{e^x+e^{-x}}{2}\right)^2$$

$\dfrac{e^x+e^{-x}}{2}>0$ であるから

$y=\dfrac{1}{2}(e^x+e^{-x})$

$$L=\int_0^1 \dfrac{e^x+e^{-x}}{2}\,dx=\left[\dfrac{e^x-e^{-x}}{2}\right]_0^1=\dfrac{1}{2}\left(e-\dfrac{1}{e}\right) \qquad \boxed{答}$$

15 **注意**　$a>0$ とするとき，曲線 $y=\dfrac{a}{2}\left(e^{\frac{x}{a}}+e^{-\frac{x}{a}}\right)$ を **カテナリー（懸垂線）**という。

練習 15　曲線 $\quad y=\dfrac{x^3}{3}+\dfrac{1}{4x} \quad (1 \leqq x \leqq 3)$ の長さ L を求めよ。

4. 速度と道のり

直線上を運動する点

　数直線上を運動する点Pについて，時刻 t におけるPの座標を x，速度を v，加速度を α とすると，193ページで学んだように

$$\frac{dx}{dt}=v, \qquad \frac{dv}{dt}=\alpha$$

となる。

　よって，次のことが成り立つ。

$$x=\int v\,dt, \qquad v=\int \alpha\,dt$$

例7　x 軸上を動く点Pについて，出発してから3秒後の速度が15，t 秒後の加速度が $6t$ であるとする。

　出発してから t 秒後の速度 v を t の式で表すと

$$v=\int 6t\,dt=3t^2+C \quad （Cは定数）$$

　$t=3$ のとき $v=15$ であるから　　$3\cdot3^2+C=15$

　よって，$C=-12$　となるから　　$v=3t^2-12$

練習 16 ▶　上の例7において，出発してから2秒後のPの位置が4であるとき，出発してから t 秒後のPの位置 x を t の式で表せ。

練習 17 ▶　物体を真上に打ち上げるとき，物体の加速度は，上向きを正の向きとして，$-9.8\,\mathrm{m/s^2}$ になるとする。物体を地上から初速度 $49\,\mathrm{m/s}$ で真上に打ち上げるとき，t 秒後の物体の速度 v と地上からの高さ x を t の式で表せ。

　ただし，$0\leqq t\leqq10$ で，空気の抵抗は考えなくてよい。

時刻 t_0，t_1 における点Pの座標を，それぞれ x_0，x_1 とし，時刻 t におけるPの速度 v が t の関数として $v=f(t)$ と表されているとする。

$f(t)$ の不定積分の1つを $F(t)$ とすると，時刻 t における点Pの座標 x は

$$x=F(t)+C \qquad （C は定数）$$

したがって $\qquad x_0=F(t_0)+C, \qquad x_1=F(t_1)+C$

よって，次のことが成り立つ。

$$x_1-x_0=F(t_1)-F(t_0)=\Big[F(t)\Big]_{t_0}^{t_1}=\int_{t_0}^{t_1}f(t)dt=\int_{t_0}^{t_1}v\,dt$$

したがって，時刻 t_0 から t_1 までのPの位置の変化 x_1-x_0 は，v の定積分で表される。

また，時刻 t_0 から t_1 までにPが実際に通過した距離，すなわち **道のり** s は，常に $v \geqq 0$ のときには位置の変化 x_1-x_0 に一致するが，一般には，$|v|$ の定積分で表される。

以上をまとめると，次のようになる。

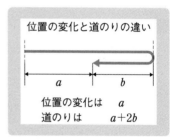

位置の変化と道のりの違い

位置の変化は a
道のりは $a+2b$

直線上の運動における位置の変化，道のり

位置の変化 $\quad x_1-x_0=\displaystyle\int_{t_0}^{t_1}v\,dt$ 　　　　道のり $\quad s=\displaystyle\int_{t_0}^{t_1}|v|\,dt$

例 8　x 軸上を運動する点Pの時刻 t における速度 v が $v=-t+3$ と表されるとき，$t=0$ から $t=5$ までのPの位置の変化は

$$\int_0^5(-t+3)dt=\Big[-\frac{t^2}{2}+3t\Big]_0^5=\frac{5}{2}$$

練習 18 ▶ 上の例8において，点Pが通過した道のり s を求めよ。

練習 19 x 軸上を運動する点Pの時刻 t における速度 v が $v=\cos\dfrac{\pi t}{2}$ と表されているとき，$t=0$ から $t=2$ までのPの位置の変化と，Pが通過した道のり s を求めよ。

時刻 t_0，t_1 における点Pの速度を，それぞれ v_0，v_1 とし，時刻 t におけるPの加速度を α とすると，位置の変化の場合と同様に，次の等式が成り立つ。

直線上の運動における速度の変化

$$v_1-v_0=\int_{t_0}^{t_1}\alpha\,dt$$

例 9
点Oを通る鉛直な直線を y 軸にとり，Oを原点，上向きを正の向きとする。物体を y 軸上の点Aから初速度 v_0 で真上に投げ上げるとき，重力の加速度の大きさを g で表すと，物体の加速度は $-g$ となる。投げ上げてから t_1 秒後の物体の速度を v_1 とすると

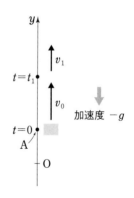

$$v_1-v_0=\int_0^{t_1}(-g)dt=-gt_1$$

よって $v_1=-gt_1+v_0$

練習 20 x 軸上を運動する点Pの時刻 t における加速度 α が

$\alpha=-\pi^2\sin\pi t$ と表されているとする。初速度が π であるとき，次の問いに答えよ。

(1) 時刻 t_1 における速度 v_1 を t_1 を用いて表せ。

(2) $t=1$ のとき，Pの座標は 0 である。時刻 t_1 における座標 x_1 を t_1 を用いて表せ。

平面上を運動する点

座標平面上で，点 $P(x, y)$ が曲線 C 上を動き，x, y が時刻 t の関数として，次のように表されているとする。

$$x=f(t), \qquad y=g(t) \quad (\alpha \leqq t \leqq \beta)$$

5　点 P が時刻 $t=\alpha$ から $t=\beta$ まで，曲線 C 上を点 $A(f(\alpha), g(\alpha))$ から点 $B(f(\beta), g(\beta))$ に向かって動くとする。

このとき，時刻 $t=\alpha$ から $t=\beta$
10　までに，P が通過する道のり s は，A から B までの曲線 C の長さに等しいから

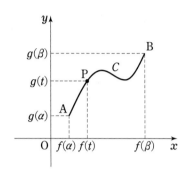

$$s=\int_{\alpha}^{\beta}\sqrt{\left(\frac{dx}{dt}\right)^2+\left(\frac{dy}{dt}\right)^2}\,dt=\int_{\alpha}^{\beta}\sqrt{\{f'(t)\}^2+\{g'(t)\}^2}\,dt$$

195 ページで学んだように，$\sqrt{\{f'(t)\}^2+\{g'(t)\}^2}$ は，点 P の時刻 t に
15　おける速度 $\vec{v}$ の大きさ $|\vec{v}|$ を表しているから，道のり s について，次のことが成り立つ。

平面上の運動における道のり

$$s=\int_{\alpha}^{\beta}|\vec{v}|\,dt=\int_{\alpha}^{\beta}\sqrt{\left(\frac{dx}{dt}\right)^2+\left(\frac{dy}{dt}\right)^2}\,dt$$

時刻 $t=\alpha$ から $t=\beta$ までに，点 P の動く向きが一定でないことも考
20　えられる。そのような場合は，区間 $[\alpha, \beta]$ を P が A から B に向かって動く区間と，逆の向きに動く区間に分けて，各区間における道のりの和を計算すれば，全体の道のりが求められる。

よって，この場合も全体の道のり s は，上の式で与えられる。

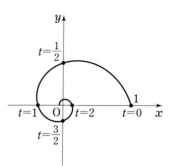

$t=\dfrac{1}{2}$

$t=1$ $t=2$ 1 $t=0$

$t=\dfrac{3}{2}$

例題 3 平面上を運動する点Pがある。

Pの座標 $(x,\ y)$ は，時刻 t の関数として

$$x=e^{-t}\cos\pi t,\quad y=e^{-t}\sin\pi t$$

と表されるとする。

このとき，時刻 $t=0$ から $t=2$ までに，Pが通過する道のり s を求めよ。

解答
$$\frac{dx}{dt}=-e^{-t}(\cos\pi t+\pi\sin\pi t)$$

$$\frac{dy}{dt}=-e^{-t}(\sin\pi t-\pi\cos\pi t)$$

であるから

$$\sqrt{\left(\frac{dx}{dt}\right)^2+\left(\frac{dy}{dt}\right)^2}$$

$$=\sqrt{e^{-2t}\{\cos^2\pi t+\sin^2\pi t+\pi^2(\sin^2\pi t+\cos^2\pi t)\}}$$

$$=\sqrt{e^{-2t}(1+\pi^2)}=\sqrt{1+\pi^2}\,e^{-t}$$

したがって　$s=\displaystyle\int_0^2\sqrt{1+\pi^2}\,e^{-t}\,dt=\sqrt{1+\pi^2}\Big[-e^{-t}\Big]_0^2$

$$=\sqrt{1+\pi^2}\left(1-\frac{1}{e^2}\right)\quad\boxed{\text{答}}$$

練習 21 平面上を運動する点Pがある。Pの座標 $(x,\ y)$ は，時刻 t の関数として
$$x=\cos^3\frac{\pi t}{2},\qquad y=\sin^3\frac{\pi t}{2}$$
と表されるとする。このとき，時刻 $t=0$ から $t=1$ までに，Pが通過する道のり s を求めよ。

5. 微分方程式

次のような問題を考えてみよう。

> 関数 $y=f(x)$ は微分可能であるとする。
> 曲線 $y=f(x)$ は，曲線上のどの点においても接線が引けるが，
> どのような接線についても，その傾きは，接点の x 座標の 2 倍
> になる。$f(x)$ はどのような関数か。

上の問題を式で表してみよう。

接点の座標を $(x, f(x))$ とすると，この点で引いた曲線 $y=f(x)$ の
接線の傾きは，$f'(x)$ で表される。

したがって，上の問題を式で表すと次のようになる。

$$f'(x)=2x \qquad \cdots\cdots \text{①}$$

①のように，未知の関数の導関数を含む等式を **微分方程式** という。
また，微分方程式に含まれる最高次の導関数の次数を，その微分方程式
の **階数** といい，その階数によって，1 階微分方程式，2 階微分方程式
などという。

$$f'(x)=2x, \qquad yy'=\log|x+3|, \qquad x\frac{dy}{dx}-5y=0$$

などは，1 階微分方程式である。

$$f''(x)=-9\cos 3x, \qquad y''+y'-2y=0, \qquad \frac{d^2y}{dx^2}=-4x$$

などは，2 階微分方程式である。

微分方程式の理論は，自然科学や経済などの分野で広く応用される。

ある関数が，与えられた微分方程式を満たすことを確かめてみよう。

例11 関数 $y=r\sin(2x+a)$ が，微分方程式 $y''=-4y$ を満たすことを示す。ただし，r, a は定数とする。

$$y'=2r\cos(2x+a)$$
$$y''=2r\cdot2\{-\sin(2x+a)\}$$
$$=-4r\sin(2x+a)=-4y$$

したがって，関数 $y=r\sin(2x+a)$ は，微分方程式 $y''=-4y$ を満たすことが示された。

練習22 関数 $y=3e^{-2x}-4e^x$ は，次の微分方程式を満たすことを示せ。

$$y''+y'-2y=0$$

練習23 円 $x^2+y^2=r^2$ $(r>0)$ 上の任意の点を $P(x, y)$ とすると，y は x の関数と考えることができる。このとき，x の関数 y は，微分方程式 $\dfrac{dy}{dx}=-\dfrac{x}{y}$ を満たすことを示せ。ただし，点 $(r, 0)$，$(-r, 0)$ を除く。

次に，ある関数が満たす微分方程式を求めてみよう。

例12 関数 $y=e^{2x}$ が満たす，変数 x が含まれないような微分方程式を求める。

$y'=2e^{2x}=2y$ であるから，関数 $y=e^{2x}$ が満たす微分方程式は

$$y'=2y$$

練習24 次の関数が満たす微分方程式を求めよ。ただし，求める微分方程式の階数は1階で，変数 x が含まれないようにすること。

(1) $y=\dfrac{1}{x-3}$　　　　　　　　(2) $y=\log x$

応用例題 5

k, a を定数とする。関数 $y=ke^{-x}\sin(x+a)$ を 2 回微分することで，定数 k, a を含まない微分方程式を求めよ。

解答

$$y'=-ke^{-x}\sin(x+a)+ke^{-x}\cos(x+a) \quad \cdots\cdots ①$$

$$y''=-2ke^{-x}\cos(x+a) \quad \cdots\cdots ②$$

② より $\qquad ke^{-x}\cos(x+a)=-\dfrac{y''}{2}$

これと，$ke^{-x}\sin(x+a)=y$ を ① に代入すると

$$y'=-y-\dfrac{y''}{2}$$

よって，求める微分方程式は

$$y''+2y'+2y=0 \qquad \boxed{答}$$

上の応用例題 5 は次のように解いてもよい。

$$y'=-ke^{-x}\sin(x+a)+ke^{-x}\cos(x+a)$$

であるから $\qquad y'=-y+ke^{-x}\cos(x+a) \quad \cdots\cdots ③$

③ の両辺を x で微分すると

$$y''=-y'-ke^{-x}\cos(x+a)-ke^{-x}\sin(x+a)$$
$$=-y'-ke^{-x}\cos(x+a)-y$$
$$=-y'-(y'+y)-y=-2y'-2y$$

よって，求める微分方程式は $\qquad y''+2y'+2y=0$

　一般に，関数を表す式がいくつかの定数を含むとき，その式はある関数群を表す。上の応用例題 5 のように定数を消去してつくった微分方程式は，関数群のすべての関数に共通な性質を示している，と考えられる。

練習 25 k, a を定数とする。関数 $y=ke^{x}\cos(x+a)$ を 2 回微分することで，定数 k, a を含まない微分方程式を求めよ。

6. 微分方程式の解

258 ページで考えた問題では，次の微分方程式が得られた。

$$f'(x) = 2x \quad \cdots\cdots \ ①$$

この微分方程式を満たす関数 $f(x)$ は

$$f(x) = \int f'(x)dx = \int 2x\,dx = x^2 + C \quad （Cは定数）$$

となる。

よって，258 ページで考えた問題の答は

関数 $f(x) = x^2 + C \quad （Cは定数） \quad \cdots\cdots \ ②$

となる。

与えられた微分方程式を満たす関数を，その微分方程式の **解** といい，解を求めることを，その微分方程式を **解く** という。

たとえば，上の例を解という用語を用いて表すと，

微分方程式　$f'(x) = 2x$　の解は　$f(x) = x^2 + C$（Cは定数）

となる。

微分方程式を解くと，いくつかの任意の定数を含んだ解が得られる。この任意の定数を，解の **任意定数** という。

微分方程式の解で，その微分方程式の階数と同じ個数の任意定数を含むものを，その微分方程式の **一般解** という。

たとえば，① は 1 階微分方程式であるから，任意定数を 1 個含む ② は，微分方程式 ① の一般解である。

練習 26 ▶ 次の微分方程式の一般解を求めよ。

(1) $f'(x) = \cos x$　　　(2) $y' = e^x - e^{-x}$　　　(3) $\dfrac{d^2y}{dt^2} = -9.8$

応用例題 **6** k を定数とする。微分方程式 $y'=ky$ を解け。

解答 [1] 定数関数 $y=0$ は明らかに解である。

[2] $y \neq 0$ のとき，微分方程式は $\dfrac{1}{y} \cdot \dfrac{dy}{dx}=k$ と変形できる。

よって $\displaystyle\int \dfrac{1}{y} \cdot \dfrac{dy}{dx}\,dx=\int k\,dx$

ゆえに $\displaystyle\int \dfrac{dy}{y}=\int k\,dx$

よって $\log|y|=kx+C$ （C は任意定数）

ゆえに $|y|=e^{kx+C}=e^C e^{kx}$

すなわち $y=\pm e^C e^{kx}$

C は任意定数であるから，e^C は任意の正の値をとり，

$\pm e^C=A$ とおくと，A は 0 以外の任意の値をとる。

よって，微分方程式の解は $y=Ae^{kx}$ $(A \neq 0)$

[1] における解 $y=0$ は，$y=Ae^{kx}$ で $A=0$ として得られる。

以上より，求める解は $y=Ae^{kx}$ （A は任意定数） **答**

一般に，$g(y)\dfrac{dy}{dx}=f(x)$ …… ① の形をした微分方程式は，

$$\int g(y)dy=\int f(x)dx$$

として解くことができる。

注 意 左辺は y のみ，右辺は x のみの形に変形できることから，① のような微分方程式を **変数分離形** の微分方程式ということがある。

練習 27 次の微分方程式を解け。

(1) $yy'=2$ （2) $y'=x(y-3)$

微分方程式を利用して，いろいろな問題を解いてみよう。

応用例題 7　ある曲線 C について，C 上の任意の点 P(x, y) における C の接線が，常に原点Oと P を結ぶ直線に垂直であるという。また，C は点 $(1, 2)$ を通る。C の方程式を求めよ。

解答　直線 OP の傾きは $\dfrac{y}{x}$ であり，

接線が直線 OP と垂直である

から　　$\dfrac{dy}{dx} \cdot \dfrac{y}{x} = -1$

これを変形して

$$y \cdot \dfrac{dy}{dx} = -x$$

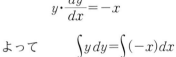

よって　　$\displaystyle\int y\, dy = \int (-x)\, dx$

ゆえに　　$\dfrac{y^2}{2} = -\dfrac{x^2}{2} + C$　（C は任意定数）

すなわち　$x^2 + y^2 = 2C$　……①

曲線 ① が点 $(1, 2)$ を通るから　$1^2 + 2^2 = 2C$

よって　　$2C = 5$

したがって，求める方程式は　$x^2 + y^2 = 5$　**答**

練習 28　点 $(1, 1)$ を通る曲線 $y = f(x)$ 上の任意の点 P(x, y) における接線が，x 軸と交わる点を Q，P から x 軸に下ろした垂線を PR とする。点 R が常に Q の右側にあり，QR $= 1$ とする。

(1)　Q の x 座標を，x，y，y' を用いて表せ。

(2)　$y = f(x)$ が満たす微分方程式を求めよ。

(3)　曲線の方程式を求めよ。

1 次の曲線や直線，および x 軸で囲まれた部分の面積 S を求めよ。

(1) $y=\log x, \ x=e$ (2) $y=\sin^2 x \ (0\leqq x\leqq \pi)$

2 曲線 $y=\dfrac{1}{x^2}$，および 2 直線 $y=x, \ y=\dfrac{1}{8}x$ で囲まれた部分の面積 S を求めよ。

3 媒介変数 t を用いて $\ x=2(1-t), \ y=t^2-2t+2 \quad (1\leqq t\leqq 2)$
と表される曲線と x 軸，および曲線の両端から x 軸に下ろした垂線で囲まれた部分の面積 S を求めよ。

4 曲線 $y=\cos x \left(0\leqq x\leqq \dfrac{\pi}{2}\right)$ と x 軸，y 軸で囲まれた部分を，x 軸の周りに 1 回転させてできる回転体の体積 V を求めよ。

5 曲線 $y=e^x$，y 軸，直線 $y=e$ で囲まれた部分を，y 軸の周りに 1 回転させてできる回転体の体積 V を求めよ。

6 曲線 $y=e^{\frac{x}{2}}+e^{-\frac{x}{2}} \ (-1\leqq x\leqq 1)$ の長さ L を求めよ。

7 x 軸上を運動する点 P がある。P が原点 O を出発して t 秒後の速度 v は，$v=\sin t+\sin 2t$ と表されるものとする。

(1) 出発してから t 秒後の P の位置の x 座標を求めよ。

(2) 出発してから 1 秒間に動く道のり s を求めよ。

8 関数 $y=f(x)$ は，微分方程式 $f''(x)=-1$ を満たし，$f(0)=0$，$f'(0)=1$ であるという。関数 $f(x)$ を求めよ。

演習問題 A

1 曲線 $y=e^x$ を C とする。C 上の 2 点 $A(0, 1)$, $B(1, e)$ における C の接線と，C で囲まれた部分の面積 S を求めよ。

2 媒介変数 t を用いて　$x=2\cos^2 t$, $y=2\sin t\cos t$ $\left(0\leqq t\leqq\dfrac{\pi}{2}\right)$ と表される曲線と，x 軸で囲まれた部分の面積 S を求めよ。

3 閉区間 $\left[0, \dfrac{\pi}{3}\right]$ において，2 つの曲線 $y=\sin x$, $y=\sin 2x$ で囲まれた部分を，x 軸の周りに 1 回転させてできる回転体の体積 V を求めよ。

4 曲線 $y=e^x$, y 軸，直線 $y=e$ で囲まれた部分を，直線 $y=e$ の周りに 1 回転させてできる回転体の体積 V を求めよ。

5 $a>0$ とする。カテナリー　$y=\dfrac{a}{2}\left(e^{\frac{x}{a}}+e^{-\frac{x}{a}}\right)$　上の点 $A(0, a)$ から点 $P(x_1, y_1)$ までの弧の長さを l とし，この曲線と x 軸，y 軸，および直線 $x=x_1$ で囲まれた部分の面積を S とする。このとき，$S=al$ となることを証明せよ。

6 次の関数について，〔　〕内の定数を含まない微分方程式を求めよ。

(1)　$y=ax+a^2$ 〔a〕 (2)　$y=(a+bx)e^x$ 〔a, b〕

7 微分方程式 $y'=y\cos x$ を解け。

8 $a>0$ とする。3 点 A$(-1, 2)$, B$(3, -6)$, C$(3, 2a+3)$ について，曲線 $y=\sin^2\dfrac{\pi x}{2}$ が $\triangle$ABC の面積を 2 等分するように，定数 a の値を定めよ。

9 $a>1$ とする。曲線 $y=\dfrac{1}{x}$ 上に 2 点 A$(1, 1)$, P$\left(a, \dfrac{1}{a}\right)$ をとり，2 つの線分 OA，OP，および，曲線の弧 AP で囲まれた部分を，x 軸の周りに 1 回転してできる回転体の体積を $V(a)$ とする。

(1) $V(a)$ を a で表せ。 (2) $\displaystyle\lim_{a\to\infty} V(a)$ を求めよ。

10 x 軸上を運動する点Pがある。Pが原点Oを出発して t 秒後の速度 v は，次のように表されるものとする。

$$0\leqq t\leqq 4 \text{ のとき } v=t-3, \qquad 4<t \text{ のとき } v=\dfrac{2}{\sqrt{t}}$$

(1) $t=9$ におけるPの位置の x 座標を求めよ。

(2) $0\leqq t\leqq 15$ において，Pが原点Oから最も遠い位置にあるときの時刻，およびその位置の x 座標を求めよ。

11 第 1 象限にある曲線 C の任意の接線は，常に x 軸，y 軸と交わり，その交点をそれぞれ Q, R とすると，接点Pは線分 QR を $2:1$ に内分するという。

(1) 曲線 C の方程式は，次の微分方程式を満たすことを示せ。

$$2xy'+y=0$$

(2) 曲線 C が点 $(1, 1)$ を通るとき，C の方程式を求めよ。

1 中学校で次の円周角の定理を学んだ。

円周角の定理

1つの弧に対する円周角の大きさは，その弧に対する中心角の大きさの半分である。

その際，次の3通りの図に場合分けをして円周角の定理を証明した。

[1] 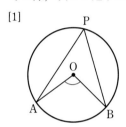   [2] 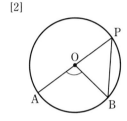   [3]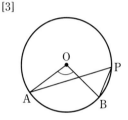

本書で学んだ複素数平面の考え方を利用すると，円周角の定理を上のように3つの場合に分けることなく証明することができる。

まず，複素数平面上にある原点Oを中心とする半径1の円の周上に異なる3点 A(z)，B($\bar{z}$)，P(w) をとる。ただし，$z \neq \pm1$ かつ z の虚部は正であるとし，点 C(1) とする。

(1) z，w の偏角をそれぞれ θ，θ' とする。点Pが点Cを含まない方の $\overparen{AB}$ 上にあるような θ' の範囲を θ を用いて表せ。ただし，$0 \leqq \theta < 2\pi$，$0 \leqq \theta' < 2\pi$ とする。

(2) $\bar{z} \neq w$ として，$\alpha = \dfrac{\overline{z-w}}{z-w}$ とおく。$\alpha = z^2\bar{\alpha}$ を示せ。

(3) (2)を用いて，点Cを含む方の $\overparen{AB}$ に関する円周角の定理を証明せよ。

2 右の図のように楕円の形をしたビリヤード台がある。点 A，B は楕円の焦点であり，点Bの位置に穴があいている。この台において，点Aを通るように球を打つと，球が穴に入ることを確かめる。

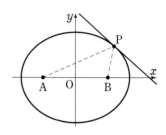

楕円の方程式を $\dfrac{x^2}{a^2}+\dfrac{y^2}{b^2}=1$，焦点の座

標を A$(-c,\ 0)$，B$(c,\ 0)$，球が跳ね返る点Pの座標を $(a\cos\theta,\ b\sin\theta)$ とするとき，次の問いに答えよ。ただし，$a>b>0$，$c>0$，$0<\theta<\pi$，球を打つときは穴に届くように打つものとし，穴の上を通過した球は穴に入るものとする。

(1) 点Pにおける楕円の接線 ℓ の方程式を求めよ。

(2) (1)で求めた接線 ℓ の傾きを m，直線 AP の傾きを m_1，直線 BP の傾きを m_2 とするとき m，m_1，m_2 をそれぞれ a，b，c，θ を用いて表せ。

壁が直線の場合，右の図のように，跳ね返る前と後の球の軌道と壁のなす角が等しくなる。また，壁が曲線の場合は球が当たる点における接線で球が跳ね返るものとして考えればよい。

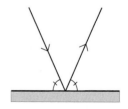

(3) 点Pが第1象限にあり，直線 AP，直線 BP，接線 ℓ と x 軸の正の方向のなす角をそれぞれ α，β，γ とするとき
$$\tan(\gamma-\beta)=\tan(\pi-\gamma+\alpha) \quad \cdots\cdots (*)$$
が成り立てば，点Aを通った球が穴に入る。
$(*)$ が成り立つことを示せ。

3 次の問題とたかこさんの解答を見てあとの問いに答えよ。

> |問題| $f(x)=\sqrt{x+2}$ とする。$y=f(x)$ と $y=f^{-1}(x)$ のグラフの共有点の座標を求めよ。

─ たかこさんの解答 ─

$y=f(x)$ と $y=f^{-1}(x)$ のグラフは直線 $y=x$ に関して対称であるから，求める共有点は，$y=f(x)$ のグラフと直線 $y=x$ の共有点である。(*)

よって，求める共有点の x 座標は

$$\sqrt{x+2}=x$$

$$x+2=x^2 \quad ①$$

$$(x+1)(x-2)=0$$

したがって　$x=-1,\ 2$

$x=-1$ のとき $f(-1)=1$，$x=2$ のとき $f(2)=2$ であるから，求める共有点の座標は　$(-1,\ 1)$，$(2,\ 2)$

(1) 下線部 ① 以降に誤りを含んでいる。$y=f(x)$ と $y=f^{-1}(x)$ のグラフの正しい共有点の座標を求めよ。

(2) 下線部 (*) は一般には成り立たない。このことを関数 $g(x)=x^2-1$ $(x \leqq 0)$ について，逆関数 $g^{-1}(x)$ を求め，$y=g(x)$ と $y=g^{-1}(x)$ のグラフの共有点のうち，直線 $y=x$ 上にない点の座標をすべて求めることで確かめよ。

(3) 一般に，$y=f(x)$ と $y=f^{-1}(x)$ のグラフの共有点が直線 $y=x$ 上以外にも存在するとき，曲線 $y=f(x)$ にはどのような特徴があるか答えよ。

4 次の問いに答えよ。

(1) 10進法で表された次の数を2進法による小数で表せ。

   ① $\dfrac{11}{16}$
                                ② $\dfrac{3}{5}$

(2) 2進法の循環小数で表された次の数は有理数か無理数か理由をつけて答えよ。

   $0.\dot{1}0\dot{1}_{(2)}=0.101101\cdots\cdots$

(3) aを1より小さい正の実数とするとき，次の命題を証明せよ。

   「aの2進法による小数表示が循環小数で表されるとき，aは有理数である」

5 図1のように横幅が1で，縦の長さが十分長い長方形の鉄板がある。この鉄板を図2のように端を左右対称に折り曲げて雨どいを作る。雨どいの水流量を最大にするには，どの部分をどのような角度で折り曲げればよいか答えよ。

図1

図2 ＜断面図＞

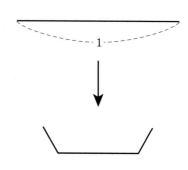

6 円と双曲線の間にある類似性について考えてみよう。単位円 $x^2+y^2=1$ の場合，$P(\cos\theta,\ \sin\theta)$ $\left(0<\theta<\dfrac{\pi}{2}\right)$ に対して，図 1 のおうぎ形 OPA の面積は $\dfrac{\theta}{2}$ である。同様にして，双曲線 $x^2-y^2=1$ において，図 2 の斜線部分の面積が $\dfrac{\theta}{2}$ となるような第 1 象限内の点 Q を考える。

図 1

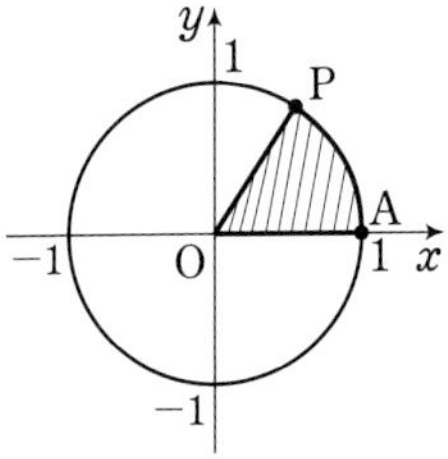

図 2

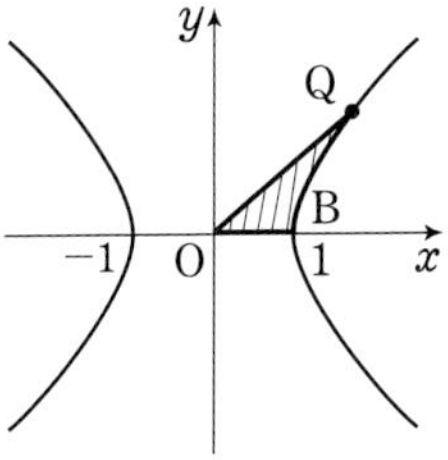

(1) $\dfrac{1}{2}\{x\sqrt{1+x^2}+\log(x+\sqrt{1+x^2})\}$ の導関数を求めよ。

(2) 点 Q の y 座標を b とする。図 2 の斜線部分の面積を b を用いて表せ。

(3) 点 Q の座標を θ を用いて表せ。

(4) 点 Q の x 座標，y 座標をそれぞれ $f(\theta)$，$g(\theta)$ とするとき，次の等式が成り立つことを示せ。

$$g(\alpha+\beta)=g(\alpha)f(\beta)+f(\alpha)g(\beta)$$
$$f(\alpha+\beta)=f(\alpha)f(\beta)+g(\alpha)g(\beta)$$

7 管弦楽部に所属する杏樹さんと恵理さんは，折り畳み式の譜面台を見な
がら次のような会話をしています。

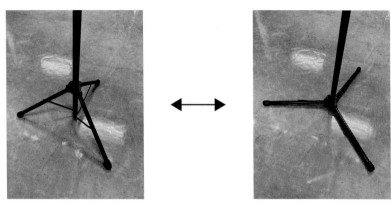

杏樹さん：この譜面台の脚は三脚になっていて，脚の部分を動かすこと
　　　　　ができますね。

恵理さん：そうですね。支えている部分が三角錐になっていて，畳んだ
　　　　　状態から脚を広げていくと三角錐がだんだんと平べったくな
　　　　　りますね。

杏樹さん：譜面台の脚は 3 本とも同じ長さで，脚の開き方も等間隔だか
　　　　　ら，この三角錐の 3 つの側面はすべて合同な二等辺三角形に
　　　　　なりますね。

恵理さん：そうすると，底面の三角形は常に正三角形になります。この
　　　　　脚をどのように広げると安定するでしょう……。
　　　　　三角錐の体積に注目してみましょうか。

杏樹さん：畳んであるときは底面積が 0 だから三角錐の体積は 0，完全
　　　　　に広げた状態のときは高さが 0 だから体積は 0 となりますね。
　　　　　ということは，その間のどこかで体積が最大となるところが
　　　　　あるのではないでしょうか。

恵理さん：譜面台の 3 本の脚の長さは変わらないから，その長さを 1，三角錐の底面の正三角形を △ABC，頂点を O，正三角形 ABC の 1 辺の長さを x，三角錐の体積 V として考えてみましょう。

杏樹さん：まずは x の範囲を調べてみましょう。

恵理さん：脚を畳んだ状態のとき $x=0$ ですから，脚を完全に開いたときの正三角形 ABC の 1 辺の長さを求めればよいですね。

杏樹さん：$0<x<\boxed{\ \text{ア}\ }$ と求まりました。次は V を x の式で表しましょう。

恵理さん：底面積はすぐに求められますが，高さはどのように考えればよいでしょうか。

杏樹さん：この三角錐は対称な形をしているから O から底面に下ろした垂線と正三角形 ABC の交点は，正三角形 ABC の $\boxed{\ \text{イ}\ }$ と一致するね。
　　　　　このことを用いると求めやすいと思いますよ。

恵理さん：では計算してみましょう。

(1)　$\boxed{\ \text{ア}\ }$，$\boxed{\ \text{イ}\ }$ にあてはまる値や語句を答えよ。

(2)　V の最大値と，そのときの x の値を求めよ。

恵理さん：三角錐の体積の最大値と，そのときの脚と底面の 1 辺の長さの比が分かりましたね。

杏樹さん：このとき，側面は $\boxed{\ \text{ウ}\ }$ になりますね。

(3)　$\boxed{\ \text{ウ}\ }$ にあてはまる語句を答えよ。

8 扉のちょうど真ん中で中折れする図1のような中折れ扉について考える。この扉は，図2のような端を固定して回転させて開く開き扉よりも開閉に必要なスペースが少ないことが知られている。

図1　中折れ扉　　　　　　　　　図2　開き扉

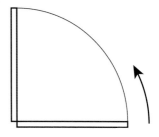

※左端点は固定されており，右端点は桟の上をすべるように左端点に向かって，ちょうど真ん中が折れるように動く。

たとえば，間口が 2 m の扉について考えよう。図2のような開き扉は間口に対して直角に開く。そのため，扉は固定した一端を中心とする半径 2 の円の 4 分の 1 の範囲を動くことから，この扉を開くために必要な面積は $\pi \, \mathrm{m}^2$ である。

一方，図1のような中折れ扉を，右の図3のような原点をOとする座標平面上で考える。

最初に，点 A，P をそれぞれ $(2, 0)$，$(1, 0)$ の位置にとり，線分 OA を扉 OA とみなす。扉 OA は，点AがOに向かって x 軸上を動くとき，中点Pは OP＝AP＝1 を満たすように $y > 0$ の部分にせり上がる。さらにAがOに到達したとき，Pは y 軸上の点 $(0, 1)$ に到達する。

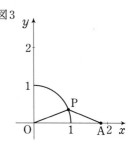

図3

$\angle POA = \theta$ として，以下の問いに答えよ。ただし，$0 \leqq \theta \leqq \dfrac{\pi}{2}$ とする。

(1)　点Pは，原点Oを中心とし，半径1の円周上を動くことから $P(\cos\theta, \sin\theta)$ と表せる。直線 AP の方程式を θ を用いて表せ。

(2) 直線 OP と，中心が原点である半径 2 の円の共有点のうち，$x \geqq 0$，$y \geqq 0$ を満たす点を Q とおく。PQ を直径とする円 C の方程式を θ を用いて表せ。

(3) 右の図 4 のように (1) で求めた直線 AP と (2) で求めた円 C が異なる 2 つの共有点をもつとき，P と異なる方の点を R とおく。ただし，共有点が 1 つの場合，その点自身を R とみなす。R の座標を θ を用いて表せ。

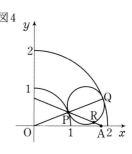

図4

(4) $0 \leqq \theta \leqq \dfrac{\pi}{2}$ において，θ の値が変化するとき，点 R の軌跡により得られる曲線を D とする。曲線 D 上の点 R における接線 ℓ の方程式を求めよ。

(5) 右の図 5 は $x \geqq 0$，$y \geqq 0$ を満たす領域において，中心が原点である半径 1 の円と，曲線 D をそれぞれ図示したものである。

この図に中折れ扉 OA が通過する領域を図示せよ。ただし，接線 ℓ は θ の値にかかわらず，曲線 D の常に下側にあることは証明なしで用いてよい。

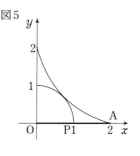

図5

(6) 以上の考察を踏まえ，間口が 2 m である中折れ扉を開閉するために必要な面積 S を求め，開き扉を開閉するために必要な面積 $\pi\,\mathrm{m}^2$ に対して $S < \dfrac{1}{3}\pi$ であることを示せ。

答 と 略 解

確認問題，演習問題A，演習問題Bの答である。[　]内に，ヒントや略解を示した。

第1章

確認問題　(*p*. 35)

1 (1) $3-14i$　　(2) $3+2i$

[(2) $16z-12\bar{z}=12+56i$,

$12\bar{z}-9z=9-42i$

これより　$7z=21+14i$]

2 (1) $2\sqrt{2}\left(\cos\dfrac{3}{4}\pi+i\sin\dfrac{3}{4}\pi\right)$

(2) $2\sqrt{3}\left(\cos\dfrac{5}{3}\pi+i\sin\dfrac{5}{3}\pi\right)$

(3) $4(\cos\pi+i\sin\pi)$

(4) $\dfrac{1}{2}\left(\cos\dfrac{3}{2}\pi+i\sin\dfrac{3}{2}\pi\right)$

3 (1) $\sqrt{2}\left(\cos\dfrac{11}{12}\pi+i\sin\dfrac{11}{12}\pi\right)$

(2) $2\sqrt{2}\left(\cos\dfrac{17}{12}\pi+i\sin\dfrac{17}{12}\pi\right)$

(3) $16\left(\cos\dfrac{2}{3}\pi+i\sin\dfrac{2}{3}\pi\right)$

4 (1) $2+i$

(2) $\dfrac{(-1+2\sqrt{3})+(2+\sqrt{3})i}{2}$

(3) $\dfrac{-3\sqrt{2}+\sqrt{2}i}{2}$

5 $z=\dfrac{\sqrt{2}+\sqrt{6}i}{2}$, $\dfrac{-\sqrt{6}+\sqrt{2}i}{2}$,

$\dfrac{-\sqrt{2}-\sqrt{6}i}{2}$, $\dfrac{\sqrt{6}-\sqrt{2}i}{2}$

6 正三角形

演習問題A　(*p*. 36)

1 (1) $8i$　　　　(2) 1

2 実軸または，原点を中心とする半径1の円（ただし，原点を除く）

[$z+\dfrac{1}{z}$ は実数であるから

$z+\dfrac{1}{z}=\overline{z+\dfrac{1}{z}}=\bar{z}+\dfrac{1}{\bar{z}}$

よって　$z-\bar{z}-\dfrac{z-\bar{z}}{z\bar{z}}=0$

両辺に $z\bar{z}(\neq 0)$ を掛けて整理すると　$(z-\bar{z})(|z|^2-1)=0$]

3 (1) $2\left(\cos\dfrac{\pi}{3}+i\sin\dfrac{\pi}{3}\right)$ または

$2\left\{\cos\left(-\dfrac{\pi}{3}\right)+i\sin\left(-\dfrac{\pi}{3}\right)\right\}$

(2) $\dfrac{\pi}{2}$, $\dfrac{\pi}{3}$, $\dfrac{\pi}{6}$

演習問題B　(*p*. 36)

4 一定の値は 2

[$|z|=|z-2\alpha|$ の両辺を2乗し

て整理すると

$$\overline{a}z + a\overline{z} = 2a\overline{a} = 2|\alpha|^2 = 2\,]$$

5 点 -4 を中心とする半径 4 の円

[$|w|=2$ より $|z-4|=2|z+2|$

両辺を 2 乗して整理すると

$$z\overline{z} + 4z + 4\overline{z} = 0$$

ここから,$|z+4|=4$ が得られる]

第2章

確認問題 $(p.74)$

1 (1) $y^2 = -16x$

(2) $\dfrac{x^2}{36} + \dfrac{y^2}{9} = 1$

(3) $x^2 - \dfrac{y^2}{4} = 1$

2 順に $y^2 = -12x$, $(-3,\ 0)$, $x=3$

3 中心の座標は $(3,\ 0)$;

焦点の座標は

$(3+\sqrt{10},\ 0)$, $(3-\sqrt{10},\ 0)$;

漸近線の方程式は

$$y = \dfrac{1}{3}x - 1,\ \ y = -\dfrac{1}{3}x + 1$$

4 $-5 < k < 5$

5 (1) $y = x + 4$, $y = -\dfrac{5}{11}x + \dfrac{28}{11}$

(2) $y = \dfrac{1}{2}x + 2$, $y = -\dfrac{1}{2}x - 2$

6 方程式は $\dfrac{(x-4)^2}{3} + \dfrac{y^2}{2} = 1$

焦点の座標は $(5,\ 0)$, $(3,\ 0)$

7 (1) 放物線 $(y+1)^2 = \dfrac{1}{2}(x+3)$

(2) 楕円 $(x-2)^2 + \dfrac{(y-2)^2}{4} = 1$

8 $x^2 + y^2 - 2a\cos a \cdot x - 2a\sin a \cdot y = 0$,

点 $(a\cos a,\ a\sin a)$ を中心とする半径 a の円

演習問題A $(p.75)$

1 $C_1 : x^2 = 4y$, $C_2 : y^2 = -32x$

2 中心の座標は $(-2,\ 4)$,

焦点の座標は $(-2,\ -\sqrt{3}+4)$,

$(-2,\ \sqrt{3}+4)$

3 $2x^2 + 2y^2 - 2xy - 3 = 0$

4 直線の一部

$$y = \dfrac{1}{4}x\ \left(-\dfrac{4\sqrt{5}}{5} < x < \dfrac{4\sqrt{5}}{5}\right)$$

5 (2) $r^2 = 2a^2\cos 2\theta$

[(1) $P(x,\ y)$ とする。

$AP \cdot BP = a^2$ より $AP^2 \cdot BP^2 = a^4$

であるから

$\{(x+a)^2 + y^2\}\{(x-a)^2 + y^2\} = a^4\,]$

演習問題B $(p.76)$

6 (1) $y = mx + \dfrac{p}{m}$

(2) 直線 $x = -p$

7 (2) $a=\dfrac{4}{5}x_0$, $b=\dfrac{4}{5}\sqrt{25-{x_0}^2}$

(3) $(4,\ 0)$, $(-4,\ 0)$

$\Big[$(1) 楕円，双曲線の接線の傾きは，それぞれ $-\dfrac{9x_0}{25y_0}$, $\dfrac{b^2x_0}{a^2y_0}\Big]$

8 (2) 双曲線 $4x^2-y^2=-1$ 上

$\big[$(1) $m\neq\pm2$ であるから，2 直線 $y=2x-1$, $y=-2x-1$ と $y=mx+1$ の交点の x 座標は，

それぞれ $x=\dfrac{2}{2-m}$,

$x=-\dfrac{2}{2+m}\Big]$

9 $\dfrac{4}{\sqrt{3}}a$

第 3 章

確認問題 （$p.91$）

1 (1) $x=0,\ 2$

(2) $0\leqq x<1,\ 2\leqq x$

2 (1) $x=0,\ -4$

(2) $-4\leqq x\leqq 0$

3 $(g\circ f)(x)=\cos(x^3)$,

$(f\circ g)(x)=\cos^3 x$

演習問題A （$p.91$）

1 x 軸方向に 5，y 軸方向に -3

2 $a=0,\ b=1$

3 $f(f^{-1}(x))=x$, $g^{-1}(x)=\dfrac{x-3}{4}$

4 (1) $a=-2,\ b=8$

(2) $a=2,\ b=-5$

演習問題B （$p.92$）

5 $a=4,\ b=3$

6 $k=\dfrac{3}{2}$

7 $k<-11$, $1<k$ のとき　2 個

$k=-11$, 1　　のとき　1 個

$-11<k<1$　　のとき　0 個

8 $a=6,\ b=3$

9 $k=-\dfrac{1}{2}$

10 (1) $(g\circ f)(x)=2x+3$

$(f\circ g)(x)=2x+1$

$\big[$(2) $(h\circ(g\circ f)(x)=-(2x+3)^2$

$(h\circ g)(x)=-(2x-1)^2$ より

$((h\circ g)\circ f)(x)=-\{2(x+2)-1\}^2$

$=-(2x+3)^2\big]$

11 $a=1,\ b=0$;

$p\ (p\neq0)$, q, r は任意の定数

第 4 章

確認問題 （$p.136$）

1 (1) 正の無限大に発散する

(2) 収束，極限値は $\dfrac{1}{4}$

(3) 発散（振動）

2 $0 \leqq x < 1,\ 2 < x \leqq 3$

極限値は，

$0 < x < 1,\ 2 < x < 3$ のとき 0；

$x = 0,\ 3$ のとき 1

3 (1) 2　　　　(2) $-\infty$

4 (1) 収束，和は $\dfrac{3}{4}$　　(2) 発散

5 (1) $-\dfrac{3}{4}$　　　(2) ∞

　　(3) $\dfrac{1}{2}$　　　　(4) -1

6 $[\,f(x) = x\tan x - \cos x$ とおくと

$f(0) = -1 < 0,$

$f\!\left(\dfrac{\pi}{4}\right) = \dfrac{\pi}{4} - \dfrac{\sqrt{2}}{2} > 0\,]$

演習問題 A　　（$p.137$）

1 (1) -1　　(2) 収束，和は $\dfrac{2}{5}$

　　(3) $-\dfrac{1}{2}$

2 12

3 $a = 8,\ b = 1$

4 (2) 1

$[(1)\ \ \{m(a)\}^2 = a\sin m(a)$ から

$$m(a) = \sqrt{a}\,\sqrt{\sin m(a)}$$

$0 < \sqrt{\sin m(a)} \leqq 1$ であるから

$$0 < m(a) \leqq \sqrt{a}$$

(2) $m(a) = \dfrac{a\sin m(a)}{m(a)}\,]$

演習問題 B　　（$p.138$）

5 (1) 7　　　　(2) $-\dfrac{1}{2}$

6 (2) $\left(\dfrac{32}{31},\ \dfrac{30}{31}\right)$

$[(1)\ \ $漸化式の辺々を加えると，

$x_{n+1} + y_{n+1} = x_n + y_n$ であるから

$x_n + y_n = \cdots\cdots = x_1 + y_1 = 2\,]$

7 (1) $b_{n+1} = -\dfrac{2}{3}b_n$

　　(3) 0

$\Big[(2)\ \ b_1 = \dfrac{a_1 + 1}{a_1 - 1}i = 3$

よって，数列 $\{b_n\}$ は初項 3，公

比 $-\dfrac{2}{3}$ の等比数列であるから

$$b_n = 3\cdot\left(-\dfrac{2}{3}\right)^{n-1}$$

(3) $a_n + 1 = \dfrac{2b_n}{b_n - i}\,\Big]$

8 (1) $x < -1, 1 < x$ のとき $1 - \dfrac{1}{x}$；

　　　$-1 < x < 1$ のとき $ax^2 + bx$；

　　　$x = 1$ のとき $\dfrac{a+b}{2}$；

　　　$x = -1$ のとき $\dfrac{a-b+2}{2}$

　　(2) $a = 1,\ b = -1$

第5章

確認問題 (*p.* 162)

1 $y' = -\dfrac{1}{2x\sqrt{x}}$

2 (1) $y' = \dfrac{2x^4 - 2x - 6}{x^3}$

(2) $y' = \dfrac{x^2 + 4x - 3}{(x+2)^2}$

(3) $y' = 8x + 6\sqrt{x} + 1$

(4) $y' = \dfrac{1}{2(x+1)\sqrt{x(x+1)}}$

3 (1) $y' = \cos 2x$

(2) $y' = 2x\sin(x+1)$
$\qquad\qquad + x^2\cos(x+1)$

(3) $y' = (2x+1)e^{2x}$

(4) $y' = \dfrac{1}{x\log x}$

4 (1) $y'' = 2e^x(\cos x - \sin x)$

(2) $y'' = \dfrac{x}{(x^2+1)\sqrt{x^2+1}}$

5 $[\,y' = 2e^{-2x}\{(b-a)\cos 2x$
$\qquad\qquad - (a+b)\sin 2x\}$
$y'' = 8e^{-2x}(-b\cos 2x + a\sin 2x)\,]$

6 (1) $\dfrac{4}{3t}$ (2) $-\dfrac{\cos 2t}{\sin t}$

7 (1) $\dfrac{-x+1}{y}$ (2) $-\dfrac{2}{y-1}$

演習問題A (*p.* 163)

1 連続である，微分可能である

2 (1) $y' = \dfrac{4x^4 + 3x^2}{\sqrt{1+x^2}}$

(2) $y' =$
$$\dfrac{2(x^2-4x-1)}{3(x+3)(x-1)\sqrt[3]{(x^2+1)^2(x+3)(x-1)}}$$

(3) $y' = -\dfrac{\sin x}{2(\cos x + 3)}$

(4) $y' = \dfrac{1}{\sqrt{x^2+a^2}}$

3 $\dfrac{1}{1+x^2}$

4 (1) $\dfrac{1}{e}$ (2) e^2

5 $\dfrac{dy}{dx} = -\dfrac{x}{y},\ \dfrac{d^2y}{dx^2} = -\dfrac{1}{y^3}$

6 $a = 0,\ b = -\dfrac{1}{2},\ c = -\dfrac{1}{4}$

演習問題B (*p.* 164)

7 $2f'(a)$

8 $y' = x^x(\log x + 1)$

9 $3x - 1$ ［商を $Q(x)$，余りを
$ax + b$ とおくと
$\qquad f(x) = (x-1)^2 Q(x) + ax + b$
$f(1),\ f'(1)$ を考える］

10 ［$n = k$ のとき成り立つと仮定す
ると，$n = k+1$ のとき

$$\frac{d^{k+1}}{dx^{k+1}}\sin x = \frac{d}{dx}\sin\left(x+\frac{k}{2}\pi\right)$$

$$= \cos\left(x+\frac{k+1}{2}\pi-\frac{\pi}{2}\right)$$

$$= \sin\left(x+\frac{k+1}{2}\pi\right)]$$

11 (1) -3 (2) 4

[(1) $f(-x)=f(x)+2x$ の両辺を x で微分し, $x=1$ を代入]

12 (2) 0

第6章

確認問題 ($p.200$)

1 順に $y=-\dfrac{1}{\sqrt{2}}x+\dfrac{\pi}{4\sqrt{2}}+\dfrac{1}{\sqrt{2}}$,

$$y=\sqrt{2}\,x-\dfrac{\sqrt{2}}{4}\pi+\dfrac{1}{\sqrt{2}}$$

2 順に $(1,\ 2)$, $y=3x-1$

3 [$f(x)=\log x$ について, 閉区間 $[p,\ q]$, $[q,\ r]$ において, 平均値の定理を用いる]

4 $0\leqq x\leqq\dfrac{\pi}{6}$, $\dfrac{5}{6}\pi\leqq x\leqq\pi$ で単調に増加, $\dfrac{\pi}{6}\leqq x\leqq\dfrac{5}{6}\pi$ で単調に減少;

$x=\dfrac{\pi}{6}$ で極大値 $\dfrac{\pi}{6}+\sqrt{3}$,

$x=\dfrac{5}{6}\pi$ で極小値 $\dfrac{5}{6}\pi-\sqrt{3}$

5 $x=e$ で最大値 $\dfrac{1}{e}$,

$x=1$ で最小値 0

6 図略

7 $\Big[f(x)=\log(x+1)-\Big(x-\dfrac{1}{2}x^2\Big)$

とおくと $f'(x)=\dfrac{x^2}{x+1}$

$x>0$ のとき $f'(x)>0$ であるから, $f(x)$ は $x\geqq0$ において, 単調に増加し $f(x)>0$]

8 $t=0$ のとき $v=-3$, $\alpha=0$

$t=2$ のとき $v=21$, $\alpha=24$

演習問題A ($p.201$)

1 $x\leqq-2$, $0\leqq x$ で単調に増加, $-2\leqq x\leqq0$ で単調に減少;

$x=-2$ で極大値 $3\sqrt[3]{4}$,

$x=0$ で極小値 0

2 $x=\dfrac{1}{\sqrt{2}}$ で最大値 $\sqrt{2}$,

$x=-1$ で最小値 -1

3 $\dfrac{3\sqrt{3}}{4}$

4 $f(x)=x^4-4x^3+16x$

5 図略

6 $\theta=\dfrac{\pi}{4}$

7 (1) $\dfrac{(1-\cos t_0)(t_0-\pi)}{\sin t_0}$

(2) 点 $(\pi, -2)$

8 $\sqrt{2}-\dfrac{1}{2}$

9 図略

10 $\Big[\,f_n(x)$

$=e^x-\Big(1+\dfrac{x}{1!}+\dfrac{x^2}{2!}+\cdots\cdots+\dfrac{x^n}{n!}\Big)$

とおき，数学的帰納法によって

$f_n(x)>0$ を示す。$n=k+1$ のと

きは，$f'_{k+1}(x)$ を利用する$\,\big]$

11 $0<a<e$

12 (1) $\dfrac{3}{4\pi}$ cm/s (2) $\dfrac{6}{5}$ cm²/s

第7章

1 (1) $2x^2-2x+3\log|x|+\dfrac{1}{x}+C$

(2) $\dfrac{4}{3}t\sqrt{t}-6\sqrt{t}+C$

(3) $x-\dfrac{\cos 2x}{2}+C$

(4) $\dfrac{1}{2}e^{2x}-3e^x+C$

(5) $\dfrac{1}{24}(4x+3)^6+C$

(6) $\dfrac{2}{15}(x+1)(3x+8)\sqrt{x+1}+C$

(7) $\dfrac{1}{3}e^{3x}x-\dfrac{1}{9}e^{3x}+C$

(8) $-\dfrac{\theta}{4}\cos 4\theta+\dfrac{1}{16}\sin 4\theta+C$

(9) $\dfrac{x^2}{2}-x+2\log|x+1|+C$

(10) $\log\dfrac{(x-3)^2}{|x+1|}+C$

(11) $\dfrac{3}{8}x+\dfrac{\sin 2x}{4}+\dfrac{\sin 4x}{32}+C$

(12) $\tan x-\dfrac{1}{\cos x}+C$

2 (1) $\dfrac{80}{81}$ (2) $4\log 2-5+e$

(3) $\dfrac{\pi}{4}-1$ (4) $\dfrac{26}{3}$

(5) $\dfrac{\sqrt{3}}{36}\pi$ (6) $\dfrac{e^2}{4}+\dfrac{1}{4}$

3 $f(x)=x-\pi$

4 $\dfrac{1}{4}\log 3$

1 (1) $\log(e^x+e^{-x})+C$

(2) $\log|\log x|+C$

(3) $\sin x-\log(1+\sin x)+C$

2 $\log|1+\log x|+\dfrac{1}{1+\log x}+C$

3 (1) 0 (2) $\dfrac{1}{4}\log 2$

4 いずれの場合も 0

5 (1) 0 (2) $\dfrac{2}{3}$

6 $x=\pi$ で極大値 2,

　　$x=2\pi$ で極小値 0

7 $\log(1+x)$

■演習問題B■　($p.238$)

8 $\log(e^x+1)+\dfrac{1}{e^x+1}+C$

9 (1)　$f'(x)=-\dfrac{\sin(\log x)}{x}$,

　　　　$g'(x)=\dfrac{\cos(\log x)}{x}$

　　(2)　$F'(x)=\cos(\log x)-\sin(\log x)$,

　　　　$G'(x)=\sin(\log x)+\cos(\log x)$

　　(3)　$\dfrac{1}{2}x\{\cos(\log x)+\sin(\log x)\}+C$

10 (1)　$\dfrac{2\sqrt{2}}{3}-\dfrac{2}{3}$　(2)　$\dfrac{3\sqrt{3}}{8}$

11 $\dfrac{\pi}{4}$

12 $a=3$, 最小値は $\dfrac{e^2}{2}-\dfrac{7}{2}$

13 (1)　$(4x-1)\log x$

　　(2)　$f(x+1)-f(x)$

　　(3)　$2xf(x^2)$

14 略

第8章

■確認問題■　($p.264$)

1 (1)　1　　　　(2)　$\dfrac{\pi}{2}$

2 $\dfrac{3}{4}$

3 $\dfrac{8}{3}$

4 $\dfrac{\pi^2}{4}$

5 $\pi(e-2)$

6 $2\left(\sqrt{e}-\dfrac{1}{\sqrt{e}}\right)$

7 (1)　$-\cos t-\dfrac{1}{2}\cos 2t+\dfrac{3}{2}$

　　(2)　$-\cos 1-\dfrac{1}{2}\cos 2+\dfrac{3}{2}$

8 $f(x)=-\dfrac{x^2}{2}+x$

■演習問題A■　($p.265$)

1 $\dfrac{e^2-3e+1}{2(e-1)}$

2 $\dfrac{\pi}{2}$

3 $\dfrac{3\sqrt{3}}{16}\pi$

4 $\left(-\dfrac{e^2}{2}+2e-\dfrac{1}{2}\right)\pi$

5 $\left[\,l=\displaystyle\int_0^{x_1}\dfrac{1}{2}(e^{\frac{x}{a}}+e^{-\frac{x}{a}})\,dx\right.$

　　また　$\left.S=\displaystyle\int_0^{x_1}\dfrac{a}{2}(e^{\frac{x}{a}}+e^{-\frac{x}{a}})\,dx\right]$

6 (1)　$y=xy'+(y')^2$

　　(2)　$y''-2y'+y=0$

7 $y=Ae^{\sin x}$　（A は任意定数）

8 $a=\dfrac{3}{4}$

9 (1) $\dfrac{4}{3}\pi\left(1-\dfrac{1}{a}\right)$

(2) $\dfrac{4}{3}\pi$

10 (1) 0

(2) 時刻は $t=3$，x 座標は $-\dfrac{9}{2}$

$\left[(2)\ \text{P の } x \text{ 座標は，} 0\le t\le 4 \text{ の}\right.$

とき $\dfrac{t^2}{2}-3t$，$4\le t\le 15$ のとき

$\left.4\sqrt{t}-12\right]$

11 (2) $y=\dfrac{1}{\sqrt{x}}$

$[(1)\ \text{P}(x,\ y) \cdots\cdots ① \text{ とする}$

と，接線の方程式は

$$Y-y=y'(X-x)$$

条件より，P の座標は

$$\left(\dfrac{1}{3}\left(x-\dfrac{y}{y'}\right),\ \dfrac{2}{3}(y-xy')\right)$$

となり，① と比較する]

総合問題

1 (1) $\theta<\theta'<2\pi-\theta$

$[(2)\ z\bar{z}=|z|^2=1,$

$w\bar{w}=|w|^2=1$ を利用する。

(3) (2) の両辺に α を掛ける]

2 (1) $\dfrac{\cos\theta}{a}x+\dfrac{\sin\theta}{b}y=1$

(2) $m=-\dfrac{b\cos\theta}{a\sin\theta}$,

$m_1=\dfrac{b\sin\theta}{a\cos\theta+c}$,

$m_2=\dfrac{b\sin\theta}{a\cos\theta-c}$

$\left[(3)\ \tan(\gamma-\beta)=\dfrac{b}{c\sin\theta},\right.$

$\tan(\pi-\gamma+\alpha)=\dfrac{b}{c\sin\theta}$ を示す$\Big]$

3 (1) $(2,\ 2)$　(2) $(0,\ 1),\ (1,\ 0)$

(3) 直線 $y=x$ に対して対称な
2 点 $(a,\ b),\ (b,\ a)$ の両方を
曲線 $y=f(x)$ が通る。

4 (1) ① $\dfrac{11}{16}=0.1011_{(2)}$

② $\dfrac{3}{5}=0.1\dot{0}0\dot{1}_{(2)}$

(2) 有理数 $\dfrac{5}{7}$ である。

$[(3)\ a \text{ を } 2 \text{ 進法の循環小数}$

$0.a_1a_2\cdots a_m\dot{b_1}b_2\cdots \dot{b}_{n(2)}$

$a_k,\ b_l$ は 0 または 1，$1\le k\le m$，

$1\le l\le n)$ と表し，$x=\displaystyle\sum_{k=1}^{m}\dfrac{a_k}{2^k}$,

$y=\dfrac{1}{2^m}\displaystyle\sum_{l=1}^{n}\dfrac{b_l}{2^l}$ とおくと

$a=x+\displaystyle\sum_{i=1}^{\infty}y\cdot\left(\dfrac{1}{2^n}\right)^{i-1}\Big]$

5 $\dfrac{1}{3}$ の部分を $\dfrac{\pi}{3}$ ずつ折り返す

6 (1) $\sqrt{1+x^2}$

(2) $\dfrac{1}{2}\log\left(b+\sqrt{1+b^2}\right)$

(3) $\left(\dfrac{e^\theta+e^{-\theta}}{2},\ \dfrac{e^\theta-e^{-\theta}}{2}\right)$

$\left[\text{(4)}\quad f(\theta)=\dfrac{e^\theta+e^{-\theta}}{2},\right.$

$\left. g(\theta)=\dfrac{e^\theta-e^{-\theta}}{2}\ \text{を利用する}\right]$

7 (1) (ア) $\sqrt{3}$　　(イ) 重心

(2) $x=\sqrt{2}$ のとき最大値 $\dfrac{1}{6}$

(3) 直角二等辺三角形

8 (1) $y=(-\tan\theta)x+2\sin\theta$

(2) $\left(x-\dfrac{3}{2}\cos\theta\right)^2$

$\qquad +\left(y-\dfrac{3}{2}\sin\theta\right)^2=\dfrac{1}{4}$

(3) $(2\cos^3\theta,\ 2\sin^3\theta)$

(4) $y=(-\tan\theta)x+2\sin\theta$

(5) 〔図〕

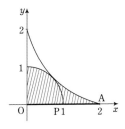

$\left[\text{(6)}\quad \text{S}\left(\dfrac{\sqrt{2}}{2},\ \dfrac{\sqrt{2}}{2}\right)\text{とし, 線分}\right.$

OS の左側と右側に分けて計算

$\left.\text{をすると}\quad S=\dfrac{5}{16}\pi<\dfrac{\pi}{3}\right]$

さくいん

■編　者

岡部　恒治　　埼玉大学名誉教授　　　　　　　北島　茂樹　　明星大学教授

■編集協力者

石椛　康朗　　本郷中学校・高等学校教諭　　　　　中路　隆行　　ノートルダム清心中・高等学校教諭
上ヶ谷　友佑　広島大学附属福山中・高等学校教諭　　中畑　弘次　　安田女子中学高等学校教諭
宇治川　雅也　東京都立白鷗高等学校・附属中学校主任教諭　野末　訓章　　南山高等学校・中学校男子部教諭
大瀧　祐樹　　東京都市大学付属中学校・高等学校教諭　林　三奈夫　　海星中学校・海星高等学校教諭
官野　達博　　横浜雙葉中学校・高等学校教諭　　　原澤　研二　　立命館中学校・高等学校教諭
久保　光章　　広島女学院中学高等学校主幹教諭　　本多　壮太郎　鷗友学園女子中学高等学校教諭
小松　道治　　栄光学園中学高等学校教諭　　　　前田　有嬉　　南山高等学校・中学校女子部教諭
坂巻　主太　　佐久長聖中学・高等学校教諭　　　松岡　将秀　　大阪桐蔭中学校高等学校教諭
佐野　塁生　　恵泉女学園中学・高等学校教諭　　松尾　鉄也　　立教女学院中学校・高等学校教諭
鈴木　祥之　　早稲田大学系属早稲田実業学校教諭　山中　仁　　　鳴門教育大学講師
髙村　亮　　　大妻中野中学校・高等学校教諭　　吉村　浩　　　本郷中学校・高等学校教諭
田中　勉　　　田中教育研究所

■表紙デザイン　有限会社アーク・ビジュアル・ワークス　　　初版
■本文デザイン　齋藤　直樹／山本　泰子(Concent, Inc.)　　　第1刷　2004年10月1日　発行
　　　　　　　　デザイン・プラス・プロフ株式会社　　　　新課程
■イラスト　　　たなかきなこ　　　　　　　　　　　　第1刷　2023年2月1日　発行
■写真協力　　　amanaimages, PPS通信社

ISBN978-4-410-21816-3

新課程

中高一貫教育をサポートする

体系数学5

［高校3年生用］

複素数平面と微積分の応用

編　者　岡部　恒治　　北島　茂樹

発行者　星野　泰也

発行所　数研出版株式会社

〒101-0052　東京都千代田区神田小川町2丁目3番地3
〔振替〕00140-4-118431

〒604-0861　京都市中京区烏丸通竹屋町上る大倉町205番地
〔電話〕代表　(075)231-0161

ホームページ　https://www.chart.co.jp
印刷　創栄図書印刷株式会社

数列 $\left\{\left(1+\dfrac{1}{n}\right)^n\right\}$ の極限

$a_n = \left(1+\dfrac{1}{n}\right)^n$ である数列 $\{a_n\}$ の極限について考えてみよう。

二項定理を用いると，次のように変形できる。

$$\left(1+\frac{1}{n}\right)^n = {}_nC_0 \cdot 1^n + {}_nC_1 \cdot 1^{n-1}\left(\frac{1}{n}\right)^1 + {}_nC_2 \cdot 1^{n-2}\left(\frac{1}{n}\right)^2 + \cdots\cdots + {}_nC_n\left(\frac{1}{n}\right)^n$$

$$= 1 + \frac{n}{1!}\cdot\frac{1}{n} + \frac{n(n-1)}{2!}\cdot\frac{1}{n^2} + \cdots\cdots + \frac{n(n-1)\cdots\cdots 2\cdot 1}{n!}\cdot\frac{1}{n^n}$$

$$= 1 + \frac{1}{1!} + \frac{1}{2!}\left(1-\frac{1}{n}\right) + \cdots\cdots + \frac{1}{n!}\left\{\left(1-\frac{1}{n}\right)\cdots\cdots\left(1-\frac{n-1}{n}\right)\right\}$$

$$< 1 + \frac{1}{1!} + \frac{1}{2!} + \cdots\cdots + \frac{1}{n!}$$

ここで　$a_1 = 1 + \dfrac{1}{1!}$

$$a_2 = 1 + \frac{1}{1!} + \frac{1}{2!}\left(1-\frac{1}{2}\right)$$

$$a_3 = 1 + \frac{1}{1!} + \frac{1}{2!}\left(1-\frac{1}{3}\right) + \frac{1}{3!}\left(1-\frac{1}{3}\right)\left(1-\frac{2}{3}\right)$$

$$\cdots\cdots\cdots\cdots\cdots\cdots\cdots\cdots$$

であるから　　　$a_1 < a_2 < a_3 < \cdots\cdots$

また，本書114ページの練習22の結果から，すべての n について

$$a_n < 1 + \left(\frac{1}{1!} + \frac{1}{2!} + \cdots\cdots + \frac{1}{n!}\right) < 3$$

であり，数列 $\{a_n\}$ はある値に収束する。

この値が，本書152ページで学ぶ自然対数の底 e である。

中高一貫教育をサポートする

体系数学5

［高校3年生用］

複素数平面と微積分の応用

解答編

数研出版

第1章　複素数平面

1　複素数平面 （本冊 p.6〜11）

練習1

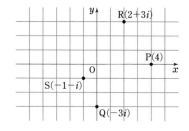

練習2　3点 $0,\ \alpha,\ \beta$ が一直線上にあるとき，
$\beta=k\alpha$ となる実数 k があるから
$$a-2i=2k+ki$$
よって，$a=2k,\ -2=k$ より　　$\boldsymbol{a=-4}$
3点 $0,\ \alpha,\ \gamma$ が一直線上にあるとき，$\gamma=t\alpha$
となる実数 t があるから
$$6+bi=2t+ti$$
よって，$6=2t,\ b=t$ より　　$\boldsymbol{b=3}$

練習3

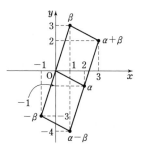

練習4　$\alpha=a+bi,\ \beta=c+di$ とすると
$$\alpha-\beta=(a+bi)-(c+di)=(a-c)+(b-d)i$$
よって　　$\overline{\alpha-\beta}=(a-c)-(b-d)i$
$$=(a-bi)-(c-di)$$
$$=\overline{\alpha}-\overline{\beta}$$

練習5　α は方程式 $ax^3+bx^2+cx+d=0$ の解で
あるから　　$a\alpha^3+b\alpha^2+c\alpha+d=0$
両辺の共役複素数は等しくなるから
$$\overline{a\alpha^3+b\alpha^2+c\alpha+d}=\overline{0}$$
$$\overline{a}\,\overline{\alpha^3}+\overline{b}\,\overline{\alpha^2}+\overline{c}\,\overline{\alpha}+\overline{d}=\overline{0}$$
$$a(\overline{\alpha})^3+b(\overline{\alpha})^2+c\overline{\alpha}+d=0$$
よって，$\overline{\alpha}$ は方程式 $ax^3+bx^2+cx+d=0$ の
解である。

練習6　$|4-3i|=\sqrt{4^2+(-3)^2}=5$
$$|-6i|=\sqrt{0^2+(-6)^2}=6$$

練習7　$|(1+2i)-(4-i)|$
$$=|-3+3i|=\sqrt{(-3)^2+3^2}=3\sqrt{2}$$

2　複素数の極形式と乗法，除法 （本冊 p.12〜20）

練習8　各複素数の絶対値を r，偏角を θ とする。

(1)　$r=\sqrt{1^2+(\sqrt{3})^2}=\sqrt{4}=2$
$\cos\theta=\dfrac{1}{2},\ \sin\theta=\dfrac{\sqrt{3}}{2}$ より　$\theta=\dfrac{\pi}{3}$
よって　$1+\sqrt{3}\,i=2\left(\cos\dfrac{\pi}{3}+i\sin\dfrac{\pi}{3}\right)$

(2)　$r=\sqrt{1^2+1^2}=\sqrt{2}$
$\cos\theta=\dfrac{1}{\sqrt{2}},\ \sin\theta=\dfrac{1}{\sqrt{2}}$ より　$\theta=\dfrac{\pi}{4}$
よって　$1+i=\sqrt{2}\left(\cos\dfrac{\pi}{4}+i\sin\dfrac{\pi}{4}\right)$

(3)　$r=\sqrt{(-\sqrt{3})^2+1^2}=\sqrt{4}=2$
$\cos\theta=-\dfrac{\sqrt{3}}{2},\ \sin\theta=\dfrac{1}{2}$ より　$\theta=\dfrac{5}{6}\pi$
よって　$-\sqrt{3}+i=2\left(\cos\dfrac{5}{6}\pi+i\sin\dfrac{5}{6}\pi\right)$

(4)　$r=\sqrt{(\sqrt{2})^2+(-\sqrt{2})^2}=\sqrt{4}=2$
$\cos\theta=\dfrac{\sqrt{2}}{2},\ \sin\theta=-\dfrac{\sqrt{2}}{2}$ より　$\theta=\dfrac{7}{4}\pi$
よって　$\sqrt{2}-\sqrt{2}\,i=2\left(\cos\dfrac{7}{4}\pi+i\sin\dfrac{7}{4}\pi\right)$

(5)　$r=\sqrt{(-2\sqrt{3})^2+(-2)^2}=\sqrt{16}=4$
$\cos\theta=-\dfrac{\sqrt{3}}{2},\ \sin\theta=-\dfrac{1}{2}$ より　$\theta=\dfrac{7}{6}\pi$
よって　$-2\sqrt{3}-2i=4\left(\cos\dfrac{7}{6}\pi+i\sin\dfrac{7}{6}\pi\right)$

(6)　$r=1$
$\cos\theta=-1,\ \sin\theta=0$ より　$\theta=\pi$
よって　$-1=\cos\pi+i\sin\pi$

(7)　$r=1$
$\cos\theta=0,\ \sin\theta=1$ より　$\theta=\dfrac{\pi}{2}$
よって　$i=\cos\dfrac{\pi}{2}+i\sin\dfrac{\pi}{2}$

(8) $r=\sqrt{5}$

$\cos\theta=0$, $\sin\theta=-1$ より $\theta=\dfrac{3}{2}\pi$

よって $-\sqrt{5}\,i=\sqrt{5}\left(\cos\dfrac{3}{2}\pi+i\sin\dfrac{3}{2}\pi\right)$

練習9

$-z$ について
$|-z|=|z|=r$
$\arg(-z)$
　$=\arg z+\pi$
　$=\theta+\pi$
であるから,
$-z$ の極形式は
$$r\{\cos(\theta+\pi)+i\sin(\theta+\pi)\}$$
$-\bar{z}$ について
$|-\bar{z}|=|z|=r$
$\arg(-\bar{z})=\pi-\arg z=\pi-\theta$
であるから, $-\bar{z}$ の極形式は
$$r\{\cos(\pi-\theta)+i\sin(\pi-\theta)\}$$

練習10 z_1, z_2 をそれぞれ極形式で表すと

$z_1=\sqrt{2}\left(\cos\dfrac{7}{4}\pi+i\sin\dfrac{7}{4}\pi\right)$

$z_2=-\dfrac{1}{2}+\dfrac{\sqrt{3}}{2}i=\cos\dfrac{2}{3}\pi+i\sin\dfrac{2}{3}\pi$

よって

$z_1z_2=\sqrt{2}\cdot1\left\{\cos\left(\dfrac{7}{4}\pi+\dfrac{2}{3}\pi\right)\right.$
$\left.+i\sin\left(\dfrac{7}{4}\pi+\dfrac{2}{3}\pi\right)\right\}$
$=\sqrt{2}\left(\cos\dfrac{29}{12}\pi+i\sin\dfrac{29}{12}\pi\right)$
$=\sqrt{2}\left(\cos\dfrac{5}{12}\pi+i\sin\dfrac{5}{12}\pi\right)$

$\dfrac{z_1}{z_2}=\dfrac{\sqrt{2}}{1}\left\{\cos\left(\dfrac{7}{4}\pi-\dfrac{2}{3}\pi\right)\right.$
$\left.+i\sin\left(\dfrac{7}{4}\pi-\dfrac{2}{3}\pi\right)\right\}$
$=\sqrt{2}\left(\cos\dfrac{13}{12}\pi+i\sin\dfrac{13}{12}\pi\right)$

練習11 $-iz=i(-z)$ であるから, 点 $-iz$ は,
点 $-z$ を原点Oを中心として $\dfrac{\pi}{2}$ だけ回転し
た点である。
また, 点 $-z$ は, 点 z を原点Oを中心として
π だけ回転した点である。

したがって, 点 $-iz$ は, 点 z を原点Oを中心
として $\dfrac{3}{2}\pi$ だけ回転した点である。

練習12 $|i|=1$, $\arg i=\dfrac{\pi}{2}$ であるから, 点 $\dfrac{z}{i}$ は,

点 z を原点Oを中心として $-\dfrac{\pi}{2}$ だけ回転し

た点である。

[参考] 練習11 より, 点 $-iz$ は, 点 z を原点
Oを中心として $\dfrac{3}{2}\pi$ だけ回転した点である。

また, 練習12 より点 $\dfrac{z}{i}$ は, 点 z を原点O

を中心として $-\dfrac{\pi}{2}$ だけ回転した点である。

原点Oを中心として $\dfrac{3}{2}\pi$ だけ回転すること

と, 原点Oを中心として $-\dfrac{\pi}{2}$ だけ回転す

ることは同じであるから, 点 $-iz$ と点 $\dfrac{z}{i}$

は同じ点である。このことは, 次のように
計算で確かめることができる。
$i^4=1$ であるから
$$\dfrac{z}{i}=\dfrac{i^4z}{i}=i^3z=i^2\cdot iz=-iz$$

練習13 (1) $\dfrac{-1+i}{\sqrt{2}}=\cos\dfrac{3}{4}\pi+i\sin\dfrac{3}{4}\pi$

よって, $\dfrac{-1+i}{\sqrt{2}}z$ は, 点 z を原点Oを中心と

して $\dfrac{3}{4}\pi$ だけ回転した点である。

(2) $\dfrac{\sqrt{3}-i}{2}=\cos\left(-\dfrac{\pi}{6}\right)+i\sin\left(-\dfrac{\pi}{6}\right)$

よって, $\dfrac{\sqrt{3}-i}{2}z$ は, 点 z を原点Oを中心と

して $-\dfrac{\pi}{6}$ だけ回転した点である。

練習14 (1) $w=\left\{\cos\left(-\dfrac{\pi}{3}\right)+i\sin\left(-\dfrac{\pi}{3}\right)\right\}z$
$=\left(\dfrac{1}{2}-\dfrac{\sqrt{3}}{2}i\right)(-2+4i)$
$=(-1+2\sqrt{3})+(2+\sqrt{3})i$

(2) $|z|=|w|$ で, $\arg w=\arg z-\dfrac{\pi}{3}$ であるから,

3 点 O, z, w を頂点とする三角形は**正三角形**
である。

練習15 (1) 点Bは，点Aを原点Oを中心として $\dfrac{\pi}{3}$ または $-\dfrac{\pi}{3}$ だけ回転した点である。

よって，求める複素数は
$$\left(\cos\dfrac{\pi}{3}+i\sin\dfrac{\pi}{3}\right)(4-2i)$$
$$=(2+\sqrt{3})+(-1+2\sqrt{3})i$$
$$\left\{\cos\left(-\dfrac{\pi}{3}\right)+i\sin\left(-\dfrac{\pi}{3}\right)\right\}(4-2i)$$
$$=(2-\sqrt{3})-(1+2\sqrt{3})i$$

(2) 点Bは，点Aを原点Oを中心として $\dfrac{\pi}{2}$ または $-\dfrac{\pi}{2}$ だけ回転した点である。

よって，求める複素数は
$$\left(\cos\dfrac{\pi}{2}+i\sin\dfrac{\pi}{2}\right)(3+2i)=-2+3i$$
$$\left\{\cos\left(-\dfrac{\pi}{2}\right)+i\sin\left(-\dfrac{\pi}{2}\right)\right\}(3+2i)=2-3i$$

練習16 点 α を原点Oに移すような平行移動で，点 β，γ，δ がそれぞれ点 β'，γ'，δ' に移るとすると $\beta'=\beta-\alpha=(3-i)-(1+i)=2-2i$
$$\gamma'=\gamma-\alpha$$
$$\delta'=\delta-\alpha$$

点 γ' は，点 β' を原点Oを中心として $\dfrac{\pi}{3}$ だけ回転した点であるから
$$\gamma'=\left(\cos\dfrac{\pi}{3}+i\sin\dfrac{\pi}{3}\right)\beta'$$
$$=\left(\dfrac{1}{2}+\dfrac{\sqrt{3}}{2}i\right)(2-2i)$$
$$=(1+\sqrt{3})+(-1+\sqrt{3})i$$
よって $\gamma=\gamma'+\alpha$
$$=(1+\sqrt{3})+(-1+\sqrt{3})i+(1+i)$$
$$=(2+\sqrt{3})+\sqrt{3}\,i$$

点 δ' は，点 β' を原点Oを中心として $-\dfrac{\pi}{4}$ だけ回転した点であるから
$$\delta'=\left\{\cos\left(-\dfrac{\pi}{4}\right)+i\sin\left(-\dfrac{\pi}{4}\right)\right\}\beta'$$
$$=\left(\dfrac{1}{\sqrt{2}}-\dfrac{1}{\sqrt{2}}i\right)(2-2i)$$
$$=-2\sqrt{2}\,i$$
よって $\delta=\delta'+\alpha$
$$=-2\sqrt{2}\,i+(1+i)$$
$$=1+(1-2\sqrt{2})i$$

3 ド・モアブルの定理 （本冊 $p.21\sim25$）

練習17 (1) $\dfrac{\sqrt{3}}{2}+\dfrac{1}{2}i$ を極形式で表すと，

$\cos\dfrac{\pi}{6}+i\sin\dfrac{\pi}{6}$ となるから
$$\left(\dfrac{\sqrt{3}}{2}+\dfrac{1}{2}i\right)^4=\left(\cos\dfrac{\pi}{6}+i\sin\dfrac{\pi}{6}\right)^4$$
$$=\cos\dfrac{4}{6}\pi+i\sin\dfrac{4}{6}\pi$$
$$=\cos\dfrac{2}{3}\pi+i\sin\dfrac{2}{3}\pi$$
$$=-\dfrac{1}{2}+\dfrac{\sqrt{3}}{2}i$$

(2) $-\dfrac{1}{\sqrt{2}}+\dfrac{1}{\sqrt{2}}i$ を極形式で表すと，

$\cos\dfrac{3}{4}\pi+i\sin\dfrac{3}{4}\pi$ となるから
$$\left(-\dfrac{1}{\sqrt{2}}+\dfrac{1}{\sqrt{2}}i\right)^8=\left(\cos\dfrac{3}{4}\pi+i\sin\dfrac{3}{4}\pi\right)^8$$
$$=\cos6\pi+i\sin6\pi$$
$$=\cos0+i\sin0$$
$$=1$$

(3) $1-i$ を極形式で表すと，

$\sqrt{2}\left(\cos\dfrac{7}{4}\pi+i\sin\dfrac{7}{4}\pi\right)$ となるから
$$(1-i)^5=(\sqrt{2})^5\left(\cos\dfrac{7}{4}\pi+i\sin\dfrac{7}{4}\pi\right)^5$$
$$=4\sqrt{2}\left(\cos\dfrac{35}{4}\pi+i\sin\dfrac{35}{4}\pi\right)$$
$$=4\sqrt{2}\left(\cos\dfrac{3}{4}\pi+i\sin\dfrac{3}{4}\pi\right)$$
$$=4\sqrt{2}\left(-\dfrac{1}{\sqrt{2}}+\dfrac{1}{\sqrt{2}}i\right)$$
$$=-4+4i$$

(4) $1+\sqrt{3}\,i$ を極形式で表すと，

$2\left(\cos\dfrac{\pi}{3}+i\sin\dfrac{\pi}{3}\right)$ となるから
$$(1+\sqrt{3}\,i)^{-3}=2^{-3}\left(\cos\dfrac{\pi}{3}+i\sin\dfrac{\pi}{3}\right)^{-3}$$
$$=\dfrac{1}{8}\{\cos(-\pi)+i\sin(-\pi)\}$$
$$=\dfrac{1}{8}(-1+0i)$$
$$=-\dfrac{1}{8}$$

練習18 1の6乗根は，次の6つの複素数である。

$$z_k = \cos\frac{2k\pi}{6} + i\sin\frac{2k\pi}{6} = \cos\frac{k\pi}{3} + i\sin\frac{k\pi}{3}$$
$$(k = 0,\ 1,\ 2,\ 3,\ 4,\ 5)$$

すなわち

$$z_0 = 1,\ \ z_1 = \frac{1}{2} + \frac{\sqrt{3}}{2}i,\ \ z_2 = -\frac{1}{2} + \frac{\sqrt{3}}{2}i,$$
$$z_3 = -1,\ \ z_4 = -\frac{1}{2} - \frac{\sqrt{3}}{2}i,\ \ z_5 = \frac{1}{2} - \frac{\sqrt{3}}{2}i$$

練習19 ド・モアブルの定理から

$$z^{10} = \left(\cos\frac{\pi}{5} + i\sin\frac{\pi}{5}\right)^{10}$$
$$= \cos 2\pi + i\sin 2\pi = 1$$

よって，z は1の10乗根である。

したがって $z^{10} = 1$　すなわち $z^{10} - 1 = 0$

左辺を因数分解して

$$(z - 1)(z^9 + z^8 + \cdots\cdots + z + 1) = 0$$

$z - 1 \neq 0$ であるから

$$z^9 + z^8 + \cdots\cdots + z + 1 = 0$$

練習20 (1)　z の極形式を

$$z = r(\cos\theta + i\sin\theta)\ \ \cdots\cdots ①$$

とすると

$$z^3 = r^3(\cos\theta + i\sin\theta)^3$$
$$= r^3(\cos 3\theta + i\sin 3\theta)$$

i を極形式で表すと　$\cos\dfrac{\pi}{2} + i\sin\dfrac{\pi}{2}$

よって

$$r^3(\cos 3\theta + i\sin 3\theta) = \cos\frac{\pi}{2} + i\sin\frac{\pi}{2}$$

両辺の絶対値と偏角を比較すると

$$r^3 = 1,\ \ 3\theta = \frac{\pi}{2} + 2k\pi\ (k\ は整数)$$

r は正の実数であるから　$r = 1\ \ \cdots\cdots ②$

また　　$\theta = \dfrac{\pi}{6} + \dfrac{2k\pi}{3}$

$0 \leqq \theta < 2\pi$ の範囲で考えると，$k = 0,\ 1,\ 2$ であるから　　$\theta = \dfrac{\pi}{6},\ \dfrac{5}{6}\pi,\ \dfrac{3}{2}\pi\ \ \cdots\cdots ③$

②，③ を ① に代入すると，求める解は

$$z = \cos\frac{\pi}{6} + i\sin\frac{\pi}{6} = \frac{\sqrt{3}}{2} + \frac{1}{2}i$$
$$z = \cos\frac{5}{6}\pi + i\sin\frac{5}{6}\pi = -\frac{\sqrt{3}}{2} + \frac{1}{2}i$$
$$z = \cos\frac{3}{2}\pi + i\sin\frac{3}{2}\pi = -i$$

この解を上から順に z_0, z_1, z_2 とし，複素数平面上に図示すると，右の図のようになる。

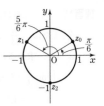

(2)　z の極形式を

$$z = r(\cos\theta + i\sin\theta)\ \ \cdots\cdots ①$$

とすると

$$z^4 = r^4(\cos\theta + i\sin\theta)^4$$
$$= r^4(\cos 4\theta + i\sin 4\theta)$$

-4 を極形式で表すと　$4(\cos\pi + i\sin\pi)$

よって

$$r^4(\cos 4\theta + i\sin 4\theta) = 4(\cos\pi + i\sin\pi)$$

両辺の絶対値と偏角を比較すると

$$r^4 = 4,\ \ 4\theta = \pi + 2k\pi\ (k\ は整数)$$

r は正の実数であるから　$r = \sqrt{2}\ \ \cdots\cdots ②$

また　　$\theta = \dfrac{\pi}{4} + \dfrac{k\pi}{2}$

$0 \leqq \theta < 2\pi$ の範囲で考えると，$k = 0,\ 1,\ 2,\ 3$ であるから

$$\theta = \frac{\pi}{4},\ \frac{3}{4}\pi,\ \frac{5}{4}\pi,\ \frac{7}{4}\pi\ \ \cdots\cdots ③$$

②，③ を ① に代入すると，求める解は

$$z = \sqrt{2}\left(\cos\frac{\pi}{4} + i\sin\frac{\pi}{4}\right) = 1 + i$$
$$z = \sqrt{2}\left(\cos\frac{3}{4}\pi + i\sin\frac{3}{4}\pi\right) = -1 + i$$
$$z = \sqrt{2}\left(\cos\frac{5}{4}\pi + i\sin\frac{5}{4}\pi\right) = -1 - i$$
$$z = \sqrt{2}\left(\cos\frac{7}{4}\pi + i\sin\frac{7}{4}\pi\right) = 1 - i$$

この解を上から順に z_0, z_1, z_2, z_3 とし，複素数平面上に図示すると，右の図のようになる。

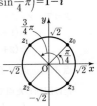

(3)　z の極形式を

$$z = r(\cos\theta + i\sin\theta)\ \ \cdots\cdots ①$$

とすると

$$z^2 = r^2(\cos\theta + i\sin\theta)^2$$
$$= r^2(\cos 2\theta + i\sin 2\theta)$$

$-1 + \sqrt{3}\,i$ を極形式で表すと

$$2\left(\cos\frac{2}{3}\pi+i\sin\frac{2}{3}\pi\right)$$

よって　　$r^2(\cos2\theta+i\sin2\theta)$
$$=2\left(\cos\frac{2}{3}\pi+i\sin\frac{2}{3}\pi\right)$$

両辺の絶対値と偏角を比較すると
$$r^2=2,\quad 2\theta=\frac{2}{3}\pi+2k\pi\ (k\text{ は整数})$$

r は正の実数であるから　$r=\sqrt{2}$　……②

また　　　$\theta=\dfrac{\pi}{3}+k\pi$

$0\leqq\theta<2\pi$ の範囲で考えると，$k=0,\ 1$ である

から　　　$\theta=\dfrac{\pi}{3},\ \dfrac{4}{3}\pi$　……③

②，③ を ① に代入すると，求める解は
$$z=\sqrt{2}\left(\cos\frac{\pi}{3}+i\sin\frac{\pi}{3}\right)=\frac{\sqrt{2}}{2}+\frac{\sqrt{6}}{2}i$$
$$z=\sqrt{2}\left(\cos\frac{4}{3}\pi+i\sin\frac{4}{3}\pi\right)=-\frac{\sqrt{2}}{2}-\frac{\sqrt{6}}{2}i$$

この解を上から順に
z_0，z_1 とし，複素数
平面上に図示すると，
右の図のようになる。

4　複素数と図形　(本冊 *p*. 26〜34)

練習21　(1)　点Cを表す複素数は
$$\frac{2(-1+4i)+1(5-2i)}{1+2}=\frac{3+6i}{3}=1+2i$$

(2)　点Mを表す複素数は
$$\frac{(-1+4i)+(5-2i)}{2}=\frac{4+2i}{2}=2+i$$

(3)　点Dを表す複素数は
$$\frac{-2(-1+4i)+3(5-2i)}{3-2}=17-14i$$

練習22　辺 BC の中点を M(m) とすると
$$m=\frac{\beta+\gamma}{2}$$

重心Gは線分 AM を $2:1$ に内分する点であ
るから
$$\delta=\frac{\alpha+2m}{2+1}=\frac{\alpha+2\cdot\dfrac{\beta+\gamma}{2}}{3}=\frac{\alpha+\beta+\gamma}{3}$$

練習23　(1)　原点Oを中心とする半径 3 の円
　(2)　点 3 を中心とする半径 2 の円
　(3)　点 $-i$ を中心とする半径 4 の円
　(4)　点 $2-i$ を中心とする半径 1 の円

練習24　(1)　方程式を満
たす点 z 全体は，2 点
$2,\ 2i$ を両端とする線
分の垂直二等分線であ
る。

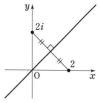

(2)　方程式を満たす点 z 全体は，2 点 $-2,\ 4i$
を両端とする線分の垂直二等分線である。

(3)　方程式は　$|z|=|z-2+2i|$　と変形できる。
よって，方程式を満たす点 z 全体は，原点O
と点 $2-2i$ を両端とする線分の垂直二等分線
である。

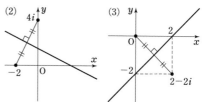

練習25　(1)　方程式の両辺を 2 乗すると
$$9|z+2|^2=|z-6|^2$$
よって　　$9(z+2)\overline{(z+2)}=(z-6)\overline{(z-6)}$
すなわち　$9(z+2)(\bar{z}+2)=(z-6)(\bar{z}-6)$
整理すると　$z\bar{z}+3z+3\bar{z}=0$
よって　　$(z+3)(\bar{z}+3)=9$
ゆえに　　$(z+3)\overline{(z+3)}=9$
すなわち　$|z+3|^2=3^2$
ゆえに　　$|z+3|=3$
したがって，方程式を満たす点 z 全体は，**点**
-3 を中心とする半径 3 の円である。

(2)　方程式の両辺を 2 乗すると
$$|z-4i|^2=4|z-i|^2$$
よって　　$(z-4i)\overline{(z-4i)}=4(z-i)\overline{(z-i)}$
すなわち　$(z-4i)(\bar{z}+4i)=4(z-i)(\bar{z}+i)$
整理すると　$z\bar{z}=4$
よって　　$|z|^2=2^2$
ゆえに　　$|z|=2$
したがって，方程式を満たす点 z 全体は，**原**
点Oを中心とする半径 2 の円である。

練習26 (1) $z=x+yi$ $(x, y$ は実数) とおくと
$$\overline{z}=x-yi$$
これらを方程式に代入すると
$$(x+yi)+(x-yi)=4$$
よって $2x=4$
ゆえに $x=2$
したがって，方程式を満たす点 z 全体は，**点 2 を通り実軸に垂直な直線である。**

別解 与式から $\dfrac{z+\overline{z}}{2}=2$

また，2 点 z, $\overline{z}$ は実軸に関して対称である。よって，2 点 z, $\overline{z}$ を結ぶ線分の中点が常に点 2 であるから，方程式を満たす点 z 全体は，**点 2 を通り実軸に垂直な直線である。**

(2) $z=x+yi$ $(x, y$ は実数) とおくと
$$\overline{z}=x-yi$$
これらを方程式に代入すると
$$(x+yi)-(x-yi)=6i$$
よって $2yi=6i$
ゆえに $yi=3i$
すなわち $y=3$
したがって，方程式を満たす点 z 全体は，**点 $3i$ を通り虚軸に垂直な直線である。**

別解 与式から $\dfrac{z+(-\overline{z})}{2}=3i$

また，2 点 z, $-\overline{z}$ は虚軸に関して対称である。よって，2 点 z, $-\overline{z}$ を結ぶ線分の中点が常に点 $3i$ であるから，方程式を満たす点 z 全体は，**点 $3i$ を通り虚軸に垂直な直線である。**

練習27 点 z は，原点 O を中心とする半径 6 の円の周上にあるから $|z|=6$
$$w=\frac{z+2i}{2}=\frac{z}{2}+i$$
すなわち $z=2(w-i)$
よって $|2(w-i)|=6$
ゆえに $|w-i|=3$
したがって，点 w は**点 i を中心とする半径 3 の円を描く。**

練習28 点 z は，原点 O を中心とする半径 1 の円の周上にあるから $|z|=1$
$w=1+iz$ より $z=\dfrac{w-1}{i}$

よって $\left|\dfrac{w-1}{i}\right|=1$
ゆえに $|w-1|=1$
したがって，点 w は**点 1 を中心とする半径 1 の円を描く。**

練習29 点 z は原点 O と点 4 を結んだ線分の垂直二等分線上を動くから
$$|z|=|z-4| \quad \cdots\cdots ①$$
$w=\dfrac{1}{z}$ から $wz=1$

$w\neq0$ であるから $z=\dfrac{1}{w}$

① に代入すると $\left|\dfrac{1}{w}\right|=\left|\dfrac{1}{w}-4\right|$

両辺に $|w|$ を掛けると
$$1=|1-4w|$$
よって $\left|4\left(w-\dfrac{1}{4}\right)\right|=1$

すなわち $\left|w-\dfrac{1}{4}\right|=\dfrac{1}{4}$

よって，点 w は**点 $\dfrac{1}{4}$ を中心とする半径 $\dfrac{1}{4}$ の円を描く。**

ただし，$w\neq0$ であるから，**原点は除く。**

練習30 $\dfrac{\gamma-\alpha}{\beta-\alpha}=\dfrac{1-5i}{-3+2i}$
$$=-1+i$$
$$=\sqrt{2}\left(\cos\frac{3}{4}\pi+i\sin\frac{3}{4}\pi\right)$$

よって $\angle\beta\alpha\gamma=\dfrac{3}{4}\pi$

練習31 $\dfrac{\gamma-\alpha}{\beta-\alpha}=\dfrac{3i-(k+i)}{1-(k+i)}$
$$=\frac{-k+2i}{(1-k)-i}$$
$$=\frac{(-k+2i)\{(1-k)+i\}}{\{(1-k)-i\}\{(1-k)+i\}}$$
$$=\frac{-k(1-k)-ki+2(1-k)i-2}{(1-k)^2+1}$$
$$=\frac{(k^2-k-2)+(2-3k)i}{(1-k)^2+1}$$

(1) 3 点 A, B, C が一直線上にあるのは，$\dfrac{\gamma-\alpha}{\beta-\alpha}$ が実数のときである。

よって，$2-3k=0$ より $k=\dfrac{2}{3}$

(2) 点Aが線分BCを直径とする円の周上にあるのは，2直線 AB，AC が垂直に交わるときである。

2直線 AB，AC が垂直に交わるのは，$\dfrac{\gamma-\alpha}{\beta-\alpha}$ が純虚数のときである。

よって　　　$k^2-k-2=0$

すなわち　　$(k+1)(k-2)=0$

したがって　$k=-1,\ 2$

練習32 (1) $2\gamma-(1+\sqrt{3}\,i)\beta=(1-\sqrt{3}\,i)\alpha$ より

$$\gamma=\dfrac{1-\sqrt{3}\,i}{2}\alpha+\dfrac{1+\sqrt{3}\,i}{2}\beta$$

よって　$\dfrac{\gamma-\alpha}{\beta-\alpha}=\dfrac{\dfrac{-1-\sqrt{3}\,i}{2}\alpha+\dfrac{1+\sqrt{3}\,i}{2}\beta}{\beta-\alpha}$

$=\dfrac{\dfrac{1+\sqrt{3}\,i}{2}(\beta-\alpha)}{\beta-\alpha}$

$=\dfrac{1+\sqrt{3}\,i}{2}$

$=\cos\dfrac{\pi}{3}+i\sin\dfrac{\pi}{3}$

(2) (1)より，$\angle A=\dfrac{\pi}{3}$ であることがわかる。

また，$\left|\dfrac{\gamma-\alpha}{\beta-\alpha}\right|=1$ であるから　$AB=AC$

よって，$\triangle ABC$ は頂角の大きさが $\dfrac{\pi}{3}$ の二等辺三角形であるから，正三角形である。

したがって，$\triangle ABC$ の3つの角の大きさは，すべて $\dfrac{\pi}{3}$ である。

確認問題 (本冊 p.35)

問題1 (1) $\overline{4z-3\bar{z}}=3+14i$ より

$\overline{4z}-\overline{3\bar{z}}=\overline{3+14i}$

よって　$4\bar{z}-3z=3-14i$

(2) $4z-3\bar{z}=3+14i$ の両辺を4倍して

$16z-12\bar{z}=12+56i$

$4\bar{z}-3z=3-14i$ の両辺を3倍して

$12\bar{z}-9z=9-42i$

両辺をそれぞれ加えると　$7z=21+14i$

よって　$z=3+2i$

問題2　各複素数の絶対値を r とする。

(1) $r=\sqrt{(-2)^2+2^2}=2\sqrt{2}$

$\cos\theta=-\dfrac{1}{\sqrt{2}}$，$\sin\theta=\dfrac{1}{\sqrt{2}}$ より　$\theta=\dfrac{3}{4}\pi$

よって　$-2+2i=2\sqrt{2}\left(\cos\dfrac{3}{4}\pi+i\sin\dfrac{3}{4}\pi\right)$

(2) $r=\sqrt{(\sqrt{3})^2+(-3)^2}=2\sqrt{3}$

$\cos\theta=\dfrac{1}{2}$，$\sin\theta=-\dfrac{\sqrt{3}}{2}$ より　$\theta=\dfrac{5}{3}\pi$

よって　$\sqrt{3}-3i=2\sqrt{3}\left(\cos\dfrac{5}{3}\pi+i\sin\dfrac{5}{3}\pi\right)$

(3) $r=4$

$\cos\theta=-1$，$\sin\theta=0$ より　$\theta=\pi$

よって　$-4=4(\cos\pi+i\sin\pi)$

(4) $r=\dfrac{1}{2}$

$\cos\theta=0$，$\sin\theta=-1$ より　$\theta=\dfrac{3}{2}\pi$

よって　$-\dfrac{i}{2}=\dfrac{1}{2}\left(\cos\dfrac{3}{2}\pi+i\sin\dfrac{3}{2}\pi\right)$

問題3　z_1，z_2 を極形式で表すと

$z_1=2\left(\dfrac{\sqrt{3}}{2}+\dfrac{1}{2}i\right)=2\left(\cos\dfrac{\pi}{6}+i\sin\dfrac{\pi}{6}\right)$

$z_2=\dfrac{\sqrt{2}}{2}\left(-\dfrac{1}{\sqrt{2}}+\dfrac{1}{\sqrt{2}}i\right)$

$=\dfrac{\sqrt{2}}{2}\left(\cos\dfrac{3}{4}\pi+i\sin\dfrac{3}{4}\pi\right)$

(1) $z_1 z_2$

$=2\cdot\dfrac{\sqrt{2}}{2}\left\{\cos\left(\dfrac{\pi}{6}+\dfrac{3}{4}\pi\right)+i\sin\left(\dfrac{\pi}{6}+\dfrac{3}{4}\pi\right)\right\}$

$=\sqrt{2}\left(\cos\dfrac{11}{12}\pi+i\sin\dfrac{11}{12}\pi\right)$

(2) $\dfrac{z_1}{z_2}$

$=2\cdot\dfrac{2}{\sqrt{2}}\left\{\cos\left(\dfrac{\pi}{6}-\dfrac{3}{4}\pi\right)+i\sin\left(\dfrac{\pi}{6}-\dfrac{3}{4}\pi\right)\right\}$

$=2\sqrt{2}\left\{\cos\left(-\dfrac{7}{12}\pi\right)+i\sin\left(-\dfrac{7}{12}\pi\right)\right\}$

$=2\sqrt{2}\left(\cos\dfrac{17}{12}\pi+i\sin\dfrac{17}{12}\pi\right)$

(3) $z_1^4=2^4\left(\cos\dfrac{\pi}{6}+i\sin\dfrac{\pi}{6}\right)^4$

$=16\left(\cos\dfrac{2}{3}\pi+i\sin\dfrac{2}{3}\pi\right)$

問題 4 (1) $\left(\cos\dfrac{\pi}{2}+i\sin\dfrac{\pi}{2}\right)(1-2i)$

$\qquad = i(1-2i) = 2+i$

(2) $\left(\cos\dfrac{2}{3}\pi+i\sin\dfrac{2}{3}\pi\right)(1-2i)$

$\qquad = \left(-\dfrac{1}{2}+\dfrac{\sqrt{3}}{2}i\right)(1-2i)$

$\qquad = \dfrac{(-1+2\sqrt{3})+(2+\sqrt{3})i}{2}$

(3) $\left\{\cos\left(-\dfrac{3}{4}\pi\right)+i\sin\left(-\dfrac{3}{4}\pi\right)\right\}(1-2i)$

$\qquad = \left(-\dfrac{1}{\sqrt{2}}-\dfrac{1}{\sqrt{2}}i\right)(1-2i)$

$\qquad = \dfrac{-3\sqrt{2}+\sqrt{2}\,i}{2}$

問題 5 z の極形式を

$\qquad z = r(\cos\theta+i\sin\theta) \quad\cdots\cdots\ ①$

とすると

$\qquad z^4 = r^4(\cos\theta+i\sin\theta)^4$

$\qquad\qquad = r^4(\cos 4\theta+i\sin 4\theta)$

$-2(1+\sqrt{3}\,i)$ を極形式で表すと

$\qquad 4\left(\cos\dfrac{4}{3}\pi+i\sin\dfrac{4}{3}\pi\right)$

よって $r^4(\cos 4\theta+i\sin 4\theta)$

$\qquad\qquad = 4\left(\cos\dfrac{4}{3}\pi+i\sin\dfrac{4}{3}\pi\right)$

両辺の絶対値と偏角を比較すると

$\qquad r^4=4,\ \ 4\theta=\dfrac{4}{3}\pi+2k\pi$ （k は整数）

r は正の実数であるから $r=\sqrt{2}$ $\quad\cdots\cdots\ ②$

また $\theta = \dfrac{\pi}{3}+\dfrac{k\pi}{2}$

$0\le\theta<2\pi$ の範囲で考えると，$k=0,\ 1,\ 2,\ 3$ であるから

$\qquad \theta = \dfrac{\pi}{3},\ \dfrac{5}{6}\pi,\ \dfrac{4}{3}\pi,\ \dfrac{11}{6}\pi \quad\cdots\cdots\ ③$

②，③ を ① に代入すると，求める解は

$z=\sqrt{2}\left(\cos\dfrac{\pi}{3}+i\sin\dfrac{\pi}{3}\right)=\dfrac{\sqrt{2}+\sqrt{6}\,i}{2}$

$z=\sqrt{2}\left(\cos\dfrac{5}{6}\pi+i\sin\dfrac{5}{6}\pi\right)=\dfrac{-\sqrt{6}+\sqrt{2}\,i}{2}$

$z=\sqrt{2}\left(\cos\dfrac{4}{3}\pi+i\sin\dfrac{4}{3}\pi\right)=\dfrac{-\sqrt{2}-\sqrt{6}\,i}{2}$

$z=\sqrt{2}\left(\cos\dfrac{11}{6}\pi+i\sin\dfrac{11}{6}\pi\right)=\dfrac{\sqrt{6}-\sqrt{2}\,i}{2}$

問題 6 $\dfrac{\gamma-\alpha}{\beta-\alpha}=\dfrac{1-\sqrt{3}\,i}{2}$

$\qquad = \cos\left(-\dfrac{\pi}{3}\right)+i\sin\left(-\dfrac{\pi}{3}\right)$

よって，$\angle\beta\alpha\gamma=-\dfrac{\pi}{3}$ であるから $\angle\mathrm{A}=\dfrac{\pi}{3}$

また，$\left|\dfrac{\gamma-\alpha}{\beta-\alpha}\right|=1$ であるから $\mathrm{AB}=\mathrm{AC}$

したがって，$\triangle\mathrm{ABC}$ は頂角の大きさが $\dfrac{\pi}{3}$ の二等辺三角形であるから，**正三角形である。**

演習問題A　（本冊 $p.36$）

問題 1 (1) $\sqrt{3}+i=2\left(\dfrac{\sqrt{3}}{2}+\dfrac{1}{2}i\right)$

$\qquad\qquad = 2\left(\cos\dfrac{\pi}{6}+i\sin\dfrac{\pi}{6}\right)$

$\quad 1-i=\sqrt{2}\left(\dfrac{1}{\sqrt{2}}-\dfrac{1}{\sqrt{2}}i\right)$

$\qquad\qquad = \sqrt{2}\left\{\cos\left(-\dfrac{\pi}{4}\right)+i\sin\left(-\dfrac{\pi}{4}\right)\right\}$

よって

$\dfrac{\sqrt{3}+i}{1-i}=\dfrac{2}{\sqrt{2}}\Big[\cos\left\{\dfrac{\pi}{6}-\left(-\dfrac{\pi}{4}\right)\right\}$

$\qquad\qquad\qquad\qquad +i\sin\left\{\dfrac{\pi}{6}-\left(-\dfrac{\pi}{4}\right)\right\}\Big]$

$\qquad = \sqrt{2}\left(\cos\dfrac{5}{12}\pi+i\sin\dfrac{5}{12}\pi\right)$

したがって $\left(\dfrac{\sqrt{3}+i}{1-i}\right)^6$

$\qquad = (\sqrt{2})^6\left(\cos\dfrac{5}{12}\pi+i\sin\dfrac{5}{12}\pi\right)^6$

$\qquad = 8\left(\cos\dfrac{5}{2}\pi+i\sin\dfrac{5}{2}\pi\right)$

$\qquad = 8i$

(2) $\dfrac{1+\sqrt{3}\,i}{2}=\cos\dfrac{\pi}{3}+i\sin\dfrac{\pi}{3}$ であるから

$\left(\dfrac{1+\sqrt{3}\,i}{2}\right)^8=\left(\cos\dfrac{\pi}{3}+i\sin\dfrac{\pi}{3}\right)^8$

$\qquad = \cos\dfrac{8}{3}\pi+i\sin\dfrac{8}{3}\pi$

$\qquad = -\dfrac{1}{2}+\dfrac{\sqrt{3}}{2}i$

$\dfrac{1-\sqrt{3}\,i}{2}=\cos\left(-\dfrac{\pi}{3}\right)+i\sin\left(-\dfrac{\pi}{3}\right)$

であるから

$$\left(\frac{1-\sqrt{3}\,i}{2}\right)^8=\left\{\cos\left(-\frac{\pi}{3}\right)+i\sin\left(-\frac{\pi}{3}\right)\right\}^8$$

$$=\cos\left(-\frac{8}{3}\pi\right)+i\sin\left(-\frac{8}{3}\pi\right)$$

$$=-\frac{1}{2}-\frac{\sqrt{3}}{2}i$$

よって $\left\{\left(\frac{1+\sqrt{3}\,i}{2}\right)^8+\left(\frac{1-\sqrt{3}\,i}{2}\right)^8\right\}^2$

$$=\left(-\frac{1}{2}+\frac{\sqrt{3}}{2}i-\frac{1}{2}-\frac{\sqrt{3}}{2}i\right)^2$$

$$=(-1)^2=1$$

問題 2　w が実数であるから　$z+\dfrac{1}{z}=\overline{z+\dfrac{1}{z}}$

すなわち　$z+\dfrac{1}{z}=\bar{z}+\dfrac{1}{\bar{z}}$

よって　$z-\bar{z}-\dfrac{z-\bar{z}}{z\bar{z}}=0$

両辺に $z\bar{z}(\neq0)$ を掛けて

$$z\bar{z}(z-\bar{z})-(z-\bar{z})=0$$

ゆえに　$(z-\bar{z})(|z|^2-1)=0$

よって　$z=\bar{z}$　または　$|z|=1$

$z=\bar{z}$ のとき，z は実数であるから，点 z は実軸上にある。ただし，$z\neq0$。

したがって，求める図形は，**実軸または，原点を中心とする半径 1 の円**である。

ただし，**原点を除く**。

問題 3　(1)　α は 0 ではないから，$\alpha^2\neq0$

等式 $4\alpha^2-2\alpha\beta+\beta^2=0$ の両辺を α^2 で割ると

$$4-2\left(\frac{\beta}{\alpha}\right)+\left(\frac{\beta}{\alpha}\right)^2=0$$

よって　$\dfrac{\beta}{\alpha}=1\pm\sqrt{3}\,i$

したがって　$\dfrac{\beta}{\alpha}=2\left(\cos\dfrac{\pi}{3}+i\sin\dfrac{\pi}{3}\right)$

または　$\dfrac{\beta}{\alpha}=2\left\{\cos\left(-\dfrac{\pi}{3}\right)+i\sin\left(-\dfrac{\pi}{3}\right)\right\}$

(2)　α，β が表す点をそれぞれ A，B とする。(1) の結果から，次のことがわかる。

線分 OB は，線分 OA を 2 倍して，原点 O を中心に $\dfrac{\pi}{3}$ だけ回転したもの

または

線分 OB は，線分 OA を 2 倍して，原点 O を中心に $-\dfrac{\pi}{3}$ だけ回転したもの

よって，$\triangle$OAB の 3 つの角の大きさは

$$\frac{\pi}{2},\ \frac{\pi}{3},\ \frac{\pi}{6}$$

演習問題B　(本冊 $p.36$)

問題 4　右の図のように，複素数 2α を表す点をとる。

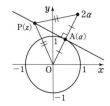

このとき，点 P(z) は原点 O と点 2α から等しい距離にある。

よって

$$|z|=|z-2\alpha|$$

両辺を 2 乗すると

$$|z|^2=|z-2\alpha|^2$$

$$z\bar{z}=(z-2\alpha)\overline{(z-2\alpha)}$$

$$z\bar{z}=(z-2\alpha)(\bar{z}-2\bar{\alpha})$$

$$z\bar{z}=z\bar{z}-2\bar{\alpha}z-2\alpha\bar{z}+4\alpha\bar{\alpha}$$

よって　$\bar{\alpha}z+\alpha\bar{z}=2\alpha\bar{\alpha}=2|\alpha|^2=2$

したがって，$\bar{\alpha}z+\alpha\bar{z}$ は一定で，その値は **2** である。

問題 5　点 w は，原点 O を中心とする半径 2 の円の周上を動くから　$|w|=2$

よって　$\left|\dfrac{z-4}{z+2}\right|=2$

$\left|\dfrac{z-4}{z+2}\right|=\dfrac{|z-4|}{|z+2|}$　であるから

$$|z-4|=2|z+2|$$

両辺を 2 乗して　$|z-4|^2=4|z+2|^2$

よって　$(z-4)\overline{(z-4)}=4(z+2)\overline{(z+2)}$

すなわち　$(z-4)(\bar{z}-4)=4(z+2)(\bar{z}+2)$

整理すると　$z\bar{z}+4z+4\bar{z}=0$

ゆえに　$(z+4)(\bar{z}+4)=16$

すなわち　$(z+4)\overline{(z+4)}=16$

よって　$|z+4|^2=4^2$

$$|z+4|=4$$

したがって，点 z は点 -4 を中心とする半径 **4 の円**を描く。

第2章　式と曲線

1 放物線 (本冊 $p.38, 39$)

練習1 (1) $y^2=4\cdot1\cdot x$ より　$y^2=4x$

(2) $y^2=4\cdot(-3)x$ より　$y^2=-12x$

練習2 (1) 焦点の座標は　$y^2=4\cdot2x$ より
$$(2, 0)$$
準線の方程式は　　$x=-2$

(2) 焦点の座標は　$y^2=4\cdot\left(-\dfrac{1}{2}\right)x$ より
$$\left(-\dfrac{1}{2}, 0\right)$$
準線の方程式は　　$x=\dfrac{1}{2}$

(1)　　　　　　　(2)

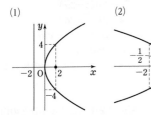

練習3 (1) $x^2=4\cdot(-2)y$ より　$x^2=-8y$

(2) $x^2=4\cdot\dfrac{1}{4}y$ であるから，焦点の座標は
$$\left(0, \dfrac{1}{4}\right)$$
準線の方程式は　　$y=-\dfrac{1}{4}$

2 楕円 (本冊 $p.40\sim44$)

練習4 (1) 焦点の座標は　$\sqrt{25-9}=4$ より
$$(4, 0), (-4, 0)$$
長軸の長さは　　$2\times5=10$
短軸の長さは　　$2\times3=6$

(2) 焦点の座標は　$\sqrt{4-1}=\sqrt{3}$ より
$$(\sqrt{3}, 0), (-\sqrt{3}, 0)$$
長軸の長さは　　$2\times2=4$
短軸の長さは　　$2\times1=2$

(1)　　　　　　　(2)

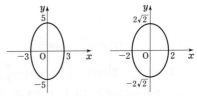

練習5 求める楕円の方程式は
$$\dfrac{x^2}{a^2}+\dfrac{y^2}{b^2}=1 \ (a>b>0) \ \text{とおける。}$$
焦点からの距離の和が 6 であるから　$2a=6$
よって　$a=3$
焦点が点 $(2, 0), (-2, 0)$ であるから
$$\sqrt{a^2-b^2}=2$$
ゆえに　$\sqrt{3^2-b^2}=2$
両辺を 2 乗して　$b^2=5$
よって，求める方程式は　$\dfrac{x^2}{9}+\dfrac{y^2}{5}=1$

練習6 (1) 焦点の座標は　$\sqrt{25-9}=4$ より
$$(0, 4), (0, -4)$$
長軸の長さは　　$2\times5=10$
短軸の長さは　　$2\times3=6$

(2) 焦点の座標は　$\sqrt{8-4}=2$ より
$$(0, 2), (0, -2)$$
長軸の長さは　　$2\times2\sqrt{2}=4\sqrt{2}$
短軸の長さは　　$2\times2=4$

(1)　　　　　　　(2)

練習7 点 P, R の座標を，それぞれ (s, t)，(x, y) とおく。

P は円 C 上にあるから　$s^2+t^2=4$ …… ①

また，$x=\dfrac{1}{2}s, y=t$ より　$s=2x, t=y$

これを ① に代入すると　$(2x)^2+y^2=4$

よって，求める軌跡は　楕円 $x^2+\dfrac{y^2}{4}=1$

練習 8 円 $x^2+y^2=9$ 上の点を P(s, t) とすると
$$s^2+t^2=9 \quad \cdots\cdots ①$$

(1) P の y 座標だけを $\dfrac{2}{3}$ 倍した点を Q(x, y)

とすると $\quad x=s, \ y=\dfrac{2}{3}t$

よって $\quad s=x, \ t=\dfrac{3}{2}y$

これを ① に代入して整理すると，求める楕円

の方程式は $\quad \dfrac{x^2}{9}+\dfrac{y^2}{4}=1$

焦点の座標は $\quad \sqrt{9-4}=\sqrt{5}$ より
$$(\sqrt{5}, \ 0), \ (-\sqrt{5}, \ 0)$$

(2) P の x 座標だけを 2 倍した点を R(x, y) と

すると $\quad x=2s, \ y=t$

よって $\quad s=\dfrac{1}{2}x, \ t=y$

これを ① に代入して整理すると，求める楕円

の方程式は $\quad \dfrac{x^2}{36}+\dfrac{y^2}{9}=1$

焦点の座標は $\quad \sqrt{36-9}=\sqrt{27}=3\sqrt{3}$ より
$$(3\sqrt{3}, \ 0), \ (-3\sqrt{3}, \ 0)$$

(1)　　　　　　　(2)

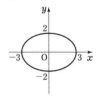

練習 9 P$(s, 0)$, Q$(0, t)$, R$'(x, y)$ とすると
$$s^2+t^2=6^2 \quad \cdots\cdots ①$$
R$'$ は線分 PQ を $1:2$ に外分するから
$$x=\dfrac{-2s}{1-2}=2s, \ y=\dfrac{t}{1-2}=-t$$
よって $\quad s=\dfrac{1}{2}x, \ t=-y$

これらを ① に代入して整理すると
$$\dfrac{x^2}{144}+\dfrac{y^2}{36}=1 \quad \cdots\cdots ②$$
ゆえに，条件を満たす点 R$'$ は楕円 ② 上にある。

逆に，楕円 ② 上の任意の点 R$'(x, y)$ は，条件を満たす。

したがって，求める軌跡は 楕円 $\dfrac{x^2}{144}+\dfrac{y^2}{36}=1$

3 双曲線 （本冊 $p.45\sim49$）

練習 10 (1) 焦点の座標は $\sqrt{16+9}=\sqrt{25}=5$ より
$$(5, \ 0), \ (-5, \ 0)$$
漸近線の方程式は $\quad \dfrac{x}{4}-\dfrac{y}{3}=0, \ \dfrac{x}{4}+\dfrac{y}{3}=0$

(2) 焦点の座標は $\sqrt{4+8}=\sqrt{12}=2\sqrt{3}$ より
$$(2\sqrt{3}, \ 0), \ (-2\sqrt{3}, \ 0)$$
漸近線の方程式は
$$\dfrac{x}{2}-\dfrac{y}{2\sqrt{2}}=0, \ \dfrac{x}{2}+\dfrac{y}{2\sqrt{2}}=0$$
すなわち $\quad y=\sqrt{2}\,x, \ y=-\sqrt{2}\,x$

(1)　　　　　　　(2)

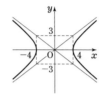

練習 11 求める双曲線の方程式は
$$\dfrac{x^2}{a^2}-\dfrac{y^2}{b^2}=1 \ (a>0, \ b>0) \ とおける。$$
焦点からの距離の差が 4 であるから $\quad 2a=4$
よって $\quad a=2$
焦点が点 $(3, 0)$, $(-3, 0)$ であるから
$$\sqrt{a^2+b^2}=3$$
ゆえに $\quad \sqrt{2^2+b^2}=3$
両辺を 2 乗すると $\quad b^2=5$
したがって，求める方程式は $\quad \dfrac{x^2}{4}-\dfrac{y^2}{5}=1$

練習 12 直角双曲線の方程式は，$x^2-y^2=a^2$ とおける。
焦点が点 $(4, 0)$, $(-4, 0)$ であるから
$$\sqrt{a^2+a^2}=4$$
両辺を 2 乗すると $\quad a^2=8$
よって，求める直角双曲線の方程式は
$$x^2-y^2=8$$

練習 13 (1) 焦点の座標は $\sqrt{16+9}=\sqrt{25}=5$ より
$$(0, \ 5), \ (0, \ -5)$$
漸近線の方程式は $\quad \dfrac{x}{4}-\dfrac{y}{3}=0, \ \dfrac{x}{4}+\dfrac{y}{3}=0$

(2) 焦点の座標は $\sqrt{9+1}=\sqrt{10}$ より

$(0,\ \sqrt{10}),\ (0,\ -\sqrt{10})$

漸近線の方程式は $\dfrac{x}{3}-y=0,\ \dfrac{x}{3}+y=0$

すなわち $y=\dfrac{1}{3}x,\ y=-\dfrac{1}{3}x$

(1)

(2)

4 2次曲線の平行移動 （本冊 $p.50$）

練習14 (1) 曲線の方程式を変形すると

$(x^2+4x+4)-4(y^2+2y+1)=4$

$\dfrac{(x+2)^2}{4}-(y+1)^2=1$

よって，与えられた曲線は，双曲線

$\dfrac{x^2}{4}-y^2=1$ を，

x 軸方向に -2，y 軸方向に -1 だけ
平行移動した双曲線で，その概形は図のように
なる。

また，双曲線 $\dfrac{x^2}{4}-y^2=1$ の焦点は，2点

$(\sqrt{5},\ 0),\ (-\sqrt{5},\ 0)$ であるから，求める焦
点の座標は

$(\sqrt{5}-2,\ -1),\ (-\sqrt{5}-2,\ -1)$

(2) 曲線の方程式を変形すると

$y^2-2y+1=-4(x+2)$

$(y-1)^2=-4(x+2)$

よって，与えられた曲線は，放物線 $y^2=-4x$
を，

x 軸方向に -2，y 軸方向に 1 だけ
平行移動した放物線で，その概形は図のように
なる。

また，放物線 $y^2=-4x$ の焦点の座標は
$(-1,\ 0)$，準線の方程式は $x=1$ であるから，
求める焦点の座標は $(-3,\ 1)$

準線の方程式は $x=-1$

(1)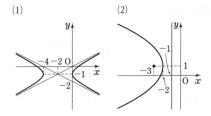

(2)

5 2次曲線と直線 （本冊 $p.51\sim57$）

練習15 $\begin{cases} x^2-2y^2=4 & \cdots\cdots ① \\ y=x+2 & \cdots\cdots ② \end{cases}$

② を ① に代入すると

$x^2-2(x+2)^2=4$

整理すると $x^2+8x+12=0$

すなわち $(x+2)(x+6)=0$

これを解くと $x=-2,\ -6$

② から $x=-2$ のとき $y=0$

$x=-6$ のとき $y=-4$

したがって，共有点の座標は

$(-2,\ 0),\ (-6,\ -4)$

練習16 (1) $\begin{cases} x^2-4y^2=12 & \cdots\cdots ① \\ y=x+k & \cdots\cdots ② \end{cases}$

② を ① に代入すると

$x^2-4(x+k)^2=12$

$3x^2+8kx+4k^2+12=0$

この 2 次方程式の判別式を D とすると

$\dfrac{D}{4}=(4k)^2-3(4k^2+12)$

$=4k^2-36=4(k+3)(k-3)$

よって，共有点の個数は

$D>0$ すなわち $k<-3,\ 3<k$ のとき　**2個**

$D=0$ すなわち $k=\pm3$　　　　のとき　**1個**

$D<0$ すなわち $-3<k<3$　　　のとき　**0個**

(2) $\begin{cases} \dfrac{x^2}{9}+\dfrac{y^2}{4}=1 & \cdots\cdots ① \\ y=kx+3 & \cdots\cdots ② \end{cases}$

② を ① に代入すると

$\dfrac{x^2}{9}+\dfrac{(kx+3)^2}{4}=1$

$4x^2+9(kx+3)^2=36$

$(9k^2+4)x^2+54kx+45=0$

この 2 次方程式の判別式を D とすると

$$\frac{D}{4}=(27k)^2-(9k^2+4)\cdot45=324k^2-180$$
$$=324\left(k+\frac{\sqrt{5}}{3}\right)\left(k-\frac{\sqrt{5}}{3}\right)$$

よって，共有点の個数は
$D>0$ すなわち

$$k<-\frac{\sqrt{5}}{3}, \quad \frac{\sqrt{5}}{3}<k \text{ のとき} \quad 2個$$

$D=0$ すなわち

$$k=\pm\frac{\sqrt{5}}{3} \qquad \text{のとき} \quad 1個$$

$D<0$ すなわち

$$-\frac{\sqrt{5}}{3}<k<\frac{\sqrt{5}}{3} \qquad \text{のとき} \quad 0個$$

練習17 $\begin{cases} y^2=-8x & \cdots\cdots ① \\ y=\dfrac{1}{2}x+k & \cdots\cdots ② \end{cases}$

② を ① に代入すると

$$\left(\frac{1}{2}x+k\right)^2=-8x$$
$$x^2+4(k+8)x+4k^2=0$$

この 2 次方程式の判別式を D とすると

$$\frac{D}{4}=\{2(k+8)\}^2-4k^2=64(k+4)$$

放物線と直線が異なる 2 点で交わるための必要十分条件は $D>0$ であるから

$$64(k+4)>0 \qquad \text{よって} \qquad \boldsymbol{k>-4}$$

練習18 求める接線は x 軸に垂直でないから，その傾きを m とすると，接線の方程式は

$$y-3=mx$$

すなわち $\quad y=mx+3 \quad$ とおける。
$x^2+4y^2=4$ に代入すると

$$x^2+4(mx+3)^2=4$$

整理すると

$$(4m^2+1)x^2+24mx+32=0 \quad \cdots\cdots ①$$

2 次方程式 ① の判別式を D とすると

$$\frac{D}{4}=(12m)^2-(4m^2+1)\cdot32$$
$$=16m^2-32$$
$$=16(m+\sqrt{2})(m-\sqrt{2})$$

楕円と直線が接するための必要十分条件は $D=0$ であるから $\quad m=\pm\sqrt{2}$
よって，接線の方程式は

$$\boldsymbol{y=\sqrt{2}\,x+3, \quad y=-\sqrt{2}\,x+3}$$

接点の x 座標は $x=-\dfrac{12m}{4m^2+1}$ である。
$m=\pm\sqrt{2}$ を代入して，接点の座標を求めると $\quad \left(-\dfrac{4\sqrt{2}}{3}, \dfrac{1}{3}\right), \left(\dfrac{4\sqrt{2}}{3}, \dfrac{1}{3}\right)$

練習19 (1) $\quad \dfrac{2x}{8}+\dfrac{\sqrt{2}\,y}{4}=1$

すなわち $\quad \boldsymbol{x+\sqrt{2}\,y-4=0}$

(2) $\quad \dfrac{-3x}{5}-\dfrac{2y}{5}=1$

すなわち $\quad \boldsymbol{3x+2y+5=0}$

練習20 (1) $\quad 2\sqrt{10}\,y=2\cdot2(x+5)$

すなわち $\quad \boldsymbol{2x-\sqrt{10}\,y+10=0}$

(2) $\quad 4y=2\left(-\dfrac{3}{4}\right)\left(x-\dfrac{16}{3}\right)$

すなわち $\quad \boldsymbol{3x+8y-16=0}$

練習21 $\begin{cases} y_1y=2p(x+x_1) & \cdots\cdots ① \\ y_2y=2p(x+x_2) & \cdots\cdots ② \end{cases}$ とおく。

$y_1\neq0$ であるから，① より $\quad y=\dfrac{2p(x+x_1)}{y_1}$

$y_2\neq0$ であるから，② より $\quad y=\dfrac{2p(x+x_2)}{y_2}$

よって $\quad \dfrac{2p(x+x_1)}{y_1}=\dfrac{2p(x+x_2)}{y_2}$

$p\neq0$ より $\quad y_2(x+x_1)=y_1(x+x_2)$
$$(y_1-y_2)x=x_1y_2-x_2y_1$$

$y_1\neq y_2$ であるから $\quad x=\dfrac{x_1y_2-x_2y_1}{y_1-y_2}$

$y_1{}^2=4px_1,\ y_2{}^2=4px_2$ より，

$$x_1=\frac{y_1{}^2}{4p}, \quad x_2=\frac{y_2{}^2}{4p}$$

であるから

$$x=\frac{y_1{}^2y_2-y_1y_2{}^2}{4p(y_1-y_2)}=\frac{y_1y_2(y_1-y_2)}{4p(y_1-y_2)}=\frac{y_1y_2}{4p}$$

$y_1y_2=-4p^2$ であるから $\quad x=-p$
したがって，交点の x 座標は $-p$ であるから，交点は，放物線 $y^2=4px$ の準線 $x=-p$ 上にある。

練習22 2 点 A，B の座標を，それぞれ (x_1, y_1)，(x_2, y_2) とする。
A における接線の方程式は

$$y_1y=2p(x+x_1) \quad \cdots\cdots ①$$

B における接線の方程式は

$$y_2y=2p(x+x_2) \quad \cdots\cdots ②$$

①-② から $(y_1-y_2)y=2p(x_1-x_2)$

$y_1 \neq y_2$ であるから $y=\dfrac{2p(x_1-x_2)}{y_1-y_2}$

$x_1=\dfrac{y_1{}^2}{4p}$, $x_2=\dfrac{y_2{}^2}{4p}$ であるから

$$y=\dfrac{2p}{y_1-y_2}\cdot\dfrac{y_1{}^2-y_2{}^2}{4p}$$
$$=\dfrac{(y_1+y_2)(y_1-y_2)}{2(y_1-y_2)}=\dfrac{y_1+y_2}{2}$$

よって，Qの y 座標は $\dfrac{y_1+y_2}{2}$

また，M は線分 AB の中点であるから，その

y 座標も $\dfrac{y_1+y_2}{2}$

したがって，直線 QM は y 軸に垂直である。

6 2次曲線の離心率と準線 (本冊 $p.58,\ 59$)

練習23 点Pの座標を $(x,\ y)$ とする。

P から直線 $x=1$ に引いた垂線を PH とすると

$$\mathrm{FP:PH}=2:1$$

ここで，$\mathrm{FP}=\sqrt{(x-4)^2+y^2}$，$\mathrm{PH}=|x-1|$

であるから

$$\sqrt{(x-4)^2+y^2}=2|x-1|$$

両辺を2乗して整理すると

$$\dfrac{x^2}{4}-\dfrac{y^2}{12}=1$$

よって，求める軌跡は

双曲線 $\dfrac{x^2}{4}-\dfrac{y^2}{12}=1$

練習24 楕円 $\dfrac{x^2}{4}+\dfrac{y^2}{3}=1$ の焦点の座標は

$$(1,\ 0),\ (-1,\ 0)$$

$e=\dfrac{1}{2}$ のときの楕円 $\dfrac{(x+1)^2}{4}+\dfrac{y^2}{3}=1$ は，楕

円 $\dfrac{x^2}{4}+\dfrac{y^2}{3}=1$ を x 軸方向に -1 だけ平行移

動したものであるから，その焦点の座標は

$$(0,\ 0),\ (-2,\ 0)$$

双曲線 $\dfrac{x^2}{4}-\dfrac{y^2}{12}=1$ の焦点の座標は

$$(4,\ 0),\ (-4,\ 0)$$

$e=2$ のときの双曲線 $\dfrac{(x-4)^2}{4}-\dfrac{y^2}{12}=1$ は，

双曲線 $\dfrac{x^2}{4}-\dfrac{y^2}{12}=1$ を x 軸方向に 4 だけ平行

移動したものであるから，その焦点の座標は

$$(8,\ 0),\ (0,\ 0)$$

したがって，いずれの場合も，原点はそれぞ

れの2次曲線の焦点の1つである。

7 曲線の媒介変数表示 (本冊 $p.60\sim66$)

練習25 (1) $x=2t+1$ から $t=\dfrac{x-1}{2}$

これを $y=t^2-1$ に代入すると

$$y=\left(\dfrac{x-1}{2}\right)^2-1$$

よって，求める曲線は

放物線 $y=\dfrac{1}{4}(x-1)^2-1$

(2) $x=\sqrt{t}-1$ であるから，$x\geqq-1$ で

$$t=(x+1)^2$$

これを $y=2t$ に代入すると

$$y=2(x+1)^2$$

よって，求める曲線は

放物線の一部 $y=2(x+1)^2\ (x\geqq-1)$

練習26 (1) $x=2\cos\theta,\ y=2\sin\theta$

(2) $x=4\cos\theta,\ y=3\sin\theta$

練習27 (1) $x=\dfrac{5}{\cos\theta},\ y=3\tan\theta$

(2) $x=\dfrac{2}{\cos\theta},\ y=\tan\theta$

練習28 (1) $x=2t^2,\ y=4t$

(2) $x=-t^2,\ y=-2t$

練習29 $y^2=4px,\ y=tx$ から y を消去して整理

すると $x(t^2x-4p)=0$

原点を除くから $x\neq0$ で $t^2x-4p=0$

$t=0$ のとき解をもたないから $t\neq0$ で $x=\dfrac{4p}{t^2}$

このとき $y=\dfrac{4p}{t}$

よって，求める媒介変数表示は

$$x=\dfrac{4p}{t^2},\ y=\dfrac{4p}{t}$$

練習30 $x^2+y^2=1$, $y=t(x+1)$ から y を消去すると $x^2+t^2(x+1)^2=1$

$$(x^2-1)+t^2(x+1)^2=0$$

左辺を因数分解すると

$$(x+1)\{(1+t^2)x+t^2-1\}=0$$

点 $(-1,\ 0)$ を除くから $x\neq-1$ で

$$(1+t^2)x+t^2-1=0$$

よって $x=\dfrac{1-t^2}{1+t^2}$

このとき $y=t\left(\dfrac{1-t^2}{1+t^2}+1\right)=\dfrac{2t}{1+t^2}$

したがって，求める媒介変数表示は

$$x=\dfrac{1-t^2}{1+t^2},\ \ y=\dfrac{2t}{1+t^2}$$

練習31 (1) $x=\cos\theta+3$, $y=\sin\theta-2$ は，
円 $x=\cos\theta$, $y=\sin\theta$
すなわち，円 $x^2+y^2=1$ を x 軸方向に 3，
y 軸方向に -2 だけ平行移動したものである。
よって，円 $(x-3)^2+(y+2)^2=1$ を表す。

(2) $x=4\cos\theta-2$, $y=3\sin\theta+1$ は，
楕円 $x=4\cos\theta$, $y=3\sin\theta$
すなわち，楕円 $\dfrac{x^2}{16}+\dfrac{y^2}{9}=1$ を x 軸方向に -2，
y 軸方向に 1 だけ平行移動したものである。
よって，楕円 $\dfrac{(x+2)^2}{16}+\dfrac{(y-1)^2}{9}=1$ を表す。

(3) $x=\dfrac{3}{\cos\theta}+1$, $y=2\tan\theta+3$ は，
双曲線 $x=\dfrac{3}{\cos\theta}$, $y=2\tan\theta$
すなわち，双曲線 $\dfrac{x^2}{9}-\dfrac{y^2}{4}=1$ を x 軸方向に 1，
y 軸方向に 3 だけ平行移動したものである。
よって，双曲線 $\dfrac{(x-1)^2}{9}-\dfrac{(y-3)^2}{4}=1$ を表す。

練習32 (1) $\theta=\dfrac{\pi}{6}$ のとき

$$x=2\left(\dfrac{\pi}{6}-\sin\dfrac{\pi}{6}\right)=\dfrac{\pi}{3}-1,$$

$$y=2\left(1-\cos\dfrac{\pi}{6}\right)=2-\sqrt{3}$$

よって $\left(\dfrac{\pi}{3}-1,\ 2-\sqrt{3}\right)$

(2) $\theta=\dfrac{\pi}{2}$ のとき

$$x=2\left(\dfrac{\pi}{2}-\sin\dfrac{\pi}{2}\right)=\pi-2,$$

$$y=2\left(1-\cos\dfrac{\pi}{2}\right)=2$$

よって $(\pi-2,\ 2)$

(3) $\theta=\pi$ のとき

$$x=2(\pi-\sin\pi)=2\pi,$$

$$y=2(1-\cos\pi)=4$$

よって $(2\pi,\ 4)$

8 極座標と極方程式 (本冊 $p.67\sim73$)

練習33 (1) $r=4$, $\theta=\dfrac{\pi}{3}$ であるから

$$x=r\cos\theta=4\cos\dfrac{\pi}{3}=2$$

$$y=r\sin\theta=4\sin\dfrac{\pi}{3}=2\sqrt{3}$$

よって，求める直交座標は $(2,\ 2\sqrt{3}\ )$

(2) $r=\sqrt{2}$, $\theta=\dfrac{3}{4}\pi$ であるから

$$x=r\cos\theta=\sqrt{2}\cos\dfrac{3}{4}\pi=-1$$

$$y=r\sin\theta=\sqrt{2}\sin\dfrac{3}{4}\pi=1$$

よって，求める直交座標は $(-1,\ 1)$

(3) $r=3$, $\theta=\dfrac{7}{6}\pi$ であるから

$$x=r\cos\theta=3\cos\dfrac{7}{6}\pi=-\dfrac{3\sqrt{3}}{2}$$

$$y=r\sin\theta=3\sin\dfrac{7}{6}\pi=-\dfrac{3}{2}$$

よって，求める直交座標は $\left(-\dfrac{3\sqrt{3}}{2},\ -\dfrac{3}{2}\right)$

練習34 (1) $x=1$, $y=\sqrt{3}$ であるから

$$r=\sqrt{1^2+(\sqrt{3}\ )^2}=2$$

$$\cos\theta=\dfrac{x}{r}=\dfrac{1}{2}$$

$$\sin\theta=\dfrac{y}{r}=\dfrac{\sqrt{3}}{2}$$

$0\leqq\theta<2\pi$ より $\theta=\dfrac{\pi}{3}$

よって，求める極座標は $\left(2,\ \dfrac{\pi}{3}\right)$

(2) $x=-1$, $y=0$ であるから

$$r=1$$
$$\cos\theta=\frac{x}{r}=-1$$
$$\sin\theta=\frac{y}{r}=0$$

$0\leqq\theta<2\pi$ より $\theta=\pi$
よって，求める極座標は $(\mathbf{1},\ \boldsymbol{\pi})$

(3) $x=-2\sqrt{3}$，$y=-2$ であるから

$$r=\sqrt{(-2\sqrt{3})^2+(-2)^2}=4$$
$$\cos\theta=\frac{x}{r}=-\frac{\sqrt{3}}{2}$$
$$\sin\theta=\frac{y}{r}=-\frac{1}{2}$$

$0\leqq\theta<2\pi$ より $\theta=\frac{7}{6}\pi$

よって，求める極座標は $\left(\mathbf{4},\ \dfrac{\mathbf{7}}{\mathbf{6}}\boldsymbol{\pi}\right)$

練習35 (1) **極Oを中心とする半径2の円**

(2) **極Oを通り，始線 OX とのなす角が $\dfrac{2}{3}\pi$ で**
ある直線

(3) **極座標が $(2,\ 0)$ である点を中心とし，半径**
が2の円

練習36 直線 ℓ 上の任
意の点Pの極座標
を $(r,\ \theta)$ とする。
このとき，右の図
から $\cos\theta=\dfrac{2}{r}$

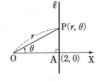

よって，直線 ℓ の極方程式は $\boldsymbol{r\cos\theta=2}$

練習37 極座標 $(r,\ \theta)$ と直交座標 $(x,\ y)$ につい
て $x=r\cos\theta$，$y=r\sin\theta$ …… ①
が成り立つ。

(1) $xy=2$ に ① を代入すると
$$(r\cos\theta)(r\sin\theta)=2$$
$$r^2\sin\theta\cos\theta=2$$

$\sin\theta\cos\theta=\dfrac{1}{2}\sin2\theta$ であるから，求める極

方程式は $\boldsymbol{r^2\sin2\theta=4}$

(2) $x^2+y^2-2x-3=0$ に ① を代入すると
$$r^2\cos^2\theta+r^2\sin^2\theta-2r\cos\theta-3=0$$
$\sin^2\theta+\cos^2\theta=1$ であるから，求める極方程式
は $\boldsymbol{r^2-2r\cos\theta-3=0}$

練習38 極座標 $(r,\ \theta)$ と直交座標 $(x,\ y)$ につい
て
$$r^2=x^2+y^2,\quad x=r\cos\theta,\quad y=r\sin\theta$$
が成り立つ。

(1) $$r^2\sin\theta\cos\theta=1$$
$$(r\cos\theta)(r\sin\theta)=1$$
$x=r\cos\theta$，$y=r\sin\theta$ であるから $xy=1$
これは，**直角双曲線 $xy=1$** を表す。

(2) $r=2\sin\theta$
両辺に r を掛けると $r^2=2r\sin\theta$
$r^2=x^2+y^2$，$y=r\sin\theta$ であるから $x^2+y^2=2y$
すなわち $\boldsymbol{x^2+y^2-2y=0}$
この方程式を変形すると $x^2+(y-1)^2=1$
これは，**点 $(0,\ 1)$ を中心とする半径1の円**を
表す。

(3) $r=2\cos\theta-4\sin\theta$
両辺に r を掛けると $r^2=2r\cos\theta-4r\sin\theta$
$r^2=x^2+y^2$，$x=r\cos\theta$，$y=r\sin\theta$ であるから
$$x^2+y^2=2x-4y$$
すなわち $\boldsymbol{x^2+y^2-2x+4y=0}$
この方程式を変形すると
$$(x-1)^2+(y+2)^2=5$$
これは，**点 $(1,\ -2)$ を中心とする半径 $\sqrt{5}$**
の円を表す。

練習39 放物線上の任意の点Pの極座標を
$(r,\ \theta)$ とする。
Pから準線に引いた垂線を PH とすると
$$OP=PH$$
また，$OP=r$，$PH=2-r\cos\theta$ であるから
$$r=2-r\cos\theta$$

求める放物線の極方程式は $\boldsymbol{r=\dfrac{2}{1+\cos\theta}}$

確認問題 （本冊 p.74）

問題1 (1) 頂点が原点，焦点が x 軸上にあるか
ら，求める放物線の方程式は $y^2=4px$ とおけ
る。
点 $(-1,\ -4)$ を通ることから
$$(-4)^2=4p(-1)$$
$$p=-4$$
したがって，求める放物線の方程式は
$$\boldsymbol{y^2=-16x}$$

(2) 長軸が x 軸上，短軸が y 軸上にあるから，求める楕円の方程式は
$$\frac{x^2}{a^2}+\frac{y^2}{b^2}=1 \ (a>b>0) \text{ とおける。}$$
長軸の長さが 12，短軸の長さが 6 であるから
$$2a=12, \ 2b=6$$
よって $a=6, \ b=3$
したがって，求める楕円の方程式は
$$\frac{x^2}{36}+\frac{y^2}{9}=1$$

(3) 点 $(1, 0)$ を通るから，求める双曲線の方程式は $\dfrac{x^2}{a^2}-\dfrac{y^2}{b^2}=1 \ (a>0, \ b>0)$ とおける。

漸近線の方程式から $\dfrac{b}{a}=2$

点 $(1, 0)$ を通ることから $\dfrac{1}{a^2}=1$

$a>0$ であるから $a=1$ このとき $b=2$
したがって，求める双曲線の方程式は
$$x^2-\frac{y^2}{4}=1$$

問題2 円Pと直線 $x=1$ の接点をHとすると
PC＝PH＋2
よって，直線 $x=3$ を ℓ とすると，点 P は，点Cと直線 ℓ からの距離が等しい軌跡となり，放物線である。
また，この放物線の方程式は
$$y^2=4(-3)x \text{ すなわち } y^2=-12x$$
焦点の座標は $(-3, 0)$
準線の方程式は $x=3$

問題3 曲線の方程式を変形すると
$$(x^2-6x+9)-9y^2=9$$
$$\frac{(x-3)^2}{9}-y^2=1$$
よって，与えられた曲線は，双曲線 $\dfrac{x^2}{9}-y^2=1$ を x 軸方向に 3 だけ平行移動した双曲線である。
双曲線 $\dfrac{x^2}{9}-y^2=1$ の中心は原点，焦点の座標は $(\sqrt{10}, 0), \ (-\sqrt{10}, 0),$

漸近線の方程式は $y=\dfrac{1}{3}x, \ y=-\dfrac{1}{3}x$ であるから，双曲線 $x^2-9y^2-6x=0$ の中心の座標は $(3, 0)$
焦点の座標は $(3+\sqrt{10}, 0), (3-\sqrt{10}, 0)$
漸近線の方程式は
$$y=\frac{1}{3}(x-3), \ y=-\frac{1}{3}(x-3)$$
すなわち $y=\dfrac{1}{3}x-1, \ y=-\dfrac{1}{3}x+1$

問題4 $2x+y+k=0$ より $y=-2x-k$
$$\begin{cases} \dfrac{x^2}{4}+\dfrac{y^2}{9}=1 & \cdots\cdots ① \\ y=-2x-k & \cdots\cdots ② \end{cases}$$
② を ① に代入すると
$$\frac{x^2}{4}+\frac{(-2x-k)^2}{9}=1$$
$$9x^2+4(-2x-k)^2=36$$
$$25x^2+16kx+4k^2-36=0$$
この 2 次方程式の判別式を D とすると
$$\frac{D}{4}=(8k)^2-25(4k^2-36)=-36(k^2-25)$$
楕円と直線が異なる 2 点で交わるとき $D>0$ であるから $k^2-25<0$
よって，求める k の値の範囲は $-5<k<5$

問題5 (1) 求める接線は x 軸に垂直でないから，その傾きを m とすると，接線の方程式は
$$y-3=m(x+1)$$
すなわち $y=m(x+1)+3$ とおける。
$x^2+3y^2=12$ に代入すると
$$x^2+3\{m(x+1)+3\}^2=12$$
整理すると
$$(3m^2+1)x^2+6m(m+3)x+3(m^2+6m+5)=0$$
$$\cdots\cdots ①$$
2 次方程式 ① の判別式を D とすると
$$\frac{D}{4}=\{3m(m+3)\}^2-(3m^2+1)\{3(m^2+6m+5)\}$$
$$=3(m-1)(11m+5)$$
楕円と直線が接するための必要十分条件は $D=0$ であるから $m=1, \ -\dfrac{5}{11}$
よって，接線の方程式は
$$y=x+4, \ y=-\frac{5}{11}x+\frac{28}{11}$$

(2)　求める接線は x 軸に垂直でないから，その傾きを m とすると，接線の方程式は
$$y=m(x+4)　とおける。$$
$y^2=4x$ に代入すると　$m^2(x+4)^2=4x$
整理すると
$$m^2x^2+4(2m^2-1)x+16m^2=0　\cdots\cdots ①$$
2次方程式 ① の判別式を D とすると
$$\begin{aligned}\frac{D}{4}&=\{2(2m^2-1)\}^2-m^2\cdot16m^2\\&=4(2m^2-1)^2-16m^4\\&=4\{(2m^2-1)+2m^2\}\{(2m^2-1)-2m^2\}\\&=-4(4m^2-1)\\&=-4(2m+1)(2m-1)\end{aligned}$$
放物線と直線が接するための必要十分条件は $D=0$ であるから　$m=\pm\dfrac{1}{2}$
よって，接線の方程式は
$$y=\frac{1}{2}x+2,\ y=-\frac{1}{2}x-2$$

問題6　$P(x,\ y)$ から直線 $x=1$ に引いた垂線を PH とすると　　$AP:PH=1:\sqrt{3}$
ここで，$AP=\sqrt{(x-3)^2+y^2}$，$PH=|x-1|$ であるから
$$|x-1|=\sqrt{3}\sqrt{(x-3)^2+y^2}$$
両辺を2乗すると
$$(x-1)^2=3\{(x-3)^2+y^2\}$$
$$2x^2-16x+3y^2+26=0$$
$$2(x-4)^2+3y^2=6$$
よって　　$\dfrac{(x-4)^2}{3}+\dfrac{y^2}{2}=1$

これは，楕円 $\dfrac{x^2}{3}+\dfrac{y^2}{2}=1$ を x 軸方向に 4 だけ平行移動したものである。
楕円 $\dfrac{x^2}{3}+\dfrac{y^2}{2}=1$ の焦点の座標は $(1,\ 0)$，$(-1,\ 0)$ であるから，求める焦点の座標は
$$(5,\ 0),\ (3,\ 0)$$

問題7　(1)　$y=t-1$ から　　$t=y+1$
これを，$x=2t^2-3$ に代入して
$$x=2(y+1)^2-3$$
よって，求める曲線は
$$放物線\ (y+1)^2=\frac{1}{2}(x+3)$$

(2)　$x=2+\sin\theta$ から　$\sin\theta=x-2$
$y=4\cos^2\dfrac{\theta}{2}=2(1+\cos\theta)$ であるから
$$\cos\theta=\frac{y-2}{2}$$
$\sin^2\theta+\cos^2\theta=1$ であるから，求める曲線は
$$楕円\ (x-2)^2+\frac{(y-2)^2}{4}=1$$

問題8　与えられた極方程式は
$$r=2a(\cos a\cos\theta+\sin a\sin\theta)$$
両辺に r を掛けると
$$r^2=2a(\cos a\cdot r\cos\theta+\sin a\cdot r\sin\theta)$$
$r^2=x^2+y^2$，$x=r\cos\theta$，$y=r\sin\theta$ であるから
$$x^2+y^2=2a(x\cos a+y\sin a)$$
すなわち $x^2+y^2-2a\cos a\cdot x-2a\sin a\cdot y=0$
この方程式を変形すると
$$(x-a\cos a)^2+(y-a\sin a)^2=a^2$$
これは，点 $(a\cos a,\ a\sin a)$ を中心とする半径 a の円を表す。

演習問題A　(本冊 $p.75$)

問題1　条件 (A) から，放物線 C_1 の方程式は
$$x^2=4y$$
条件 (B) から，放物線 C_2 の方程式は $y^2=4px$ とおける。
条件 (C) により，C_1，C_2 の交点の x 座標は，方程式 $x^2=4(-2x)$ すなわち $x^2=-8x$ の実数解で，これを解くと　　$x=0,\ -8$
$x=-8$ のとき $y=16$ であるから，C_2 は，点 $(-8,\ 16)$ を通る。
よって　　　$16^2=4p(-8)$
$$p=-8$$
したがって，放物線 C_2 の方程式は
$$y^2=-32x$$

問題2　方程式 $4x^2+y^2-16x+8y+28=0$ を変形すると
$$4(x^2-4x+4)+(y^2+8y+16)=4$$
$$(x-2)^2+\frac{(y+4)^2}{4}=1　\cdots\cdots ①$$

よって，与えられた曲線は，楕円 $x^2+\dfrac{y^2}{4}=1$ を x 軸方向に 2，y 軸方向に -4 だけ平行移動したものである。

ここで，楕円①の中心の座標は $(2, -4)$
焦点の座標は $(2, \sqrt{3}-4)$，$(2, -\sqrt{3}-4)$
よって，この楕円と原点に関して対称な楕円
の中心の座標は $(-2, 4)$
焦点の座標は
$$(-2, -\sqrt{3}+4), \ (-2, \sqrt{3}+4)$$

問題3 曲線上の点を $P(x, y)$ とする。
$FP+F'P=2\sqrt{3}$ であるから
$$\sqrt{(x-1)^2+(y-1)^2}+\sqrt{(x+1)^2+(y+1)^2}$$
$$=2\sqrt{3}$$
よって
$$\sqrt{(x-1)^2+(y-1)^2}$$
$$=2\sqrt{3}-\sqrt{(x+1)^2+(y+1)^2}$$
両辺を2乗して整理すると
$$x+y+3=\sqrt{3}\sqrt{(x+1)^2+(y+1)^2}$$
さらに両辺を2乗して整理すると，求める軌
跡の方程式は $\quad 2x^2+2y^2-2xy-3=0$

問題4 直線と楕円の方程式から y を消去すると
$$x^2+4(-x+k)^2=4$$
$$5x^2-8kx+4k^2-4=0 \ \cdots\cdots ①$$
この2次方程式の判別式を D とすると
$$\frac{D}{4}=(-4k)^2-5(4k^2-4)=-4(k^2-5)$$
直線と楕円が異なる2点で交わるとき，
$D>0$ であるから $\quad k^2-5<0$
よって $\quad -\sqrt{5}<k<\sqrt{5} \ \cdots\cdots ②$
2点 A，B の座標を，それぞれ (x_1, y_1)，
(x_2, y_2) とし，P の座標を (x, y) とすると
$$x=\frac{x_1+x_2}{2}, \ y=-x+k$$
x_1，x_2 は，①の2つの解であるから，解と係
数の関係により
$$x_1+x_2=\frac{8}{5}k$$
ゆえに $\quad x=\frac{4}{5}k, \ y=-x+k=\frac{1}{5}k$
これら2式から k を消去すると $\quad y=\frac{1}{4}x$
ただし，②から $\quad -\frac{4\sqrt{5}}{5}<x<\frac{4\sqrt{5}}{5}$
したがって，求める軌跡は
直線の一部 $y=\dfrac{1}{4}x \ \left(-\dfrac{4\sqrt{5}}{5}<x<\dfrac{4\sqrt{5}}{5}\right)$

問題5 P の直交座標を (x, y) とし，極座標を
(r, θ) とする。
(1) $AP \cdot BP=a^2$ であるから $\quad AP^2 \cdot BP^2=a^4$
よって $\quad \{(x+a)^2+y^2\}\{(x-a)^2+y^2\}=a^4$
$$(x^2+y^2+a^2+2ax)(x^2+y^2+a^2-2ax)=a^4$$
したがって $\quad (x^2+y^2+a^2)^2-4a^2x^2=a^4$
整理して $\quad (x^2+y^2)^2=2a^2(x^2-y^2)$
(2) $x=r\cos\theta, \ y=r\sin\theta, \ x^2+y^2=r^2$
であるから $\quad (r^2)^2=2a^2(r^2\cos^2\theta-r^2\sin^2\theta)$
$$r^4=2a^2r^2(\cos^2\theta-\sin^2\theta)$$
$$r^4=2a^2r^2\cos2\theta$$
$$r^2(r^2-2a^2\cos2\theta)=0$$
ゆえに $\quad r=0$ または $r^2=2a^2\cos2\theta$
$\theta=\dfrac{\pi}{4}$ のとき $r=0$ となるから，$r=0$ は
$r^2=2a^2\cos2\theta$ に含まれる。
よって，求める極方程式は $\quad r^2=2a^2\cos2\theta$

演習問題B （本冊 $p.76$）

問題6 (1) 接線の方程式を $y=mx+n$ とおく。
これと $y^2=4px$ から y を消去すると
$$m^2x^2+2(mn-2p)x+n^2=0$$
これが重解をもつから，判別式を D とすると
$$\frac{D}{4}=(mn-2p)^2-m^2n^2=0$$
ゆえに $\quad p^2-mnp=0$
$p\neq0$ より $\quad mn=p$，$m\neq0$ より $\quad n=\dfrac{p}{m}$
よって $\quad y=mx+\dfrac{p}{m} \ \cdots\cdots ①$
(2) 接線①に直交する接線は，傾きが $-\dfrac{1}{m}$ で
あるから，その方程式は①で m を $-\dfrac{1}{m}$ でお
き換えて $\quad y=-\dfrac{1}{m}x-mp \ \cdots\cdots ②$
①，②から $\quad mx+\dfrac{p}{m}=-\dfrac{1}{m}x-mp$
ゆえに $\quad (m^2+1)x=-p(m^2+1)$
$m^2+1\neq0$ から $\quad x=-p$
このとき，y は任意の値をとる。
よって，求める軌跡は**直線 $x=-p$** である。

問題7 (1) 第1象限の点 (x_0, y_0) における

楕円 $\dfrac{x^2}{25}+\dfrac{y^2}{9}=1$ の接線の方程式は

$$\dfrac{x_0 x}{25}+\dfrac{y_0 y}{9}=1 \ \cdots\cdots\ ①$$

双曲線 $\dfrac{x^2}{a^2}-\dfrac{y^2}{b^2}=1$ の接線の方程式は

$$\dfrac{x_0 x}{a^2}-\dfrac{y_0 y}{b^2}=1 \ \cdots\cdots\ ②$$

$y_0 \neq 0$ であるから, ①, ② の傾きは, それぞれ

$$-\dfrac{9x_0}{25y_0},\ \dfrac{b^2 x_0}{a^2 y_0}$$

①, ② が直交することから

$$-\dfrac{9x_0}{25y_0}\cdot\dfrac{b^2 x_0}{a^2 y_0}=-1$$

すなわち $\quad \dfrac{9b^2 x_0{}^2}{25a^2 y_0{}^2}=1 \ \cdots\cdots\ ③$

(2) $\dfrac{x_0{}^2}{a^2}-\dfrac{y_0{}^2}{b^2}=1$ であるから

$$\dfrac{y_0{}^2}{b^2}=\dfrac{x_0{}^2}{a^2}-1 \ \cdots\cdots\ ④$$

③, ④ の辺々を掛けると $\quad \dfrac{9x_0{}^2}{25a^2}=\dfrac{x_0{}^2}{a^2}-1$

よって $\quad a^2=\dfrac{16}{25}x_0{}^2$

$a>0,\ x_0>0$ であるから $\quad \boldsymbol{a=\dfrac{4}{5}x_0}$

また, これを ③ に代入すると $\quad \dfrac{9b^2}{16y_0{}^2}=1$

よって $\quad b^2=\dfrac{16}{9}y_0{}^2$

$\dfrac{x_0{}^2}{25}+\dfrac{y_0{}^2}{9}=1$ より $y_0{}^2=9\left(1-\dfrac{x_0{}^2}{25}\right)$ であるから

$$b^2=16\left(1-\dfrac{x_0{}^2}{25}\right)=\dfrac{16}{25}(25-x_0{}^2)$$

$b>0,\ 25-x_0{}^2>0$ であるから $\quad \boldsymbol{b=\dfrac{4}{5}\sqrt{25-x_0{}^2}}$

(3) 双曲線 $\dfrac{x^2}{a^2}-\dfrac{y^2}{b^2}=1$ の焦点の座標は

$$(\sqrt{a^2+b^2},\ 0),\ (-\sqrt{a^2+b^2},\ 0)$$

ここで, (2) の結果から

$$a^2+b^2=\dfrac{16}{25}x_0{}^2+\dfrac{16}{25}(25-x_0{}^2)=16$$

したがって, 求める焦点の座標は

$$\boldsymbol{(4,\ 0),\ (-4,\ 0)}$$

問題8 直線 $y=mx+1$ は, 2 直線 $y=2x-1$, $y=-2x-1$ と交わるから, $m\neq\pm2$ である。

(1) 2 直線 $y=2x-1$, $y=mx+1$ の交点の x 座標は, 方程式 $2x-1=mx+1$ の解で

$$x=\dfrac{2}{2-m}$$

2 直線 $y=-2x-1$, $y=mx+1$ の交点の x 座標は, 方程式 $-2x-1=mx+1$ の解で

$$x=-\dfrac{2}{2+m}$$

よって $\quad X=\dfrac{1}{2}\left(\dfrac{2}{2-m}-\dfrac{2}{2+m}\right)=\dfrac{2m}{4-m^2}$

また $\quad Y=m\cdot\dfrac{2m}{4-m^2}+1=\dfrac{m^2+4}{4-m^2}$

(2) $Y=\dfrac{m^2+4}{4-m^2}=-1+\dfrac{8}{4-m^2}$ から $Y\neq-1$

また $\quad Y(4-m^2)=m^2+4$

$\qquad (Y+1)m^2=4(Y-1)$

$Y\neq-1$ であるから

$$m^2=\dfrac{4(Y-1)}{Y+1} \ \cdots\cdots\ ①$$

$X=\dfrac{2m}{4-m^2}$ から $\quad X^2(4-m^2)^2=4m^2$

これに ① を代入して

$$X^2\left\{4-\dfrac{4(Y-1)}{Y+1}\right\}^2=4\cdot\dfrac{4(Y-1)}{Y+1}$$

$$X^2\left(\dfrac{8}{Y+1}\right)^2=\dfrac{16(Y-1)}{Y+1}$$

$$64X^2=16(Y+1)(Y-1)$$

よって $\quad 4X^2-Y^2=-1$

したがって, 線分 PQ の中点は, **双曲線**
$\boldsymbol{4x^2-y^2=-1}$ **上にある。**

問題9 余弦定理より

$$\begin{aligned}
\mathrm{PA}^2&=r^2+(2a)^2-2\cdot r\cdot 2a\cos\theta\\
&=a^2(1+\cos\theta)^2+4a^2-4a^2(1+\cos\theta)\cos\theta\\
&=a^2(-3\cos^2\theta-2\cos\theta+5)\\
&=a^2\left\{-3\left(\cos\theta+\dfrac{1}{3}\right)^2+\dfrac{16}{3}\right\}
\end{aligned}$$

よって, PA^2 は, $\cos\theta=-\dfrac{1}{3}$ のとき最大値

$\dfrac{16}{3}a^2$ をとる。

$\mathrm{PA}>0$ より, PA^2 が最大のとき PA も最大
となるから, 求める最大値は

$$\sqrt{\dfrac{16}{3}a^2}=\dfrac{4}{\sqrt{3}}a$$

第3章 関 数

1 分数関数 （本冊 $p.78\sim81$）

練習1

(1)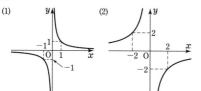

(2)

練習2

(1)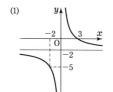

定義域は $x \neq 0$
値域は $y \neq -2$
漸近線は
直線 $x=0$
直線 $y=-2$

(2) (3)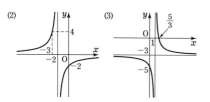

定義域は $x \neq -2$
値域は $y \neq 0$
漸近線は
直線 $x=-2$
直線 $y=0$

定義域は $x \neq 1$
値域は $y \neq -3$
漸近線は
直線 $x=1$
直線 $y=-3$

練習3

(1) $\dfrac{4x+3}{x} = \dfrac{3}{x} + 4$

(2) $\dfrac{-5x-13}{x+3} = \dfrac{-5(x+3)+2}{x+3}$
$\quad = \dfrac{2}{x+3} - 5$

(3) $\dfrac{8-3x}{2-x} = \dfrac{3x-8}{x-2} = \dfrac{3(x-2)-2}{x-2}$
$\quad = \dfrac{-2}{x-2} + 3$

練習4 必要な式変形は次のようになる。

(1) $y = \dfrac{-3x}{x-2} = \dfrac{-3(x-2)-6}{x-2} = \dfrac{-6}{x-2} - 3$

(2) $y = \dfrac{1-x}{x+2} = \dfrac{-(x+2)+3}{x+2} = \dfrac{3}{x+2} - 1$

---

(3) $y = \dfrac{6x-5}{3x-3} = \dfrac{2(3x-3)+1}{3x-3} = \dfrac{1}{3x-3} + 2$

(1)

定義域は $x \neq 2$
値域は $y \neq -3$
漸近線は
直線 $x=2$
直線 $y=-3$

(2) (3)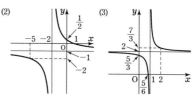

定義域は $x \neq -2$
値域は $y \neq -1$
漸近線は
直線 $x=-2$
直線 $y=-1$

定義域は $x \neq 1$
値域は $y \neq 2$
漸近線は
直線 $x=1$
直線 $y=2$

練習5

(1) 共有点の x 座標は，等式
$\dfrac{2x-4}{x-1} = x-2$ を満たす。
両辺に $x-1$ を掛けると
$$2x-4 = (x-2)(x-1)$$
整理すると $x^2-5x+6=0$
よって $(x-2)(x-3)=0$
これを解くと $x=2, 3$
共有点は，直線 $y=x-2$ 上にあるから，共有点の座標は $(2, 0), (3, 1)$

(2) 共有点の x 座標は，等式 $\dfrac{x+2}{2x+3} = x$ を満たす。
両辺に $2x+3$ を掛けると $x+2 = x(2x+3)$
整理すると $x^2+x-1=0$
これを解くと $x = \dfrac{-1 \pm \sqrt{5}}{2}$
共有点は，直線 $y=x$ 上にあるから，共有点の座標は $\left(\dfrac{-1+\sqrt{5}}{2}, \dfrac{-1+\sqrt{5}}{2} \right),$
$\left(\dfrac{-1-\sqrt{5}}{2}, \dfrac{-1-\sqrt{5}}{2} \right)$

練習6 (1) 2つの関数 $y=\dfrac{6}{x+1}$, $y=x$ のグラフの共有点の座標を求める。

$\dfrac{6}{x+1}=x$ の両辺に $x+1$ を掛けると

$$6=x(x+1)$$

整理すると $x^2+x-6=0$

よって $(x-2)(x+3)=0$

これを解くと $x=2,\ -3$

共有点は, 直線 $y=x$ 上にあるから, 共有点の座標は

$(2,\ 2),\ (-3,\ -3)$

よって, 2つの関数

$\quad y=\dfrac{6}{x+1}$,

$\quad y=x$

のグラフは, 右の図のようになる。

したがって, 不等式の解は

$$x<-3,\ -1<x<2$$

(2) $y=\dfrac{x-8}{x-2}=\dfrac{-6}{x-2}+1$ である。

2つの関数 $y=\dfrac{x-8}{x-2}$, $y=-x+2$ のグラフの共有点の座標を求める。

$\dfrac{x-8}{x-2}=-x+2$ の両辺に $x-2$ を掛けると

$$x-8=(-x+2)(x-2)$$

整理すると $x^2-3x-4=0$

よって $(x+1)(x-4)=0$

これを解くと $x=-1,\ 4$

共有点は, 直線 $y=-x+2$ 上にあるから, 共有点の座標は

$(-1,\ 3),\ (4,\ -2)$

よって, 2つの関数

$\quad y=\dfrac{x-8}{x-2}$,

$\quad y=-x+2$

のグラフは, 右の図のようになる。

したがって, 不等式の解は

$$x\leqq-1,\ 2<x\leqq4$$

2 無理関数 （本冊 $p.82\sim86$）

練習7 (1) 定義域は $x\geqq0$, 値域は $y\geqq0$

(2) 定義域は $x\geqq0$, 値域は $y\leqq0$

(3) 定義域は $x\leqq0$, 値域は $y\geqq0$

(4) 定義域は $x\leqq0$, 値域は $y\leqq0$

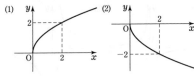

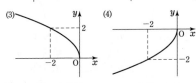

練習8 (1) 定義域は $x-1\geqq0$ より $x\geqq1$,

値域は $y\geqq0$

(2) 定義域は $-2x-4\geqq0$ より $x\leqq-2$

値域は $y\geqq0$

(3) 定義域は $3x-3\geqq0$ より $x\geqq1$,

値域は $y\leqq0$

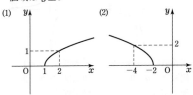

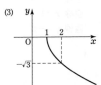

練習9 (1) 定義域は $x\leqq0$, 値域は $y\geqq-1$

(2) $y=-\sqrt{-2x-6}+2$

$\quad =-\sqrt{-2(x+3)}+2$

定義域は $x\leqq-3$, 値域は $y\leqq2$

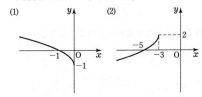

練習10 (1) 共有点の x 座標は，等式
$$\sqrt{x+1}=-x+1 \cdots\cdots ①$$
を満たす。
両辺を 2 乗すると
$$x+1=(-x+1)^2$$
整理すると
$$x^2-3x=0$$
よって $x(x-3)=0$
これを解くと
$$x=0,\ 3$$
$x=0$ は，① を満たす。
$x=3$ は，① を満たさない。
したがって，① の解は $x=0$
このとき $y=1$
よって，共有点の座標は **(0, 1)**

(2) グラフより，不等式の解は
$$\boldsymbol{-1\leqq x<0}$$

3 逆関数と合成関数 （本冊 $p.87\sim90$）

練習11 (1) $y=\dfrac{1}{2}x-3$ を x について解くと
$$x=2y+6$$
x と y を入れ替えると，逆関数は
$$\boldsymbol{y=2x+6}$$
(2) $y=4x+1$ を x について解くと
$$x=\dfrac{1}{4}y-\dfrac{1}{4}$$
x と y を入れ替えると，逆関数は
$$\boldsymbol{y=\dfrac{1}{4}x-\dfrac{1}{4}}$$

練習12 (1) 関数 $y=-3x+6\ (x\leqq2)$ の値域は
$$y\geqq0$$
関数の式を x について解くと
$$x=-\dfrac{1}{3}y+2\ (y\geqq0)$$
x と y を入れ替えると，逆関数は
$$\boldsymbol{y=-\dfrac{1}{3}x+2\ (x\geqq0)}$$
(2) $y=\dfrac{x+7}{x+1}\ (0<x\leqq2) \cdots\cdots ①$
$y=\dfrac{x+7}{x+1}=\dfrac{6}{x+1}+1$ であるから，関数 ① の
値域は $3\leqq y<7$

① を x について解くと
$$x=\dfrac{-y+7}{y-1}\ (3\leqq y<7)$$
x と y を入れ替えると，逆関数は
$$\boldsymbol{y=\dfrac{-x+7}{x-1}\ (3\leqq x<7)}$$

練習13 (1) 関数 $y=-2x+4\ (0\leqq x\leqq2)$ の値域
は $0\leqq y\leqq4$
関数の式を x について解くと
$$x=-\dfrac{1}{2}y+2\ (0\leqq y\leqq4)$$
x と y を入れ替えると，逆関数は
$$\boldsymbol{y=-\dfrac{1}{2}x+2\ (0\leqq x\leqq4)}$$
(2) 関数 $y=x^2\ (1\leqq x\leqq2)$ の値域は
$$1\leqq y\leqq4$$
関数の式を x について解く。
$x^2=y$ より $x=\pm\sqrt{y}$ となるが，x の値の範囲
が正であるから
$$x=\sqrt{y}\ (1\leqq y\leqq4)$$
x と y を入れ替えると，逆関数は
$$\boldsymbol{y=\sqrt{x}\ (1\leqq x\leqq4)}$$

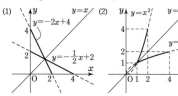

練習14 (1) 関数 $y=\left(\dfrac{1}{3}\right)^x$ の値域は $y>0$
$$y=\left(\dfrac{1}{3}\right)^x を x について解くと$$
$$x=\log_{\frac{1}{3}}y\ (y>0)$$
x と y を入れ替えると，逆関数は
$$\boldsymbol{y=\log_{\frac{1}{3}}x}$$
(2) $y=\log_3 x$ を x について解くと
$$x=3^y$$
x と y を入れ替えると，逆関数は
$$\boldsymbol{y=3^x}$$

練習15 (1) $(g\circ f)(x)$ について
$f(x)$ の値域は 0 以上の実数全体で，$g(x)$ の定
義域に含まれる。
よって，合成関数 $(g\circ f)(x)$ が考えられて
$$\boldsymbol{(g\circ f)(x)=g(f(x))=x^2-1}$$

$(f \circ g)(x)$ について

$g(x)$ の値域は実数全体で，$f(x)$ の定義域と等しい。

よって，合成関数 $(f \circ g)(x)$ が考えられて
$$(f \circ g)(x) = f(g(x)) = (x-1)^2$$
$$= x^2 - 2x + 1$$

(2) $(g \circ f)(x)$ について

$f(x)$ の値域は 1 以上の実数全体で，$g(x)$ の定義域に含まれる。

よって，合成関数 $(g \circ f)(x)$ が考えられて
$$(g \circ f)(x) = g(f(x)) = \log_{10}(|x|+1)$$

$(f \circ g)(x)$ について

$g(x)$ の値域は実数全体で，$f(x)$ の定義域と等しい。

よって，合成関数 $(f \circ g)(x)$ が考えられて
$$(f \circ g)(x) = f(g(x)) = |\log_{10} x| + 1$$

確認問題 (本冊 $p.91$)

問題 1 (1) $\dfrac{3x-6}{x-1} = -3x+6$ …… ①

の両辺に $x-1$ を掛けると
$$3x - 6 = (-3x+6)(x-1)$$
整理すると $x^2 - 2x = 0$
$$x(x-2) = 0$$
したがって $x = 0, 2$
これらは，① の分母を 0 にしない。
よって，① の解は $x = 0, 2$

(2) 2 つの関数 $y = \dfrac{3x-6}{x-1}$，

$y = -3x+6$ のグラフは，右の図のようになる。

したがって，不等式の解は $0 \leqq x < 1,\ 2 \leqq x$

問題 2 (1) $\sqrt{1-2x} = -\dfrac{1}{2}x + 1$ …… ①

の両辺を 2 乗すると
$$1 - 2x = \left(-\dfrac{1}{2}x + 1\right)^2$$
整理すると $x^2 + 4x = 0$
これを解くと $x = 0, -4$
$x = 0, -4$ は，① を満たす。
よって，① の解は $x = 0, -4$

(2) 2 つの関数 $y = \sqrt{1-2x}$，

$y = -\dfrac{1}{2}x + 1$ のグラフは，右の図のようになる。

よって，不等式の解は $-4 \leqq x \leqq 0$

問題 3 $(g \circ f)(x)$ について

$f(x)$ の値域は実数全体で，$g(x)$ の定義域と等しい。

よって，合成関数 $(g \circ f)(x)$ が考えられる。
$$(g \circ f)(x) = g(f(x)) = \cos(x^3)$$

$(f \circ g)(x)$ について

$g(x)$ の値域は -1 以上 1 以下の実数で，$f(x)$ の定義域に含まれる。

よって，合成関数 $(f \circ g)(x)$ が考えられる。
$$(f \circ g)(x) = f(g(x)) = (\cos x)^3 = \cos^3 x$$

注意 $\cos(x^3)$ と $\cos^3 x$ は異なる式である。

演習問題A (本冊 $p.91$)

問題 1 $y = \dfrac{x+5}{x+2} = \dfrac{(x+2)+3}{x+2} = \dfrac{3}{x+2} + 1$

であるから，関数 $y = \dfrac{x+5}{x+2}$ のグラフは，関数 $y = \dfrac{3}{x}$ のグラフを x 軸方向に -2，y 軸方向に 1 だけ平行移動したものである。

$$y = \dfrac{-2x+9}{x-3} = \dfrac{-2(x-3)+3}{x-3} = \dfrac{3}{x-3} - 2$$

であるから，関数 $y = \dfrac{-2x+9}{x-3}$ のグラフは，関数 $y = \dfrac{3}{x}$ のグラフを x 軸方向に 3，y 軸方向に -2 だけ平行移動したものである。

ともに関数 $y = \dfrac{3}{x}$ のグラフを平行移動したものであるから，2 つの関数のグラフは平行移動により重ね合わせることができる。

関数 $y = \dfrac{x+5}{x+2}$ のグラフの漸近線の交点の座標は $(-2, 1)$，関数 $y = \dfrac{-2x+9}{x-3}$ のグラフの漸近線の交点の座標は $(3, -2)$ である。

よって，求める平行移動は
$$x \text{ 軸方向に } 5, \quad y \text{ 軸方向に } -3$$

問題2 $y=\sqrt{9-4x}$ は単調に減少するから

$x=-4$ のとき最大となり
$$\sqrt{9-4\cdot(-4)}+b=6$$
$$b=1$$

$x=a$ のとき最小となり
$$\sqrt{9-4a}+b=4$$

$b=1$ を代入すると $\sqrt{9-4a}+1=4$
$$\sqrt{9-4a}=3$$

両辺を2乗すると $9-4a=9$
$$a=0$$

よって $\boldsymbol{a=0,\ b=1}$

問題3 $y=2x+1$ として x について解くと
$$x=\frac{y-1}{2}$$

よって $f^{-1}(x)=\dfrac{x-1}{2}$

したがって
$$f(f^{-1}(x))=f\left(\frac{x-1}{2}\right)$$
$$=2\cdot\frac{x-1}{2}+1=x$$

また $g(x)=f(f(x))=f(2x+1)$
$$=2(2x+1)+1=4x+3$$

$y=4x+3$ として x について解くと
$$x=\frac{y-3}{4}$$

よって $g^{-1}(x)=\dfrac{x-3}{4}$

したがって $\boldsymbol{f(f^{-1}(x))=x,\ g^{-1}(x)=\dfrac{x-3}{4}}$

問題4 (1) $f(-1)=10$ より
$$-a+b=10 \cdots\cdots ①$$
$f^{-1}(4)=2$ より $f(2)=4$
よって $2a+b=4 \cdots\cdots ②$
①，② より $\boldsymbol{a=-2,\ b=8}$

(2) $f(2)=1$ より $\dfrac{2a+b}{2-3}=1$
すなわち $2a+b=-1 \cdots\cdots ①$
$f^{-1}(3)=4$ より $f(4)=3$
よって $\dfrac{4a+b}{4-3}=3$
ゆえに $4a+b=3 \cdots\cdots ②$
①，② より $\boldsymbol{a=2,\ b=-5}$

演習問題B （本冊 p.92）

問題5 漸近線の1つが直線 $y=2$ であることから，関数の式は $y=\dfrac{k}{2x+1}+2$（k は定数）と表すことができる。

関数のグラフが点 $(-1,\ 1)$ を通ることから
$$1=\frac{k}{-2+1}+2 \quad\text{すなわち}\quad 1=-k+2$$

よって $k=1$

ゆえに，関数の式は $y=\dfrac{1}{2x+1}+2$ となる。

$$\frac{1}{2x+1}+2=\frac{1+2(2x+1)}{2x+1}=\frac{4x+3}{2x+1}$$

であるから $\boldsymbol{a=4,\ b=3}$

問題6 $y=\dfrac{1}{2}x+k \cdots\cdots ①$, $y=2\sqrt{x-1} \cdots\cdots ②$ とする。

①，② から y を消去すると
$$\frac{1}{2}x+k=2\sqrt{x-1}$$
$$x+2k=4\sqrt{x-1}$$

両辺を2乗すると $(x+2k)^2=16(x-1)$
整理すると $x^2+2(2k-8)x+4k^2+16=0$
この方程式の判別式を D とすると
$$\frac{D}{4}=(2k-8)^2-(4k^2+16)=-32k+48$$
$$=-16(2k-3)$$

$D=0$ とすると $2k-3=0$
すなわち $k=\dfrac{3}{2}$

このとき，直線① と曲線② は接する。

よって $\boldsymbol{k=\dfrac{3}{2}}$

問題7 $y=\dfrac{x-5}{x-2}=-\dfrac{3}{x-2}+1 \cdots\cdots ①$
$$y=3x+k \cdots\cdots ②$$

曲線① と直線②
の共有点の個数が，
与えられた方程式
の実数解の個数に
一致する。

①，② から y を消去すると
$$\frac{x-5}{x-2}=3x+k$$

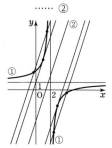

両辺に $x-2$ を掛けると
$$x-5=(3x+k)(x-2)$$
整理すると
$$3x^2+(k-7)x-2k+5=0$$
この方程式の判別式を D とすると
$$\begin{aligned}D&=(k-7)^2-4\cdot3(-2k+5)\\&=k^2+10k-11\\&=(k+11)(k-1)\end{aligned}$$
$D=0$ とすると $k=-11,\ 1$
このとき，曲線 ① と直線 ② は接する。
よって，求める実数解の個数は，図から
$$\begin{array}{ll}k<-11,\ 1<k\ \text{のとき} & 2\ \text{個}\\k=-11,\ 1\quad\ \ \text{のとき} & 1\ \text{個}\\-11<k<1\quad\ \text{のとき} & 0\ \text{個}\end{array}$$

問題8 $y=\sqrt{ax+b}$ …… ① において，$a=0$ とすると，$y=\sqrt{b}$ となり，逆関数は存在しない。
よって $a\neq0$
このとき，① の値域は $y\geqq0$
① の両辺を 2 乗すると $y^2=ax+b$
x について解くと $x=\dfrac{y^2}{a}-\dfrac{b}{a}$
よって，① の逆関数は $y=\dfrac{x^2}{a}-\dfrac{b}{a}\ (x\geqq0)$
これが $y=\dfrac{1}{6}x^2-\dfrac{1}{2}\ (x\geqq0)$ となるから
$$\dfrac{1}{a}=\dfrac{1}{6},\ -\dfrac{b}{a}=-\dfrac{1}{2}$$
これを解くと $a=6,\ b=3$

別解 $y=\dfrac{1}{6}x^2-\dfrac{1}{2}\ (x\geqq0)$ の逆関数を求める
と $y=\sqrt{6x+3}$
これが $y=\sqrt{ax+b}$ となるから
$$a=6,\ b=3$$

問題9 $y=2kx-4k^2$ を x について解く。
$$2kx=y+4k^2$$
$k\neq0$ であるから，両辺を $2k$ で割って
$$x=\dfrac{1}{2k}y+2k$$
x と y を入れ替えて $y=\dfrac{1}{2k}x+2k$
したがって $f^{-1}(x)=\dfrac{1}{2k}x+2k$
関数 $f(x)$ と $f^{-1}(x)$ の式の x の係数と定数項
を比較して $2k=\dfrac{1}{2k},\ -4k^2=2k$

$-4k^2=2k$ の両辺を $2k$ で割って $-2k=1$
よって $k=-\dfrac{1}{2}$ これは $2k=\dfrac{1}{2k}$ を満たす。
$$\boxed{\text{答}}\quad k=-\dfrac{1}{2}$$

問題10 (1) $(g\circ f)(x)=g(f(x))=2(x+2)-1$
$$=2x+3$$
$(f\circ g)(x)=f(g(x))=(2x-1)+2$
$$=2x+1$$
(2) $(h\circ(g\circ f))(x)=-(2x+3)^2$
また $(h\circ g)(x)=-(2x-1)^2$ であるから
$$\begin{aligned}((h\circ g)\circ f)(x)&=-\{2(x+2)-1\}^2\\&=-(2x+3)^2\end{aligned}$$
したがって $(h\circ(g\circ f))(x)=((h\circ g)\circ f)(x)$

問題11 $(f\circ g)(x)=a(px^2+qx+r)+b$
$$=apx^2+aqx+ar+b$$
$(g\circ f)(x)=p(ax+b)^2+q(ax+b)+r$
$$\begin{aligned}&=a^2px^2+(2abp+aq)x\\&\qquad+b^2p+bq+r\end{aligned}$$
$(f\circ g)(x)=(g\circ f)(x)$ から
$$\begin{aligned}&ap=a^2p,\ aq=2abp+aq,\\&ar+b=b^2p+bq+r\end{aligned}$$
$a\neq0,\ p\neq0$ から $a=1$
このとき，$2bp=0$ から $b=0$
よって
$a=1,\ b=0\,;\,p\ (p\neq0),\ q,\ r$ は任意の定数

第4章 極 限

1 数列の極限 (本冊 $p.94\sim97$)

練習1 (1) $\lim\limits_{n\to\infty}\dfrac{2}{n}=0$

(2) $\lim\limits_{n\to\infty}\left(-\dfrac{3}{n}\right)=0$

(3) $\lim\limits_{n\to\infty}\left(2+\dfrac{1}{n}\right)=2$

練習2 (1) **0 に収束する**

(2) **正の無限大に発散する** (3) **0 に収束する**

(4) 数列の各項は 0, 2, 0, 2, …… となり, n が
奇数のとき 0, 偶数のとき 2
よって, この数列は**発散 (振動)** する。

練習3 項の値と極限値 1 との差が, 0.001 より
小さくなるとき $|a_n-1|<0.001$

n が自然数であるとき, $\dfrac{n}{n+1}<1$ であるから

$$|a_n-1|=1-\dfrac{n}{n+1}$$

よって $1-\dfrac{n}{n+1}<0.001$

整理すると $\dfrac{n}{n+1}>\dfrac{999}{1000}$

$$n>999$$

よって, **第 999 項より後。**
また, 項の値と極限値 1 との差が, 0.0001 よ
り小さくなるとき $|a_n-1|<0.0001$

すなわち $1-\dfrac{n}{n+1}<0.0001$

整理すると $\dfrac{n}{n+1}>\dfrac{9999}{10000}$

$$n>9999$$

よって, **第 9999 項より後。**

2 極限の性質 (本冊 $p.98\sim100$)

練習4 (1) $\lim\limits_{n\to\infty}(2a_n-b_n)=2\lim\limits_{n\to\infty}a_n-\lim\limits_{n\to\infty}b_n$

$$=2\cdot3-(-4)=\mathbf{10}$$

(2) $\lim\limits_{n\to\infty}a_nb_n=\lim\limits_{n\to\infty}a_n\lim\limits_{n\to\infty}b_n=3\cdot(-4)=\mathbf{-12}$

(3) $\lim\limits_{n\to\infty}\dfrac{a_n-b_n}{a_n+b_n}=\dfrac{\lim\limits_{n\to\infty}a_n-\lim\limits_{n\to\infty}b_n}{\lim\limits_{n\to\infty}a_n+\lim\limits_{n\to\infty}b_n}$

$$=\dfrac{3-(-4)}{3-4}=\mathbf{-7}$$

練習5 (1) $\lim\limits_{n\to\infty}\dfrac{3n+2}{n}=\lim\limits_{n\to\infty}\left(3+\dfrac{2}{n}\right)=3$

(2) $\lim\limits_{n\to\infty}\dfrac{4n+1}{2n-5}=\lim\limits_{n\to\infty}\dfrac{4+\dfrac{1}{n}}{2-\dfrac{5}{n}}=\dfrac{4}{2}=2$

(3) $\lim\limits_{n\to\infty}\dfrac{n^2+2n}{2n^2-n+3}=\lim\limits_{n\to\infty}\dfrac{1+\dfrac{2}{n}}{2-\dfrac{1}{n}+\dfrac{3}{n^2}}=\dfrac{1}{2}$

(4) $\lim\limits_{n\to\infty}\dfrac{n+2}{n^2-1}=\lim\limits_{n\to\infty}\dfrac{\dfrac{1}{n}+\dfrac{2}{n^2}}{1-\dfrac{1}{n^2}}=\dfrac{0}{1}=0$

練習6 (1) $\lim\limits_{n\to\infty}(\sqrt{n+1}-\sqrt{n})$

$$=\lim\limits_{n\to\infty}\dfrac{(\sqrt{n+1}-\sqrt{n})(\sqrt{n+1}+\sqrt{n})}{\sqrt{n+1}+\sqrt{n}}$$

$$=\lim\limits_{n\to\infty}\dfrac{(\sqrt{n+1})^2-(\sqrt{n})^2}{\sqrt{n+1}+\sqrt{n}}$$

$$=\lim\limits_{n\to\infty}\dfrac{1}{\sqrt{n+1}+\sqrt{n}}=0$$

(2) $\lim\limits_{n\to\infty}\dfrac{1}{n-\sqrt{n^2-n}}$

$$=\lim\limits_{n\to\infty}\dfrac{n+\sqrt{n^2-n}}{(n-\sqrt{n^2-n})(n+\sqrt{n^2-n})}$$

$$=\lim\limits_{n\to\infty}\dfrac{n+\sqrt{n^2-n}}{n^2-(\sqrt{n^2-n})^2}$$

$$=\lim\limits_{n\to\infty}\dfrac{n+\sqrt{n^2-n}}{n}$$

$$=\lim\limits_{n\to\infty}\left(1+\sqrt{1-\dfrac{1}{n}}\right)=2$$

(3) $\lim\limits_{n\to\infty}n(\sqrt{n^2+1}-n)$

$$=\lim\limits_{n\to\infty}\dfrac{n(\sqrt{n^2+1}-n)(\sqrt{n^2+1}+n)}{\sqrt{n^2+1}+n}$$

$$=\lim\limits_{n\to\infty}\dfrac{n\{(\sqrt{n^2+1})^2-n^2\}}{\sqrt{n^2+1}+n}$$

$$=\lim\limits_{n\to\infty}\dfrac{n}{\sqrt{n^2+1}+n}$$

$$=\lim\limits_{n\to\infty}\dfrac{1}{\sqrt{1+\dfrac{1}{n^2}}+1}=\dfrac{1}{2}$$

練習7 (1) $\lim\limits_{n\to\infty}(5n^2-n)=\lim\limits_{n\to\infty}n^2\left(5-\dfrac{1}{n}\right)=\infty$

(2) $\lim\limits_{n\to\infty}(\sqrt{n}-n)=\lim\limits_{n\to\infty}n\left(\dfrac{1}{\sqrt{n}}-1\right)=-\infty$

(3) $\lim\limits_{n\to\infty}\dfrac{3n^2-2}{n+2}=\lim\limits_{n\to\infty}\dfrac{3n-\dfrac{2}{n}}{1+\dfrac{2}{n}}=\infty$

練習8 $-1\leqq\cos n\theta\leqq 1$ であるから

$$-\dfrac{1}{n}\leqq\dfrac{\cos n\theta}{n}\leqq\dfrac{1}{n}$$

ここで，$\lim\limits_{n\to\infty}\left(-\dfrac{1}{n}\right)=0,\ \lim\limits_{n\to\infty}\dfrac{1}{n}=0$ であるから

$$\lim\limits_{n\to\infty}\dfrac{\cos n\theta}{n}=0$$

3 無限等比数列 （本冊 $p.101\sim105$）

練習9 公比を r とする。

(1) $r=\dfrac{1}{2}$ で，$|r|<1$ であるから，

0 に収束する。

(2) $r=(-2)\div\dfrac{3}{2}=-\dfrac{4}{3}$ で，$r<-1$ であるから，

振動する。

(3) $r=3\div\sqrt{3}=\sqrt{3}$ で，$r>1$ であるから，

正の無限大に発散する。

(4) $r=12\div(-6\sqrt{6})=-\dfrac{\sqrt{6}}{3}=-0.8\cdots\cdots$ で，

$|r|<1$ であるから，**0 に収束する。**

練習10 (1) $\lim\limits_{n\to\infty}\dfrac{2^n-5^n}{4^n}=\lim\limits_{n\to\infty}\left\{\left(\dfrac{1}{2}\right)^n-\left(\dfrac{5}{4}\right)^n\right\}$
$$=-\infty$$

(2) $\lim\limits_{n\to\infty}\dfrac{2^{n+1}}{2^n+1}=\lim\limits_{n\to\infty}\dfrac{2}{1+\left(\dfrac{1}{2}\right)^n}=2$

(3) $\lim\limits_{n\to\infty}\dfrac{5^n+3^n}{2^n}=\lim\limits_{n\to\infty}\left\{\left(\dfrac{5}{2}\right)^n+\left(\dfrac{3}{2}\right)^n\right\}=\infty$

練習11 $0<r<1$ のとき，$\lim\limits_{n\to\infty}r^n=0$ であるから

$$\lim\limits_{n\to\infty}a_n=-1$$

$r=1$ のとき，$\lim\limits_{n\to\infty}r^n=1$ であるから

$$\lim\limits_{n\to\infty}a_n=0$$

$r>1$ のとき，$\lim\limits_{n\to\infty}r^n=\infty$ であるから

$$\lim\limits_{n\to\infty}a_n=\lim\limits_{n\to\infty}\dfrac{1-\dfrac{1}{r^n}}{1+\dfrac{1}{r^n}}=1$$

練習12 収束するための必要十分条件は

$$-1<x^2-4x\leqq 1$$

[1] $-1<x^2-4x$ から $x^2-4x+1>0$

これを解くと $x<2-\sqrt{3},\ 2+\sqrt{3}<x$

[2] $x^2-4x\leqq 1$ から $x^2-4x-1\leqq 0$

これを解くと $2-\sqrt{5}\leqq x\leqq 2+\sqrt{5}$

よって，求める x の値の範囲は

$$2-\sqrt{5}\leqq x<2-\sqrt{3},\ 2+\sqrt{3}<x\leqq 2+\sqrt{5}$$

また，極限値は，$|x^2-4x|<1$ のとき 0，

$x^2-4x=1$ のとき 1 であるから

$$2-\sqrt{5}<x<2-\sqrt{3},\ 2+\sqrt{3}<x<2+\sqrt{5}$$

のとき　**極限値 0**

$x=2\pm\sqrt{5}$ のとき　**極限値 1**

練習13 $r=0$ のとき，$nr^n=0$ であるから

$$\lim\limits_{n\to\infty}nr^n=0$$

$r\neq 0$ のとき，$0<|r|<1$ であるから，

$\dfrac{1}{|r|}=1+h$ とおくと，$h>0$ で

$$\dfrac{1}{|r|^n}=(1+h)^n$$

二項定理により，

$$(1+h)^n=1+nh+\dfrac{n(n-1)}{2}h^2+\cdots\cdots+h^n$$

であるから $(1+h)^n>\dfrac{n(n-1)}{2}h^2$

すなわち $\dfrac{1}{|r|^n}>\dfrac{n(n-1)}{2}h^2$

よって $|r|^n<\dfrac{2}{n(n-1)h^2}$

ゆえに $n|r|^n<\dfrac{2}{(n-1)h^2}$

したがって $-\dfrac{2}{(n-1)h^2}<nr^n<\dfrac{2}{(n-1)h^2}$

ここで，$\lim\limits_{n\to\infty}\left\{-\dfrac{2}{(n-1)h^2}\right\}=0,$

$\lim\limits_{n\to\infty}\dfrac{2}{(n-1)h^2}=0$ であるから

$$\lim_{n\to\infty}nr^n=0$$

以上から，$|r|<1$ のとき $\lim\limits_{n\to\infty}nr^n=0$

練習14 漸化式を変形すると

$$a_{n+1}-2=-\frac{1}{2}(a_n-2)$$

また $a_1-2=4-2=2$

よって，数列 $\{a_n-2\}$ は，初項 2，公比 $-\dfrac{1}{2}$

の等比数列で $a_n-2=2\left(-\dfrac{1}{2}\right)^{n-1}$

したがって $a_n=2\left(-\dfrac{1}{2}\right)^{n-1}+2$

ここで，$\lim\limits_{n\to\infty}\left(-\dfrac{1}{2}\right)^{n-1}=0$ であるから

$$\lim_{n\to\infty}a_n=2$$

4 無限級数 （本冊 $p.106, 107$）

練習15 第 n 項までの部分和を S_n とする。

(1) $\dfrac{1}{(2n-1)(2n+1)}=\dfrac{1}{2}\left(\dfrac{1}{2n-1}-\dfrac{1}{2n+1}\right)$

であるから

$$S_n=\frac{1}{2}\left\{\left(1-\frac{1}{3}\right)+\left(\frac{1}{3}-\frac{1}{5}\right)+\cdots\cdots\right.$$
$$\left.+\left(\frac{1}{2n-1}-\frac{1}{2n+1}\right)\right\}$$
$$=\frac{1}{2}\left(1-\frac{1}{2n+1}\right)$$

よって $\lim\limits_{n\to\infty}S_n=\lim\limits_{n\to\infty}\dfrac{1}{2}\left(1-\dfrac{1}{2n+1}\right)=\dfrac{1}{2}$

したがって，この無限級数は**収束**して，その

和は $\dfrac{1}{2}$

(2) $S_n=(\sqrt{3}-1)+(\sqrt{5}-\sqrt{3})+\cdots\cdots$
$$+(\sqrt{2n+1}-\sqrt{2n-1})$$
$$=\sqrt{2n+1}-1$$

よって $\lim\limits_{n\to\infty}S_n=\lim\limits_{n\to\infty}(\sqrt{2n+1}-1)=\infty$

したがって，この無限級数は正の無限大に**発散**する。

5 無限等比級数 （本冊 $p.108\sim111$）

練習16 (1) 初項は $a=3$，公比は $r=\dfrac{1}{3}$ で

$$|r|<1$$

よって，この無限等比級数は**収束**して，その

和 S は $S=\dfrac{3}{1-\dfrac{1}{3}}=\dfrac{9}{2}$

(2) 初項は $a=\dfrac{1}{4}$，公比は $r=\dfrac{4}{3}$ で $|r|>1$

よって，この無限等比級数は**発散**する。

(3) 初項は $a=\sqrt{2}+1$，

公比は $r=\dfrac{\sqrt{2}-1}{\sqrt{2}+1}=3-2\sqrt{2}$ で $|r|<1$

よって，この無限等比級数は**収束**して，その

和 S は $S=\dfrac{\sqrt{2}+1}{1-(3-2\sqrt{2})}=\dfrac{3+2\sqrt{2}}{2}$

練習17 初項が x，公比が $2-x$ であるから，この無限等比級数が収束するための必要十分条件は $x=0$ または $-1<2-x<1$

$-1<2-x<1$ より $1<x<3$

よって，求める x の値の範囲は

$$x=0,\ 1<x<3$$

$x=0$ のとき，和は 0

$1<x<3$ のとき，和は $\dfrac{x}{1-(2-x)}=\dfrac{x}{x-1}$

これは，$x=0$ のときも成り立つ。

よって，求める和は $\dfrac{x}{x-1}$

練習18 原点を P_0 とし，P の進んだ点を，図のように P_1，P_2，P_3，$\cdots\cdots$ とする。

極限の位置の座標を (x, y) とすると

$$x=P_0P_1-P_2P_3+P_4P_5-\cdots\cdots$$
$$+(-1)^{n-1}P_{2n-2}P_{2n-1}+\cdots\cdots$$
$$=1-\frac{1}{2^2}+\frac{1}{2^4}-\cdots+(-1)^{n-1}\frac{1}{2^{2n-2}}+\cdots\cdots$$

$$y=P_1P_2-P_3P_4+P_5P_6-\cdots\cdots$$
$$+(-1)^{n-1}P_{2n-1}P_{2n}+\cdots\cdots$$
$$=\frac{1}{2}-\frac{1}{2^3}+\frac{1}{2^5}-\cdots+(-1)^{n-1}\frac{1}{2^{2n-1}}+\cdots\cdots$$

x, y は，ともに公比 $-\dfrac{1}{2^2}$ の無限等比級数で，

$\left|-\dfrac{1}{2^2}\right|<1$ であるから収束して，その和は

$$x=\dfrac{1}{1-\left(-\dfrac{1}{2^2}\right)}=\dfrac{4}{5}, \quad y=\dfrac{\dfrac{1}{2}}{1-\left(-\dfrac{1}{2^2}\right)}=\dfrac{2}{5}$$

よって，極限の位置の座標は $\left(\dfrac{4}{5}, \dfrac{2}{5}\right)$

練習19 $\triangle P_{n+1}Q_{n+1}R_{n+1} \infty \triangle P_n Q_n R_n$

であり，相似比は $1:2$ であるから，
$\triangle P_n Q_n R_n$ の周の長さを L_n とすると

$$L_{n+1}=\dfrac{1}{2}L_n, \quad L_1=a$$

よって，数列 $\{L_n\}$ は初項 a，公比 $\dfrac{1}{2}$ の無限

等比数列である。

$\left|\dfrac{1}{2}\right|<1$ であるから $\quad L=\dfrac{a}{1-\dfrac{1}{2}}=\boldsymbol{2a}$

6 無限級数の性質 (本冊 $p.112\sim115$)

練習20 (1) 無限等比級数 $\displaystyle\sum_{n=1}^{\infty}\dfrac{1}{2^{n-1}}$, $\displaystyle\sum_{n=1}^{\infty}\dfrac{1}{3^{n-1}}$ は，

公比について，$\left|\dfrac{1}{2}\right|<1$, $\left|\dfrac{1}{3}\right|<1$ であるから，

ともに収束する。

よって $\displaystyle\sum_{n=1}^{\infty}\left(\dfrac{1}{2^{n-1}}-\dfrac{1}{3^{n-1}}\right)=\sum_{n=1}^{\infty}\dfrac{1}{2^{n-1}}-\sum_{n=1}^{\infty}\dfrac{1}{3^{n-1}}$

$\qquad\qquad =\dfrac{1}{1-\dfrac{1}{2}}-\dfrac{1}{1-\dfrac{1}{3}}$

$\qquad\qquad =2-\dfrac{3}{2}=\boldsymbol{\dfrac{1}{2}}$

(2) 無限等比級数 $\displaystyle\sum_{n=1}^{\infty}\left(\dfrac{2}{4}\right)^n$, $\displaystyle\sum_{n=1}^{\infty}\left(\dfrac{3}{4}\right)^n$ は，公比

について，$\left|\dfrac{2}{4}\right|<1$, $\left|\dfrac{3}{4}\right|<1$ であるから，とも

に収束する。

よって $\displaystyle\sum_{n=1}^{\infty}\dfrac{2^n+3^n}{4^n}=\sum_{n=1}^{\infty}\left(\dfrac{2}{4}\right)^n+\sum_{n=1}^{\infty}\left(\dfrac{3}{4}\right)^n$

$\qquad\qquad =\dfrac{\dfrac{1}{2}}{1-\dfrac{1}{2}}+\dfrac{\dfrac{3}{4}}{1-\dfrac{3}{4}}$

$\qquad\qquad =1+3=\boldsymbol{4}$

練習21 (1) 第 n 項 a_n は $\quad a_n=(-1)^{n+1}n$

数列 $\{a_n\}$ は振動して，0 に収束しないから，
この無限級数は発散する。

(2) 第 n 項 a_n について

$$\lim_{n\to\infty}a_n=\lim_{n\to\infty}\dfrac{2n-1}{3n}=\dfrac{2}{3}$$

数列 $\{a_n\}$ は 0 に収束しないから，この無限級
数は発散する。

（発展の練習）

練習22 第 n 項までの部分和を S_n とする。

無限級数の各項は，すべて正の数であるから

$$S_1<S_2<S_3<\cdots\cdots<S_n<\cdots\cdots\cdots$$

すべての自然数 k について，$k!\geqq 2^{k-1}$ が成り

立つ（$k\geqq3$ のときは $k!>2^{k-1}$）から

$$\dfrac{1}{k!}\leqq\dfrac{1}{2^{k-1}}$$

よって $\quad S_n=\dfrac{1}{1!}+\dfrac{1}{2!}+\dfrac{1}{3!}+\cdots\cdots+\dfrac{1}{n!}$

$\qquad\qquad \leqq1+\dfrac{1}{2}+\dfrac{1}{2^2}+\cdots\cdots+\dfrac{1}{2^{n-1}}$

$\qquad\qquad =\dfrac{1-\left(\dfrac{1}{2}\right)^n}{1-\dfrac{1}{2}}=2-2\left(\dfrac{1}{2}\right)^n$

ゆえに，すべての n について $\quad S_n<2$
したがって，部分和の数列 $\{S_n\}$ が収束するか
ら，この無限級数は収束する。

練習23 第 n 項までの部分和を S_n とする。

すべての自然数 k について，不等式

$$\dfrac{1}{\sqrt{k}}>\dfrac{2}{\sqrt{k}+\sqrt{k+1}}$$

が成り立ち，

$$\dfrac{2}{\sqrt{k}+\sqrt{k+1}}=2(\sqrt{k+1}-\sqrt{k})$$

であるから $\quad \dfrac{1}{\sqrt{k}}>2(\sqrt{k+1}-\sqrt{k})$

したがって

$S_n=\dfrac{1}{\sqrt{1}}+\dfrac{1}{\sqrt{2}}+\dfrac{1}{\sqrt{3}}+\cdots\cdots+\dfrac{1}{\sqrt{n}}$

$\quad >2(\sqrt{2}-1)+2(\sqrt{3}-\sqrt{2})$

$\qquad +2(\sqrt{4}-\sqrt{3})+\cdots+2(\sqrt{n+1}-\sqrt{n})$

$\quad =2(\sqrt{n+1}-1)$

$\displaystyle\lim_{n\to\infty}2(\sqrt{n+1}-1)=\infty$ であるから

$$\lim_{n\to\infty}S_n=\infty$$

したがって，部分和の数列 $\{S_n\}$ が発散するから，この無限級数は発散する。

注意　$n\geqq 2$ のとき　$\displaystyle\sum_{k=1}^{n}\frac{1}{k}<\sum_{k=1}^{n}\frac{1}{\sqrt{k}}$

本冊 115 ページの応用例題 10 の結果から

$$\lim_{n\to\infty}\sum_{k=1}^{n}\frac{1}{k}=\infty$$

このことから解くこともできる。

7　関数の極限(1) (本冊 $p.116\sim123$)

練習24　(1)　$\displaystyle\lim_{x\to 2}(x^2-3x+4)=2^2-3\cdot 2+4=\boldsymbol{2}$

(2)　$\displaystyle\lim_{x\to -1}(3x^3+x)=3(-1)^3+(-1)=\boldsymbol{-4}$

(3)　$\displaystyle\lim_{x\to 0}\frac{2}{x+1}=\frac{2}{0+1}=\boldsymbol{2}$

(4)　$\displaystyle\lim_{x\to -2}\frac{2x+5}{x-3}=\frac{2(-2)+5}{-2-3}=\boldsymbol{-\frac{1}{5}}$

(5)　$\displaystyle\lim_{x\to 1}\sqrt{2x-1}=\sqrt{2\cdot 1-1}=\boldsymbol{1}$

(6)　$\displaystyle\lim_{x\to\frac{\pi}{2}}(2\cos x+1)=2\cos\frac{\pi}{2}+1=\boldsymbol{1}$

練習25　(1)　$\displaystyle\lim_{x\to -1}\frac{x+1}{x^2-1}=\lim_{x\to -1}\frac{x+1}{(x+1)(x-1)}$

$$=\lim_{x\to -1}\frac{1}{x-1}=\boldsymbol{-\frac{1}{2}}$$

(2)　$\displaystyle\lim_{x\to 3}\frac{\sqrt{x+6}-3}{x-3}$

$$=\lim_{x\to 3}\frac{(\sqrt{x+6}-3)(\sqrt{x+6}+3)}{(x-3)(\sqrt{x+6}+3)}$$

$$=\lim_{x\to 3}\frac{(x+6)-9}{(x-3)(\sqrt{x+6}+3)}$$

$$=\lim_{x\to 3}\frac{1}{\sqrt{x+6}+3}=\boldsymbol{\frac{1}{6}}$$

(3)　$\displaystyle\lim_{x\to 1}\frac{x-1}{\sqrt{x+1}-\sqrt{3x-1}}$

$$=\lim_{x\to 1}\frac{(x-1)(\sqrt{x+1}+\sqrt{3x-1})}{(\sqrt{x+1}-\sqrt{3x-1})(\sqrt{x+1}+\sqrt{3x-1})}$$

$$=\lim_{x\to 1}\frac{(x-1)(\sqrt{x+1}+\sqrt{3x-1})}{(x+1)-(3x-1)}$$

$$=\lim_{x\to 1}\left(-\frac{\sqrt{x+1}+\sqrt{3x-1}}{2}\right)=\boldsymbol{-\sqrt{2}}$$

練習26　$\displaystyle\lim_{x\to 0}x=0$ であるから，極限値をもつとすると　$\displaystyle\lim_{x\to 0}(a\sqrt{x+1}-2)=0$

よって　　$a-2=0$

すなわち　$a=2$

このとき，極限値は

$$\lim_{x\to 0}\frac{2\sqrt{x+1}-2}{x}$$

$$=\lim_{x\to 0}\frac{2(\sqrt{x+1}-1)(\sqrt{x+1}+1)}{x(\sqrt{x+1}+1)}$$

$$=\lim_{x\to 0}\frac{2}{\sqrt{x+1}+1}=1 \quad\boldsymbol{\mathrm{答}}\quad \boldsymbol{a=2,\ 極限値\ 1}$$

練習27　$\displaystyle\lim_{x\to 1}(x-1)=0$ であるから，極限値をもつための条件は

$$\lim_{x\to 1}(a\sqrt{x^2+3x+5}+b)=0$$

よって　　　$3a+b=0$

すなわち　　$b=-3a$

このとき

$$\lim_{x\to 1}\frac{a\sqrt{x^2+3x+5}+b}{x-1}$$

$$=\lim_{x\to 1}\frac{a\sqrt{x^2+3x+5}-3a}{x-1}$$

$$=\lim_{x\to 1}\frac{a(\sqrt{x^2+3x+5}-3)(\sqrt{x^2+3x+5}+3)}{(x-1)(\sqrt{x^2+3x+5}+3)}$$

$$=\lim_{x\to 1}\frac{a(x^2+3x-4)}{(x-1)(\sqrt{x^2+3x+5}+3)}$$

$$=\lim_{x\to 1}\frac{a(x+4)}{\sqrt{x^2+3x+5}+3}=\frac{5}{6}a$$

したがって，$\dfrac{5}{6}a=5$ から　　$a=6$

このとき　　$b=-18$

($a=6$，$b=-18$ のとき，与えられた等式は成り立つ)

$\boldsymbol{\mathrm{答}}\quad \boldsymbol{a=6,\ b=-18}$

練習28　$-1\leqq\cos\dfrac{1}{x}\leqq 1$ で，$x^2>0$ であるから

$$-x^2\leqq x^2\cos\frac{1}{x}\leqq x^2$$

ここで，$\displaystyle\lim_{x\to 0}(-x^2)=0,\ \lim_{x\to 0}x^2=0$ であるから

$$\lim_{x\to 0}x^2\cos\frac{1}{x}=0$$

練習29 (1) $\displaystyle \lim_{x \to -1} \frac{1}{(x+1)^2} = \infty$

(2) $\displaystyle \lim_{x \to 0} \left(1 - \frac{1}{x^2}\right) = -\infty$

練習30 (1) $x > 0$ のとき $\dfrac{x}{|x|} = \dfrac{x}{x} = 1$

よって $\displaystyle \lim_{x \to +0} \frac{x}{|x|} = 1$

(2) $\displaystyle \lim_{x \to 1+0} \frac{x}{x-1} = \infty$

(3) $\displaystyle \lim_{x \to -2-0} \frac{x}{x+2} = \infty$

練習31 $1 \leqq x < 2$ のとき，$[x] = 1$ であるから
$$f(x) = x - 1$$
$2 \leqq x < 3$ のとき，$[x] = 2$ であるから
$$f(x) = x - 2$$
よって $\displaystyle \lim_{x \to 2-0} f(x) = 2 - 1 = 1$
$$\lim_{x \to 2+0} f(x) = 2 - 2 = 0$$
したがって，$\displaystyle \lim_{x \to 2-0} f(x)$ と $\displaystyle \lim_{x \to 2+0} f(x)$ が異なるから，$x \longrightarrow 2$ のとき，$f(x)$ の極限はない。

8 関数の極限(2) (本冊 $p.124 \sim 126$)

練習32 (1) $\displaystyle \lim_{x \to -\infty} \left(1 + \frac{1}{x^2}\right) = 1$

(2) $\displaystyle \lim_{x \to \infty} \sin \frac{1}{x} = \sin 0 = 0$

(3) $\displaystyle \lim_{x \to -\infty} (1 - x^2) = -\infty$

練習33 (1) $\displaystyle \lim_{x \to \infty} \frac{x^2 + 1}{3x^2 - 2} = \lim_{x \to \infty} \frac{1 + \dfrac{1}{x^2}}{3 - \dfrac{2}{x^2}} = \frac{1}{3}$

(2) $\displaystyle \lim_{x \to \infty} \frac{2x + 1}{x^2 + x + 1} = \lim_{x \to \infty} \frac{2 + \dfrac{1}{x}}{x + 1 + \dfrac{1}{x}} = 0$

(3) $\displaystyle \lim_{x \to -\infty} \frac{x^2 - 4x + 3}{2x + 5} = \lim_{x \to -\infty} \frac{x - 4 + \dfrac{3}{x}}{2 + \dfrac{5}{x}} = -\infty$

(4) $\displaystyle \lim_{x \to \infty} (x^3 - 2x^2 + x) = \lim_{x \to \infty} x^3 \left(1 - \frac{2}{x} + \frac{1}{x^2}\right)$
$$= \infty$$

(5) $\displaystyle \lim_{x \to -\infty} (x^3 + 10x^2 + 2) = \lim_{x \to -\infty} x^3 \left(1 + \frac{10}{x} + \frac{2}{x^3}\right)$
$$= -\infty$$

練習34 (1) $\displaystyle \lim_{x \to \infty} (\sqrt{x+2} - \sqrt{x+1})$
$$= \lim_{x \to \infty} \frac{(\sqrt{x+2} - \sqrt{x+1})(\sqrt{x+2} + \sqrt{x+1})}{\sqrt{x+2} + \sqrt{x+1}}$$
$$= \lim_{x \to \infty} \frac{1}{\sqrt{x+2} + \sqrt{x+1}} = 0$$

(2) $\sqrt{x^2 - 4x} + x$
$$= \frac{(\sqrt{x^2 - 4x} + x)(\sqrt{x^2 - 4x} - x)}{\sqrt{x^2 - 4x} - x}$$
$$= \frac{-4x}{\sqrt{x^2 - 4x} - x}$$
$x = -t$ とおくと，$x \longrightarrow -\infty$ のとき $t \to \infty$
で $\displaystyle \lim_{x \to -\infty} (\sqrt{x^2 - 4x} + x) = \lim_{t \to \infty} \frac{4t}{\sqrt{t^2 + 4t} + t}$
$$= \lim_{t \to \infty} \frac{4}{\sqrt{1 + \dfrac{4}{t}} + 1}$$
$$= 2$$

練習35 (1) $\displaystyle \lim_{x \to \infty} 3^{-x} = \lim_{x \to \infty} \left(\frac{1}{3}\right)^x = 0$

(2) $\displaystyle \lim_{x \to -\infty} \left(\frac{1}{2}\right)^x = \infty$

(3) $\displaystyle \lim_{x \to \infty} \frac{1}{x} = 0 \left(\frac{1}{x} \longrightarrow +0\right)$ であるから
$$\lim_{x \to \infty} \log_2 \frac{1}{x} = -\infty$$

(4) $\displaystyle \lim_{x \to +0} \frac{1}{x} = \infty$ であるから
$$\lim_{x \to +0} \log_{0.5} \frac{1}{x} = -\infty$$

練習36 (1) $\displaystyle \lim_{x \to \infty} \frac{3^x}{3^x + 2^x} = \lim_{x \to \infty} \frac{1}{1 + \left(\dfrac{2}{3}\right)^x} = 1$

(2) $\displaystyle \lim_{x \to \infty} \{2\log_3 x - \log_3 (3x^2 + 1)\}$
$$= \lim_{x \to \infty} \{\log_3 x^2 - \log_3 (3x^2 + 1)\}$$
$$= \lim_{x \to \infty} \log_3 \frac{x^2}{3x^2 + 1} = \lim_{x \to \infty} \log_3 \frac{1}{3 + \dfrac{1}{x^2}}$$
$$= \log_3 \frac{1}{3} = -1$$

9 三角関数と極限 (本冊 $p.127\sim129$)

練習37 (1) $\displaystyle\lim_{x\to0}\frac{\sin2x}{x}=\lim_{x\to0}2\cdot\frac{\sin2x}{2x}=2\cdot1=2$

[別解] $\displaystyle\lim_{x\to0}\frac{\sin2x}{x}=\lim_{x\to0}\frac{2\sin x\cos x}{x}$

$\displaystyle\qquad\qquad=\lim_{x\to0}\frac{\sin x}{x}\cdot2\cos x=1\cdot2\cdot1=2$

(2) $\displaystyle\lim_{x\to0}\frac{\sin4x}{\sin2x}=\lim_{x\to0}\frac{4\cdot\dfrac{\sin4x}{4x}}{2\cdot\dfrac{\sin2x}{2x}}=\frac{4}{2}=2$

(3) $\displaystyle\lim_{x\to0}\frac{2x+\sin2x}{\sin x}=\lim_{x\to0}\frac{2+\dfrac{\sin2x}{x}}{\dfrac{\sin x}{x}}$

$\displaystyle=\lim_{x\to0}\frac{2+2\cdot\dfrac{\sin2x}{2x}}{\dfrac{\sin x}{x}}=\frac{2+2\cdot1}{1}=4$

(4) $\displaystyle\lim_{x\to0}\frac{\tan x}{x}=\lim_{x\to0}\frac{\sin x}{x}\cdot\frac{1}{\cos x}=1\cdot\frac{1}{1}=1$

(5) $\displaystyle\lim_{x\to0}\frac{x\sin x}{1-\cos x}=\lim_{x\to0}\frac{x\sin x(1+\cos x)}{(1-\cos x)(1+\cos x)}$

$\displaystyle=\lim_{x\to0}\frac{x\sin x(1+\cos x)}{\sin^2x}$

$\displaystyle=\lim_{x\to0}\frac{x}{\sin x}(1+\cos x)$

$\displaystyle=\lim_{x\to0}\frac{1+\cos x}{\dfrac{\sin x}{x}}=\frac{1+1}{1}=2$

(6) $\displaystyle\lim_{x\to0}\frac{1-\cos2x}{x^2}=\lim_{x\to0}\frac{2\sin^2x}{x^2}$

$\displaystyle=\lim_{x\to0}2\left(\frac{\sin x}{x}\right)^2=2\cdot1^2=2$

練習38 (1) $x-\dfrac{\pi}{2}=\theta$ とおくと

$\displaystyle\lim_{x\to\frac{\pi}{2}}\frac{\cos x}{x-\dfrac{\pi}{2}}=\lim_{\theta\to0}\frac{\cos\left(\theta+\dfrac{\pi}{2}\right)}{\theta}$

$\displaystyle=\lim_{\theta\to0}\left(-\frac{\sin\theta}{\theta}\right)=-1$

(2) $\dfrac{1}{x}=\theta$ とおくと

$\displaystyle\lim_{x\to\infty}x\sin\frac{1}{x}=\lim_{\theta\to0}\frac{\sin\theta}{\theta}=1$

練習39 (1) $\angle\mathrm{OPQ}=\angle\mathrm{OPA}=\angle\mathrm{OAP}=\theta$
であるから，$\triangle\mathrm{APQ}$ において

$$\angle\mathrm{AQP}=\pi-3\theta$$

よって，$\triangle\mathrm{OPQ}$ において，正弦定理により

$$\frac{\mathrm{OQ}}{\sin\theta}=\frac{3}{\sin(\pi-3\theta)}$$

したがって $\quad\mathrm{OQ}=\dfrac{3\sin\theta}{\sin(\pi-3\theta)}=\dfrac{3\sin\theta}{\sin3\theta}$

(2) P が B に限りなく近づくとき，$\theta\longrightarrow+0$ であるから

$$\lim_{\theta\to+0}\mathrm{OQ}=\lim_{\theta\to+0}\frac{3\sin\theta}{\sin3\theta}$$

$$=\lim_{\theta\to+0}\frac{\sin\theta}{\theta}\cdot\frac{3\theta}{\sin3\theta}=1$$

よって，点 Q は，**線分 OB を $1:2$ に内分する
点**に限りなく近づく。

10 関数の連続性 (本冊 $p.130\sim135$)

練習40 (1) $\displaystyle\lim_{x\to\pi+0}[\sin x]=-1$

$$\lim_{x\to\pi-0}[\sin x]=0$$

よって，$x\longrightarrow\pi$ のとき $f(x)$ の極限が存在し
ないから，$f(x)$ は $x=\pi$ で不連続である。

(2) $\displaystyle\lim_{x\to\frac{\pi}{2}+0}[\sin x]=\lim_{x\to\frac{\pi}{2}-0}[\sin x]=0$

一方 $\qquad\left[\sin\dfrac{\pi}{2}\right]=1$

よって，$\displaystyle\lim_{x\to\frac{\pi}{2}}f(x)\neq f\left(\frac{\pi}{2}\right)$ であるから，$f(x)$

は $x=\dfrac{\pi}{2}$ で不連続である。

練習41 (1) 区間 $(0,1)$ において

$$f(x)=x\cdot0=0$$

であり，$f(x)$ はこの区間で**連続**である。

(2) $f(x)$ は区間 $(0,1)$ で連続であり

$$\lim_{x\to+0}f(x)=0,\quad f(0)=0$$

であるから，$f(x)$ は区間 $[0,1)$ で**連続**である。

(3) $\displaystyle\lim_{x\to1-0}f(x)=0,\quad f(1)=1$

であるから，$f(x)$ は区間 $(0,1]$ で**連続でない**。

(4) $f(x)$ は区間 $(0,1]$ で連続でないから，$f(x)$
は区間 $[0,1]$ で**連続でない**。

練習42 (1) $y=(x-1)^2-1$ $(0 \leq x \leq 3)$

よって，$x=3$ のとき 最大値3

　　　　　$x=1$ のとき 最小値 -1

(2) $x=\dfrac{\pi}{2}$ のとき 最大値1，最小値はない

練習43 (1) $f(x)=2^x-3x$ とおく。

関数 $f(x)$ は閉区間 $[3, 4]$ で連続である。

また　$f(3)=-1<0$，$f(4)=4>0$

よって，方程式 $f(x)=0$ は，$3<x<4$ の範囲に少なくとも1つの実数解をもつ。

(2) $f(x)=2x+\cos x$ とおく。

関数 $f(x)$ は閉区間 $[-1, 1]$ で連続である。

また　$f(-1)=-2+\cos(-1)<0$

　　　　　$f(1)=2+\cos 1>0$

よって，方程式 $f(x)=0$ は，$-1<x<1$ の範囲に少なくとも1つの実数解をもつ。

練習44 $h(x)=f(x)-g(x)$ とおく。

関数 $f(x)$，$g(x)$ はともに閉区間 $[a, b]$ で連続であるから，関数 $h(x)$ もこの区間で連続である。

また　$h(a)=f(a)-g(a)>0$

　　　　　$h(b)=f(b)-g(b)<0$

したがって，方程式 $h(x)=0$ すなわち $f(x)=g(x)$ は，$a<x<b$ の範囲に少なくとも1つの実数解をもつ。

確認問題 (本冊 $p.136$)

問題1 (1) $\displaystyle\lim_{n\to\infty}(n^3-2n^2+3n)$

$=\displaystyle\lim_{n\to\infty}n^3\left(1-\dfrac{2}{n}+\dfrac{3}{n^2}\right)$

$=\infty$

(2) $\displaystyle\lim_{n\to\infty}n\left(\sqrt{4+\dfrac{1}{n}}-2\right)$

$=\displaystyle\lim_{n\to\infty}\dfrac{n\left(\sqrt{4+\dfrac{1}{n}}-2\right)\left(\sqrt{4+\dfrac{1}{n}}+2\right)}{\sqrt{4+\dfrac{1}{n}}+2}$

$=\displaystyle\lim_{n\to\infty}\dfrac{n\left\{\left(4+\dfrac{1}{n}\right)-4\right\}}{\sqrt{4+\dfrac{1}{n}}+2}=\displaystyle\lim_{n\to\infty}\dfrac{1}{\sqrt{4+\dfrac{1}{n}}+2}=\dfrac{1}{4}$

(3) 数列の各項は -1，2，-3，4，…… となり，

n が奇数のとき $-n$，n が偶数のとき n

よって，この数列は**発散(振動)**する。

問題2 収束するための必要十分条件は

$$-1<x^2-3x+1\leq 1$$

[1] $-1<x^2-3x+1$ から

$$x^2-3x+2>0$$

これを解くと　$x<1$，$2<x$

[2] $x^2-3x+1\leq 1$ から　$x^2-3x\leq 0$

これを解くと　$0\leq x\leq 3$

よって，求める x の値の範囲は

$$0\leq x<1,\ 2<x\leq 3$$

また，極限値は，$|x^2-3x+1|<1$ のとき 0，

$x^2-3x+1=1$ のとき 1 であるから

$0<x<1$，$2<x<3$ のとき　極限値0

$x=0$，3 　　　　　のとき　極限値1

問題3 (1) 漸化式を変形すると

$$a_{n+1}-2=\dfrac{1}{2}(a_n-2)$$

また　$a_1-2=3$

よって，数列 $\{a_n-2\}$ は，初項3，公比 $\dfrac{1}{2}$ の

等比数列で　$a_n-2=3\left(\dfrac{1}{2}\right)^{n-1}$

したがって　$a_n=3\left(\dfrac{1}{2}\right)^{n-1}+2$

ここで，$\displaystyle\lim_{n\to\infty}\left(\dfrac{1}{2}\right)^{n-1}=0$ であるから

$$\lim_{n\to\infty}a_n=2$$

(2) 漸化式を変形すると

$$a_{n+1}+1=3(a_n+1)$$

また　$a_1+1=-3$

よって，数列 $\{a_n+1\}$ は，初項 -3，公比3の

等比数列で　$a_n+1=-3\cdot 3^{n-1}$

したがって　$a_n=-3^n-1$

ここで，$\displaystyle\lim_{n\to\infty}3^n=\infty$ であるから

$$\lim_{n\to\infty}a_n=-\infty$$

問題4 (1) 第 n 項までの部分和を S_n とする。

$\dfrac{1}{n(n+2)}=\dfrac{1}{2}\left(\dfrac{1}{n}-\dfrac{1}{n+2}\right)$ であるから

$$S_n = \frac{1}{1 \cdot 3} + \frac{1}{2 \cdot 4} + \frac{1}{3 \cdot 5} + \cdots + \frac{1}{n(n+2)}$$

$$= \frac{1}{2} \left\{ \left(1 - \frac{1}{3}\right) + \left(\frac{1}{2} - \frac{1}{4}\right) + \left(\frac{1}{3} - \frac{1}{5}\right) + \cdots \right.$$
$$\left. + \left(\frac{1}{n} - \frac{1}{n+2}\right) \right\}$$

$$= \frac{1}{2} \left(1 + \frac{1}{2} - \frac{1}{n+1} - \frac{1}{n+2} \right)$$

よって $\displaystyle\lim_{n \to \infty} S_n = \frac{1}{2}\left(1 + \frac{1}{2}\right) = \frac{3}{4}$

したがって，この無限級数は**収束**して，その

和は $\dfrac{3}{4}$

(2) 初項は $a = \sqrt{2} - 1$，公比は

$$r = \frac{\sqrt{2} - 2}{\sqrt{2} - 1} = -\sqrt{2}$$

で $|r| > 1$

よって，この無限等比級数は**発散**する。

問題5 (1) $\displaystyle\lim_{x \to 1} \frac{\sqrt{x+3} - (x+1)}{x-1}$

$$= \lim_{x \to 1} \frac{\{\sqrt{x+3} - (x+1)\}\{\sqrt{x+3} + (x+1)\}}{(x-1)\{\sqrt{x+3} + (x+1)\}}$$

$$= \lim_{x \to 1} \frac{(x+3) - (x+1)^2}{(x-1)\{\sqrt{x+3} + (x+1)\}}$$

$$= \lim_{x \to 1} \frac{-(x^2 + x - 2)}{(x-1)\{\sqrt{x+3} + (x+1)\}}$$

$$= \lim_{x \to 1} \frac{-(x+2)}{\sqrt{x+3} + (x+1)} = -\frac{3}{4}$$

(2) $\displaystyle\lim_{x \to 2+0} \frac{x+3}{x-2} = \infty$

(3) $\dfrac{1}{x} = \theta$ とおくと

$$\lim_{x \to \infty} x^2 \left(1 - \cos \frac{1}{x} \right)$$

$$= \lim_{\theta \to 0} \left(\frac{1}{\theta} \right)^2 (1 - \cos \theta)$$

$$= \lim_{\theta \to 0} \frac{(1 - \cos \theta)(1 + \cos \theta)}{\theta^2 (1 + \cos \theta)}$$

$$= \lim_{\theta \to 0} \left(\frac{\sin \theta}{\theta} \right)^2 \cdot \frac{1}{1 + \cos \theta} = 1^2 \cdot \frac{1}{1+1} = \frac{1}{2}$$

(4) $\displaystyle\lim_{x \to -\infty} \frac{2^x - 2^{-x}}{2^x + 2^{-x}} = \lim_{x \to -\infty} \frac{(2^x)^2 - 1}{(2^x)^2 + 1}$

$$= \lim_{x \to -\infty} \frac{4^x - 1}{4^x + 1} = -1$$

問題6 $f(x) = x \tan x - \cos x$ とおく。

関数 $f(x)$ は閉区間 $\left[0, \dfrac{\pi}{4}\right]$ で連続である。

また $f(0) = -1 < 0$

$$f\left(\frac{\pi}{4}\right) = \frac{\pi}{4} - \frac{\sqrt{2}}{2}$$

ここで，$\dfrac{\pi}{4} = 0.78\cdots$，$\dfrac{\sqrt{2}}{2} = 0.70\cdots$ であ

るから $f\left(\dfrac{\pi}{4}\right) > 0$

よって，方程式 $f(x) = 0$ すなわち

$x \tan x = \cos x$ は，$0 < x < \dfrac{\pi}{4}$ の範囲に少なく

とも1つの実数解をもつ。

演習問題A （本冊 $p.137$）

問題1 (1) $\displaystyle\lim_{n \to \infty} \frac{\cos^n \theta - \sin^n \theta}{\cos^n \theta + \sin^n \theta}$

$$= \lim_{n \to \infty} \frac{\dfrac{1}{\tan^n \theta} - 1}{\dfrac{1}{\tan^n \theta} + 1}$$

$\dfrac{\pi}{4} < \theta < \dfrac{\pi}{2}$ のとき，$\tan \theta > 1$ であるから

$$\lim_{n \to \infty} \frac{\dfrac{1}{\tan^n \theta} - 1}{\dfrac{1}{\tan^n \theta} + 1} = \frac{-1}{1} = -1$$

(2) n が偶数のとき，$\sin \dfrac{n\pi}{2} = 0$ であるから

$$\sum_{n=1}^{\infty} \frac{1}{2^n} \sin \frac{n\pi}{2} = \frac{1}{2} - \frac{1}{2^3} + \frac{1}{2^5} - \frac{1}{2^7} + \cdots$$

これは，初項 $a = \dfrac{1}{2}$，公比 $r = -\dfrac{1}{2^2}$ の無限等

比級数である。

$|r| < 1$ であるから，この無限等比級数は**収束**

して，その和は

$$\frac{\dfrac{1}{2}}{1 - \left(-\dfrac{1}{2^2} \right)} = \frac{2}{5}$$

(3) $\sqrt{x^2 + x + 1} - \sqrt{x^2 + 1}$

$$= \frac{(\sqrt{x^2+x+1} - \sqrt{x^2+1})(\sqrt{x^2+x+1} + \sqrt{x^2+1})}{\sqrt{x^2+x+1} + \sqrt{x^2+1}}$$

$$= \frac{x}{\sqrt{x^2+x+1} + \sqrt{x^2+1}}$$

$x=-t$ とおくと，$x \longrightarrow -\infty$ のとき $t \longrightarrow \infty$
であるから　$\displaystyle\lim_{x \to -\infty}(\sqrt{x^2+x+1}-\sqrt{x^2+1})$

$$=\lim_{t \to \infty}\frac{-t}{\sqrt{t^2-t+1}+\sqrt{t^2+1}}$$

$$=\lim_{t \to \infty}\frac{-1}{\sqrt{1-\dfrac{1}{t}+\dfrac{1}{t^2}}+\sqrt{1+\dfrac{1}{t^2}}}$$

$$=\frac{-1}{1+1}=-\frac{1}{2}$$

問題 2　$BC=\sqrt{3^2+4^2}=5$

△ABC の面積について，

$\dfrac{1}{2}\times3\times4=\dfrac{1}{2}\times5\times AA_1$ が成り立つから

$$AA_1=\frac{12}{5}$$

$\angle BCA=\theta$, $A=A_0$ とする。

このとき，条件から

$$\angle A_0A_1A_2=\angle A_1A_2A_3=\angle A_2A_3A_4$$
$$=\cdots\cdots=\theta$$

よって，$\triangle A_nA_{n+1}A_{n+2}\ (n\geqq0)$ において

$$A_{n+1}A_{n+2}=A_nA_{n+1}\cos\theta=\frac{4}{5}A_nA_{n+1}$$

また　　$A_0A_1=\dfrac{12}{5}$

したがって，求める長さの総和

$$AA_1+A_1A_2+A_2A_3+\cdots\cdots$$

は，初項 $\dfrac{12}{5}$，公比 $\dfrac{4}{5}$ の無限等比級数である。

この無限等比級数は，公比 r が $|r|<1$ である
から収束して，その和は

$$\frac{\dfrac{12}{5}}{1-\dfrac{4}{5}}=12$$

よって，求める総和は　**12**

問題 3　$\displaystyle\lim_{x \to \infty}(\sqrt{x^2+ax}-bx-1)$

$$=\lim_{x \to \infty}\frac{(x^2+ax)-(bx+1)^2}{\sqrt{x^2+ax}+(bx+1)}$$

$$=\lim_{x \to \infty}\frac{(1-b^2)x^2+(a-2b)x-1}{\sqrt{x^2+ax}+(bx+1)}$$

$$=\lim_{x \to \infty}\frac{(1-b^2)x+(a-2b)-\dfrac{1}{x}}{\sqrt{1+\dfrac{a}{x}}+b+\dfrac{1}{x}}$$

これが収束するためには　　$1-b^2=0$
よって　　$b=\pm1$
$b=1$ のとき

$$\lim_{x \to \infty}(\sqrt{x^2+ax}-bx-1)$$

$$=\lim_{x \to \infty}\frac{a-2-\dfrac{1}{x}}{\sqrt{1+\dfrac{a}{x}}+1+\dfrac{1}{x}}=\frac{a-2}{2}$$

したがって，$\dfrac{a-2}{2}=3$ から　　$a=8$

($a=8$, $b=1$ のとき，与えられた等式は成り
立つ)

$b=-1$ のとき

$$\lim_{x \to \infty}(\sqrt{x^2+ax}-bx-1)$$

$$=\lim_{x \to \infty}(\sqrt{x^2+ax}+x-1)$$

$$=\lim_{x \to \infty}x\left(\sqrt{1+\frac{a}{x}}+1-\frac{1}{x}\right)=\infty$$

したがって，条件に合わない。

圏　**$a=8$, $b=1$**

問題 4　(1)　$0<a<1$ であるから　$m(a)>0$

$m(a)$ は方程式 $x^2=a\sin x$ の解であるから

$$\{m(a)\}^2=a\sin m(a) \cdots\cdots ①$$

よって　　$m(a)=\sqrt{a}\sqrt{\sin m(a)}$

ここで，$0<\sqrt{\sin m(a)}\leqq1$ であるから

$$0<\sqrt{a}\sqrt{\sin m(a)}\leqq\sqrt{a}$$

したがって　　$0<m(a)\leqq\sqrt{a}$

また，$\displaystyle\lim_{a \to +0}\sqrt{a}=0$ であるから

$$\lim_{a \to +0}m(a)=0$$

(2)　① より，$m(a)=\dfrac{a\sin m(a)}{m(a)}$ であるから

$$\lim_{a \to +0}\frac{m(a)}{a}=\lim_{m(a) \to +0}\frac{\sin m(a)}{m(a)}=1$$

演習問題 B （本冊 $p.138$）

問題5 (1) 分子について
$$(n+1)^2+(n+2)^2+\cdots\cdots+(2n)^2$$
$$=\sum_{k=1}^{n}(n+k)^2=\sum_{k=1}^{n}(n^2+2nk+k^2)$$
$$=n^3+2n\cdot\frac{n(n+1)}{2}+\frac{n(n+1)(2n+1)}{6}$$
$$=\frac{6n^3+6n^2(n+1)+n(n+1)(2n+1)}{6}$$
$$=\frac{n(2n+1)(7n+1)}{6}$$

分母について
$$1^2+2^2+\cdots\cdots+n^2=\frac{n(n+1)(2n+1)}{6}$$

よって
$$\lim_{n\to\infty}\frac{(n+1)^2+(n+2)^2+\cdots\cdots+(2n)^2}{1^2+2^2+\cdots\cdots+n^2}$$
$$=\lim_{n\to\infty}\frac{\dfrac{n(2n+1)(7n+1)}{6}}{\dfrac{n(n+1)(2n+1)}{6}}$$
$$=\lim_{n\to\infty}\frac{7n+1}{n+1}=\lim_{n\to\infty}\frac{7+\dfrac{1}{n}}{1+\dfrac{1}{n}}$$
$$=7$$

(2) $\displaystyle\lim_{x\to\infty}\left\{\frac{1}{2}\log_2 x+\log_2(\sqrt{2x+1}-\sqrt{2x-1})\right\}$
$$=\lim_{x\to\infty}\log_2\sqrt{x}\,(\sqrt{2x+1}-\sqrt{2x-1})$$
$$=\lim_{x\to\infty}\log_2\frac{\sqrt{x}\,\{(2x+1)-(2x-1)\}}{\sqrt{2x+1}+\sqrt{2x-1}}$$
$$=\lim_{x\to\infty}\log_2\frac{2\sqrt{x}}{\sqrt{2x+1}+\sqrt{2x-1}}$$
$$=\lim_{x\to\infty}\log_2\frac{2}{\sqrt{2+\dfrac{1}{x}}+\sqrt{2-\dfrac{1}{x}}}$$
$$=\log_2\frac{2}{2\sqrt{2}}=\log_2 2^{-\frac{1}{2}}=-\frac{1}{2}$$

問題6 (1) 漸化式
$$x_{n+1}=\frac{1}{4}x_n+\frac{4}{5}y_n,\quad y_{n+1}=\frac{3}{4}x_n+\frac{1}{5}y_n$$
の辺々を加えると
$$x_{n+1}+y_{n+1}=x_n+y_n$$
したがって
$$x_n+y_n=x_{n-1}+y_{n-1}=\cdots\cdots=x_2+y_2$$
$$=x_1+y_1$$
点 $P_1(x_1,\ y_1)$ は直線 $x+y=2$ 上にあるから
$$x_1+y_1=2$$
よって，すべての自然数 n について
$$x_n+y_n=2$$
が成り立つから，点 P_1, P_2, P_3, $\cdots\cdots$ は直線 $x+y=2$ 上にある。

(2) P_1 の x 座標を a とする。

(1)の結果により，$y_n=2-x_n$ であるから
$$x_{n+1}=\frac{1}{4}x_n+\frac{4}{5}(2-x_n)$$
すなわち $x_{n+1}=-\dfrac{11}{20}x_n+\dfrac{8}{5}$

この漸化式を変形すると
$$x_{n+1}-\frac{32}{31}=-\frac{11}{20}\left(x_n-\frac{32}{31}\right)$$
また $x_1-\dfrac{32}{31}=a-\dfrac{32}{31}$

よって，数列 $\left\{x_n-\dfrac{32}{31}\right\}$ は初項 $a-\dfrac{32}{31}$，公比 $-\dfrac{11}{20}$ の等比数列で
$$x_n-\frac{32}{31}=\left(a-\frac{32}{31}\right)\left(-\frac{11}{20}\right)^{n-1}$$
$$x_n=\left(a-\frac{32}{31}\right)\left(-\frac{11}{20}\right)^{n-1}+\frac{32}{31}$$
このとき
$$y_n=-\left(a-\frac{32}{31}\right)\left(-\frac{11}{20}\right)^{n-1}+\frac{30}{31}$$
ここで，$\displaystyle\lim_{n\to\infty}\left(-\frac{11}{20}\right)^{n-1}=0$ であるから
$$\lim_{n\to\infty}x_n=\frac{32}{31},\quad \lim_{n\to\infty}y_n=\frac{30}{31}$$
したがって，求める定点の座標は
$$\left(\frac{32}{31},\ \frac{30}{31}\right)$$

問題7 (1) $b_{n+1}=\dfrac{a_{n+1}+1}{a_{n+1}-1}i=\dfrac{\dfrac{a_n-5}{1-5a_n}+1}{\dfrac{a_n-5}{1-5a_n}-1}i$

$\qquad\qquad =\dfrac{-4a_n-4}{6a_n-6}i=-\dfrac{2}{3}\cdot\dfrac{a_n+1}{a_n-1}i$

$\qquad\qquad =-\dfrac{2}{3}b_n$

(2) $b_1=\dfrac{a_1+1}{a_1-1}i=\dfrac{\dfrac{3+i}{3-i}+1}{\dfrac{3+i}{3-i}-1}i=\dfrac{6i}{2i}=3$

また，(1)より数列 $\{b_n\}$ は初項が 3，公比が

$-\dfrac{2}{3}$ の等比数列であるから

$$b_n=3\cdot\left(-\dfrac{2}{3}\right)^{n-1}$$

したがって，b_n は実数である。

(3) $b_n=\dfrac{a_n+1}{a_n-1}i$ であるから，両辺に a_n-1 を

掛けると $\quad(a_n-1)b_n=(a_n+1)i$

整理すると $\quad(b_n-i)a_n-(b_n+i)=0$

ゆえに $\qquad a_n=\dfrac{b_n+i}{b_n-i}$

したがって $\quad a_n+1=\dfrac{b_n+i}{b_n-i}+1$

$\qquad\qquad\qquad =\dfrac{(b_n+i)+(b_n-i)}{b_n-i}$

$\qquad\qquad\qquad =\dfrac{2b_n}{b_n-i}$

$|a_n+1|=\dfrac{2|b_n|}{|b_n-i|}$ であるから

$\displaystyle\lim_{n\to\infty}|a_n+1|=\lim_{n\to\infty}\dfrac{2|b_n|}{|b_n-i|}$

$\qquad\qquad =\displaystyle\lim_{n\to\infty}\dfrac{2\cdot3\cdot\left(\dfrac{2}{3}\right)^{n-1}}{\sqrt{\left\{3\cdot\left(-\dfrac{2}{3}\right)^{n-1}\right\}^2+1}}$

$\qquad\qquad =\dfrac{0}{\sqrt{0+1}}=\mathbf{0}$

問題8 (1) $\displaystyle\lim_{n\to\infty}\dfrac{x^{2n}-x^{2n-1}+ax^2+bx}{x^{2n}+1}=L$ とお

く。$|x|>1$ のとき

$$L=\lim_{n\to\infty}\dfrac{1-\dfrac{1}{x}+\dfrac{a}{x^{2n-2}}+\dfrac{b}{x^{2n-1}}}{1+\dfrac{1}{x^{2n}}}=1-\dfrac{1}{x}$$

$x=1$ のとき

$$L=\lim_{n\to\infty}\dfrac{1-1+a+b}{1+1}=\dfrac{a+b}{2}$$

$|x|<1$ のとき

$\qquad L=ax^2+bx$

$x=-1$ のとき

$$L=\lim_{n\to\infty}\dfrac{1-(-1)+a-b}{1+1}=\dfrac{a-b+2}{2}$$

以上から，求める極限は

$$\begin{array}{ll}x<-1,\ 1<x \text{ のとき} & 1-\dfrac{1}{x}\\[2mm] -1<x<1 \quad\text{ のとき} & ax^2+bx\\[2mm] x=1 \qquad\qquad\text{ のとき} & \dfrac{a+b}{2}\\[2mm] x=-1 \qquad\quad\text{ のとき} & \dfrac{a-b+2}{2}\end{array}$$

(2) (1)の結果から，関数 $f(x)$ がすべての x の

値で連続となるための条件は

$\qquad\displaystyle\lim_{x\to1+0}f(x)=\lim_{x\to1-0}f(x)=f(1)$

$\qquad\displaystyle\lim_{x\to-1+0}f(x)=\lim_{x\to-1-0}f(x)=f(-1)$

すなわち

$$0=a+b=\dfrac{a+b}{2}$$

$$a-b=2=\dfrac{a-b+2}{2}$$

よって $\quad a+b=0,\ a-b=2$

これを解くと $\quad \boldsymbol{a=1,\ b=-1}$

第5章 微 分 法

1 微分係数と導関数 （本冊 $p.140\sim142$）

練習1 $\displaystyle\lim_{h\to0}\frac{(-2+h)^2-(-2)^2}{h}=\lim_{h\to0}(-4+h)$
$$=-4$$
よって，求める接線の傾きは -4

練習2 $\displaystyle y'=\lim_{h\to0}\frac{\dfrac{1}{x+h}-\dfrac{1}{x}}{h}=\lim_{h\to0}\frac{-1}{x(x+h)}$
$$=-\frac{1}{x^2}$$

2 導関数の計算 （本冊 $p.143\sim146$）

練習3 (1) $y'=2\cdot2x+3=\boldsymbol{4x+3}$
(2) $y'=4x^3-5\cdot3x^2+3\cdot2x+2$
$$=\boldsymbol{4x^3-15x^2+6x+2}$$

練習4 (1) $y'=(x^2+1)'(2x-3)$
$$+(x^2+1)(2x-3)'$$
$$=2x(2x-3)+(x^2+1)\cdot2$$
$$=\boldsymbol{6x^2-6x+2}$$
(2) $y'=(x^2+2x+3)'(3x^2+x-1)$
$$+(x^2+2x+3)(3x^2+x-1)'$$
$$=(2x+2)(3x^2+x-1)$$
$$+(x^2+2x+3)(6x+1)$$
$$=\boldsymbol{12x^3+21x^2+20x+1}$$

練習5 (1) $y'=-\dfrac{(x+2)'}{(x+2)^2}=-\dfrac{1}{(x+2)^2}$
(2) $y'=\dfrac{(3x+2)'(1-x)-(3x+2)(1-x)'}{(1-x)^2}$
$$=\frac{3(1-x)-(3x+2)(-1)}{(1-x)^2}=\boldsymbol{\frac{5}{(1-x)^2}}$$
(3) $y'=\dfrac{(x+1)'(x^2+2x+2)-(x+1)(x^2+2x+2)'}{(x^2+2x+2)^2}$
$$=\frac{x^2+2x+2-(x+1)(2x+2)}{(x^2+2x+2)^2}$$
$$=\boldsymbol{\frac{-x^2-2x}{(x^2+2x+2)^2}}$$

練習6

(1) $y=\dfrac{1}{x^2}=x^{-2}$ であるから
$$y'=-2x^{-3}=\boldsymbol{-\frac{2}{x^3}}$$
(2) $y=\dfrac{2}{3x^3}=\dfrac{2}{3}x^{-3}$ であるから
$$y'=\frac{2}{3}(-3x^{-4})=\boldsymbol{-\frac{2}{x^4}}$$

3 合成関数の導関数 （本冊 $p.147\sim149$）

練習7 $u=x^2+2$ とおくと $y=u^5$
$$\frac{du}{dx}=2x,\quad\frac{dy}{du}=5u^4$$
よって $\dfrac{dy}{dx}=\dfrac{dy}{du}\cdot\dfrac{du}{dx}=5u^4\cdot2x$
$$=\boldsymbol{10x(x^2+2)^4}$$

練習8 (1) $y'=3(x^2+x)^2\cdot(x^2+x)'$
$$=\boldsymbol{3(2x+1)(x^2+x)^2}$$
(2) $y'=-\dfrac{4}{(2x-5)^5}\cdot(2x-5)'$
$$=\boldsymbol{-\frac{8}{(2x-5)^5}}$$
(3) $y'=3\left(\dfrac{x+1}{x}\right)^2\cdot\left(\dfrac{x+1}{x}\right)'$
$$=3\left(\frac{x+1}{x}\right)^2\cdot\left(-\frac{1}{x^2}\right)=\boldsymbol{-\frac{3(x+1)^2}{x^4}}$$

練習9 $y=x^{\frac{1}{3}}$ を x について解くと $x=y^3$
$x=y^3$ について，x を y の関数と考えて微分すると
$$\frac{dx}{dy}=3y^2$$
よって $\dfrac{dy}{dx}=\dfrac{1}{\dfrac{dx}{dy}}=\dfrac{1}{3y^2}=\dfrac{1}{3(x^{\frac{1}{3}})^2}=\boldsymbol{\dfrac{1}{3}x^{-\frac{2}{3}}}$

練習10 (1) $y=(4-x^2)^{\frac{1}{2}}$ であるから

$$y'=\frac{1}{2}(4-x^2)^{-\frac{1}{2}}\cdot(4-x^2)'$$

$$=\frac{-2x}{2\sqrt{4-x^2}}=-\frac{x}{\sqrt{4-x^2}}$$

(2) $y=(x^2+x+2)^{\frac{1}{3}}$ であるから

$$y'=\frac{1}{3}(x^2+x+2)^{-\frac{2}{3}}\cdot(x^2+x+2)'$$

$$=\frac{2x+1}{3\sqrt[3]{(x^2+x+2)^2}}$$

(3) $y=x^{-\frac{1}{2}}$ であるから

$$y'=-\frac{1}{2}x^{-\frac{3}{2}}=-\frac{1}{2x\sqrt{x}}$$

4 三角関数の導関数 (本冊 *p.* 150, 151)

練習11 (1) $y'=\{\cos(x^2+1)\}\cdot(x^2+1)'$
$$=2x\cos(x^2+1)$$

(2) $y'=(-\sin 4x)\cdot(4x)'=-4\sin 4x$

(3) $y'=\dfrac{(3x-2)'}{\cos^2(3x-2)}=\dfrac{3}{\cos^2(3x-2)}$

(4) $y'=(2\sin x)\cdot(\sin x)'=2\sin x\cos x$
$$=\sin 2x$$

(5) $y'=(3\cos^2 2x)\cdot(\cos 2x)'$
$$=(3\cos^2 2x)\cdot(-2\sin 2x)$$
$$=-6\cos^2 2x\sin 2x$$

(6) $y'=(2\tan x)\cdot(\tan x)'=\dfrac{2\tan x}{\cos^2 x}$

練習12 $y'=\dfrac{\cos x(1+\cos x)-\sin x(-\sin x)}{(1+\cos x)^2}$

$$=\frac{\cos x+\cos^2 x+\sin^2 x}{(1+\cos x)^2}$$

$$=\frac{1+\cos x}{(1+\cos x)^2}=\frac{1}{1+\cos x}$$

5 対数関数, 指数関数の導関数 (本冊 *p.* 152~156)

練習13 (1) $y'=\dfrac{1}{3x}\cdot(3x)'=\dfrac{1}{x}$

(2) $y'=\dfrac{1}{x^2+3}\cdot(x^2+3)'=\dfrac{2x}{x^2+3}$

(3) $y'=(2\log x)\cdot(\log x)'=\dfrac{2\log x}{x}$

(4) $y'=\dfrac{1}{(x+1)\log 3}\cdot(x+1)'=\dfrac{1}{(x+1)\log 3}$

(5) $y'=\dfrac{1}{(x^2+1)\log 10}\cdot(x^2+1)'$

$$=\frac{2x}{(x^2+1)\log 10}$$

(6) $y'=1\cdot\log x+x\cdot\dfrac{1}{x}=\log x+1$

練習14 (1) $y'=\dfrac{(2x+1)'}{2x+1}=\dfrac{2}{2x+1}$

(2) $y'=\dfrac{(\sin x)'}{\sin x}=\dfrac{\cos x}{\sin x}=\dfrac{1}{\tan x}$

(3) $y'=\dfrac{(x^2-5)'}{(x^2-5)\log 2}=\dfrac{2x}{(x^2-5)\log 2}$

練習15 両辺の絶対値の対数をとると
$$\log|y|=2\log|x^2+1|-2\log|x^2-1|$$
この両辺を x について微分すると

$$\frac{y'}{y}=\frac{4x}{x^2+1}-\frac{4x}{x^2-1}$$

よって $y'=y\left(\dfrac{4x}{x^2+1}-\dfrac{4x}{x^2-1}\right)$

$$=\left(\frac{x^2+1}{x^2-1}\right)^2\cdot\frac{-8x}{(x^2+1)(x^2-1)}$$

$$=-\frac{8x(x^2+1)}{(x^2-1)^3}$$

練習16 (1) $y'=e^{3x}\cdot(3x)'=3e^{3x}$

(2) $y'=a^{2x+1}\log a\cdot(2x+1)'=2a^{2x+1}\log a$

(3) $y'=3^{-2x}\log 3\cdot(-2x)'=-2\cdot 3^{-2x}\log 3$

(4) $y'=(x+1)'\cdot e^x+(x+1)\cdot(e^x)'$
$$=e^x+(x+1)e^x=(x+2)e^x$$

(5) $y'=e^{x^2}\cdot(x^2)'=2xe^{x^2}$

(6) $y'=(e^x)'\cdot\cos x+e^x\cdot(\cos x)'$
$$=e^x\cos x-e^x\sin x$$
$$=e^x(\cos x-\sin x)$$

練習17

$$y'=\frac{(e^x+e^{-x})(e^x+e^{-x})-(e^x-e^{-x})(e^x-e^{-x})}{(e^x+e^{-x})^2}$$

$$=\frac{4e^xe^{-x}}{(e^x+e^{-x})^2}=\frac{4}{(e^x+e^{-x})^2}$$

6 高次導関数 (本冊 $p.157, 158$)

練習18 (1) $y'=6x^2+8x-5$ であるから
$$y''=12x+8, \quad y'''=12$$

(2) $y'=\frac{1}{2}x^{-\frac{1}{2}}$ であるから

$$y''=\frac{1}{2}\cdot\left(-\frac{1}{2}x^{-\frac{3}{2}}\right)=-\frac{1}{4x\sqrt{x}}$$

$$y'''=-\frac{1}{4}\cdot\left(-\frac{3}{2}x^{-\frac{5}{2}}\right)=\frac{3}{8x^2\sqrt{x}}$$

(3) $y'=-(x+1)^{-2}$ であるから

$$y''=-\{-2(x+1)^{-3}\}=\frac{2}{(x+1)^3}$$

$$y'''=2\{-3(x+1)^{-4}\}=-\frac{6}{(x+1)^4}$$

(4) $y'=2\cos 2x$ であるから
$$y''=2\cdot(-2\sin 2x)=-4\sin 2x$$
$$y'''=-4\cdot(2\cos 2x)=-8\cos 2x$$

(5) $y'=e^x$ であるから $\quad y''=e^x, \quad y'''=e^x$

(6) $y'=\frac{1}{x\log 2}$ であるから

$$y''=\frac{1}{\log 2}\cdot\left(-\frac{1}{x^2}\right)=-\frac{1}{x^2\log 2}$$

$$y'''=-\frac{1}{\log 2}\cdot\left(-\frac{2}{x^3}\right)=\frac{2}{x^3\log 2}$$

練習19 $y'=e^x\sin x+e^x\cos x$
$$=e^x(\sin x+\cos x)$$
$$y''=e^x(\sin x+\cos x)+e^x(\cos x-\sin x)$$
$$=2e^x\cos x$$
であるから
$$y''-2y'+2y$$
$$=2e^x\cos x-2e^x(\sin x+\cos x)+2e^x\sin x$$
$$=0$$

練習20 $y'=ae^{ax}, \quad y''=a^2e^{ax}, \quad y'''=a^3e^{ax}, \quad\cdots$
したがって $\quad y^{(n)}=a^ne^{ax}$

7 関数のいろいろな表し方と導関数 (本冊 $p.159\sim161$)

練習21 (1) $\dfrac{dx}{dt}=2, \quad \dfrac{dy}{dt}=2t+2$ であるから

$$\frac{dy}{dx}=\frac{2t+2}{2}=t+1$$

(2) $\dfrac{dx}{dt}=-\sin t, \quad \dfrac{dy}{dt}=\cos t$ であるから

$$\frac{dy}{dx}=\frac{\cos t}{-\sin t}=-\frac{\cos t}{\sin t}$$

(3) $\dfrac{dx}{dt}=a(1-\cos t), \quad \dfrac{dy}{dt}=a\sin t$
であるから

$$\frac{dy}{dx}=\frac{a\sin t}{a(1-\cos t)}=\frac{\sin t}{1-\cos t}$$

練習22 (1) 両辺を x について微分すると

$$2x+2y\frac{dy}{dx}=0$$

よって, $y\neq 0$ のとき $\quad \dfrac{dy}{dx}=-\dfrac{x}{y}$

(2) 両辺を x について微分すると

$$\frac{2}{9}x+\frac{2}{4}y\frac{dy}{dx}=0$$

よって, $y\neq 0$ のとき $\quad \dfrac{dy}{dx}=-\dfrac{4x}{9y}$

(3) 両辺を x について微分すると

$$4x-6y\frac{dy}{dx}=0$$

よって, $y\neq 0$ のとき $\quad \dfrac{dy}{dx}=\dfrac{2x}{3y}$

確認問題 (本冊 $p.162$)

問題1 $y'=\lim_{h\to 0}\dfrac{\dfrac{1}{\sqrt{x+h}}-\dfrac{1}{\sqrt{x}}}{h}$

$$=\lim_{h\to 0}\frac{\sqrt{x}-\sqrt{x+h}}{h\sqrt{x(x+h)}}$$

$$=\lim_{h\to 0}\frac{x-(x+h)}{h\sqrt{x(x+h)}(\sqrt{x}+\sqrt{x+h})}$$

$$=\lim_{h\to 0}\frac{-1}{\sqrt{x(x+h)}(\sqrt{x}+\sqrt{x+h})}$$

$$=\frac{-1}{x\cdot 2\sqrt{x}}$$

$$=-\frac{1}{2x\sqrt{x}}$$

問題 2　(1)　$y'=\dfrac{(4x^3+2)x^2-(x^4+2x+3)\cdot 2x}{(x^2)^2}$

$\qquad=\dfrac{2x^4-2x-6}{x^3}$

別解　$y=x^2+2x^{-1}+3x^{-2}$ であるから

$\qquad y'=2x-2x^{-2}-6x^{-3}$

$\qquad=2x-\dfrac{2}{x^2}-\dfrac{6}{x^3}$

$\qquad=\dfrac{2x^4-2x-6}{x^3}$

(2)　$y'=\dfrac{(2x-1)(x+2)-(x^2-x+1)\cdot 1}{(x+2)^2}$

$\qquad=\dfrac{x^2+4x-3}{(x+2)^2}$

(3)　$y'=2(\sqrt{x}+2x)\cdot(\sqrt{x}+2x)'$

$\qquad=2(\sqrt{x}+2x)\left(\dfrac{1}{2\sqrt{x}}+2\right)$

$\qquad=8x+6\sqrt{x}+1$

別解　$y=x+4x\sqrt{x}+4x^2$ であるから

$\qquad y'=1+4\cdot\left(\dfrac{3}{2}\sqrt{x}\right)+8x$

$\qquad=1+6\sqrt{x}+8x$

(4)　$y'=\dfrac{\dfrac{1}{2\sqrt{x}}\cdot\sqrt{x+1}-\sqrt{x}\cdot\dfrac{1}{2\sqrt{x+1}}}{x+1}$

$\qquad=\dfrac{\dfrac{(x+1)-x}{2\sqrt{x}\sqrt{x+1}}}{x+1}$

$\qquad=\dfrac{1}{2(x+1)\sqrt{x(x+1)}}$

問題 3　(1)　$y'=\cos x\cdot\cos x+\sin x\cdot(-\sin x)$

$\qquad=\cos^2 x-\sin^2 x$

$\qquad=\cos 2x$

別解　$y=\dfrac{1}{2}\sin 2x$ であるから

$\qquad y'=\dfrac{1}{2}\cdot 2\cos 2x=\cos 2x$

(2)　$y'=2x\sin(x+1)+x^2\cos(x+1)$

(3)　$y'=1\cdot e^{2x}+x\cdot 2e^{2x}=(2x+1)e^{2x}$

(4)　$y'=\dfrac{(\log x)'}{\log x}=\dfrac{1}{x\log x}$

問題 4　(1)　$y'=e^x(\sin x+\cos x)$

$\qquad+e^x(\cos x-\sin x)$

$\qquad=2e^x\cos x$

であるから

$\qquad y''=2e^x\cos x+2e^x(-\sin x)$

$\qquad=2e^x(\cos x-\sin x)$

(2)　$y'=\dfrac{(\sqrt{x^2+1}-x)'}{\sqrt{x^2+1}-x}=\dfrac{\dfrac{2x}{2\sqrt{x^2+1}}-1}{\sqrt{x^2+1}-x}$

$\qquad=-\dfrac{1}{\sqrt{x^2+1}}$

であるから

$\qquad y''=\dfrac{\dfrac{2x}{2\sqrt{x^2+1}}}{x^2+1}=\dfrac{x}{(x^2+1)\sqrt{x^2+1}}$

問題 5　$y'=-2e^{-2x}(a\cos 2x+b\sin 2x)$

$\qquad+e^{-2x}(-2a\sin 2x+2b\cos 2x)$

$\qquad=2e^{-2x}\{(b-a)\cos 2x-(a+b)\sin 2x\}$

$\qquad y''=8e^{-2x}(-b\cos 2x+a\sin 2x)$

よって　$y''+4y'+8y$

$\qquad=8e^{-2x}(-b\cos 2x+a\sin 2x)$

$\qquad+8e^{-2x}\{(b-a)\cos 2x-(a+b)\sin 2x\}$

$\qquad+8e^{-2x}(a\cos 2x+b\sin 2x)$

$\qquad=8e^{-2x}[\{-b+(b-a)+a\}\cos 2x$

$\qquad+\{a-(a+b)+b\}\sin 2x]$

$\qquad=0$

問題 6　(1)　$\dfrac{dx}{dt}=3t^2,\ \dfrac{dy}{dt}=4t$

であるから　$\dfrac{dy}{dx}=\dfrac{4t}{3t^2}=\dfrac{4}{3t}$

(2)　$\dfrac{dx}{dt}=-2\sin t,\ \dfrac{dy}{dt}=2\cos 2t$

であるから　$\dfrac{dy}{dx}=\dfrac{2\cos 2t}{-2\sin t}=-\dfrac{\cos 2t}{\sin t}$

問題 7　(1)　両辺を x について微分すると

$\qquad 2x+2y\dfrac{dy}{dx}-2=0$

よって，$y\neq 0$ のとき　$\dfrac{dy}{dx}=\dfrac{-x+1}{y}$

(2)　両辺を x について微分すると

$\qquad 2y\dfrac{dy}{dx}+4-2\dfrac{dy}{dx}=0$

$\qquad(y-1)\dfrac{dy}{dx}=-2$

よって，$y\neq 1$ のとき　$\dfrac{dy}{dx}=-\dfrac{2}{y-1}$

演習問題A

問題1 $x<0$ のとき $f(x)=0$ であるから
$$\lim_{x\to-0}f(x)=0$$
$x\geqq0$ のとき $f(x)=x^2$ であるから，この区間で $f(x)$ は連続で $f(0)=0$
よって，$\lim_{x\to0}f(x)=f(0)$ が成り立つから，
$f(x)$ は $x=0$ で**連続である。**
また $\lim_{h\to-0}\dfrac{f(0+h)-f(0)}{h}=\lim_{h\to-0}\dfrac{0-0}{h}=0$
$$\lim_{h\to+0}\dfrac{f(0+h)-f(0)}{h}=\lim_{h\to+0}\dfrac{h^2-0}{h}$$
$$=\lim_{h\to+0}h=0$$
よって，$f'(0)=\lim_{h\to0}\dfrac{f(0+h)-f(0)}{h}$ が存在するから，$f(x)$ は $x=0$ で**微分可能である。**

問題2 (1) $y'=3x^2\sqrt{1+x^2}+x^3\cdot\dfrac{2x}{2\sqrt{1+x^2}}$
$$=3x^2\sqrt{1+x^2}+\dfrac{x^4}{\sqrt{1+x^2}}$$
$$=\dfrac{3x^2(1+x^2)+x^4}{\sqrt{1+x^2}}$$
$$=\dfrac{4x^4+3x^2}{\sqrt{1+x^2}}$$

(2) 両辺の絶対値の対数をとると
$\log|y|$
$$=\dfrac{1}{3}(\log|x^2+1|-\log|x+3|-\log|x-1|)$$
この両辺を x について微分すると
$$\dfrac{y'}{y}=\dfrac{1}{3}\left(\dfrac{2x}{x^2+1}-\dfrac{1}{x+3}-\dfrac{1}{x-1}\right)$$
よって
$$y'=\dfrac{1}{3}y\left(\dfrac{2x}{x^2+1}-\dfrac{1}{x+3}-\dfrac{1}{x-1}\right)$$
$$=\dfrac{1}{3}\sqrt[3]{\dfrac{x^2+1}{(x+3)(x-1)}}\cdot\dfrac{2(x^2-4x-1)}{(x^2+1)(x+3)(x-1)}$$
$$=\dfrac{2(x^2-4x-1)}{3(x+3)(x-1)\sqrt[3]{(x^2+1)^2(x+3)(x-1)}}$$

(3) $y=\log\sqrt{1+\dfrac{1+\cos x}{2}}=\log\sqrt{\dfrac{3+\cos x}{2}}$
$$=\dfrac{1}{2}\{\log(\cos x+3)-\log2\}$$
であるから
$$y'=\dfrac{1}{2}\cdot\dfrac{(\cos x+3)'}{\cos x+3}=-\dfrac{\sin x}{2(\cos x+3)}$$

(4) $y'=\dfrac{(x+\sqrt{x^2+a^2})'}{x+\sqrt{x^2+a^2}}=\dfrac{1+\dfrac{2x}{2\sqrt{x^2+a^2}}}{x+\sqrt{x^2+a^2}}$
$$=\dfrac{\sqrt{x^2+a^2}+x}{(x+\sqrt{x^2+a^2})\sqrt{x^2+a^2}}$$
$$=\dfrac{1}{\sqrt{x^2+a^2}}$$

問題3 $\dfrac{dx}{dy}=\dfrac{1}{\cos^2y}=1+\tan^2y=1+x^2$
よって $\dfrac{dy}{dx}=\dfrac{1}{\dfrac{dx}{dy}}=\dfrac{1}{1+x^2}$

問題4 (1) $-h=t$ とおくと
$$\lim_{h\to0}(1-h)^{\frac{1}{h}}=\lim_{t\to0}(1+t)^{-\frac{1}{t}}$$
$$=\lim_{t\to0}\dfrac{1}{(1+t)^{\frac{1}{t}}}=\dfrac{1}{e}$$

(2) $\dfrac{2}{x}=h$ とおくと
$$\lim_{x\to\infty}\left(1+\dfrac{2}{x}\right)^x=\lim_{h\to0}(1+h)^{\frac{2}{h}}=e^2$$

問題5 $x^2+y^2=1$ の両辺を x について微分すると $2x+2y\dfrac{dy}{dx}=0$
よって，$y\neq0$ のとき $\dfrac{dy}{dx}=-\dfrac{x}{y}$
また，この両辺を x について微分すると
$$\dfrac{d^2y}{dx^2}=-\dfrac{1\cdot y-x\dfrac{dy}{dx}}{y^2}=-\dfrac{y-x\left(-\dfrac{x}{y}\right)}{y^2}$$
$$=-\dfrac{y^2+x^2}{y^3}=-\dfrac{1}{y^3}$$

問題6 $f'(x)=(2ax+b)e^{-x}$
$$+(ax^2+bx+c)(-e^{-x})$$
$$=\{-ax^2+(2a-b)x+(b-c)\}e^{-x}$$
$$f(x)+xe^{-x}=\{ax^2+(b+1)x+c\}e^{-x}$$
よって，すべての実数 x に対して，等式 $f'(x)=f(x)+xe^{-x}$ が成り立つとき，
$$-ax^2+(2a-b)x+(b-c)$$
$$=ax^2+(b+1)x+c$$
は，x についての恒等式である。
したがって
$$-a=a,\ 2a-b=b+1,\ b-c=c$$
これを解くと $a=0,\ b=-\dfrac{1}{2},\ c=-\dfrac{1}{4}$

演習問題B （本冊 $p.164$）

問題7 $\displaystyle \lim_{h \to 0} \frac{f(a+3h)-f(a+h)}{h}$

$\displaystyle =\lim_{h \to 0} \frac{f(a+3h)-f(a)+f(a)-f(a+h)}{h}$

$\displaystyle =\lim_{h \to 0} \left\{ 3 \cdot \frac{f(a+3h)-f(a)}{3h} \right\}$

$\displaystyle \qquad\qquad -\lim_{h \to 0} \frac{f(a+h)-f(a)}{h}$

ここで，$h \longrightarrow 0$ のとき $3h \longrightarrow 0$ であるから

$\displaystyle \lim_{h \to 0} \frac{f(a+3h)-f(a)}{3h}=f'(a)$

また $\displaystyle \lim_{h \to 0} \frac{f(a+h)-f(a)}{h}=f'(a)$

よって

$\displaystyle \lim_{h \to 0} \frac{f(a+3h)-f(a+h)}{h}=3f'(a)-f'(a)$

$\qquad\qquad\qquad\qquad\qquad = \boldsymbol{2f'(a)}$

問題8 $x>0$ のとき，$y=x^x$ の両辺の対数をとる
と $\log y = \log x^x$

$\qquad\qquad \log y = x \log x$

この両辺を x について微分すると

$\qquad\qquad \dfrac{y'}{y}=1 \cdot \log x + x \cdot \dfrac{1}{x}$

よって $\qquad y'=y(\log x+1)$

したがって $\quad \boldsymbol{y'=x^x(\log x+1)}$

問題9 $f(x)$ を $(x-1)^2$ で割った商を $Q(x)$，余
りを $ax+b$ とおくと

$f(x)=(x-1)^2 Q(x)+ax+b \qquad \cdots\cdots ①$

この両辺を x について微分すると

$f'(x)=2(x-1)Q(x)+(x-1)^2 Q'(x)+a$
$\qquad\qquad\qquad\qquad\qquad \cdots\cdots ②$

① の両辺に $x=1$ を代入すると

$\qquad\qquad f(1)=a+b$

② の両辺に $x=1$ を代入すると

$\qquad\qquad f'(1)=a$

$f(1)=2$，$f'(1)=3$ であるから

$\qquad\qquad a+b=2, \ a=3$

したがって $\quad a=3, \ b=-1$

よって，余りは $\quad \boldsymbol{3x-1}$

問題10 $\dfrac{d^n}{dx^n} \sin x = \sin\left(x+\dfrac{n}{2}\pi\right) \quad \cdots\cdots ①$

とする。

[1] $n=1$ のとき

$\dfrac{d}{dx} \sin x = \cos x, \ \sin\left(x+\dfrac{\pi}{2}\right)=\cos x$

よって，$n=1$ のとき，① は成り立つ。

[2] $n=k$ のとき ① が成り立つ，すなわち

$\dfrac{d^k}{dx^k} \sin x = \sin\left(x+\dfrac{k}{2}\pi\right)$

と仮定する。

$n=k+1$ の場合を考えると

$\dfrac{d^{k+1}}{dx^{k+1}} \sin x = \dfrac{d}{dx}\left(\dfrac{d^k}{dx^k} \sin x\right)$

$= \dfrac{d}{dx} \sin\left(x+\dfrac{k}{2}\pi\right)=\cos\left(x+\dfrac{k}{2}\pi\right)$

$=\cos\left(x+\dfrac{k+1}{2}\pi-\dfrac{\pi}{2}\right)$

$=\sin\left(x+\dfrac{k+1}{2}\pi\right)$

したがって，$n=k+1$ のときにも，① は成
り立つ。

[1]，[2] により，すべての自然数 n について，
① は成り立つ。

問題11 (1) 等式 $f(-x)=f(x)+2x$ の両辺を x
について微分すると

$\qquad\qquad -f'(-x)=f'(x)+2$

この両辺に $x=1$ を代入すると

$\qquad\qquad -f'(-1)=f'(1)+2$

よって $\qquad f'(-1)=-f'(1)-2$

$f'(1)=1$ であるから

$\qquad\qquad f'(-1)=-1-2=\boldsymbol{-3}$

(2) $\displaystyle \lim_{x \to 1} \frac{f(x)+f(-x)-2}{x-1}$

$\displaystyle =\lim_{x \to 1} \frac{f(x)+f(x)+2x-2}{x-1}$

$\displaystyle =2\lim_{x \to 1} \frac{f(x)}{x-1}+2$

$f(1)=0$ であるから

$\displaystyle \lim_{x \to 1} \frac{f(x)}{x-1}=\lim_{x \to 1} \frac{f(x)-f(1)}{x-1}=f'(1)=1$

よって $\displaystyle \lim_{x \to 1} \frac{f(x)+f(-x)-2}{x-1}=2 \cdot 1+2=\boldsymbol{4}$

問題12 (1) $F'(x)=e^x f(x)+e^x f'(x)$
$\qquad\qquad =e^x\{f(x)+f'(x)\}$
$\quad F''(x)=e^x\{f(x)+f'(x)\}$
$\qquad\qquad +e^x\{f'(x)+f''(x)\}$
$\qquad\quad =e^x\{f(x)+2f'(x)+f''(x)\}$
$f''(x)=-2f'(x)-2f(x)$ であるから
$\quad F''(x)=e^x\{f(x)+2f'(x)-2f'(x)-2f(x)\}$
$\qquad\quad =-e^x f(x)=-F(x)$

(2) $G(x)=\{F'(x)\}^2+\{F(x)\}^2$ とおくと
$G'(x)=2F'(x)F''(x)+2F(x)F'(x)$
$\qquad =2F'(x)\{F''(x)+F(x)\}$
(1)より，$F''(x)=-F(x)$ であるから
$\qquad\qquad G'(x)=0$
よって，$G(x)$ すなわち $\{F'(x)\}^2+\{F(x)\}^2$
は定数である。
この定数を C とおくと，$C\geqq 0$ であり，
$\{F'(x)\}^2+\{F(x)\}^2=C$　より　$\{F(x)\}^2\leqq C$
したがって　　$|F(x)|\leqq\sqrt{C}$
$F(x)=e^x f(x)$ であるから
$\qquad\qquad |e^x f(x)|\leqq\sqrt{C}$
よって　　$0\leqq|f(x)|\leqq\dfrac{\sqrt{C}}{e^x}$

ここで，$\displaystyle\lim_{x\to\infty}\dfrac{\sqrt{C}}{e^x}=0$ であるから
$\qquad\qquad \displaystyle\lim_{x\to\infty}|f(x)|=0$
したがって　　$\displaystyle\lim_{x\to\infty}f(x)=\mathbf{0}$

第6章 微分法の応用

1 接線と法線 (本冊 $p.166\sim169$)

練習1 (1) $f(x)=\sqrt{x}$ とおくと $f'(x)=\dfrac{1}{2\sqrt{x}}$

よって $f'(4)=\dfrac{1}{2\sqrt{4}}=\dfrac{1}{4}$

したがって，点Aにおける接線の方程式は
$$y-2=\frac{1}{4}(x-4)$$

すなわち $y=\dfrac{1}{4}x+1$

また，点Aにおける法線の方程式は
$$y-2=-4(x-4)$$

すなわち $y=-4x+18$

(2) $f(x)=\sin x$ とおくと $f'(x)=\cos x$

よって $f'(\pi)=\cos\pi=-1$

したがって，点Aにおける接線の方程式は
$$y-0=-1\cdot(x-\pi)$$

すなわち $y=-x+\pi$

また，点Aにおける法線の方程式は
$$y-0=1\cdot(x-\pi)$$

すなわち $y=x-\pi$

練習2 (1) $y=\dfrac{2}{x}$ を微分すると $y'=-\dfrac{2}{x^2}$

接点の座標を $\left(t,\ \dfrac{2}{t}\right)$ とおくと，接線の方程式は
$$y-\frac{2}{t}=-\frac{2}{t^2}(x-t)$$

となる。

この直線が点 $(4,\ 0)$ を通るから
$$0-\frac{2}{t}=-\frac{2}{t^2}(4-t)$$

すなわち $4t=8$

これを解くと $t=2$

よって，接線の方程式は
$$y-1=-\frac{1}{2}(x-2)$$

すなわち $y=-\dfrac{1}{2}x+2$

また，接点の座標は $(2,\ 1)$

(2) $y=2\sqrt{x}$ を微分すると $y'=\dfrac{1}{\sqrt{x}}$

接点の座標を $(t,\ 2\sqrt{t})$ とおくと，接線の方程式は
$$y-2\sqrt{t}=\frac{1}{\sqrt{t}}(x-t)$$

となる。

この直線が点 $(-2,\ -1)$ を通るから
$$-1-2\sqrt{t}=\frac{1}{\sqrt{t}}(-2-t)$$

整理すると $t+\sqrt{t}-2=0$

よって $(\sqrt{t}-1)(\sqrt{t}+2)=0$

$\sqrt{t}\geqq0$ であるから，$\sqrt{t}=1$ より $t=1$

ゆえに，接線の方程式は $y-2=1\cdot(x-1)$

すなわち $y=x+1$

また，接点の座標は $(1,\ 2)$

練習3 $y=\log x$ を微分すると $y'=\dfrac{1}{x}$

傾きが $\dfrac{1}{e}$ となる接線と曲線 $y=\log x$ の接点

の座標を $(t,\ \log t)$ とおくと $\dfrac{1}{t}=\dfrac{1}{e}$

よって $t=e$

接線の方程式は $y-\log e=\dfrac{1}{e}(x-e)$

すなわち $y=\dfrac{1}{e}x$

また，接点の座標は $(e,\ 1)$

練習4 共有点の座標を $(p,\ q)$ とおく。

$q=(p-a)^2,\ q=e^p$ であるから
$$(p-a)^2=e^p \quad\cdots\cdots ①$$

また $f(x)=(x-a)^2,\ g(x)=e^x$ とおくと
$$f'(x)=2(x-a),\qquad g'(x)=e^x$$

点 $(p,\ q)$ における接線の傾きは等しいから
$$f'(p)=g'(p)$$

よって $2(p-a)=e^p$

すなわち $p-a=\dfrac{e^p}{2} \quad\cdots\cdots ②$

②を①に代入すると $\left(\dfrac{e^p}{2}\right)^2=e^p$

よって $e^p(e^p-4)=0$

$e^p>0$ であるから $e^p=4$

ゆえに $p=\log 4=2\log 2$

したがって $a=p-\dfrac{e^p}{2}=2\log 2-2$

練習5 $(y-2)^2=4x-4$ の両辺を x について微分

すると $\qquad 2(y-2)\cdot y'=4$

よって，$y \neq 2$ のとき $\qquad y'=\dfrac{2}{y-2}$

ゆえに，点Aにおける接線の傾きは

$$\dfrac{2}{0-2}=-1$$

したがって，求める接線の方程式は

$$y-0=-1(x-2)$$

すなわち $\qquad \boldsymbol{y=-x+2}$

また，点Aにおける法線の傾きは 1

したがって，求める法線の方程式は

$$y-0=1\cdot(x-2)$$

すなわち $\qquad \boldsymbol{y=x-2}$

練習6 (1) $t=\dfrac{\pi}{2}$ のとき

$$x=\dfrac{\pi}{2}-\sin\dfrac{\pi}{2}=\dfrac{\pi}{2}-1, \ y=1-\cos\dfrac{\pi}{2}=1$$

よって，Aの座標は $\left(\dfrac{\boldsymbol\pi}{\boldsymbol2}-\boldsymbol1, \ \boldsymbol1\right)$

(2) $\dfrac{dx}{dt}=1-\cos t, \ \dfrac{dy}{dt}=\sin t$ であるから

$$\dfrac{dy}{dx}=\dfrac{\sin t}{1-\cos t}$$

$t=\dfrac{\pi}{2}$ のとき $\qquad \dfrac{dy}{dx}=\dfrac{1}{1-0}=1$

よって，求める接線の方程式は

$$y-1=1\cdot\left\{x-\left(\dfrac{\pi}{2}-1\right)\right\}$$

すなわち $\qquad \boldsymbol{y=x-\dfrac{\pi}{2}+2}$

2 平均値の定理 (本冊 $p.170\sim175$)

練習7 $f'(x)=3x^2-3$ であるから

$$f'(c)=3c^2-3$$

よって，$1=3c^2-3$ より $\quad c^2=\dfrac{4}{3}$

$0<c<2$ となる c の値は $\qquad c=\dfrac{2}{\sqrt{3}}$

練習8 $f(x)=\sqrt{x+1}$ を微分すると

$$f'(x)=\dfrac{1}{2\sqrt{x+1}}$$

$$\dfrac{f(3)-f(-1)}{3-(-1)}=f'(c), \qquad -1<c<3$$

において，$f(-1)=0, \ f(3)=2$ であるから

$$\dfrac{2-0}{4}=\dfrac{1}{2\sqrt{c+1}}$$

これを解いて，$-1<c<3$ を満たす c の値は

$$c=0$$

練習9 関数 $f(x)=e^x$ は微分可能で

$$f'(x)=e^x$$

よって，閉区間 $[a, b]$ において平均値の定理を用いると

$$\dfrac{e^b-e^a}{b-a}=e^c, \ a<c<b$$

を満たす実数 c が存在する。

e^x は単調に増加し，$a<c<b$ であるから

$$e^a<e^c<e^b$$

よって $\qquad e^a<\dfrac{e^b-e^a}{b-a}<e^b$

(発展の練習)

(1) $f(x)=x-\log(1+x), \ g(x)=x^2$ とすると，

$f(0)=g(0)=0$ であり

$$f'(x)=1-\dfrac{1}{1+x}, \ g'(x)=2x$$

また $\displaystyle\lim_{x\to0}\dfrac{f'(x)}{g'(x)}=\lim_{x\to0}\dfrac{1-\dfrac{1}{1+x}}{2x}=\dfrac{1}{2}$

よって，ロピタルの定理により

$$\lim_{x\to0}\dfrac{x-\log(1+x)}{x^2}=\dfrac{\boldsymbol1}{\boldsymbol2}$$

(2) $f(x)=e^x-e^{-x}, \ g(x)=x$ とすると，

$f(0)=g(0)=0$ であり

$$f'(x)=e^x+e^{-x}, \ g'(x)=1$$

また $\displaystyle\lim_{x\to0}\dfrac{f'(x)}{g'(x)}=\lim_{x\to0}(e^x+e^{-x})=2$

よって，ロピタルの定理により

$$\lim_{x\to0}\dfrac{e^x-e^{-x}}{x}=2$$

3 関数の値の変化 (本冊 $p.176\sim183$)

練習10 $h(x)=f(x)-g(x)$ とおく。

関数 $f(x), \ g(x)$ が開区間 (a, b) でともに微分可能であるとき，関数 $h(x)$ も開区間 (a, b) で微分可能である。

また，$h'(x)=f'(x)-g'(x)$ であるから，開区間 (a, b) で

$$f'(x)=g'(x) \text{ のとき } \quad h'(x)=0$$

よって，$h(x)$ は閉区間 $[a, b]$ で定数である。

この定数を C とすると
$$h(x)=C$$
すなわち　　　$f(x)-g(x)=C$
したがって　　$f(x)=g(x)+C$

練習11 (1) $f(x)=e^x-ex$ の定義域は，実数全体である。
$$f'(x)=e^x-e$$
$f'(x)=0$ とすると　$x=1$
よって，$f(x)$ の増減表は次のようになる。

x	$\cdots$	1	$\cdots$
$f'(x)$	$-$	0	$+$
$f(x)$	$\searrow$	0	$\nearrow$

ゆえに，$f(x)$ は
　区間 $x \leqq 1$ で単調に減少し，
　区間 $1 \leqq x$ で単調に増加する。

(2) $f(x)=x+\dfrac{1}{x}$ の定義域は，$x<0$, $0<x$ である。
$$f'(x)=1-\frac{1}{x^2}=\frac{(x+1)(x-1)}{x^2}$$
$f'(x)=0$ とすると　$x=-1$, 1
よって，$f(x)$ の増減表は次のようになる。

x	$\cdots$	-1	$\cdots$	0	$\cdots$	1	$\cdots$
$f'(x)$	$+$	0	$-$		$-$	0	$+$
$f(x)$	$\nearrow$	-2	$\searrow$		$\searrow$	2	$\nearrow$

ゆえに，$f(x)$ は
　区間 $x \leqq -1$, $1 \leqq x$ で単調に増加し，
　区間 $-1 \leqq x < 0$, $0 < x \leqq 1$ で単調に
　減少する。

(3) $f(x)=x-2\sqrt{x}$ の定義域は，$x \geqq 0$ である。
$$f'(x)=1-\frac{1}{\sqrt{x}}$$
$f'(x)=0$ とすると　$x=1$
よって，$f(x)$ の増減表は次のようになる。

x	0	$\cdots$	1	$\cdots$
$f'(x)$		$-$	0	$+$
$f(x)$	0	$\searrow$	-1	$\nearrow$

ゆえに，$f(x)$ は
　区間 $0 \leqq x \leqq 1$ で単調に減少し，
　区間 $1 \leqq x$ で単調に増加する。

練習12 (1) $f(x)=x^2e^{-x}$ を微分すると
$$\begin{aligned}f'(x)&=2xe^{-x}-x^2e^{-x}\\&=e^{-x}x(2-x)\end{aligned}$$
$f'(x)=0$ とすると　$x=0$, 2
ゆえに，$f(x)$ の増減表は次のようになる。

x	$\cdots$	0	$\cdots$	2	$\cdots$
$f'(x)$	$-$	0	$+$	0	$-$
$f(x)$	$\searrow$	極小 0	$\nearrow$	極大 $\dfrac{4}{e^2}$	$\searrow$

よって，$f(x)$ は $x=0$ で極小値 0,
　　　　　$x=2$ で極大値 $\dfrac{4}{e^2}$ をとる。

(2) $f(x)=\sin^2 x+2\sin x$ を微分すると
$$\begin{aligned}f'(x)&=2\sin x\cos x+2\cos x\\&=2\cos x(\sin x+1)\end{aligned}$$
$f'(x)=0$ とすると　$x=\dfrac{\pi}{2}$, $\dfrac{3}{2}\pi$
ゆえに，$f(x)$ の増減表は次のようになる。

x	0	$\cdots$	$\dfrac{\pi}{2}$	$\cdots$	$\dfrac{3}{2}\pi$	$\cdots$	2π
$f'(x)$		$+$	0	$-$	0	$+$	
$f(x)$	0	$\nearrow$	極大 3	$\searrow$	極小 -1	$\nearrow$	0

よって，$f(x)$ は $x=\dfrac{\pi}{2}$ で極大値 3,
　　　　　$x=\dfrac{3}{2}\pi$ で極小値 -1 をとる。

(3) $f(x)=x+\dfrac{4}{x^2}$ を微分すると
$$f'(x)=1-\frac{8}{x^3}=\frac{(x-2)(x^2+2x+4)}{x^3}$$
$f'(x)=0$ とすると　$x=2$
ゆえに，$f(x)$ の増減表は次のようになる。

x	$\cdots$	0	$\cdots$	2	$\cdots$
$f'(x)$	$+$		$-$	0	$+$
$f(x)$	$\nearrow$		$\searrow$	極小 3	$\nearrow$

よって，$f(x)$ は $x=2$ で極小値 3 をとる。
また，$f(x)$ は**極大値をもたない。**

(4) $f(x)=\dfrac{e^x-e^{-x}}{e^x+e^{-x}}$ を微分すると

$$f'(x)=\frac{4}{(e^x+e^{-x})^2}$$

よって，$f'(x)$ は x の値によらず常に正の値を
とる。

したがって，$f(x)$ は単調に増加し，**極値をも
たない。**

練習13 (1) 関数 $f(x)$ の定義域は実数全体であ
る。

また

$$f(x)=\begin{cases} x^2-4 & (x\le -2,\ 2\le x\ \text{のとき}) \\ -(x^2-4) & (-2\le x\le 2\ \text{のとき}) \end{cases}$$

である。

$x<-2,\ 2<x$ のとき　$f'(x)=2x$

ゆえに，$x<-2$ のとき　$f'(x)<0$

$\qquad\qquad 2<x$ のとき　$f'(x)>0$

$-2<x<2$ のとき　　　　$f'(x)=-2x$

$f'(x)=0$ とすると　$x=0$

よって，$f(x)$ の増減表は次のようになる。

x	$\cdots$	-2	$\cdots$	0	$\cdots$	2	$\cdots$
$f'(x)$	$-$		$+$	0	$-$		$+$
$f(x)$	$\searrow$	極小 0	$\nearrow$	極大 4	$\searrow$	極小 0	$\nearrow$

したがって，$f(x)$ は

$\qquad x=\pm 2$ で極小値 0，

$\qquad x=0$ で極大値 4 をとる。

(2) 関数 $f(x)$ の定義域は $x\ge -2$ である。

また

$$f(x)=\begin{cases} -x\sqrt{x+2} & (-2\le x\le 0\ \text{のとき}) \\ x\sqrt{x+2} & (0\le x\ \text{のとき}) \end{cases}$$

である。

$-2<x<0$ のとき　　$f'(x)=-\dfrac{3x+4}{2\sqrt{x+2}}$

$f'(x)=0$ とすると　$x=-\dfrac{4}{3}$

$0<x$ のとき　　　　$f'(x)=\dfrac{3x+4}{2\sqrt{x+2}}$

ゆえに，$0<x$ のとき，$f'(x)$ は常に正の値を
とる。

よって，$f(x)$ の増減表は次のようになる。

x	-2	$\cdots$	$-\dfrac{4}{3}$	$\cdots$	0	$\cdots$
$f'(x)$		$+$	0	$-$		$+$
$f(x)$	0	$\nearrow$	極大 $\dfrac{4\sqrt{6}}{9}$	$\searrow$	極小 0	$\nearrow$

したがって，$f(x)$ は

$\qquad x=-\dfrac{4}{3}$ で極大値 $\dfrac{4\sqrt{6}}{9}$，

$\qquad x=0$ で極小値 0 をとる。

練習14 $\qquad f'(x)=1-\dfrac{a}{(x-1)^2}$

$f(x)$ は $x=0$ で極値をとり，かつ微分可能で
あるから　　　$f'(0)=0$

よって，$1-\dfrac{a}{1}=0$ となるから　　$a=1$

このとき　$f(x)=x+\dfrac{1}{x-1}$

$$f'(x)=1-\frac{1}{(x-1)^2}=\frac{x(x-2)}{(x-1)^2}$$

$f'(x)=0$ とすると　$x=0,\ 2$

ゆえに，$f(x)$ の増減表は次のようになる。

x	$\cdots$	0	$\cdots$	1	$\cdots$	2	$\cdots$
$f'(x)$	$+$	0	$-$		$-$	0	$+$
$f(x)$	$\nearrow$	極大 -1	$\searrow$		$\searrow$	極小 3	$\nearrow$

よって，求める a の値は $a=1$ であり，$f(x)$
は　　　$x=0$ で極大値 -1，

$\qquad x=2$ で極小値 3 をとる。

練習15 (1) $y=xe^x$ を微分すると

$$y'=e^x+xe^x=e^x(x+1)$$

$y'=0$ とすると　$x=-1$

よって，$-2\le x\le 0$ における y の増減表は次
のようになる。

x	-2	$\cdots$	-1	$\cdots$	0
y'		$-$	0	$+$	
y	$-\dfrac{2}{e^2}$	$\searrow$	極小 $-\dfrac{1}{e}$	$\nearrow$	0

したがって，y は

$\qquad x=0$ で最大値 0，

$\qquad x=-1$ で最小値 $-\dfrac{1}{e}$ をとる。

(2) $y = x\sin x + \cos x$ を微分すると
$$y' = \sin x + x\cos x - \sin x = x\cos x$$

$y' = 0$ とすると $x = 0,\ \dfrac{\pi}{2},\ \dfrac{3}{2}\pi$

よって，$0 \leqq x \leqq 2\pi$ における y の増減表は次のようになる。

x	0	$\cdots$	$\dfrac{\pi}{2}$	$\cdots$	$\dfrac{3}{2}\pi$	$\cdots$	2π
y'		$+$	0	$-$	0	$+$	
y	1	$\nearrow$	極大 $\dfrac{\pi}{2}$	$\searrow$	極小 $-\dfrac{3}{2}\pi$	$\nearrow$	1

したがって，y は
$$x = \frac{\pi}{2}\ \text{で最大値}\ \frac{\pi}{2},$$
$$x = \frac{3}{2}\pi\ \text{で最小値}\ -\frac{3}{2}\pi\ \text{をとる。}$$

練習16 関数 $y = x\sqrt{4-x^2}$ の定義域は $-2 \leqq x \leqq 2$
$$y' = \sqrt{4-x^2} + x \cdot \frac{-2x}{2\sqrt{4-x^2}} = \frac{2(2-x^2)}{\sqrt{4-x^2}}$$

$y' = 0$ とすると $x = \pm\sqrt{2}$

よって，$-2 \leqq x \leqq 2$ における y の増減表は次のようになる。

x	-2	$\cdots$	$-\sqrt{2}$	$\cdots$	$\sqrt{2}$	$\cdots$	2
y'		$-$	0	$+$	0	$-$	
y	0	$\searrow$	極小 -2	$\nearrow$	極大 2	$\searrow$	0

したがって，y は $x = \sqrt{2}$ で最大値 2，
$x = -\sqrt{2}$ で最小値 -2 をとる。

練習17 直円柱の底面の半径を x，高さを h とすると $V = \pi x^2 h$

$V = \pi$ であるから $\pi = \pi x^2 h$

よって $h = \dfrac{1}{x^2}$

ゆえに $S = \pi x^2 \times 2 + 2\pi x \times h = 2\pi\left(x^2 + \dfrac{1}{x}\right)$

x の値の範囲は $x > 0$ である。

S を x で微分すると
$$S' = 2\pi\left(2x - \frac{1}{x^2}\right) = 2\pi \cdot \frac{2x^3-1}{x^2}$$

$S' = 0$ とすると，$2x^3 = 1$ より $x = \dfrac{1}{\sqrt[3]{2}}$

よって，$x > 0$ における S の増減表は次のようになる。

x	0	$\cdots$	$\dfrac{1}{\sqrt[3]{2}}$	$\cdots$
S'		$-$	0	$+$
S		$\searrow$	極小	$\nearrow$

したがって，表面積 S が最小となるような x の値，すなわち底面の半径は $\dfrac{1}{\sqrt[3]{2}}$

4 関数のグラフ (本冊 $p.184{\sim}190$)

練習18 (1) $y = x + \sin x$ より
$$y' = 1 + \cos x, \qquad y'' = -\sin x$$
$y'' = 0$ とすると $x = \pi$

よって $0 < x < \pi$ のとき $y'' < 0$
$\pi < x < 2\pi$ のとき $y'' > 0$

したがって，曲線は
$0 < x < \pi$ で 上に凸
$\pi < x < 2\pi$ で 下に凸 である。

変曲点は点 $(\pi,\ \pi)$ である。

(2) $y = xe^{-x}$ より
$$y' = e^{-x} - xe^{-x}$$
$$y'' = -e^{-x} - (e^{-x} - xe^{-x})$$
$$= e^{-x}(x-2)$$

$y'' = 0$ とすると $x = 2$

よって $x < 2$ のとき $y'' < 0$
$x > 2$ のとき $y'' > 0$

したがって，曲線は
$x < 2$ で 上に凸
$x > 2$ で 下に凸 である。

変曲点は点 $\left(2,\ \dfrac{2}{e^2}\right)$ である。

練習19 $y = \dfrac{2x}{x^2+1}$ の定義域は実数全体である。
$$y' = \frac{-2(x^2-1)}{(x^2+1)^2} = \frac{-2(x+1)(x-1)}{(x^2+1)^2},$$
$$y'' = \frac{4x(x^2-3)}{(x^2+1)^3}$$

であるから
$y' = 0$ とすると $x = \pm 1$
$y'' = 0$ とすると $x = 0,\ \pm\sqrt{3}$

よって，y の増減とグラフの凹凸は，次の表のようになる。

x	$\cdots$	$-\sqrt{3}$	$\cdots$	-1	$\cdots$	0	$\cdots$
y'	$-$	$-$	$-$	0	$+$	$+$	$+$
y''	$-$	0	$+$	$+$	$+$	0	$-$
y	$\searrow$	変曲点 $-\dfrac{\sqrt{3}}{2}$	$\searrow$	極小 -1	$\nearrow$	変曲点 0	$\nearrow$

1	$\cdots$	$\sqrt{3}$	$\cdots$
0	$-$	$-$	$-$
$-$	$-$	0	$+$
極大 1	$\searrow$	変曲点 $\dfrac{\sqrt{3}}{2}$	$\searrow$

ここで，
$$\lim_{x \to \infty} y = 0,$$
$$\lim_{x \to -\infty} y = 0$$
であるから，
x 軸はこの曲線の
漸近線である。
以上から，グラフ
の概形は図のようになる。

練習20 $\dfrac{x^3-3x^2+4}{x^2} = x-3+\dfrac{4}{x^2}$

であるから $\quad y = x-3+\dfrac{4}{x^2}$

この関数の定義域は $x<0$，$0<x$ である。

$y' = 1-\dfrac{8}{x^3}$，$y'' = \dfrac{24}{x^4}$ であるから

$y'=0$ とすると $\quad x=2$

よって，y の増減とグラフの凹凸は，次の表のようになる。

x	$\cdots$	0	$\cdots$	2	$\cdots$
y'	$+$		$-$	0	$+$
y''	$+$		$+$	$+$	$+$
y	$\nearrow$		$\searrow$	極小 0	$\nearrow$

ここで，$\displaystyle\lim_{x \to +0} y = \infty$，$\displaystyle\lim_{x \to -0} y = \infty$ であるから，
y 軸はこの曲線の漸近線である。

また，
$$\lim_{x \to \infty}\{y-(x-3)\} = 0,$$
$$\lim_{x \to -\infty}\{y-(x-3)\} = 0$$
であるから，
直線 $y=x-3$ も，
この曲線の漸近線
である。
以上から，グラフの概形は図のようになる。

練習21 (1) $f(x) = x^3-3x$ より
$$f'(x) = 3x^2-3 = 3(x+1)(x-1),$$
$$f''(x) = 6x \quad である。$$
$f'(x)=0$ とすると $\quad x=\pm 1$
ここで $\quad f''(-1) = -6<0$,
$\qquad\qquad f''(1) = 6>0$,
$\qquad\qquad f(-1) = 2,\ f(1) = -2$
よって，$f(x)$ は
$\qquad$ **$x=-1$ で極大値 2**,
$\qquad$ **$x=1$ で極小値 -2 をとる。**

(2) $f(x) = x-2\sin x$ より
$$f'(x) = 1-2\cos x,\quad f''(x) = 2\sin x$$
である。
$0<x<2\pi$ において $f'(x)=0$ とすると
$$x = \frac{\pi}{3},\ \frac{5}{3}\pi$$
ここで
$$f''\!\left(\frac{\pi}{3}\right) = \sqrt{3}>0,\quad f''\!\left(\frac{5}{3}\pi\right) = -\sqrt{3}<0$$
$$f\!\left(\frac{\pi}{3}\right) = \frac{\pi}{3}-\sqrt{3},\quad f\!\left(\frac{5}{3}\pi\right) = \frac{5}{3}\pi+\sqrt{3}$$
よって，$f(x)$ は
$\qquad$ **$x=\dfrac{\pi}{3}$ で極小値 $\dfrac{\pi}{3}-\sqrt{3}$,**
$\qquad$ **$x=\dfrac{5}{3}\pi$ で極大値 $\dfrac{5}{3}\pi+\sqrt{3}$ をとる。**

5 方程式，不等式への応用 (本冊 p.191, 192)

練習22 (1) $f(x) = x-\log(1+x)$ とおくと
$$f'(x) = 1-\frac{1}{1+x} = \frac{x}{1+x}$$
$x>0$ のとき，$f'(x)>0$ であるから，$f(x)$ は
$x \geqq 0$ において，単調に増加する。
ゆえに，$x>0$ のとき $\quad f(x)>f(0)$
$f(0)=0$ であるから $\quad f(x)>0$
したがって $\quad x>\log(1+x)$

(2) $f(x)=\sin x-\left(x-\dfrac{x^3}{6}\right)$ とおくと

$$f'(x)=\cos x-1+\dfrac{x^2}{2}$$
$$f''(x)=-\sin x+x$$
$$f'''(x)=-\cos x+1$$

$x>0$ のとき

$x=2n\pi$ ならば $f'''(x)=0$

$x\neq2n\pi$ ならば $f'''(x)>0$ （n は自然数）

であるから，$f''(x)$ は $x\geqq0$ において，単調に増加する。

ゆえに，$x>0$ のとき $f''(x)>f''(0)$

$f''(0)=0$ であるから $f''(x)>0$

したがって，$f'(x)$ は $x\geqq0$ において，単調に増加する。よって，$x>0$ のとき $f'(x)>f'(0)$

$f'(0)=0$ であるから $f'(x)>0$

したがって，$f(x)$ は $x\geqq0$ において，単調に増加する。よって，$x>0$ のとき $f(x)>f(0)$

$f(0)=0$ であるから $f(x)>0$

したがって $\sin x>x-\dfrac{x^3}{6}$

練習23 $y=\dfrac{x}{e^x}$ とおくと

$$y'=\dfrac{1-x}{e^x}$$

$y'=0$ とすると $x=1$

したがって，y の増減表は右のようになる。

x	$\cdots$	1	$\cdots$
y'	$+$	0	$-$
y	$\nearrow$	極大 $\dfrac{1}{e}$	$\searrow$

$\lim\limits_{x\to\infty}\dfrac{x}{e^x}=0$ より，x 軸は曲線 $y=\dfrac{x}{e^x}$ の漸近線である。

また，$\lim\limits_{x\to-\infty}\dfrac{x}{e^x}=-\infty$ であるから，

曲線 $y=\dfrac{x}{e^x}$ の概形は図のようになる。

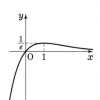

この曲線と直線 $y=a$ との共有点の個数を調べると，方程式 $\dfrac{x}{e^x}=a$ の実数解の個数は

$a>\dfrac{1}{e}$ のとき0個

$a=\dfrac{1}{e}$，$a\leqq0$ のとき1個

$0<a<\dfrac{1}{e}$ のとき2個

---

6 速度と加速度 (本冊 $p.193\sim197$)

練習24 $v=\dfrac{dx}{dt}=\pi\cos\left(\pi t-\dfrac{\pi}{4}\right)$

$$\alpha=\dfrac{dv}{dt}=-\pi^2\sin\left(\pi t-\dfrac{\pi}{4}\right)$$

よって，$t=2$ における速度 v と加速度 α は

$$v=\pi\cos\left(2\pi-\dfrac{\pi}{4}\right)=\dfrac{\pi}{\sqrt{2}}$$
$$\alpha=-\pi^2\sin\left(2\pi-\dfrac{\pi}{4}\right)=\dfrac{\pi^2}{\sqrt{2}}$$

練習25 (1) $\vec{v}=(2t,\ 6t)$, $\quad\vec{\alpha}=(2,\ 6)$

$t=3$ のとき，$\vec{v}=(6,\ 18)$, $\vec{\alpha}=(2,\ 6)$

であるから，このときの速さと加速度の大きさは $|\vec{v}|=\sqrt{6^2+18^2}=6\sqrt{10}$,

$|\vec{\alpha}|=\sqrt{2^2+6^2}=2\sqrt{10}$

(2) $\vec{v}=(e^t-e^{-t},\ e^t+e^{-t})$,

$\vec{\alpha}=(e^t+e^{-t},\ e^t-e^{-t})$

$t=3$ のとき

$\vec{v}=(e^3-e^{-3},\ e^3+e^{-3})$,

$\vec{\alpha}=(e^3+e^{-3},\ e^3-e^{-3})$

であるから，このときの速さと加速度の大きさは

$$|\vec{v}|=\sqrt{(e^3-e^{-3})^2+(e^3+e^{-3})^2}$$
$$=\sqrt{2(e^6+e^{-6})},$$
$$|\vec{\alpha}|=\sqrt{(e^3+e^{-3})^2+(e^3-e^{-3})^2}$$
$$=\sqrt{2(e^6+e^{-6})}$$

練習26 例題9より

$\vec{v}=(-r\omega\sin\omega t,\ r\omega\cos\omega t)$

$\vec{\alpha}=(-r\omega^2\cos\omega t,\ -r\omega^2\sin\omega t)$

よって

$\vec{v}\cdot\vec{\alpha}=(-r\omega\sin\omega t)(-r\omega^2\cos\omega t)$

$\qquad\qquad+r\omega\cos\omega t(-r\omega^2\sin\omega t)$

$\quad=r^2\omega^3\sin\omega t\cos\omega t-r^2\omega^3\sin\omega t\cos\omega t$

$\quad=0$

したがって，$\vec{v}$ と $\vec{\alpha}$ は直交する。

練習27 $\vec{v}=(r\omega-r\omega\cos\omega t,\ r\omega\sin\omega t)$

$\vec{\alpha}=(r\omega^2\sin\omega t,\ r\omega^2\cos\omega t)$

であるから

$|\vec{v}|=\sqrt{(r\omega-r\omega\cos\omega t)^2+(r\omega\sin\omega t)^2}$

$\quad=\sqrt{r^2\omega^2(1-2\cos\omega t+\cos^2\omega t+\sin^2\omega t)}$

$\quad=\sqrt{2r^2\omega^2(1-\cos\omega t)}=r\omega\sqrt{2(1-\cos\omega t)}$

$$|\vec{a}| = \sqrt{(r\omega^2 \sin\omega t)^2 + (r\omega^2 \cos\omega t)^2}$$
$$= \sqrt{r^2\omega^4(\sin^2\omega t + \cos^2\omega t)} = \boldsymbol{r\omega^2}$$

7 近似式 (本冊 $p.$ 198, 199)

練習28 $(\cos x)' = -\sin x$ より
$$\boldsymbol{\cos(a+h) = \cos a - h \sin a}$$

練習29 (1) $(\sin x)' = \cos x$ であるから，
$|x|$ が十分小さいとき
$$\sin x \fallingdotseq \sin 0 + (\cos 0)x$$
すなわち $\quad \boldsymbol{\sin x \fallingdotseq x}$

(2) $(\sqrt{x+1})' = \dfrac{1}{2\sqrt{x+1}}$ であるから，
$|x|$ が十分小さいとき
$$\sqrt{x+1} \fallingdotseq \sqrt{0+1} + \frac{1}{2\sqrt{0+1}}x$$
すなわち $\quad \boldsymbol{\sqrt{x+1} \fallingdotseq 1 + \dfrac{1}{2}x}$

(3) $\left(\dfrac{1}{x-1}\right)' = -\dfrac{1}{(x-1)^2}$ であるから，
$|x|$ が十分小さいとき
$$\frac{1}{x-1} \fallingdotseq \frac{1}{0-1} - \frac{1}{(0-1)^2}x$$
すなわち $\quad \boldsymbol{\dfrac{1}{x-1} \fallingdotseq -1 - x}$

練習30 (1), (2)は例題10(1)の $(1+x)^p \fallingdotseq 1+px$
を利用する。
(1) $|x|$ が十分小さいとき
$$(1+x)^{\frac{1}{4}} \fallingdotseq 1 + \frac{1}{4}x \quad \cdots\cdots \text{①}$$
0.004 は 0 に十分近い値と考えられるから，
① において $x = 0.004$ とすると
$$\sqrt[4]{1.004} \fallingdotseq 1 + \frac{1}{4} \cdot 0.004$$
$$= \boldsymbol{1.001}$$

(2) $\sqrt{100.5} = \sqrt{100(1.005)} = 10\sqrt{1.005}$
$|x|$ が十分小さいとき
$$(1+x)^{\frac{1}{2}} \fallingdotseq 1 + \frac{1}{2}x \quad \cdots\cdots \text{②}$$
0.005 は 0 に十分近い値と考えられるから，
② において $x = 0.005$ とすると
$$\sqrt{1.005} \fallingdotseq 1 + \frac{1}{2} \cdot 0.005$$
$$= 1.0025$$

よって $\quad \sqrt{100.5} = 10\sqrt{1.005}$
$$\fallingdotseq \boldsymbol{10.025}$$

(3) $\{\log(1+x)\}' = \dfrac{1}{1+x}$ であるから，$|x|$ が十
分小さいとき
$$\log(1+x) \fallingdotseq \log(1+0) + \frac{1}{1+0}x$$
すなわち $\quad \log(1+x) \fallingdotseq x \quad \cdots\cdots \text{③}$
0.003 は 0 に十分近い値と考えられるから，
③ において $x = 0.003$ とすると
$$\log 1.003 \fallingdotseq \boldsymbol{0.003}$$

確認問題 (本冊 $p.$ 200)

問題1 $y = \cos x$ を微分すると $\quad y' = -\sin x$
$x = \dfrac{\pi}{4}$ のとき $\quad y' = -\dfrac{1}{\sqrt{2}}$
よって，接線の方程式は
$$y - \frac{1}{\sqrt{2}} = -\frac{1}{\sqrt{2}}\left(x - \frac{\pi}{4}\right)$$
すなわち $\quad \boldsymbol{y = -\dfrac{1}{\sqrt{2}}x + \dfrac{\pi}{4\sqrt{2}} + \dfrac{1}{\sqrt{2}}}$
また，法線の方程式は
$$y - \frac{1}{\sqrt{2}} = \sqrt{2}\left(x - \frac{\pi}{4}\right)$$
すなわち $\quad \boldsymbol{y = \sqrt{2}\,x - \dfrac{\sqrt{2}}{4}\pi + \dfrac{1}{\sqrt{2}}}$

問題2 $y = 2x\sqrt{x}$ を微分すると
$$y' = 3\sqrt{x}$$
よって，$y' = 3$ となる x の値は $\quad x = 1$
ゆえに，接点の座標は $\quad \boldsymbol{(1, 2)}$
また，接線の方程式は
$$y - 2 = 3(x-1)$$
すなわち $\quad \boldsymbol{y = 3x - 1}$

問題3 関数 $f(x)=\log x$ は $x>0$ で微分可能で，

$f'(x)=\dfrac{1}{x}$ であるから，閉区間 $[p,\ q]$ におい

て平均値の定理を用いると

$$\frac{\log q-\log p}{q-p}=\frac{1}{c}, \qquad p<c<q$$

を満たす実数 c が存在する。

同様に，閉区間 $[q,\ r]$ において平均値の定理
を用いると

$$\frac{\log r-\log q}{r-q}=\frac{1}{d}, \qquad q<d<r$$

を満たす実数 d が存在する。

$0<p<c<q,\ 0<q<d<r$ より $0<c<d$

よって $\qquad\qquad \dfrac{1}{c}>\dfrac{1}{d}$

したがって $\qquad \dfrac{\log q-\log p}{q-p}>\dfrac{\log r-\log q}{r-q}$

問題4 $y=x+2\cos x$ を微分すると

$$y'=1-2\sin x$$

$0\leqq x\leqq\pi$ のとき $y'=0$ とすると

$$x=\frac{\pi}{6},\ \frac{5}{6}\pi$$

よって，y の増減表は次のようになる。

x	0	$\cdots$	$\dfrac{\pi}{6}$	$\cdots$	$\dfrac{5}{6}\pi$	$\cdots$	π
y'		$+$	0	$-$	0	$+$	
y	2	$\nearrow$	極大 $\dfrac{\pi}{6}+\sqrt{3}$	$\searrow$	極小 $\dfrac{5}{6}\pi-\sqrt{3}$	$\nearrow$	$\pi-2$

したがって，y は

区間 $0\leqq x\leqq\dfrac{\pi}{6}$，$\dfrac{5}{6}\pi\leqq x\leqq\pi$ で単調に増加し，

区間 $\dfrac{\pi}{6}\leqq x\leqq\dfrac{5}{6}\pi$ で単調に減少する。

また，$x=\dfrac{\pi}{6}$ で極大値 $\dfrac{\pi}{6}+\sqrt{3}$，

$\qquad x=\dfrac{5}{6}\pi$ で極小値 $\dfrac{5}{6}\pi-\sqrt{3}$

をとる。

問題5 $y=\dfrac{\log x}{x}$ を微分すると

$$y'=\frac{1-\log x}{x^2}$$

$y'=0$ とすると $x=e$

よって，y の増減表は次のようになる。

x	1	$\cdots$	e	$\cdots$	3
y'		$+$	0	$-$	
y	0	$\nearrow$	極大 $\dfrac{1}{e}$	$\searrow$	$\dfrac{\log 3}{3}$

$0<\dfrac{\log 3}{3}$ であるから，y は

$x=e$ で最大値 $\dfrac{1}{e}$，$x=1$ で最小値 0 をとる。

問題6 定義域は $x+1\geqq0$ より $x\geqq-1$

$$y'=\frac{3x}{2\sqrt{x+1}}, \quad y''=\frac{3(x+2)}{4(x+1)\sqrt{x+1}}$$

であるから
$y'=0$ とすると $x=0$
よって，y の増減とグラフの凹凸は，次の表
のようになる。

x	-1	$\cdots$	0	$\cdots$
y'		$-$	0	$+$
y''		$+$	$+$	$+$
y	0	$\searrow$	極小 -2	$\nearrow$

したがって，グラフの概形は図のようになる。

問題7 $f(x)=\log(x+1)-\left(x-\dfrac{1}{2}x^2\right)$ とおくと

$$f'(x)=\frac{1}{x+1}-(1-x)=\frac{x^2}{x+1}$$

$x>0$ のとき $f'(x)>0$ であるから，$f(x)$ は
$x\geqq0$ において，単調に増加する。
$f(0)=0$ であるから，$x>0$ のとき $f(x)>0$

したがって $\qquad \log(x+1)>x-\dfrac{1}{2}x^2$

問題8 $v=\dfrac{dx}{dt}=6t^2-3,\ \alpha=\dfrac{dv}{dt}=12t$

である。

よって，$t=0$ のとき $\boldsymbol{v=-3,\ \alpha=0}$

$\qquad\qquad t=2$ のとき $\boldsymbol{v=21,\ \alpha=24}$

演習問題A （本冊 $p.201$）

問題1 $y=\sqrt[3]{x^2}(x+5)$ を微分すると

$$y'=\frac{5(x+2)}{3\sqrt[3]{x}}$$

$y'=0$ とすると $x=-2$

よって，y の増減表は次のようになる。

x	$\cdots$	-2	$\cdots$	0	$\cdots$
y'	$+$	0	$-$		$+$
y	$\nearrow$	極大 $3\sqrt[3]{4}$	$\searrow$	極小 0	$\nearrow$

したがって，y は

区間 $x\leqq-2,\ 0\leqq x$ で単調に増加し，

区間 $-2\leqq x\leqq0$ で単調に減少する。

また，$x=-2$ で極大値 $3\sqrt[3]{4}$ ，

$\qquad x=0$ で極小値 0

をとる。

問題2 定義域は $1-x^2\geqq0$ より $-1\leqq x\leqq1$

$y=x+\sqrt{1-x^2}$ を微分すると

$$y'=1+\frac{-x}{\sqrt{1-x^2}}=\frac{\sqrt{1-x^2}-x}{\sqrt{1-x^2}}$$

$y'=0$ とすると $x=\dfrac{1}{\sqrt{2}}$

よって，y の増減表は次のようになる。

x	-1	$\cdots$	$\dfrac{1}{\sqrt{2}}$	$\cdots$	1
y'		$+$	0	$-$	
y	-1	$\nearrow$	極大 $\sqrt{2}$	$\searrow$	1

よって，y は $x=\dfrac{1}{\sqrt{2}}$ で最大値 $\sqrt{2}$ ，

$\qquad\qquad x=-1$ で最小値 -1

をとる。

問題3 $\angle\mathrm{AOP}=x$ とする。

$\mathrm{AP}=\mathrm{PQ}$ であるから

$$\angle\mathrm{POQ}=x,\qquad\angle\mathrm{QOB}=\pi-2x$$

$$\text{ただし，}0<x<\frac{\pi}{2}$$

よって

$$S=\frac{1}{2}\sin x+\frac{1}{2}\sin x+\frac{1}{2}\sin(\pi-2x)$$

$$=\sin x+\frac{1}{2}\sin2x$$

したがって

$$S'=\cos x+\cos2x=\cos x+2\cos^2x-1$$
$$=(2\cos x-1)(\cos x+1)$$

$S'=0$ とすると $\cos x=\dfrac{1}{2},\ -1$

$0<x<\dfrac{\pi}{2}$ であるから $x=\dfrac{\pi}{3}$

よって，S の増減表は次のようになる。

x	0	$\cdots$	$\dfrac{\pi}{3}$	$\cdots$	$\dfrac{\pi}{2}$
S'		$+$	0	$-$	
S		$\nearrow$	極大 $\dfrac{3\sqrt{3}}{4}$	$\searrow$	

したがって，S の最大値は $\dfrac{3\sqrt{3}}{4}$

問題4 $f(x)=px^4+qx^3+rx^2+sx+t\ (p\ne0)$

とおくと

$$f'(x)=4px^3+3qx^2+2rx+s$$
$$f''(x)=12px^2+6qx+2r$$

条件から $f(0)=0,\ f(2)=16,\ f'(2)=0,$

$$f''(0)=0,\ f''(2)=0$$

したがって $t=0,$

$$16p+8q+4r+2s+t=16,$$
$$32p+12q+4r+s=0,$$
$$2r=0,$$
$$48p+12q+2r=0$$

これらを解くと

$$p=1,\ q=-4,\ r=0,\ s=16,\ t=0$$
$$（p\ne0\text{ を満たしている）}$$

よって $f(x)=x^4-4x^3+16x$

この関数が条件を満たすことを確かめる。

$$f'(x)=4x^3-12x^2+16=4(x+1)(x-2)^2$$
$$f''(x)=12x^2-24x=12x(x-2)$$

ゆえに，$f(x)$ の増減とグラフの凹凸は，次の表のようになる。

x	$\cdots$	-1	$\cdots$	0	$\cdots$	2	$\cdots$
$f'(x)$	$-$	0	$+$	$+$	$+$	0	$+$
$f''(x)$	$+$	$+$	$+$	0	$-$	0	$+$
$f(x)$	$\searrow$	極小 -11	$\nearrow$	変曲点 0	$\nearrow$	変曲点 16	$\nearrow$

$f(x)=x^4-4x^3+16x$ は条件を満たすことが確かめられた。

图 $f(x)=x^4-4x^3+16x$

問題 5 定義域は $x<2,\ 2<x$ である。

また
$$y=\frac{x^2-3x+3}{x-2}=x-1+\frac{1}{x-2}$$
であるから
$$y'=1-\frac{1}{(x-2)^2},\ y''=\frac{2}{(x-2)^3}$$
$y'=0$ とすると $x=1,\ 3$

よって, y の増減とグラフの凹凸は, 次の表のようになる。

x	$\cdots$	1	$\cdots$	2	$\cdots$	3	$\cdots$
y'	$+$	0	$-$		$-$	0	$+$
y''	$-$	$-$	$-$		$+$	$+$	$+$
y	$\nearrow$	極大 -1	$\searrow$		$\searrow$	極小 3	$\nearrow$

ここで $\lim\limits_{x\to2-0}y=-\infty,\ \lim\limits_{x\to2+0}y=\infty$
$$\lim_{x\to-\infty}\{y-(x-1)\}=0,\ \lim_{x\to\infty}\{y-(x-1)\}=0$$
よって, 2 直線
$x=2,\ y=x-1$ は,
曲線 $y=\dfrac{x^2-3x+3}{x-2}$
の漸近線である。
以上から, グラフの概形は図のようになる。

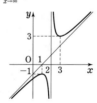

問題 6 $\overrightarrow{\mathrm{OP}}=(e^t\cos t,\ e^t\sin t)$
$$\vec{v}=\left(\frac{dx}{dt},\ \frac{dy}{dt}\right)$$
$$=(e^t(\cos t-\sin t),\ e^t(\sin t+\cos t))$$
であるから
$$\vec{v}\cdot\overrightarrow{\mathrm{OP}}=e^{2t}\cos t(\cos t-\sin t)$$
$$+e^{2t}\sin t(\sin t+\cos t)$$
$$=e^{2t}$$
また
$$|\vec{v}|=\sqrt{e^{2t}(\cos t-\sin t)^2+e^{2t}(\sin t+\cos t)^2}$$
$$=\sqrt{2}\,e^t$$
$$|\overrightarrow{\mathrm{OP}}|=\sqrt{e^{2t}\cos^2t+e^{2t}\sin^2t}=e^t$$
であるから
$$\cos\theta=\frac{\vec{v}\cdot\overrightarrow{\mathrm{OP}}}{|\vec{v}||\overrightarrow{\mathrm{OP}}|}=\frac{e^{2t}}{\sqrt{2}\,e^t\cdot e^t}=\frac{1}{\sqrt{2}}$$

$0\leqq\theta\leqq\pi$ であるから $\theta=\dfrac{\pi}{4}$

演習問題 B （本冊 p. 202）

問題 7 (1) $\dfrac{dy}{dx}=\dfrac{\sin t}{1-\cos t}$ であるから, 点 P における曲線 C の法線の方程式は
$$y-(1-\cos t_0)$$
$$=-\frac{1-\cos t_0}{\sin t_0}\{x-(t_0-\sin t_0)\}$$
よって, 点 Q の y 座標は
$$(1-\cos t_0)-\frac{1-\cos t_0}{\sin t_0}\{\pi-(t_0-\sin t_0)\}$$
$$=(1-\cos t_0)-\frac{1-\cos t_0}{\sin t_0}(\pi-t_0)-(1-\cos t_0)$$
$$=\boldsymbol{\frac{(1-\cos t_0)(t_0-\pi)}{\sin t_0}}$$

(2) $t_0-\pi=u$ とおくと
$$\lim_{t_0\to\pi}\frac{(1-\cos t_0)(t_0-\pi)}{\sin t_0}$$
$$=\lim_{u\to0}\frac{\{1-\cos(u+\pi)\}u}{\sin(u+\pi)}$$
$$=\lim_{u\to0}\frac{(1+\cos u)u}{-\sin u}$$
$$=\lim_{u\to0}\left\{-\frac{u}{\sin u}(1+\cos u)\right\}=-2$$
したがって, 点 Q は**点 $(\pi,\ -2)$** に近づく。

問題 8 円の中心を C とすると, C の座標は
$$(1,\ 0)$$
線分 PC と円の交点を Q_0 とすると
$$\mathrm{PC}=\mathrm{PQ_0}+\mathrm{Q_0C}$$
$$=\mathrm{PQ_0}+\frac{1}{2}$$

線分 PQ の長さが最小となるのは,
2 点 Q, Q_0 が一致し, PC の長さが最小になる場合である。
P の座標を $(t,\ e^t)$ とおくと
$$\mathrm{PC}^2=(t-1)^2+e^{2t}$$
この右辺を $f(t)$ とおくと
$$f'(t)=2(e^{2t}+t-1),\ f''(t)=2(2e^{2t}+1)$$
$f''(t)>0$ であるから, $f'(t)$ は単調に増加する。
また, $f'(0)=0$ である。

ここで，$t<0$ のとき　$f'(t)<0$
　　　　　$t>0$ のとき　$f'(t)>0$
となるから，$f(t)$ は $t=0$ で最小値をとる。
$f(0)=2$ であり，$PC>0$ であるから，PC の
最小値は　$\sqrt{2}$
したがって，PQ の最小値は　$\sqrt{2}-\dfrac{1}{2}$

問題9　定義域は　$x<-1$，$-1<x<1$，$1<x$
$y=\dfrac{x^3}{x^2-1}$ より
$$y'=\dfrac{x^2(x^2-3)}{(x^2-1)^2},\quad y''=\dfrac{2x(x^2+3)}{(x^2-1)^3}$$
であるから
　$y'=0$ とすると　$x=0$，$\pm\sqrt{3}$
　$y''=0$ とすると　$x=0$
よって，y の増減とグラフの凹凸は，次の表
のようになる。

x	$\cdots$	$-\sqrt{3}$	$\cdots$	-1	$\cdots$	0
y'	$+$	0	$-$		$-$	0
y''	$-$	$-$	$-$		$+$	0
y	$\nearrow$	極大 $-\dfrac{3\sqrt{3}}{2}$	$\searrow$		$\searrow$	変曲点 0

$\cdots$	1	$\cdots$	$\sqrt{3}$	$\cdots$
$-$		$-$	0	$+$
$-$		$+$	$+$	$+$
$\searrow$		$\searrow$	極小 $\dfrac{3\sqrt{3}}{2}$	$\nearrow$

ここで，$y=x+\dfrac{x}{x^2-1}$ より
$$\lim_{x\to1+0}y=\infty,\quad \lim_{x\to1-0}y=-\infty$$
$$\lim_{x\to-1+0}y=\infty,\quad \lim_{x\to-1-0}y=-\infty$$
$$\lim_{x\to\infty}(y-x)=0,\quad \lim_{x\to-\infty}(y-x)=0$$
したがって，
3直線 $x=1$，
　$x=-1$，$y=x$
は，曲線 $y=\dfrac{x^3}{x^2-1}$
の漸近線である。
よって，グラフの概
形は右の図のように

なる。

問題10　次の ① を数学的帰納法で証明する。
$$e^x-\left(1+\dfrac{x}{1!}+\dfrac{x^2}{2!}+\cdots\cdots+\dfrac{x^n}{n!}\right)>0 \cdots\cdots ①$$
$$f_n(x)=e^x-\left(1+\dfrac{x}{1!}+\dfrac{x^2}{2!}+\cdots\cdots+\dfrac{x^n}{n!}\right)$$
とおく。
[1]　$n=1$ のとき
　$f_1(x)=e^x-(1+x)$ より　$f'_1(x)=e^x-1$
　$x>0$ のとき $f'_1(x)>0$ であるから，$x\geqq0$
　において $f_1(x)$ は単調に増加する。
　ここで，$f_1(0)=0$ であるから，$x>0$ におい
　て　$f_1(x)>0$
　よって，① が成り立つ。
[2]　$n=k$ $(k\geqq1)$ のとき，① が成り立つ，
　すなわち，$x>0$ のとき
$$f_k(x)=e^x-\left(1+\dfrac{x}{1!}+\dfrac{x^2}{2!}+\cdots\cdots+\dfrac{x^k}{k!}\right)>0$$
　であると仮定する。
　$n=k+1$ のとき
$$f_{k+1}(x)=e^x$$
$$-\left\{1+\dfrac{x}{1!}+\dfrac{x^2}{2!}+\cdots\cdots+\dfrac{x^k}{k!}+\dfrac{x^{k+1}}{(k+1)!}\right\}$$
　であるから
$$f'_{k+1}(x)=e^x-\left(1+\dfrac{x}{1!}+\dfrac{x^2}{2!}+\cdots\cdots+\dfrac{x^k}{k!}\right)$$
$$=f_k(x)$$
　仮定より $f_k(x)>0$ であるから $f'_{k+1}(x)>0$
　よって，$x\geqq0$ において $f_{k+1}(x)$ は単調に増
　加する。
　ここで，$f_{k+1}(0)=0$ であるから，$x>0$ にお
　いて　$f_{k+1}(x)>0$
　よって，$n=k+1$ のときにも ① が成り立つ。
[1]，[2] より，すべての自然数 n について，①
が成り立つことが証明された。

参考　本冊の後表紙の裏（見返し）の「n 次の
　　近似式」における e^x の近似式にも関連する。

問題11　$y=e^x$ を微分すると　$y'=e^x$
接点の座標を (t, e^t) とする。
接線の方程式は
$$y-e^t=e^t(x-t)$$
この直線が点 $(1, a)$ を通るから
$$a-e^t=e^t(1-t)$$

すなわち $a=e^t(2-t)$ …… ①

① を t の方程式とみて，異なる2つの実数解があるような a の値の範囲を求めるとよい。

そのような a の値の範囲は，

曲線 $y=e^t(2-t)$ と 直線 $y=a$

が，異なる2点で交わるような範囲である。

$y=e^t(2-t)$ を t で微分すると

$y'=e^t(1-t)$

$y'=0$ とすると $t=1$

よって，y の増減表は右のようになる。

t	$\cdots$	1	$\cdots$
y'	$+$	0	$-$
y	$\nearrow$	極大 e	$\searrow$

$\displaystyle\lim_{t\to\infty}e^t(2-t)=-\infty$,

$\displaystyle\lim_{t\to-\infty}e^t(2-t)$

$\displaystyle=\lim_{u\to\infty}\frac{2+u}{e^u}=0$

（$t=-u$ とおいた）

であるから，

曲線 $y=e^t(2-t)$ は図のようになる。

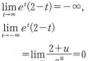

ゆえに，求める a の値の範囲は $0<a<e$

問題12 容器の中の水は，容器と相似な円錐の形になる。水を注ぎ始めてから t 秒後の，水の体積を V，容器の中の水がつくっている円錐の上面の半径を r cm，高さを h cm とする。

まず，V を r で表す。

$h:r=10:4$ であるから $h=\dfrac{5}{2}r$

よって $V=\dfrac{1}{3}\cdot\pi r^2 h=\dfrac{5}{6}\pi r^3$

また，$\dfrac{dV}{dt}=3$,

$\dfrac{dV}{dt}=\dfrac{dV}{dr}\cdot\dfrac{dr}{dt}=\dfrac{5}{2}\pi r^2\cdot\dfrac{dr}{dt}$

であるから $\dfrac{dr}{dt}=\dfrac{6}{5\pi r^2}$

(1) 水面の上昇する速度は $\dfrac{dh}{dt}$ で表される。

$\dfrac{dh}{dt}=\dfrac{dh}{dr}\cdot\dfrac{dr}{dt}=\dfrac{5}{2}\cdot\dfrac{6}{5\pi r^2}=\dfrac{3}{\pi r^2}$

$h=5$ のとき $r=2$ であるから，求める速度は $\dfrac{3}{4\pi}$ cm/s

(2) 水面の面積を S とすると，水面の面積の増加する速度は $\dfrac{dS}{dt}$ で表される。

ここで，$S=\pi r^2$ であるから

$\dfrac{dS}{dt}=\dfrac{dS}{dr}\cdot\dfrac{dr}{dt}=2\pi r\cdot\dfrac{6}{5\pi r^2}=\dfrac{12}{5r}$

$r=2$ より，求める速度は $\dfrac{6}{5}$ cm²/s

第7章 積 分 法

1 不定積分とその基本性質 (本冊 p. 204~206)

練習 1 (1) $\displaystyle\int x^3\,dx = \frac{1}{4}x^4 + C$

(2) $\displaystyle\int \frac{3}{x^7}\,dx = 3\int x^{-7}\,dx$

$$= \frac{3}{-6}x^{-6} + C = -\frac{1}{2x^6} + C$$

(3) $\displaystyle\int \sqrt[3]{t}\,dt = \int t^{\frac{1}{3}}\,dt = \frac{3}{4}t^{\frac{4}{3}} + C = \frac{3}{4}t\sqrt[3]{t} + C$

(4) $\displaystyle\int \frac{dx}{2\sqrt{x}} = \frac{1}{2}\int x^{-\frac{1}{2}}\,dx = x^{\frac{1}{2}} + C = \sqrt{x} + C$

練習 2 (1) $\displaystyle\int \frac{x^3 - 2x^2 + 4x - 1}{x^2}\,dx$

$$= \int \left(x - 2 + \frac{4}{x} - \frac{1}{x^2}\right)dx$$

$$= \frac{x^2}{2} - 2x + 4\log|x| + \frac{1}{x} + C$$

(2) $\displaystyle\int \frac{(\sqrt{x} - 2)^3}{x}\,dx$

$$= \int \frac{x\sqrt{x} - 6x + 12\sqrt{x} - 8}{x}\,dx$$

$$= \int \left(x^{\frac{1}{2}} - 6 + 12x^{-\frac{1}{2}} - \frac{8}{x}\right)dx$$

$$= \frac{2}{3}x^{\frac{3}{2}} - 6x + 24x^{\frac{1}{2}} - 8\log|x| + C$$

$$= \frac{2}{3}x\sqrt{x} - 6x + 24\sqrt{x} - 8\log|x| + C$$

(3) $\displaystyle\int \frac{2t + 5}{\sqrt[3]{t}}\,dt = \int (2t^{\frac{2}{3}} + 5t^{-\frac{1}{3}})\,dt$

$$= \frac{6}{5}t^{\frac{5}{3}} + \frac{15}{2}t^{\frac{2}{3}} + C$$

$$= \frac{6}{5}t\sqrt[3]{t^2} + \frac{15}{2}\sqrt[3]{t^2} + C$$

練習 3 (1) $\displaystyle\int (4\cos x + 3\sin x)\,dx$

$$= 4\sin x - 3\cos x + C$$

(2) $\displaystyle\int \frac{1 - 2\sin^3 x}{\sin^2 x}\,dx = \int \left(\frac{1}{\sin^2 x} - 2\sin x\right)dx$

$$= -\frac{1}{\tan x} + 2\cos x + C$$

(3) $\displaystyle\int \tan^2\theta\,d\theta = \int \left(\frac{1}{\cos^2\theta} - 1\right)d\theta$

$$= \tan\theta - \theta + C$$

練習 4 (1) $\displaystyle\int (5^x - 3e^x)\,dx = \frac{5^x}{\log 5} - 3e^x + C$

(2) $\displaystyle\int (2^x\log 2 + 3^x)\,dx = 2^x + \frac{3^x}{\log 3} + C$

(3) $\displaystyle\int (7^t - 3\sin t)\,dt = \frac{7^t}{\log 7} + 3\cos t + C$

2 置換積分法 (本冊 p. 207~210)

練習 5 (1) $\displaystyle\int (3x + 2)^5\,dx = \frac{1}{3}\cdot\frac{1}{6}(3x + 2)^6 + C$

$$= \frac{1}{18}(3x + 2)^6 + C$$

(2) $\displaystyle\int \frac{5}{4x + 3}\,dx = 5\cdot\frac{1}{4}\log|4x + 3| + C$

$$= \frac{5}{4}\log|4x + 3| + C$$

(3) $\displaystyle\int \sqrt{6x + 1}\,dx = \int (6x + 1)^{\frac{1}{2}}\,dx$

$$= \frac{1}{6}\cdot\frac{(6x + 1)^{\frac{1}{2} + 1}}{\frac{1}{2} + 1} + C$$

$$= \frac{1}{9}(6x + 1)^{\frac{3}{2}} + C$$

$$= \frac{1}{9}(6x + 1)\sqrt{6x + 1} + C$$

(4) $\displaystyle\int \sin\left(\frac{x}{3} + 2\right)dx = -3\cos\left(\frac{x}{3} + 2\right) + C$

(5) $\displaystyle\int \frac{dx}{\cos^2(2x - 1)} = \frac{1}{2}\tan(2x - 1) + C$

(6) $\displaystyle\int 2^{3x+1}\,dx = \frac{1}{3}\cdot\frac{2^{3x+1}}{\log 2} + C$

$$= \frac{2^{3x+1}}{3\log 2} + C$$

練習 6 (1) $\sqrt{x + 2} = t$ とおくと

$$x = t^2 - 2, \quad \frac{dx}{dt} = 2t$$

よって $\displaystyle\int (x + 5)\sqrt{x + 2}\,dx$

$$= \int (t^2 + 3)t\cdot 2t\,dt = 2\int (t^4 + 3t^2)\,dt$$

$$= 2\left(\frac{t^5}{5} + t^3\right) + C = \frac{2}{5}t^3(t^2 + 5) + C$$

$$= \frac{2}{5}(x + 2)(x + 7)\sqrt{x + 2} + C$$

(2) $\sqrt{1-x}=t$ とおくと

$$x=1-t^2, \quad \frac{dx}{dt}=-2t$$

よって $\displaystyle \int \frac{x}{\sqrt{1-x}}dx=\int \frac{1-t^2}{t}\cdot(-2t)dt$

$$=-2\int(1-t^2)dt=-2\left(t-\frac{t^3}{3}\right)+C$$

$$=-\frac{2}{3}t(3-t^2)+C$$

$$=-\frac{2}{3}(x+2)\sqrt{1-x}+C$$

練習7 (1) $x^2+5=t$ とおくと $2x\,dx=dt$

よって $\displaystyle \int 2x(x^2+5)^3dx$

$$=\int t^3 dt=\frac{t^4}{4}+C$$

$$=\frac{(x^2+5)^4}{4}+C$$

(2) $x^3+2x-1=t$ とおくと $(3x^2+2)dx=dt$

よって $\displaystyle \int (3x^2+2)\sqrt{x^3+2x-1}\,dx$

$$=\int \sqrt{t}\,dt=\frac{2}{3}t^{\frac{3}{2}}+C$$

$$=\frac{2}{3}(x^3+2x-1)\sqrt{x^3+2x-1}+C$$

(3) $\cos x=t$ とおくと $-\sin x\,dx=dt$

よって $\displaystyle \int \cos^4 x\sin x\,dx$

$$=-\int t^4 dt$$

$$=-\frac{t^5}{5}+C=-\frac{\cos^5 x}{5}+C$$

(4) $\tan x=t$ とおくと $\dfrac{1}{\cos^2 x}dx=dt$

よって $\displaystyle \int \frac{4\tan^3 x}{\cos^2 x}dx$

$$=\int 4t^3 dt=t^4+C=\tan^4 x+C$$

(5) $x^2=t$ とおくと $2x\,dx=dt$

よって $\displaystyle \int xe^{x^2}dx$

$$=\frac{1}{2}\int e^t dt=\frac{1}{2}e^t+C=\frac{1}{2}e^{x^2}+C$$

練習8 (1) $\displaystyle \int \frac{3x^2+4x}{x^3+2x^2}dx=\int \frac{(x^3+2x^2)'}{x^3+2x^2}dx$

$$=\log|x^3+2x^2|+C$$

(2) $\displaystyle \int \frac{\sin x}{3+\cos x}dx=\int \frac{-(3+\cos x)'}{3+\cos x}dx$

$$=-\log(3+\cos x)+C$$

(3) $\displaystyle \int \frac{dx}{\tan x}=\int \frac{\cos x}{\sin x}dx$

$$=\int \frac{(\sin x)'}{\sin x}dx$$

$$=\log|\sin x|+C$$

3 部分積分法 (本冊 $p.211, 212$)

練習9 (1) $\displaystyle \int x\sin x\,dx=\int x(-\cos x)'\,dx$

$$=x(-\cos x)-\int(x)'(-\cos x)dx$$

$$=-x\cos x+\int \cos x\,dx$$

$$=-x\cos x+\sin x+C$$

(2) $\displaystyle \int xe^x dx=\int x(e^x)'\,dx=xe^x-\int(x)'e^x dx$

$$=xe^x-\int e^x dx=xe^x-e^x+C$$

(3) $\displaystyle \int \log(x+2)dx=\int(x+2)'\log(x+2)dx$

$$=(x+2)\log(x+2)-\int(x+2)\{\log(x+2)\}'\,dx$$

$$=(x+2)\log(x+2)-\int dx$$

$$=(x+2)\log(x+2)-x+C$$

練習10 (1) $\displaystyle \int x^2\cos x\,dx=\int x^2(\sin x)'\,dx$

$$=x^2\sin x-\int(x^2)'\sin x\,dx$$

$$=x^2\sin x-2\int x\sin x\,dx$$

$$=x^2\sin x-2\int x(-\cos x)'\,dx$$

$$=x^2\sin x-2\left\{-x\cos x+\int(x)'\cos x\,dx\right\}$$

$$=x^2\sin x+2x\cos x-2\int \cos x\,dx$$

$$=x^2\sin x+2x\cos x-2\sin x+C$$

(2) $\displaystyle \int x^2 e^x dx=\int x^2(e^x)'\,dx$

$$=x^2 e^x-\int(x^2)'e^x dx$$

$$=x^2 e^x-2\int xe^x dx$$

$$=x^2 e^x-2\int x(e^x)'\,dx$$

$$=x^2 e^x-2\left\{xe^x-\int(x)'e^x dx\right\}$$

$$=x^2 e^x-2xe^x+2\int e^x dx$$

$$=x^2 e^x-2xe^x+2e^x+C$$

練習11 (1) $I=\displaystyle\int e^x\sin x\,dx$

$\qquad=\displaystyle\int e^x(-\cos x)'\,dx$

$\qquad=e^x(-\cos x)-\displaystyle\int (e^x)'(-\cos x)\,dx$

$\qquad=-e^x\cos x+\displaystyle\int e^x\cos x\,dx$

$\qquad=-e^x\cos x+J$

(2) $J=\displaystyle\int e^x\cos x\,dx=\int e^x(\sin x)'\,dx$

$\qquad=e^x\sin x-\displaystyle\int (e^x)'\sin x\,dx$

$\qquad=e^x\sin x-\displaystyle\int e^x\sin x\,dx$

$\qquad=e^x\sin x-I$

(3) $I=-e^x\cos x+(e^x\sin x-I)$ であるから

$\qquad I=\dfrac{1}{2}e^x(\sin x-\cos x)+C$

$\quad J=e^x\sin x-(-e^x\cos x+J)$ であるから

$\qquad J=\dfrac{1}{2}e^x(\sin x+\cos x)+C$

4 いろいろな関数の不定積分 (本冊 $p.213\sim216$)

練習12 (1) $\displaystyle\int\dfrac{2x^2}{x+1}\,dx$

$\qquad=\displaystyle\int\Big(2x-2+\dfrac{2}{x+1}\Big)\,dx$

$\qquad=x^2-2x+2\log|x+1|+C$

(2) $\dfrac{4}{x(x+2)}=\dfrac{a}{x}+\dfrac{b}{x+2}$ を満たす定数 a, b を
求める。

両辺に $x(x+2)$ を掛けると
$\qquad 4=a(x+2)+bx$
右辺を整理すると $\quad 4=(a+b)x+2a$
よって $\quad a+b=0$, $2a=4$
ゆえに $\quad a=2$, $b=-2$
したがって
$\qquad\displaystyle\int\dfrac{4}{x(x+2)}\,dx$

$\qquad=\displaystyle\int\Big(\dfrac{2}{x}-\dfrac{2}{x+2}\Big)\,dx$

$\qquad=2\log|x|-2\log|x+2|+C$

$\qquad=2\log\left|\dfrac{x}{x+2}\right|+C$

(3) $\dfrac{3x-3}{x^2-x-2}=\dfrac{3x-3}{(x-2)(x+1)}$ であるから,

$\qquad\dfrac{3x-3}{(x-2)(x+1)}=\dfrac{a}{x-2}+\dfrac{b}{x+1}$

を満たす定数 a, b を求める。
両辺に $(x-2)(x+1)$ を掛けると
$\qquad 3x-3=a(x+1)+b(x-2)$
右辺を整理すると
$\qquad 3x-3=(a+b)x+(a-2b)$
よって $\quad a+b=3$, $a-2b=-3$
ゆえに $\quad a=1$, $b=2$
したがって
$\qquad\displaystyle\int\dfrac{3x-3}{x^2-x-2}\,dx$

$\qquad=\displaystyle\int\Big(\dfrac{1}{x-2}+\dfrac{2}{x+1}\Big)\,dx$

$\qquad=\log|x-2|+2\log|x+1|+C$

$\qquad=\log|(x-2)(x+1)^2|+C$

練習13 (1) $\displaystyle\int\sin^2 x\,dx=\int\dfrac{1-\cos 2x}{2}\,dx$

$\qquad\qquad=\dfrac{x}{2}-\dfrac{\sin 2x}{4}+C$

(2) $\displaystyle\int\cos^2 3x\,dx=\int\dfrac{1+\cos 6x}{2}\,dx$

$\qquad\qquad=\dfrac{x}{2}+\dfrac{\sin 6x}{12}+C$

(3) $\displaystyle\int\sin\dfrac{x}{2}\cos\dfrac{x}{2}\,dx=\int\dfrac{\sin x}{2}\,dx$

$\qquad\qquad=-\dfrac{\cos x}{2}+C$

練習14 (1) $\displaystyle\int\sin 5x\cos 2x\,dx$

$\qquad=\dfrac{1}{2}\displaystyle\int(\sin 7x+\sin 3x)\,dx$

$\qquad=-\dfrac{\cos 7x}{14}-\dfrac{\cos 3x}{6}+C$

(2) $\displaystyle\int\cos 4x\cos 3x\,dx$

$\qquad=\dfrac{1}{2}\displaystyle\int(\cos 7x+\cos x)\,dx$

$\qquad=\dfrac{\sin 7x}{14}+\dfrac{\sin x}{2}+C$

(3) $\displaystyle\int\sin 6x\sin 3x\,dx$

$\qquad=-\dfrac{1}{2}\displaystyle\int(\cos 9x-\cos 3x)\,dx$

$\qquad=-\dfrac{\sin 9x}{18}+\dfrac{\sin 3x}{6}+C$

練習15 (1) $\displaystyle\int \sin^3 x\,dx=\int (1-\cos^2 x)\sin x\,dx$

$\cos x=t$ とおくと $-\sin x\,dx=dt$

よって $\displaystyle\int \sin^3 x\,dx=-\int (1-t^2)\,dt$

$\displaystyle=-t+\frac{t^3}{3}+C$

$\displaystyle=-\cos x+\frac{\cos^3 x}{3}+C$

別解 $\sin 3x=3\sin x-4\sin^3 x$ より

$\displaystyle\sin^3 x=\frac{1}{4}(3\sin x-\sin 3x)$

よって

$\displaystyle\int \sin^3 x\,dx=\frac{1}{4}\int (3\sin x-\sin 3x)\,dx$

$\displaystyle=-\frac{3\cos x}{4}+\frac{\cos 3x}{12}+C$

(2) $\displaystyle\int \frac{\cos^3 x}{\sin^2 x}\,dx=\int \frac{(1-\sin^2 x)\cos x}{\sin^2 x}\,dx$

$\sin x=t$ とおくと $\cos x\,dx=dt$

よって $\displaystyle\int \frac{\cos^3 x}{\sin^2 x}\,dx=\int \frac{1-t^2}{t^2}\,dt$

$\displaystyle=\int\left(\frac{1}{t^2}-1\right)dt=-\frac{1}{t}-t+C$

$\displaystyle=-\frac{1}{\sin x}-\sin x+C$

練習16 $\displaystyle\int \frac{dx}{\cos x}=\int \frac{\cos x}{\cos^2 x}\,dx=\int \frac{\cos x}{1-\sin^2 x}\,dx$

$\sin x=t$ とおくと $\cos x\,dx=dt$

よって $\displaystyle\int \frac{dx}{\cos x}=\int \frac{dt}{1-t^2}$

$\displaystyle=\frac{1}{2}\int\left(\frac{1}{1-t}+\frac{1}{1+t}\right)dt$

$\displaystyle=\frac{1}{2}(-\log|1-t|+\log|1+t|)+C$

$\displaystyle=\frac{1}{2}\log\left|\frac{1+t}{1-t}\right|+C$

$\displaystyle=\frac{1}{2}\log\left|\frac{1+\sin x}{1-\sin x}\right|+C$

$\displaystyle=\frac{1}{2}\log\left(\frac{1+\sin x}{1-\sin x}\right)+C$

注意 本問では $\cos x\neq 0$ より $\sin x\neq\pm 1$ であるから，$\dfrac{1+\sin x}{1-\sin x}$ は常に正の値をとる。よって，不定積分の結果の式は $\dfrac{1}{2}\log\left(\dfrac{1+\sin x}{1-\sin x}\right)+C$ と変形した方がよい。

5 定積分とその基本性質 (本冊 $p.\,217{\sim}219$)

練習17 (1) $\displaystyle\int_1^e \frac{dx}{x}=\Big[\log|x|\Big]_1^e=\log e-\log 1=\boldsymbol{1}$

(2) $\displaystyle\int_1^2 \frac{dx}{x^2}=\left[-\frac{1}{x}\right]_1^2=-\frac{1}{2}+1=\frac{\boldsymbol{1}}{\boldsymbol{2}}$

(3) $\displaystyle\int_0^{\frac{\pi}{4}} \tan\theta\,d\theta=\int_0^{\frac{\pi}{4}} \frac{\sin\theta}{\cos\theta}\,d\theta$

$\displaystyle=\Big[-\log|\cos\theta|\Big]_0^{\frac{\pi}{4}}$

$\displaystyle=-\log\frac{1}{\sqrt{2}}+\log 1=\boldsymbol{\log\sqrt{2}}$

(4) $\displaystyle\int_{-1}^2 e^x\,dx=\Big[e^x\Big]_{-1}^2=e^2-e^{-1}=e^2-\frac{\boldsymbol{1}}{\boldsymbol{e}}$

練習18 (1) $\displaystyle\int_0^1 \frac{dx}{(x+2)(x+3)}$

$\displaystyle=\int_0^1\left(\frac{1}{x+2}-\frac{1}{x+3}\right)dx$

$\displaystyle=\Big[\log|x+2|-\log|x+3|\Big]_0^1$

$\displaystyle=\left[\log\left|\frac{x+2}{x+3}\right|\right]_0^1=\log\frac{3}{4}-\log\frac{2}{3}=\boldsymbol{\log\frac{9}{8}}$

(2) $\displaystyle\int_0^{\pi} (\sin x-\cos x)^2\,dx$

$\displaystyle=\int_0^{\pi} (1-\sin 2x)\,dx=\left[x+\frac{\cos 2x}{2}\right]_0^{\pi}=\boldsymbol{\pi}$

(3) $\displaystyle\int_{-\pi}^{\pi} \sin^2 x\,dx=\int_{-\pi}^{\pi} \frac{1-\cos 2x}{2}\,dx$

$\displaystyle=\left[\frac{x}{2}-\frac{\sin 2x}{4}\right]_{-\pi}^{\pi}=\boldsymbol{\pi}$

練習19 (1) $|\sin x|=\begin{cases}\sin x & (0\leqq x\leqq\pi)\\ -\sin x & (\pi\leqq x\leqq 2\pi)\end{cases}$

であるから

$\displaystyle\int_0^{2\pi} |\sin x|\,dx=\int_0^{\pi} \sin x\,dx+\int_{\pi}^{2\pi} (-\sin x)\,dx$

$\displaystyle=\Big[-\cos x\Big]_0^{\pi}+\Big[\cos x\Big]_{\pi}^{2\pi}=\boldsymbol{4}$

(2) $|e^x-1|=\begin{cases}1-e^x & (-1\leqq x\leqq 0)\\ e^x-1 & (0\leqq x\leqq 2)\end{cases}$

であるから

$\displaystyle\int_{-1}^2 |e^x-1|\,dx$

$\displaystyle=\int_{-1}^0 (1-e^x)\,dx+\int_0^2 (e^x-1)\,dx$

$\displaystyle=\Big[x-e^x\Big]_{-1}^0+\Big[e^x-x\Big]_0^2=e^2+\frac{\boldsymbol{1}}{\boldsymbol{e}}-\boldsymbol{3}$

6 定積分の置換積分法 (本冊 p.220～224)

練習20 (1) $1-x=t$ とおくと

$$x=1-t, \quad dx=-dt$$

よって $\displaystyle\int_0^1 x(1-x)^3 dx=\int_1^0 (1-t)t^3\cdot(-1)dt$

$$=\int_0^1 (t^3-t^4)dt=\left[\frac{t^4}{4}-\frac{t^5}{5}\right]_0^1$$

$$=\frac{1}{20}$$

(2) $\sqrt{x+1}=t$ とおくと

$$x=t^2-1, \quad dx=2t\,dt$$

よって $\displaystyle\int_0^3 x\sqrt{x+1}\,dx$

$$=\int_1^2 (t^2-1)t\cdot 2t\,dt=2\int_1^2 (t^4-t^2)dt$$

$$=2\left[\frac{t^5}{5}-\frac{t^3}{3}\right]_1^2$$

$$=\frac{116}{15}$$

(3) $x-3=t$ とおくと

$$x=t+3, \quad dx=dt$$

よって $\displaystyle\int_1^2 \frac{x-2}{(x-3)^2}dx=\int_{-2}^{-1}\frac{t+1}{t^2}dt$

$$=\int_{-2}^{-1}\left(\frac{1}{t}+\frac{1}{t^2}\right)dt=\left[\log|t|-\frac{1}{t}\right]_{-2}^{-1}$$

$$=\frac{1}{2}-\log 2$$

練習21 (1) $x=2\sin\theta$ とおくと

$$dx=2\cos\theta\,d\theta$$

また，x と θ の対応は，右の表のようになる。

x	0	$\to$	1
θ	0	$\to$	$\dfrac{\pi}{6}$

$0\leqq\theta\leqq\dfrac{\pi}{6}$ のとき，$\cos\theta>0$ であるから

$$\sqrt{4-x^2}=\sqrt{4(1-\sin^2\theta)}=2\cos\theta$$

よって $\displaystyle\int_0^1 \sqrt{4-x^2}\,dx$

$$=\int_0^{\frac{\pi}{6}} 2\cos\theta\cdot 2\cos\theta\,d\theta$$

$$=\int_0^{\frac{\pi}{6}} 4\cos^2\theta\,d\theta=2\int_0^{\frac{\pi}{6}}(1+\cos 2\theta)d\theta$$

$$=2\left[\theta+\frac{\sin 2\theta}{2}\right]_0^{\frac{\pi}{6}}$$

$$=\frac{\pi}{3}+\frac{\sqrt{3}}{2}$$

(2) $x=\sin\theta$ とおくと

$$dx=\cos\theta\,d\theta$$

また，x と θ の対応は，右の表のようになる。

x	0	$\to$	$\dfrac{\sqrt{3}}{2}$
θ	0	$\to$	$\dfrac{\pi}{3}$

$0\leqq\theta\leqq\dfrac{\pi}{3}$ のとき，

$\cos\theta>0$ であるから

$$\sqrt{1-x^2}=\sqrt{1-\sin^2\theta}=\cos\theta$$

よって $\displaystyle\int_0^{\frac{\sqrt{3}}{2}}\frac{dx}{\sqrt{1-x^2}}$

$$=\int_0^{\frac{\pi}{3}}\frac{1}{\cos\theta}\cdot\cos\theta\,d\theta=\int_0^{\frac{\pi}{3}}d\theta$$

$$=\left[\theta\right]_0^{\frac{\pi}{3}}=\frac{\pi}{3}$$

練習22 (1) $x=\tan\theta$ とおくと

$$dx=\frac{1}{\cos^2\theta}d\theta$$

また，x と θ の対応は，右の表のようになる。

x	-1	$\to$	$\sqrt{3}$
θ	$-\dfrac{\pi}{4}$	$\to$	$\dfrac{\pi}{3}$

$$\frac{1}{1+x^2}=\frac{1}{1+\tan^2\theta}=\cos^2\theta$$

よって $\displaystyle\int_{-1}^{\sqrt{3}}\frac{dx}{1+x^2}$

$$=\int_{-\frac{\pi}{4}}^{\frac{\pi}{3}}\cos^2\theta\cdot\frac{1}{\cos^2\theta}d\theta=\int_{-\frac{\pi}{4}}^{\frac{\pi}{3}}d\theta$$

$$=\left[\theta\right]_{-\frac{\pi}{4}}^{\frac{\pi}{3}}=\frac{7}{12}\pi$$

(2) $x=2\tan\theta$ とおくと

$$dx=\frac{2}{\cos^2\theta}d\theta$$

また，x と θ の対応は，右の表のようになる。

x	-2	$\to$	2
θ	$-\dfrac{\pi}{4}$	$\to$	$\dfrac{\pi}{4}$

$$\frac{1}{x^2+4}=\frac{1}{4(\tan^2\theta+1)}=\frac{\cos^2\theta}{4}$$

よって $\displaystyle\int_{-2}^{2}\frac{dx}{x^2+4}$

$$=\int_{-\frac{\pi}{4}}^{\frac{\pi}{4}}\frac{\cos^2\theta}{4}\cdot\frac{2}{\cos^2\theta}d\theta$$

$$=\frac{1}{2}\int_{-\frac{\pi}{4}}^{\frac{\pi}{4}}d\theta=\frac{1}{2}\left[\theta\right]_{-\frac{\pi}{4}}^{\frac{\pi}{4}}=\frac{\pi}{4}$$

練習23　$\displaystyle\int_{-a}^{a}f(x)dx=\int_{-a}^{0}f(x)dx+\int_{0}^{a}f(x)dx$

ここで, 右辺の第1項において, $x=-t$ とおくと　　$dx=-dt$

$f(x)$ が奇関数のとき　$f(-x)=-f(x)$ であるから

$\displaystyle\int_{-a}^{0}f(x)dx=\int_{a}^{0}f(-t)(-1)dt=\int_{0}^{a}f(-t)dt$

$\displaystyle\qquad=\int_{0}^{a}f(-x)dx=\int_{0}^{a}\{-f(x)\}dx$

$\displaystyle\qquad=-\int_{0}^{a}f(x)dx$

よって

$\displaystyle\int_{-a}^{a}f(x)dx=-\int_{0}^{a}f(x)dx+\int_{0}^{a}f(x)dx=0$

練習24　(1)　$f(x)=(x^2-3)\sin x$ とおくと

$f(-x)=\{(-x)^2-3\}\sin(-x)$

$\qquad=-(x^2-3)\sin x=-f(x)$

であるから, $f(x)$ は奇関数である。

よって　　$\displaystyle\int_{-2}^{2}(x^2-3)\sin x\,dx=\mathbf{0}$

(2)　$f(\theta)=\sin^2\theta\cos\theta$ とおくと

$f(-\theta)=\sin^2(-\theta)\cos(-\theta)$

$\qquad=(-\sin\theta)^2\cos\theta$

$\qquad=\sin^2\theta\cos\theta=f(\theta)$

であるから, $f(\theta)$ は偶関数である。

よって　　$\displaystyle\int_{-\frac{\pi}{2}}^{\frac{\pi}{2}}\sin^2\theta\cos\theta\,d\theta$

$\displaystyle\qquad=2\int_{0}^{\frac{\pi}{2}}\sin^2\theta\cos\theta\,d\theta$ ……①

ここで, $\sin\theta=t$ とおくと　　$\cos\theta\,d\theta=dt$

したがって, ①は

$\displaystyle\int_{-\frac{\pi}{2}}^{\frac{\pi}{2}}\sin^2\theta\cos\theta\,d\theta=2\int_{0}^{1}t^2dt=2\left[\frac{t^3}{3}\right]_{0}^{1}=\frac{\mathbf{2}}{\mathbf{3}}$

7　定積分の部分積分法 <small>(本冊 p. 225~227)</small>

練習25　(1)　$\displaystyle\int_{0}^{\pi}x\sin x\,dx=\int_{0}^{\pi}x(-\cos x)'\,dx$

$\displaystyle=\left[x(-\cos x)\right]_{0}^{\pi}-\int_{0}^{\pi}(x)'(-\cos x)dx$

$\displaystyle=\pi+\int_{0}^{\pi}\cos x\,dx=\pi+\left[\sin x\right]_{0}^{\pi}=\boldsymbol{\pi}$

(2)　$\displaystyle\int_{-1}^{1}xe^x dx=\int_{-1}^{1}x(e^x)'\,dx$

$\displaystyle=\left[xe^x\right]_{-1}^{1}-\int_{-1}^{1}(x)'e^x dx$

$\displaystyle=\left(e+\frac{1}{e}\right)-\int_{-1}^{1}e^x dx=\left(e+\frac{1}{e}\right)-\left[e^x\right]_{-1}^{1}$

$\displaystyle=\left(e+\frac{1}{e}\right)-\left(e-\frac{1}{e}\right)=\frac{\mathbf{2}}{\mathbf{e}}$

(3)　$\displaystyle\int_{1}^{e}\log x\,dx=\int_{1}^{e}(x)'\log x\,dx$

$\displaystyle=\left[x\log x\right]_{1}^{e}-\int_{1}^{e}x(\log x)'\,dx$

$\displaystyle=e-\int_{1}^{e}dx=e-\left[x\right]_{1}^{e}=e-(e-1)=\mathbf{1}$

(4)　$\displaystyle\int_{\alpha}^{\beta}(x-\alpha)^2(x-\beta)dx$

$\displaystyle=\int_{\alpha}^{\beta}\left\{\frac{(x-\alpha)^3}{3}\right\}'(x-\beta)dx$

$\displaystyle=\left[\frac{(x-\alpha)^3}{3}(x-\beta)\right]_{\alpha}^{\beta}-\int_{\alpha}^{\beta}\frac{(x-\alpha)^3}{3}dx$

$\displaystyle=0-\left[\frac{(x-\alpha)^4}{12}\right]_{\alpha}^{\beta}=-\frac{(\boldsymbol{\beta}-\boldsymbol{\alpha})^4}{\mathbf{12}}$

練習26　$\displaystyle\int_{0}^{\frac{\pi}{2}}x^2\sin x\,dx=\int_{0}^{\frac{\pi}{2}}x^2(-\cos x)'\,dx$

$\displaystyle=\left[x^2(-\cos x)\right]_{0}^{\frac{\pi}{2}}-\int_{0}^{\frac{\pi}{2}}(x^2)'(-\cos x)dx$

$\displaystyle=0+2\int_{0}^{\frac{\pi}{2}}x\cos x\,dx=2\int_{0}^{\frac{\pi}{2}}x(\sin x)'\,dx$

$\displaystyle=2\left\{\left[x\sin x\right]_{0}^{\frac{\pi}{2}}-\int_{0}^{\frac{\pi}{2}}(x)'\sin x\,dx\right\}$

$\displaystyle=\pi-2\int_{0}^{\frac{\pi}{2}}\sin x\,dx=\pi-2\left[-\cos x\right]_{0}^{\frac{\pi}{2}}=\boldsymbol{\pi}-\mathbf{2}$

練習27　$\displaystyle I=\int_{0}^{\pi}e^x\sin x\,dx=\int_{0}^{\pi}e^x(-\cos x)'\,dx$

$\displaystyle=\left[e^x(-\cos x)\right]_{0}^{\pi}-\int_{0}^{\pi}(e^x)'(-\cos x)dx$

$\displaystyle=(e^\pi+1)+\int_{0}^{\pi}e^x\cos x\,dx$

$\displaystyle=(e^\pi+1)+\int_{0}^{\pi}e^x(\sin x)'\,dx$

$\displaystyle=(e^\pi+1)+\left[e^x\sin x\right]_{0}^{\pi}$

$\displaystyle\qquad\qquad-\int_{0}^{\pi}(e^x)'\sin x\,dx$

$\displaystyle=(e^\pi+1)-\int_{0}^{\pi}e^x\sin x\,dx=(e^\pi+1)-I$

したがって　　$\displaystyle I=\frac{e^\pi+1}{2}$

8 定積分と関数 （本冊 $p.228$, 229）

練習28 $F'(x) = x \log x$

練習29 右辺の積分変数は t であるから，次のように変形できる。

$$F(x) = x \int_0^x e^t dt - \int_0^x t e^t dt$$

よって $F'(x) = (x)' \int_0^x e^t dt + x \left(\dfrac{d}{dx} \int_0^x e^t dt \right)$

$$- \dfrac{d}{dx} \int_0^x t e^t dt$$

$$= \int_0^x e^t dt + x e^x - x e^x$$

$$= \Big[e^t \Big]_0^x = e^x - 1$$

練習30 t の関数 $\sin^2 t$ の不定積分の 1 つを $F(t)$ とする。

すなわち $F'(t) = \sin^2 t$

$$\dfrac{d}{dx} \int_x^{2x} \sin^2 t \, dt = \dfrac{d}{dx} \Big[F(t) \Big]_x^{2x}$$

$$= \dfrac{d}{dx} \{ F(2x) - F(x) \}$$

$$= 2F'(2x) - F'(x)$$

$$= 2 \sin^2 2x - \sin^2 x$$

練習31 $f(x) = \sin x - \int_0^{\frac{\pi}{3}} \left\{ f(t) - \dfrac{\pi}{3} \right\} \sin t \, dt$

$$= \sin x - \int_0^{\frac{\pi}{3}} f(t) \sin t \, dt + \dfrac{\pi}{3} \int_0^{\frac{\pi}{3}} \sin t \, dt$$

$$= \sin x - \int_0^{\frac{\pi}{3}} f(t) \sin t \, dt + \dfrac{\pi}{3} \Big[- \cos t \Big]_0^{\frac{\pi}{3}}$$

$$= \sin x - \int_0^{\frac{\pi}{3}} f(t) \sin t \, dt + \dfrac{\pi}{6}$$

$\displaystyle\int_0^{\frac{\pi}{3}} f(t) \sin t \, dt = k$ とおくと，与えられた等式

は $f(x) = \sin x - k + \dfrac{\pi}{6}$

よって

$k = \displaystyle\int_0^{\frac{\pi}{3}} \left(\sin t - k + \dfrac{\pi}{6} \right) \sin t \, dt$

$$= \int_0^{\frac{\pi}{3}} \sin^2 t \, dt + \left(-k + \dfrac{\pi}{6} \right) \int_0^{\frac{\pi}{3}} \sin t \, dt$$

$$= \int_0^{\frac{\pi}{3}} \dfrac{1 - \cos 2t}{2} dt + \left(-k + \dfrac{\pi}{6} \right) \int_0^{\frac{\pi}{3}} \sin t \, dt$$

$$= \left[\dfrac{t}{2} - \dfrac{\sin 2t}{4} \right]_0^{\frac{\pi}{3}} + \left(-k + \dfrac{\pi}{6} \right) \Big[- \cos t \Big]_0^{\frac{\pi}{3}}$$

$$= \left(\dfrac{\pi}{6} - \dfrac{\sqrt{3}}{8} \right) + \left(-k + \dfrac{\pi}{6} \right) \left(-\dfrac{1}{2} + 1 \right)$$

$$= \dfrac{\pi}{4} - \dfrac{\sqrt{3}}{8} - \dfrac{k}{2}$$

ゆえに $k = \dfrac{\pi}{6} - \dfrac{\sqrt{3}}{12}$

したがって $f(x) = \sin x + \dfrac{\sqrt{3}}{12}$

9 定積分と和の極限 （本冊 $p.230 \sim 232$）

練習32 (1) $f(x) = \sin x$ とおくと

$$\lim_{n \to \infty} \sum_{k=1}^{n} \dfrac{\pi}{n} \sin \dfrac{k\pi}{n} = \lim_{n \to \infty} \sum_{k=1}^{n} \dfrac{\pi}{n} f\left(\dfrac{k\pi}{n} \right)$$

$$= \int_0^{\pi} \sin x \, dx = \Big[- \cos x \Big]_0^{\pi}$$

$$= 2$$

(2) $f(x) = \sqrt{x}$ とおくと

$$\lim_{n \to \infty} \dfrac{1}{n\sqrt{n}} (1 + \sqrt{2} + \sqrt{3} + \cdots\cdots + \sqrt{n})$$

$$= \lim_{n \to \infty} \dfrac{1}{n} \left(\sqrt{\dfrac{1}{n}} + \sqrt{\dfrac{2}{n}} + \cdots\cdots + \sqrt{\dfrac{n}{n}} \right)$$

$$= \lim_{n \to \infty} \sum_{k=1}^{n} \dfrac{1}{n} f\left(\dfrac{k}{n} \right)$$

$$= \int_0^1 \sqrt{x} \, dx = \left[\dfrac{2}{3} x \sqrt{x} \right]_0^1 = \dfrac{2}{3}$$

10 定積分と不等式 （本冊 $p.233 \sim 235$）

練習33 $0 < x < 1$ のとき，$1 < 1 + x^3 < 1 + x^2$ より

$\dfrac{1}{1+x^2} < \dfrac{1}{1+x^3} < 1$ が成り立つ。

よって $\displaystyle\int_0^1 \dfrac{dx}{1+x^2} < \int_0^1 \dfrac{dx}{1+x^3} < \int_0^1 dx$

ここで，$x = \tan\theta$ とおくことで

$$\int_0^1 \dfrac{dx}{1+x^2} = \int_0^{\frac{\pi}{4}} \dfrac{1}{1+\tan^2\theta} \cdot \dfrac{1}{\cos^2\theta} d\theta$$

$$= \int_0^{\frac{\pi}{4}} d\theta = \Big[\theta \Big]_0^{\frac{\pi}{4}} = \dfrac{\pi}{4},$$

$\displaystyle\int_0^1 dx = \Big[x \Big]_0^1 = 1$

である。

したがって，$\dfrac{\pi}{4} < \displaystyle\int_0^1 \dfrac{dx}{1+x^3} < 1$ が成り立つ。

練習34 0以上の整数 k に対して，$k \leqq x \leqq k+1$

とすると $\sqrt{k} \leqq \sqrt{x} \leqq \sqrt{k+1}$

等号は常には成り立たないから

$$\int_k^{k+1} \sqrt{k}\, dx < \int_k^{k+1} \sqrt{x}\, dx < \int_k^{k+1} \sqrt{k+1}\, dx$$

ゆえに $\sqrt{k} < \int_k^{k+1} \sqrt{x}\, dx < \sqrt{k+1}$

この式で，$k=0,\ 1,\ 2,\ \cdots\cdots,\ n-1$ とおき，辺々を加えると

$$1+\sqrt{2}+\cdots\cdots+\sqrt{n-1} < \sum_{k=0}^{n-1} \int_k^{k+1} \sqrt{x}\, dx$$
$$< 1+\sqrt{2}+\cdots\cdots+\sqrt{n}$$

ここで $\int_0^n \sqrt{x}\, dx$

$$= \int_0^1 \sqrt{x}\, dx + \int_1^2 \sqrt{x}\, dx + \cdots\cdots + \int_{n-1}^n \sqrt{x}\, dx$$

また $\int_0^n \sqrt{x}\, dx = \left[\dfrac{2}{3} x\sqrt{x} \right]_0^n = \dfrac{2}{3} n\sqrt{n}$

よって $\displaystyle\sum_{k=0}^{n-1} \int_k^{k+1} \sqrt{x}\, dx = \dfrac{2}{3} n\sqrt{n}$

したがって

$$1+\sqrt{2}+\cdots\cdots+\sqrt{n-1} < \dfrac{2}{3} n\sqrt{n}$$
$$< 1+\sqrt{2}+\cdots\cdots+\sqrt{n}$$

確認問題 (本冊 $p.236$)

問題1 (1) $\displaystyle\int \dfrac{4x^3-2x^2+3x-1}{x^2}\, dx$

$$= \int \left(4x-2+\dfrac{3}{x}-\dfrac{1}{x^2} \right) dx$$

$$= 2x^2-2x+3\log|x|+\dfrac{1}{x}+C$$

(2) $\displaystyle\int \dfrac{2t-3}{\sqrt{t}}\, dt = \int \left(2\sqrt{t}-\dfrac{3}{\sqrt{t}} \right) dt$

$$= \int \left(2t^{\frac{1}{2}}-3t^{-\frac{1}{2}} \right) dt$$

$$= \dfrac{4}{3} t^{\frac{3}{2}}-6t^{\frac{1}{2}}+C$$

$$= \dfrac{4}{3} t\sqrt{t}-6\sqrt{t}+C$$

(3) $\displaystyle\int (\sin x+\cos x)^2\, dx = \int (1+\sin 2x)\, dx$

$$= x-\dfrac{\cos 2x}{2}+C$$

(4) $\displaystyle\int e^x(e^x-3)\, dx = \int (e^{2x}-3e^x)\, dx$

$$= \dfrac{1}{2} e^{2x}-3e^x+C$$

(5) $\displaystyle\int (4x+3)^5\, dx = \dfrac{1}{4}\cdot\dfrac{1}{6}(4x+3)^6+C$

$$= \dfrac{1}{24}(4x+3)^6+C$$

(6) $\sqrt{x+1}=t$ とおくと

$$x=t^2-1,\quad dx=2t\,dt$$

よって

$$\int (x+2)\sqrt{x+1}\, dx = \int (t^2+1)t\cdot 2t\,dt$$

$$= 2\int (t^4+t^2)\,dt$$

$$= 2\left(\dfrac{t^5}{5}+\dfrac{t^3}{3} \right)+C$$

$$= \dfrac{2}{15} t^3(3t^2+5)+C$$

$$= \dfrac{2}{15}(x+1)(3x+8)\sqrt{x+1}+C$$

(7) $\displaystyle\int xe^{3x}\, dx = \int x\left(\dfrac{e^{3x}}{3} \right)' dx$

$$= x\cdot\dfrac{e^{3x}}{3}-\int (x)'\cdot\dfrac{e^{3x}}{3}\, dx$$

$$= \dfrac{1}{3} e^{3x}x-\dfrac{1}{3}\int e^{3x}\, dx$$

$$= \dfrac{1}{3} e^{3x}x-\dfrac{1}{9} e^{3x}+C$$

(8) $\displaystyle\int \theta\sin 4\theta\, d\theta$

$$= \int \theta\left(\dfrac{-\cos 4\theta}{4} \right)' d\theta$$

$$= \theta\left(\dfrac{-\cos 4\theta}{4} \right)-\int (\theta)'\left(\dfrac{-\cos 4\theta}{4} \right) d\theta$$

$$= -\dfrac{\theta}{4}\cos 4\theta+\dfrac{1}{4}\int \cos 4\theta\, d\theta$$

$$= -\dfrac{\theta}{4}\cos 4\theta+\dfrac{1}{16}\sin 4\theta+C$$

(9) $\displaystyle\int \dfrac{x^2+1}{x+1}\, dx = \int \left(x-1+\dfrac{2}{x+1} \right) dx$

$$= \dfrac{x^2}{2}-x+2\log|x+1|+C$$

(10) $\displaystyle\int \dfrac{x+5}{(x+1)(x-3)}\, dx$

$$= \int \left(\dfrac{-1}{x+1}+\dfrac{2}{x-3} \right) dx$$

$$= -\log|x+1|+2\log|x-3|+C$$

$$= \log\dfrac{(x-3)^2}{|x+1|}+C$$

(11) $\displaystyle\int\cos^4 x\,dx=\int(\cos^2 x)^2\,dx$

$\displaystyle=\int\left(\frac{1+\cos 2x}{2}\right)^2 dx$

$\displaystyle=\int\frac{1+2\cos 2x+\cos^2 2x}{4}\,dx$

$\displaystyle=\int\left(\frac{1}{4}+\frac{\cos 2x}{2}+\frac{1+\cos 4x}{8}\right)dx$

$\displaystyle=\int\left(\frac{3}{8}+\frac{\cos 2x}{2}+\frac{\cos 4x}{8}\right)dx$

$\displaystyle=\frac{3}{8}x+\frac{\sin 2x}{4}+\frac{\sin 4x}{32}+C$

(12) $\displaystyle\int\frac{dx}{1+\sin x}=\int\frac{1-\sin x}{(1+\sin x)(1-\sin x)}\,dx$

$\displaystyle=\int\frac{1-\sin x}{1-\sin^2 x}\,dx=\int\frac{1-\sin x}{\cos^2 x}\,dx$

$\displaystyle=\int\left(\frac{1}{\cos^2 x}-\frac{\sin x}{\cos^2 x}\right)dx$

$\displaystyle=\int\left\{\frac{1}{\cos^2 x}-\frac{(-\cos x)'}{\cos^2 x}\right\}dx$

$\displaystyle=\tan x-\frac{1}{\cos x}+C$

問題 2 (1) $\displaystyle\int_1^3\frac{(x^2-1)^2}{x^4}\,dx$

$\displaystyle=\int_1^3\left(1-\frac{2}{x^2}+\frac{1}{x^4}\right)dx$

$\displaystyle=\left[x+\frac{2}{x}-\frac{1}{3x^3}\right]_1^3=\frac{80}{81}$

(2) $\displaystyle\int_1^e\frac{|x-2|}{x}\,dx$

$\displaystyle=\int_1^2\frac{2-x}{x}\,dx+\int_2^e\frac{x-2}{x}\,dx$

$\displaystyle=\int_1^2\left(\frac{2}{x}-1\right)dx+\int_2^e\left(1-\frac{2}{x}\right)dx$

$\displaystyle=\left[2\log|x|-x\right]_1^2+\left[x-2\log|x|\right]_2^e$

$\displaystyle=4\log 2-5+e$

(3) $\sin 3\theta=3\sin\theta-4\sin^3\theta$ であるから

$\displaystyle\int_{\frac{\pi}{4}}^{\frac{\pi}{2}}\frac{\sin 3\theta}{\sin\theta}\,d\theta=\int_{\frac{\pi}{4}}^{\frac{\pi}{2}}(3-4\sin^2\theta)\,d\theta$

$\displaystyle=\int_{\frac{\pi}{4}}^{\frac{\pi}{2}}\{3-2(1-\cos 2\theta)\}\,d\theta$

$\displaystyle=\int_{\frac{\pi}{4}}^{\frac{\pi}{2}}(1+2\cos 2\theta)\,d\theta$

$\displaystyle=\left[\theta+\sin 2\theta\right]_{\frac{\pi}{4}}^{\frac{\pi}{2}}=\frac{\pi}{4}-1$

(4) $\sqrt{x+2}=t$ とおくと

$x=t^2-2,\quad dx=2t\,dt$

$\displaystyle\int_2^7\frac{x}{\sqrt{x+2}}\,dx=\int_2^3\frac{t^2-2}{t}\cdot 2t\,dt$

$\displaystyle=2\int_2^3(t^2-2)\,dt$

$\displaystyle=2\left[\frac{t^3}{3}-2t\right]_2^3$

$\displaystyle=\frac{26}{3}$

(5) $x=\sqrt{3}\,\tan\theta$ とおく
と

$\displaystyle dx=\frac{\sqrt{3}}{\cos^2\theta}\,d\theta$

x	1	$\rightarrow$	$\sqrt{3}$
θ	$\dfrac{\pi}{6}$	$\rightarrow$	$\dfrac{\pi}{4}$

また，x と θ の対応は，右の表のようになる。

よって $\displaystyle\int_1^{\sqrt{3}}\frac{dx}{3+x^2}$

$\displaystyle=\int_{\frac{\pi}{6}}^{\frac{\pi}{4}}\frac{1}{3(1+\tan^2\theta)}\cdot\frac{\sqrt{3}}{\cos^2\theta}\,d\theta$

$\displaystyle=\int_{\frac{\pi}{6}}^{\frac{\pi}{4}}\frac{\sqrt{3}}{3}\,d\theta=\frac{\sqrt{3}}{3}\left[\theta\right]_{\frac{\pi}{6}}^{\frac{\pi}{4}}$

$\displaystyle=\frac{\sqrt{3}}{36}\pi$

(6) $\displaystyle\int_1^e t\log t\,dt=\int_1^e\left(\frac{t^2}{2}\right)'\log t\,dt$

$\displaystyle=\left[\frac{t^2}{2}\log t\right]_1^e-\int_1^e\frac{t^2}{2}(\log t)'\,dt$

$\displaystyle=\frac{e^2}{2}-\frac{1}{2}\int_1^e t\,dt=\frac{e^2}{2}-\frac{1}{2}\left[\frac{t^2}{2}\right]_1^e$

$\displaystyle=\frac{e^2}{4}+\frac{1}{4}$

問題 3 $\displaystyle\int_0^\pi f(t)\sin t\,dt=k$ とおくと，与えられた

等式は $f(x)=x+k$

よって

$\displaystyle k=\int_0^\pi(t+k)\sin t\,dt=\int_0^\pi t\sin t\,dt+k\int_0^\pi\sin t\,dt$

$\displaystyle=\int_0^\pi t(-\cos t)'\,dt+k\left[-\cos t\right]_0^\pi$

$\displaystyle=\left[t(-\cos t)\right]_0^\pi-\int_0^\pi(t)'(-\cos t)\,dt+2k$

$\displaystyle=\pi+\int_0^\pi\cos t\,dt+2k$

$\displaystyle=\pi+\left[\sin t\right]_0^\pi+2k=\pi+2k$

ゆえに $k=-\pi$

したがって $f(x)=x-\pi$

問題4　$\displaystyle\lim_{n\to\infty}n\Big(\dfrac{1}{4n^2-1^2}+\dfrac{1}{4n^2-2^2}+\cdots+\dfrac{1}{4n^2-n^2}\Big)$

$\displaystyle=\lim_{n\to\infty}\dfrac{1}{n}\Big\{\dfrac{1}{4-\big(\dfrac{1}{n}\big)^2}+\dfrac{1}{4-\big(\dfrac{2}{n}\big)^2}+\cdots\cdots$

$\displaystyle\cdots\cdots+\dfrac{1}{4-\big(\dfrac{n}{n}\big)^2}\Big\}$

$\displaystyle=\lim_{n\to\infty}\sum_{k=1}^{n}\dfrac{1}{n}\cdot\dfrac{1}{4-\big(\dfrac{k}{n}\big)^2}$

$\displaystyle=\int_0^1\dfrac{dx}{4-x^2}$

$\displaystyle=\dfrac{1}{4}\int_0^1\Big(\dfrac{1}{2-x}+\dfrac{1}{2+x}\Big)dx$

$\displaystyle=\dfrac{1}{4}\Big[-\log|2-x|+\log|2+x|\Big]_0^1$

$\displaystyle=\dfrac{1}{4}\Big[\log\Big|\dfrac{2+x}{2-x}\Big|\Big]_0^1$

$\displaystyle=\dfrac{1}{4}\log 3$

演習問題A　(本冊 $p.237$)

問題1　(1)　$\displaystyle\int\dfrac{e^x-e^{-x}}{e^x+e^{-x}}dx=\int\dfrac{(e^x+e^{-x})'}{e^x+e^{-x}}dx$
$=\log(e^x+e^{-x})+C$

(2)　$\log x=t$ とおくと　$\dfrac{1}{x}dx=dt$

よって　$\displaystyle\int\dfrac{dx}{x\log x}=\int\dfrac{dt}{t}$
$=\log|t|+C$
$=\log|\log x|+C$

(3)　$1+\sin x=t$ とおくと　$\cos x\,dx=dt$
よって

$\displaystyle\int\dfrac{\sin x\cos x}{1+\sin x}dx=\int\dfrac{t-1}{t}dt$

$\displaystyle=\int\Big(1-\dfrac{1}{t}\Big)dt$

$=t-\log|t|+C$

$=1+\sin x-\log(1+\sin x)+C$

$1+C$ は任意の値をとる定数であるから，不定
積分は次のように表せばよい。

$\sin x-\log(1+\sin x)+C$

問題2　$1+\log x=t$ より　$\dfrac{1}{x}dx=dt$

$\displaystyle\int\dfrac{\log x}{x(1+\log x)^2}dx$

$\displaystyle=\int\dfrac{t-1}{t^2}dt=\int\Big(\dfrac{1}{t}-\dfrac{1}{t^2}\Big)dt$

$=\log|t|+\dfrac{1}{t}+C$

$=\log|1+\log x|+\dfrac{1}{1+\log x}+C$

問題3　(1)　$\displaystyle\int_0^{\frac{\pi}{2}}\dfrac{\cos 2\theta}{\sin\theta+\cos\theta}d\theta$

$\displaystyle=\int_0^{\frac{\pi}{2}}\dfrac{\cos^2\theta-\sin^2\theta}{\sin\theta+\cos\theta}d\theta$

$\displaystyle=\int_0^{\frac{\pi}{2}}\dfrac{(\cos\theta+\sin\theta)(\cos\theta-\sin\theta)}{\cos\theta+\sin\theta}d\theta$

$\displaystyle=\int_0^{\frac{\pi}{2}}(\cos\theta-\sin\theta)d\theta$

$\displaystyle=\Big[\sin\theta+\cos\theta\Big]_0^{\frac{\pi}{2}}$

$=0$

(2)　$\displaystyle\int_0^{\frac{\pi}{4}}\dfrac{\sin x\cos x}{1+\cos 2x}dx=\int_0^{\frac{\pi}{4}}\dfrac{\sin x\cos x}{2\cos^2 x}dx$

$\displaystyle=\dfrac{1}{2}\int_0^{\frac{\pi}{4}}\dfrac{\sin x}{\cos x}dx=-\dfrac{1}{2}\int_0^{\frac{\pi}{4}}\dfrac{(\cos x)'}{\cos x}dx$

$\displaystyle=-\dfrac{1}{2}\Big[\log|\cos x|\Big]_0^{\frac{\pi}{4}}=-\dfrac{1}{2}\log\dfrac{1}{\sqrt{2}}$

$=\dfrac{1}{4}\log 2$

問題4　$\sin mx\cos nx$

$=\dfrac{1}{2}\{\sin(m+n)x+\sin(m-n)x\}$

であるから，$m\neq n$ のとき

$\displaystyle\int_0^{2\pi}\sin mx\cos nx\,dx$

$\displaystyle=\dfrac{1}{2}\int_0^{2\pi}\{\sin(m+n)x+\sin(m-n)x\}dx$

$\displaystyle=-\dfrac{1}{2}\Big[\dfrac{\cos(m+n)x}{m+n}+\dfrac{\cos(m-n)x}{m-n}\Big]_0^{2\pi}$

$=0$

$m=n$ のとき　$\sin mx\cos nx=\dfrac{1}{2}\sin 2mx$

よって
$$\int_0^{2\pi} \sin mx \cos nx\, dx$$
$$=\frac{1}{2}\int_0^{2\pi} \sin 2mx\, dx$$
$$=-\frac{1}{2}\left[\frac{\cos 2mx}{2m}\right]_0^{2\pi}=0$$

問題 5 (1) $f(x)=\sin^3 x \cos x$ とおくと
$$f(-x)=\sin^3(-x)\cos(-x)$$
$$=-\sin^3 x \cos x$$
$$=-f(x)$$
であるから，$f(x)$ は奇関数である。
よって $\displaystyle\int_{-\pi}^{\pi} \sin^3 x \cos x\, dx=0$

(2) $f(x)=\sin^2 x \cos x$ とおくと
$$f(-x)=\sin^2(-x)\cos(-x)$$
$$=\sin^2 x \cos x$$
$$=f(x)$$
であるから，$f(x)$ は偶関数である。
よって $\displaystyle\int_{-\frac{\pi}{2}}^{\frac{\pi}{2}} \sin^2 x \cos x\, dx$
$$=2\int_0^{\frac{\pi}{2}} \sin^2 x \cos x\, dx=2\left[\frac{\sin^3 x}{3}\right]_0^{\frac{\pi}{2}}=\frac{2}{3}$$

問題 6 $f'(x)=(1+\cos x)\sin x$ であるから，
$0<x<3\pi$ の範囲で $f'(x)=0$ とすると
$$x=\pi,\ 2\pi$$

x	0	$\cdots$	π	$\cdots$	2π	$\cdots$	3π
$f'(x)$		+	0	−	0	+	
$f(x)$		↗	極大	↘	極小	↗	

$$f(\pi)=\int_0^{\pi}(1+\cos t)\sin t\, dt$$
$$=\int_0^{\pi}\left(\sin t+\frac{\sin 2t}{2}\right)dt$$
$$=\left[-\cos t-\frac{\cos 2t}{4}\right]_0^{\pi}=2$$
$$f(2\pi)=\int_0^{2\pi}(1+\cos t)\sin t\, dt$$
$$=\int_0^{2\pi}\left(\sin t+\frac{\sin 2t}{2}\right)dt$$
$$=\left[-\cos t-\frac{\cos 2t}{4}\right]_0^{2\pi}=0$$
したがって，$f(x)$ は
$x=\pi$ で極大値 2，$x=2\pi$ で極小値 0 をとる。

問題 7 $\displaystyle\lim_{n\to\infty}\left(\frac{x}{n+x}+\frac{x}{n+2x}+\cdots\cdots+\frac{x}{n+nx}\right)$
$$=\lim_{n\to\infty}\frac{x}{n}\left(\frac{1}{1+\dfrac{x}{n}}+\frac{1}{1+\dfrac{2x}{n}}+\cdots\cdots+\frac{1}{1+\dfrac{nx}{n}}\right)$$

$f(t)=\dfrac{1}{1+t}$ とおくと，与えられた極限は
$$\lim_{n\to\infty}\sum_{k=1}^{n}\frac{x}{n}\cdot\frac{1}{1+\dfrac{kx}{n}}=\lim_{n\to\infty}\sum_{k=1}^{n}\frac{x}{n}f\left(\frac{kx}{n}\right)$$
$$=\int_0^x\frac{dt}{1+t}=\left[\log|1+t|\right]_0^x$$
$$=\log(1+x)$$

演習問題 B （本冊 $p.238$）

問題 8 $e^x+1=t$ とおくと $e^x dx=dt$
よって $\displaystyle\int\frac{e^{2x}}{(e^x+1)^2}dx=\int\frac{e^x}{(e^x+1)^2}e^x dx$
$$=\int\frac{t-1}{t^2}dt=\int\left(\frac{1}{t}-\frac{1}{t^2}\right)dt$$
$$=\log|t|+\frac{1}{t}+C$$
$$=\log(e^x+1)+\frac{1}{e^x+1}+C$$

問題 9 (1) $f'(x)=-\sin(\log x)\times(\log x)'$
$$=-\frac{\sin(\log x)}{x}$$
$g'(x)=\cos(\log x)\times(\log x)'$
$$=\frac{\cos(\log x)}{x}$$

(2) $F(x)=xf(x)$ であるから
$$F'(x)=f(x)+xf'(x)$$
$$=\cos(\log x)-\sin(\log x)$$
$G(x)=xg(x)$ であるから
$$G'(x)=g(x)+xg'(x)$$
$$=\sin(\log x)+\cos(\log x)$$

(3) $F'(x)+G'(x)=2\cos(\log x)$ であるから
$$\int f(x)dx=\frac{1}{2}\int\{F'(x)+G'(x)\}dx$$
$$=\frac{1}{2}\{F(x)+G(x)\}+C$$
$$=\frac{1}{2}x\{\cos(\log x)+\sin(\log x)\}+C$$

問題10 (1) $\displaystyle\int_0^1 \frac{x}{\sqrt{x^2+1}+x}\,dx$

$$=\int_0^1 \frac{x(\sqrt{x^2+1}-x)}{(\sqrt{x^2+1}+x)(\sqrt{x^2+1}-x)}\,dx$$

$$=\int_0^1 x\sqrt{x^2+1}\,dx-\int_0^1 x^2\,dx$$

$x^2+1=t$ とおくと
$$2x\,dx=dt$$

また，x と t の対応は，右の表のようになる。

x	0	$\rightarrow$	1
t	1	$\rightarrow$	2

よって

$$\int_0^1 \frac{x}{\sqrt{x^2+1}+x}\,dx$$

$$=\frac{1}{2}\int_1^2 \sqrt{t}\,dt-\int_0^1 x^2\,dx$$

$$=\frac{1}{2}\left[\frac{2}{3}t\sqrt{t}\right]_1^2-\left[\frac{x^3}{3}\right]_0^1$$

$$=\frac{2\sqrt{2}}{3}-\frac{2}{3}$$

(2) $x=\tan\theta$ とおくと
$$dx=\frac{1}{\cos^2\theta}\,d\theta$$

x	0	$\rightarrow$	$\sqrt{3}$
θ	0	$\rightarrow$	$\dfrac{\pi}{3}$

また，x と θ の対応は，右の表のようになる。

$0\leqq\theta\leqq\dfrac{\pi}{3}$ のとき，$\cos\theta>0$ であるから

$$\sqrt{1+x^2}=\sqrt{1+\tan^2\theta}=\frac{1}{\cos\theta}$$

よって

$$\int_0^{\sqrt{3}} \frac{dx}{(1+x^2)^2\sqrt{1+x^2}}$$

$$=\int_0^{\frac{\pi}{3}} \cos^5\theta\cdot\frac{1}{\cos^2\theta}\,d\theta=\int_0^{\frac{\pi}{3}} \cos^3\theta\,d\theta$$

$$=\int_0^{\frac{\pi}{3}} (1-\sin^2\theta)\cos\theta\,d\theta$$

$$=\int_0^{\frac{\pi}{3}} \cos\theta\,d\theta-\int_0^{\frac{\pi}{3}} \sin^2\theta\cos\theta\,d\theta$$

$$=\left[\sin\theta\right]_0^{\frac{\pi}{3}}-\left[\frac{\sin^3\theta}{3}\right]_0^{\frac{\pi}{3}}=\frac{3\sqrt{3}}{8}$$

問題11 $x=\dfrac{\pi}{2}-t$ とおくと
$$dx=-dt$$

x	0	$\rightarrow$	$\dfrac{\pi}{2}$
t	$\dfrac{\pi}{2}$	$\rightarrow$	0

また，x と t の対応は，右の表のようになる。

よって

$$I=\int_0^{\frac{\pi}{2}} \frac{\sin x}{\sin x+\cos x}\,dx$$

$$=\int_{\frac{\pi}{2}}^0 \frac{\sin\left(\frac{\pi}{2}-t\right)}{\sin\left(\frac{\pi}{2}-t\right)+\cos\left(\frac{\pi}{2}-t\right)}\cdot(-1)\,dt$$

$$=\int_0^{\frac{\pi}{2}} \frac{\cos t}{\cos t+\sin t}\,dt=\int_0^{\frac{\pi}{2}} \frac{\cos x}{\sin x+\cos x}\,dx$$

ここで，

$$\int_0^{\frac{\pi}{2}} \frac{\sin x}{\sin x+\cos x}\,dx+\int_0^{\frac{\pi}{2}} \frac{\cos x}{\sin x+\cos x}\,dx$$

$$=\int_0^{\frac{\pi}{2}} \frac{\sin x+\cos x}{\sin x+\cos x}\,dx$$

$$=\int_0^{\frac{\pi}{2}} dx=\left[x\right]_0^{\frac{\pi}{2}}=\frac{\pi}{2}$$

であるから $\quad I+I=\dfrac{\pi}{2}$

したがって $\quad I=\dfrac{\pi}{4}$

問題12 $\displaystyle I=\int_0^1 (e^x-ax)^2\,dx$

$$=\int_0^1 (e^{2x}-2axe^x+a^2x^2)\,dx$$

$$=\int_0^1 e^{2x}\,dx-2a\int_0^1 xe^x\,dx+a^2\int_0^1 x^2\,dx$$

ここで，

$$\int_0^1 xe^x\,dx=\int_0^1 x(e^x)'\,dx$$

$$=\left[xe^x\right]_0^1-\int_0^1 (x)'e^x\,dx$$

$$=e-\left[e^x\right]_0^1=1$$

であるから

$$I=\left[\frac{e^{2x}}{2}\right]_0^1-2a\cdot1+a^2\left[\frac{x^3}{3}\right]_0^1$$

$$=\frac{1}{3}a^2-2a+\frac{e^2}{2}-\frac{1}{2}$$

$$=\frac{1}{3}(a-3)^2+\frac{e^2}{2}-\frac{7}{2}$$

したがって，I の最小値は $\dfrac{e^2}{2}-\dfrac{7}{2}$

そのときの a の値は 3

問題13 (1) t の関数 $\log t$ の不定積分の 1 つを $F(t)$ とする。

すなわち $\qquad F'(t) = \log t$

$$\begin{aligned}
\frac{d}{dx}\int_x^{x^2} \log t\, dt &= \frac{d}{dx}\Big[F(t)\Big]_x^{x^2}\\
&= \frac{d}{dx}\{F(x^2) - F(x)\}\\
&= 2xF'(x^2) - F'(x)\\
&= 2x\log x^2 - \log x\\
&= \boldsymbol{(4x-1)\log x}
\end{aligned}$$

(2) $f(t)$ の不定積分の 1 つを $F(t)$ とする。

すなわち $\qquad F'(t) = f(t)$

$$\begin{aligned}
\frac{d}{dx}\int_x^{x+1} f(t)\, dt &= \frac{d}{dx}\Big[F(t)\Big]_x^{x+1}\\
&= \frac{d}{dx}\{F(x+1) - F(x)\}\\
&= F'(x+1) - F'(x)\\
&= \boldsymbol{f(x+1) - f(x)}
\end{aligned}$$

(3) $f(t)$ の不定積分の 1 つを $F(t)$ とする。

すなわち $\qquad F'(t) = f(t)$

$$\begin{aligned}
\frac{d}{dx}\int_a^{x^2} f(t)\, dt &= \frac{d}{dx}\Big[F(t)\Big]_a^{x^2}\\
&= \frac{d}{dx}\{F(x^2) - F(a)\}\\
&= 2xF'(x^2) - 0\\
&= \boldsymbol{2xf(x^2)}
\end{aligned}$$

問題14 $\displaystyle\int_1^{n+1} \frac{dx}{\sqrt{x}} = \Big[2\sqrt{x}\Big]_1^{n+1} = 2(\sqrt{n+1}-1)$

また, $\displaystyle\int_1^{n+1} \frac{dx}{\sqrt{x}} = \sum_{k=1}^{n}\int_k^{k+1} \frac{dx}{\sqrt{x}}$ であるから

$$2(\sqrt{n+1}-1) = \sum_{k=1}^{n}\int_k^{k+1} \frac{dx}{\sqrt{x}} \quad \cdots\cdots ①$$

自然数 k に対して, $k \leqq x$ ならば

$$\frac{1}{\sqrt{x}} \leqq \frac{1}{\sqrt{k}}$$

等号は常には成り立たないから

$$\int_k^{k+1} \frac{dx}{\sqrt{x}} < \int_k^{k+1} \frac{dx}{\sqrt{k}}$$

よって $\qquad \displaystyle\int_k^{k+1} \frac{dx}{\sqrt{x}} < \frac{1}{\sqrt{k}}$

この式で, $k = 1, 2, \cdots\cdots, n$ とおき, 辺々を加えると

$$\sum_{k=1}^{n}\int_k^{k+1} \frac{dx}{\sqrt{x}} < 1 + \frac{1}{\sqrt{2}} + \cdots\cdots + \frac{1}{\sqrt{n}}$$

① から

$$2(\sqrt{n+1}-1) < 1 + \frac{1}{\sqrt{2}} + \cdots\cdots + \frac{1}{\sqrt{n}} \quad\cdots\cdots ②$$

一方 $\displaystyle\int_1^{n} \frac{dx}{\sqrt{x}} = \Big[2\sqrt{x}\Big]_1^{n} = 2(\sqrt{n}-1)$

また, $\displaystyle\int_1^{n} \frac{dx}{\sqrt{x}} = \sum_{k=1}^{n-1}\int_k^{k+1} \frac{dx}{\sqrt{x}}$ であるから

$$2(\sqrt{n}-1) = \sum_{k=1}^{n-1}\int_k^{k+1} \frac{dx}{\sqrt{x}} \quad\cdots\cdots ③$$

自然数 k に対して, $0 \leqq x \leqq k+1$ ならば

$$\frac{1}{\sqrt{k+1}} \leqq \frac{1}{\sqrt{x}}$$

等号は常には成り立たないから

$$\int_k^{k+1} \frac{dx}{\sqrt{k+1}} < \int_k^{k+1} \frac{dx}{\sqrt{x}}$$

よって $\qquad \displaystyle\frac{1}{\sqrt{k+1}} < \int_k^{k+1} \frac{dx}{\sqrt{x}}$

この式で, $k = 1, 2, \cdots\cdots, n-1$ とおき, 辺々を加えると $\displaystyle\frac{1}{\sqrt{2}} + \cdots\cdots + \frac{1}{\sqrt{n}} < \sum_{k=1}^{n-1}\int_k^{k+1} \frac{dx}{\sqrt{x}}$

③ から $\qquad \displaystyle\frac{1}{\sqrt{2}} + \cdots\cdots + \frac{1}{\sqrt{n}} < 2(\sqrt{n}-1)$

よって $\quad \displaystyle 1 + \frac{1}{\sqrt{2}} + \cdots\cdots + \frac{1}{\sqrt{n}} < 2\sqrt{n}-1$

$$\cdots\cdots ④$$

②, ④ より

$$\begin{aligned}
2(\sqrt{n+1}-1) &< 1 + \frac{1}{\sqrt{2}} + \cdots\cdots + \frac{1}{\sqrt{n}}\\
&< 2\sqrt{n}-1
\end{aligned}$$

第8章　積分法の応用

1　面積 （本冊 $p.240～243$）

練習1 (1) S
$$=\int_1^5 \sqrt{x-1}\,dx$$
$$=\left[\frac{2}{3}(x-1)\sqrt{x-1}\right]_1^5$$
$$=\frac{16}{3}$$

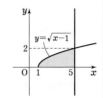

注意 以下，グラフの上下関係は図より判断するものとする。

(2) $S=\int_e^{e^2}\dfrac{dx}{x}$
$$=\Big[\log|x|\Big]_e^{e^2}$$
$$=\log e^2-\log e$$
$$=2-1=\mathbf{1}$$

(3) $S=\int_0^{2\pi}|\sin x|\,dx$
$$=\int_0^{\pi}\sin x\,dx$$
$$\quad+\int_{\pi}^{2\pi}(-\sin x)dx$$
$$=\Big[-\cos x\Big]_0^{\pi}$$
$$\quad+\Big[\cos x\Big]_{\pi}^{2\pi}$$
$$=2+2=\mathbf{4}$$

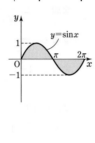

練習2 (1) $S=\int_0^1(y^2+1)dy$
$$=\left[\frac{y^3}{3}+y\right]_0^1$$
$$=\frac{4}{3}$$

(2) $y=\log(x-1)$ を
$x=e^y+1$ と変形すると
$$S=\int_{-1}^1(e^y+1)dy$$
$$=\Big[e^y+y\Big]_{-1}^1$$
$$=(e+1)-\left(\frac{1}{e}-1\right)$$
$$=e-\frac{1}{e}+2$$

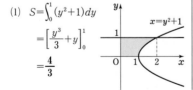

練習3 (1) 2曲線
$$y=x^2,\quad x=y^2$$
の交点の座標は，
連立方程式 $\begin{cases} y=x^2 \\ x=y^2 \end{cases}$
を解くと
$$(0,\ 0),\ (1,\ 1)$$
また，区間 $0\leqq y\leqq 1$
において，$x=y^2$ は $y=\sqrt{x}$ と表される。
よって $S=\int_0^1(\sqrt{x}-x^2)dx$
$$=\left[\frac{2}{3}x\sqrt{x}-\frac{x^3}{3}\right]_0^1$$
$$=\frac{1}{3}$$

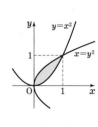

(2) $0\leqq x<\dfrac{\pi}{2}$ のとき，
$\tan x=1$ となる x の
値は $x=\dfrac{\pi}{4}$
よって
$$S=1\times\frac{\pi}{4}-\int_0^{\frac{\pi}{4}}\tan x\,dx$$
$$=\frac{\pi}{4}-\int_0^{\frac{\pi}{4}}\frac{-(\cos x)'}{\cos x}dx$$
$$=\frac{\pi}{4}+\Big[\log|\cos x|\Big]_0^{\frac{\pi}{4}}$$
$$=\frac{\pi}{4}-\frac{1}{2}\log 2$$

(3) 曲線 $y=\sqrt{x}$ と
直線 $y=x-2$ の交
点の座標は，連立方
程式 $\begin{cases} y=\sqrt{x} \\ y=x-2 \end{cases}$
を解くと $(4,\ 2)$
よって
$$S=\int_0^4\sqrt{x}\,dx-\int_2^4(x-2)dx$$
$$=\left[\frac{2}{3}x\sqrt{x}\right]_0^4-\left[\frac{x^2}{2}-2x\right]_2^4$$
$$=\frac{10}{3}$$

(4) $|\log x|=\begin{cases}-\log x & (0<x\leqq1)\\ \log x & (1\leqq x)\end{cases}$ である。

曲線 $y=-\log x$ と
直線 $y=1$ の交点の
x 座標は $\dfrac{1}{e}$

曲線 $y=\log x$ と
直線 $y=1$ の交点の
x 座標は e
よって
$$S=\int_{\frac{1}{e}}^{1}\{1-(-\log x)\}\,dx+\int_{1}^{e}(1-\log x)\,dx$$
$$=\Big[x\log x\Big]_{\frac{1}{e}}^{1}+\Big[2x-x\log x\Big]_{1}^{e}=e+\frac{1}{e}-2$$

注意 $\displaystyle\int\log x\,dx=x\log x-x+C$ を既知として扱った。

練習4 (1) $y^2=x^2(1-x^2)$ において，y を $-y$ におき換えると $(-y)^2=x^2(1-x^2)$
すなわち $y^2=x^2(1-x^2)$
また，$y^2=x^2(1-x^2)$ において，x を $-x$ におき換えると
$$y^2=(-x)^2\{1-(-x)^2\}$$
すなわち $y^2=x^2(1-x^2)$
したがって，この曲線は x 軸および y 軸に関して対称である。

(2) 求める面積 S は，問題の図の影をつけた部分の面積の 4 倍であるから

$$S=4\int_{0}^{1}\sqrt{x^2(1-x^2)}\,dx$$
$$=4\int_{0}^{1}x\sqrt{1-x^2}\,dx$$

x	0	$\to$	1
t	1	$\to$	0

$1-x^2=t$ とおくと $-2x\,dx=dt$
よって $S=4\int_{1}^{0}\left(-\dfrac{1}{2}\right)\sqrt{t}\,dt=2\int_{0}^{1}\sqrt{t}\,dt$
$$=2\Big[\frac{2}{3}t\sqrt{t}\Big]_{0}^{1}=\frac{4}{3}$$

練習5 $S=2\displaystyle\int_{0}^{a}y\,dx$ である。

$x=a\cos^3t$ から，x と t の対応は右の表のようになる。

x	0	$\to$	a
t	$\dfrac{\pi}{2}$	$\to$	0

また，
$dx=-3a\cos^2t\sin t\,dt$
であるから

$$S=2\int_{\frac{\pi}{2}}^{0}a\sin^3t\cdot(-3a\cos^2t\sin t)\,dt$$
$$=6a^2\int_{0}^{\frac{\pi}{2}}\sin^4t\cos^2t\,dt$$
$$=6a^2\int_{0}^{\frac{\pi}{2}}\sin^4t(1-\sin^2t)\,dt$$
$$=6a^2\left(\int_{0}^{\frac{\pi}{2}}\sin^4t\,dt-\int_{0}^{\frac{\pi}{2}}\sin^6t\,dt\right)$$
$$=6a^2\left(\frac{3}{4}\cdot\frac{1}{2}\cdot\frac{\pi}{2}-\frac{5}{6}\cdot\frac{3}{4}\cdot\frac{1}{2}\cdot\frac{\pi}{2}\right)$$
$$=\frac{3}{16}\pi a^2$$

2 体積 （本冊 $p.244\sim249$）

練習6 円の中心を原点に，直線 AB を x 軸にとる。x 座標が x である点 P を通り，AB に垂直な弦を底辺とし，高さが h の二等辺三角形の面積を $S(x)$ とすると
$$S(x)=\frac{1}{2}\cdot2\sqrt{a^2-x^2}\cdot h=h\sqrt{a^2-x^2}$$
よって $V=\displaystyle\int_{-a}^{a}S(x)\,dx$
$$=\int_{-a}^{a}h\sqrt{a^2-x^2}\,dx$$
$$=2\int_{0}^{a}h\sqrt{a^2-x^2}\,dx$$
$$=2h\int_{0}^{a}\sqrt{a^2-x^2}\,dx$$
$$=2h\cdot\frac{\pi}{4}a^2=\frac{\pi}{2}a^2h$$

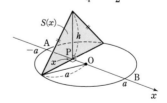

練習7 $V=\pi\displaystyle\int_{0}^{\pi}\sin^2x\,dx$
$$=\pi\int_{0}^{\pi}\frac{1-\cos2x}{2}\,dx$$
$$=\pi\Big[\frac{x}{2}-\frac{\sin2x}{4}\Big]_{0}^{\pi}$$
$$=\frac{\pi^2}{2}$$

練習8　$V=\pi\displaystyle\int_0^{\frac{\pi}{4}}\tan^2x\,dx$

$=\pi\displaystyle\int_0^{\frac{\pi}{4}}\left(\dfrac{1}{\cos^2x}-1\right)dx$

$=\pi\Bigl[\tan x-x\Bigr]_0^{\frac{\pi}{4}}$

$=\pi\left(1-\dfrac{\pi}{4}\right)$

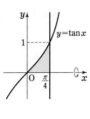

練習9　原点を中心とする半径 r の円 $x^2+y^2=r^2$ を x 軸の周りに1回転させてできる回転体は，半径 r の球となるから，この回転体の体積を求めればよい。

$V=\pi\displaystyle\int_{-r}^{r}y^2dx=\pi\int_{-r}^{r}(r^2-x^2)dx$

$=2\pi\displaystyle\int_0^{r}(r^2-x^2)dx=2\pi\Bigl[r^2x-\dfrac{x^3}{3}\Bigr]_0^{r}$

$=\dfrac{4}{3}\pi r^3$

練習10　曲線 $y=e^x$ と直線 $y=e$ の交点の x 座標は1である。よって

$V=\pi\displaystyle\int_0^1 e^2dx$

$\quad-\pi\displaystyle\int_0^1(e^x)^2dx$

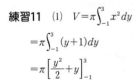

$=\pi\displaystyle\int_0^1(e^2-e^{2x})dx=\pi\Bigl[e^2x-\dfrac{1}{2}e^{2x}\Bigr]_0^1$

$=\dfrac{\pi}{2}(e^2+1)$

練習11　(1)　$V=\pi\displaystyle\int_{-1}^{3}x^2dy$

$=\pi\displaystyle\int_{-1}^{3}(y+1)dy$

$=\pi\Bigl[\dfrac{y^2}{2}+y\Bigr]_{-1}^{3}$

$=8\pi$

(2)　等式 $y=\log(x+1)$ は $x=e^y-1$ と変形できる。よって

$V=\pi\displaystyle\int_0^1 x^2dy$

$=\pi\displaystyle\int_0^1(e^{2y}-2e^y+1)dy$

$=\pi\Bigl[\dfrac{1}{2}e^{2y}-2e^y+y\Bigr]_0^1=\dfrac{\pi}{2}(e^2-4e+5)$

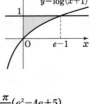

練習12　$V=\pi\displaystyle\int_{-b}^{b}x^2dy$

$=\pi\displaystyle\int_{-b}^{b}a^2\left(1-\dfrac{y^2}{b^2}\right)dy$

$=2\pi a^2\displaystyle\int_0^{b}\left(1-\dfrac{y^2}{b^2}\right)dy$

$=2\pi a^2\Bigl[y-\dfrac{y^3}{3b^2}\Bigr]_0^{b}$

$=2\pi a^2\cdot\dfrac{2}{3}b=\dfrac{4}{3}\pi a^2 b$

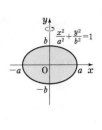

練習13　$y=\cos x$ より

$dy=-\sin x\,dx$

また，y と x の対応は右の表のようになる。

y	0	$\to$	1
x	$\dfrac{\pi}{2}$	$\to$	0

よって　$V=\pi\displaystyle\int_0^1 x^2dy$

$=\pi\displaystyle\int_{\frac{\pi}{2}}^{0}x^2(-\sin x)dx$

$=\pi\displaystyle\int_0^{\frac{\pi}{2}}x^2\sin x\,dx$

$=\pi\Bigl[-x^2\cos x\Bigr]_0^{\frac{\pi}{2}}+2\pi\displaystyle\int_0^{\frac{\pi}{2}}x\cos x\,dx$

$=2\pi\displaystyle\int_0^{\frac{\pi}{2}}x\cos x\,dx$

$=2\pi\Bigl[x\sin x\Bigr]_0^{\frac{\pi}{2}}-2\pi\displaystyle\int_0^{\frac{\pi}{2}}\sin x\,dx$

$=2\pi\cdot\dfrac{\pi}{2}-2\pi\Bigl[-\cos x\Bigr]_0^{\frac{\pi}{2}}=\pi^2-2\pi$

（発展の練習）

曲線 $y=x^2-x$ と直線 $y=x$ との交点Aの座標は $x=x^2-x$ から

$\quad x=0,\ 2$

よって　$A(2,\ 2)$ ゆえに

$\quad OA=2\sqrt{2}$

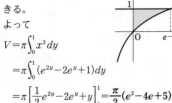

$0\le x\le 2$ とし，曲線 $y=x^2-x$ 上の点 $P(x,\ x^2-x)$ から直線 $y=x$ に垂線 PH を下ろし，$PH=h$，$OH=t$ とおく。

Hを通り，直線 $y=x$ に垂直な平面による回転体の切り口の面積を $S(t)$ とすると

$V=\displaystyle\int_0^{2\sqrt{2}}S(t)dt=\pi\int_0^{2\sqrt{2}}h^2dt$

ここで，$h=\dfrac{x-(x^2-x)}{\sqrt{2}}=\dfrac{2x-x^2}{\sqrt{2}}$ であるから

$t=\sqrt{2}\,x-h=\sqrt{2}\,x-\dfrac{2x-x^2}{\sqrt{2}}=\dfrac{x^2}{\sqrt{2}}$

したがって

$dt=\dfrac{2}{\sqrt{2}}x\,dx$

t	0	$\rightarrow$	$2\sqrt{2}$
x	0	$\rightarrow$	2

よって　$V=\pi\displaystyle\int_0^{2\sqrt{2}}h^2\,dt$

$=\pi\displaystyle\int_0^2\left(\dfrac{2x-x^2}{\sqrt{2}}\right)^2\cdot\dfrac{2}{\sqrt{2}}x\,dx$

$=\dfrac{\pi}{\sqrt{2}}\displaystyle\int_0^2(x^5-4x^4+4x^3)\,dx$

$=\dfrac{\pi}{\sqrt{2}}\left[\dfrac{x^6}{6}-\dfrac{4}{5}x^5+x^4\right]_0^2=\dfrac{8\sqrt{2}}{15}\boldsymbol{\pi}$

3　曲線の長さ　(本冊 $p.\,250\sim252$)

練習14　$\dfrac{dx}{dt}=3\cos^2t(-\sin t)=-3\cos^2t\sin t,$

$\dfrac{dy}{dt}=3\sin^2t\cos t$ であるから

$\sqrt{\left(\dfrac{dx}{dt}\right)^2+\left(\dfrac{dy}{dt}\right)^2}$

$=\sqrt{9\cos^4t\sin^2t+9\sin^4t\cos^2t}$

$=3\sqrt{\sin^2t\cos^2t}=\dfrac{3}{2}|\sin 2t|$

アステロイドは，x 軸および y 軸に関して対称であるから，曲線の長さは $0\leqq t\leqq\dfrac{\pi}{2}$ の場合を考え，4倍すればよい。

$0\leqq t\leqq\dfrac{\pi}{2}$ のとき　$\sin 2t\geqq0$

よって　$L=4\displaystyle\int_0^{\frac{\pi}{2}}\dfrac{3}{2}\sin 2t\,dt$

$=6\displaystyle\int_0^{\frac{\pi}{2}}\sin 2t\,dt=6\left[-\dfrac{1}{2}\cos 2t\right]_0^{\frac{\pi}{2}}$

$=\boldsymbol{6}$

練習15　$\dfrac{dy}{dx}=x^2-\dfrac{1}{4x^2}$ であるから

$1+\left(\dfrac{dy}{dx}\right)^2=1+\left(x^2-\dfrac{1}{4x^2}\right)^2=\left(x^2+\dfrac{1}{4x^2}\right)^2$

$x^2+\dfrac{1}{4x^2}>0$ であるから

$L=\displaystyle\int_1^3\left(x^2+\dfrac{1}{4x^2}\right)dx=\left[\dfrac{x^3}{3}-\dfrac{1}{4x}\right]_1^3=\dfrac{\boldsymbol{53}}{\boldsymbol{6}}$

4　速度と道のり　(本冊 $p.\,253\sim257$)

練習16　$x=\displaystyle\int(3t^2-12)\,dt$

$=t^3-12t+C$ （C は定数）

$t=2$ のとき $x=4$ であるから

$2^3-12\cdot2+C=4$

これを解くと　$C=20$

よって　$\boldsymbol{x=t^3-12t+20}$

練習17　$v=\displaystyle\int(-9.8)\,dt$

$=-9.8t+C_1$ （C_1 は定数）

$t=0$ のとき $v=49$ であるから　$C_1=49$

よって　$\boldsymbol{v=-9.8t+49}$

$x=\displaystyle\int(-9.8t+49)\,dt$

$=-4.9t^2+49t+C_2$ （C_2 は定数）

$t=0$ のとき $x=0$ であるから　$C_2=0$

よって　$\boldsymbol{x=-4.9t^2+49t}$

練習18　$s=\displaystyle\int_0^5|-t+3|\,dt$

$=\displaystyle\int_0^3(-t+3)\,dt+\displaystyle\int_3^5(t-3)\,dt$

$=\left[-\dfrac{t^2}{2}+3t\right]_0^3+\left[\dfrac{t^2}{2}-3t\right]_3^5=\dfrac{\boldsymbol{13}}{\boldsymbol{2}}$

練習19　位置の変化は

$\displaystyle\int_0^2\cos\dfrac{\pi t}{2}\,dt=\left[\dfrac{2}{\pi}\sin\dfrac{\pi t}{2}\right]_0^2=\boldsymbol{0}$

道のりは

$s=\displaystyle\int_0^2\left|\cos\dfrac{\pi t}{2}\right|dt$

$=\displaystyle\int_0^1\cos\dfrac{\pi t}{2}\,dt+\displaystyle\int_1^2\left(-\cos\dfrac{\pi t}{2}\right)dt$

$=\left[\dfrac{2}{\pi}\sin\dfrac{\pi t}{2}\right]_0^1-\left[\dfrac{2}{\pi}\sin\dfrac{\pi t}{2}\right]_1^2=\dfrac{\boldsymbol{4}}{\boldsymbol{\pi}}$

練習20　(1)　$v_1-\pi=\displaystyle\int_0^{t_1}(-\pi^2\sin\pi t)\,dt$

であるから

$v_1=\pi-\pi^2\displaystyle\int_0^{t_1}\sin\pi t\,dt$

$=\pi-\pi^2\left[-\dfrac{1}{\pi}\cos\pi t\right]_0^{t_1}=\boldsymbol{\pi\cos\pi t_1}$

(2)　$x_1-0=\displaystyle\int_1^{t_1}\pi\cos\pi t\,dt$ であるから

$x_1=\displaystyle\int_1^{t_1}\pi\cos\pi t\,dt=\left[\sin\pi t\right]_1^{t_1}=\boldsymbol{\sin\pi t_1}$

練習21　$\dfrac{dx}{dt}=-\dfrac{3}{2}\pi\cos^2\dfrac{\pi t}{2}\sin\dfrac{\pi t}{2}$

$\dfrac{dy}{dt}=\dfrac{3}{2}\pi\sin^2\dfrac{\pi t}{2}\cos\dfrac{\pi t}{2}$ であるから

$\sqrt{\left(\dfrac{dx}{dt}\right)^2+\left(\dfrac{dy}{dt}\right)^2}=\dfrac{3}{2}\pi\sqrt{\sin^2\dfrac{\pi t}{2}\cos^2\dfrac{\pi t}{2}}$

$\qquad\qquad\qquad\qquad\qquad=\dfrac{3}{4}\pi|\sin\pi t|$

$0\leqq t\leqq1$ のとき，$\sin\pi t\geqq0$ であるから

$\sqrt{\left(\dfrac{dx}{dt}\right)^2+\left(\dfrac{dy}{dt}\right)^2}=\dfrac{3}{4}\pi\sin\pi t$

よって　$s=\dfrac{3}{4}\pi\displaystyle\int_0^1\sin\pi t\,dt$

$\qquad=\dfrac{3}{4}\pi\left[-\dfrac{1}{\pi}\cos\pi t\right]_0^1=\dfrac{3}{2}$

5　微分方程式　(本冊 $p.\ 258\sim260$)

練習22　$y'=-6e^{-2x}-4e^x,\ y''=12e^{-2x}-4e^x$
であるから
$y''+y'-2y=(12-6-6)e^{-2x}+(-4-4+8)e^x$
$\qquad\qquad\quad=0$

練習23　$x^2+y^2=r^2$ の両辺を x で微分すると

$\qquad\qquad 2x+2y\cdot\dfrac{dy}{dx}=0$

よって　$\dfrac{dy}{dx}=-\dfrac{2x}{2y}=-\dfrac{x}{y}$

練習24　(1)　$y'=-\dfrac{1}{(x-3)^2}=-\left(\dfrac{1}{x-3}\right)^2=-y^2$

よって，求める微分方程式は　$\boldsymbol{y'=-y^2}$

(2)　$y'=\dfrac{1}{x}=\dfrac{1}{e^y}$

よって，求める微分方程式は　$\boldsymbol{e^y y'=1}$

練習25　$y'=ke^x\cos(x+a)-ke^x\sin(x+a)$
$\qquad\qquad\qquad\qquad\qquad\qquad\cdots\cdots$ ①

$\qquad y''=-2ke^x\sin(x+a)$

$ke^x\sin(x+a)=-\dfrac{y''}{2},\ ke^x\cos(x+a)=y$ を

① に代入すると

$\qquad\qquad y'=y+\dfrac{y''}{2}$

よって，求める微分方程式は

$\qquad\qquad \boldsymbol{y''-2y'+2y=0}$

別解　① は　$y'=y-ke^x\sin(x+a)$
$y''=y'-ke^x\sin(x+a)-ke^x\cos(x+a)$
$\quad=y'+(y'-y)-y=2y'-2y$
よって　$\boldsymbol{y''-2y'+2y=0}$

6　微分方程式の解　(本冊 $p.\ 261\sim263$)

練習26　(1)　$f(x)=\displaystyle\int\cos x\,dx=\boldsymbol{\sin x+C}$

$\qquad\qquad\qquad\qquad$（C は任意定数）

(2)　$y=\displaystyle\int(e^x-e^{-x})dx=\boldsymbol{e^x+e^{-x}+C}$

$\qquad\qquad\qquad\qquad$（C は任意定数）

(3)　$\dfrac{dy}{dt}=\displaystyle\int(-9.8)dt=\boldsymbol{-9.8t+C_1}$

$y=\displaystyle\int(-9.8t+C_1)dt=\boldsymbol{-4.9t^2+C_1t+C_2}$

$\qquad\qquad\qquad$（$C_1,\ C_2$ は任意定数）

練習27　(1)　$yy'=2$ より　$y\cdot\dfrac{dy}{dx}=2$

よって　　$\displaystyle\int y\,dy=\int2\,dx$

ゆえに　　$\dfrac{y^2}{2}=2x+C$（C は任意定数）

すなわち　$y^2=4x+2C$

C は任意定数であるから，$2C=A$ とおくと，
A も任意定数となる。

よって，求める解は

$\qquad\qquad \boldsymbol{y^2=4x+A}$（$A$ は任意定数）

(2)　[1]　定数関数 $y=3$ について

$\qquad y'=0,\ x(y-3)=0$

よって，関数 $y=3$ は解である。

[2]　$y\neq3$ のとき　$\dfrac{1}{y-3}\cdot\dfrac{dy}{dx}=x$

よって　　$\displaystyle\int\dfrac{dy}{y-3}=\int x\,dx$

ゆえに

$\quad\log|y-3|=\dfrac{x^2}{2}+C$（$C$ は任意定数）

よって　　$y-3=\pm e^C e^{\frac{x^2}{2}}$

ゆえに，$\pm e^C=A$ とおくと，A は 0 以外の
任意の値をとる。

よって　　$y=Ae^{\frac{x^2}{2}}+3$（$A\neq0$）

[1] における解 $y=3$ は，$y=Ae^{\frac{x^2}{2}}+3$ で $A=0$
として得られる。

以上より，求める解は

$\qquad\quad \boldsymbol{y=Ae^{\frac{x^2}{2}}+3}$（$A$ は任意定数）

練習28　(1)　点 $P(x,\ y)$ における接線の方程式は
$\qquad Y-y=y'(X-x)$ $\cdots\cdots$ ①
点 Q の x 座標は，① で $Y=0$ としたときの X
の値であるから　　$0-y=y'(X-x)$

$y=f(x)$ の接線は x 軸と交わるから $y'\neq0$

よって $X=x-\dfrac{y}{y'}$

(2) 点Rの座標は $(x,\ 0)$ である。

Rが常にQの右側にあり，QR$=1$ であるから

$x-\left(x-\dfrac{y}{y'}\right)=1$ よって $\dfrac{y}{y'}=1$

ゆえに，求める微分方程式は $y'=y$

(3) $y'=y$ より $\dfrac{dy}{dx}=y$

条件 $($QR$=1\neq0)$ より，$y\neq0$ であるから

$$\int\dfrac{dy}{y}=\int dx$$

ゆえに $\log|y|=x+C$ （Cは任意定数）

すなわち $y=\pm e^{x+C}$

曲線が点 $(1,\ 1)$ を通るから，$y=-e^{x+C}$ は適さない。

よって $1=e^{1+C}$ ゆえに $C=-1$

よって，求める曲線の方程式は $y=e^{x-1}$

確認問題 （本冊 $p.264$）

問題 1 (1) 曲線 $y=\log x$ と x 軸との交点の x 座標は 1 であるから

$S=\displaystyle\int_1^e\log x\,dx$

$=\Big[x\log x-x\Big]_1^e=\mathbf{1}$

(2) 曲線 $y=\sin^2x$

$(0\leqq x\leqq\pi)$

と x 軸の共有点の x 座標は 0，π であるから

$S=\displaystyle\int_0^\pi\sin^2x\,dx$

$=\displaystyle\int_0^\pi\dfrac{1-\cos2x}{2}\,dx=\Big[\dfrac{x}{2}-\dfrac{\sin2x}{4}\Big]_0^\pi=\dfrac{\pi}{2}$

問題 2 曲線 $y=\dfrac{1}{x^2}$ と

直線 $y=x$ の交点の x 座標は 1，

曲線 $y=\dfrac{1}{x^2}$ と直線

$y=\dfrac{1}{8}x$ の交点の x 座標は 2 である。

よって $S=\displaystyle\int_0^1\Big(x-\dfrac{1}{8}x\Big)dx+\int_1^2\Big(\dfrac{1}{x^2}-\dfrac{1}{8}x\Big)dx$

$=\Big[\dfrac{7}{16}x^2\Big]_0^1+\Big[-\dfrac{1}{x}-\dfrac{x^2}{16}\Big]_1^2=\dfrac{3}{4}$

問題 3 $y=(t-1)^2+1$ であるから，常に $y>0$ である。

よって，曲線は常に x 軸より上方にある。

$t=1$ のとき $x=0$，$t=2$ のとき $x=-2$

であり，$dx=-2dt$ であるから

$S=\displaystyle\int_{-2}^0 y\,dx$

$=\displaystyle\int_2^1(t^2-2t+2)(-2)dt=2\int_1^2(t^2-2t+2)dt$

$=2\Big[\dfrac{t^3}{3}-t^2+2t\Big]_1^2=\dfrac{8}{3}$

問題 4 $V=\pi\displaystyle\int_0^{\frac{\pi}{2}}\cos^2x\,dx$

$=\pi\displaystyle\int_0^{\frac{\pi}{2}}\dfrac{1+\cos2x}{2}\,dx$

$=\pi\Big[\dfrac{x}{2}+\dfrac{\sin2x}{4}\Big]_0^{\frac{\pi}{2}}$

$=\dfrac{\pi^2}{4}$

問題 5 $y=e^x$ を x について解くと $x=\log y$

よって

$V=\pi\displaystyle\int_1^e x^2\,dy$

$=\pi\displaystyle\int_1^e(\log y)^2\,dy$

ここで

$\displaystyle\int(\log y)^2\,dy=\int(y\log y-y)'\log y\,dy$

$=(y\log y-y)\log y-\displaystyle\int(\log y-1)\,dy$

$=(y\log y-y)\log y-(y\log y-y-y)+C$

$=y(\log y)^2-2y\log y+2y+C$

したがって

$V=\pi\Big[y(\log y)^2-2y\log y+2y\Big]_1^e=\pi(e-2)$

問題 6 $1+\Big(\dfrac{dy}{dx}\Big)^2=1+\Big(\dfrac{1}{2}e^{\frac{x}{2}}-\dfrac{1}{2}e^{-\frac{x}{2}}\Big)^2$

$=\Big\{\dfrac{1}{2}\Big(e^{\frac{x}{2}}+e^{-\frac{x}{2}}\Big)\Big\}^2$

ここで，$e^{\frac{x}{2}}+e^{-\frac{x}{2}}>0$ であるから

$\sqrt{1+\Big(\dfrac{dy}{dx}\Big)^2}=\dfrac{1}{2}\Big(e^{\frac{x}{2}}+e^{-\frac{x}{2}}\Big)$

よって $L=\int_{-1}^{1}\dfrac{1}{2}(e^{\frac{x}{2}}+e^{-\frac{x}{2}})dx$

$=\left[e^{\frac{x}{2}}-e^{-\frac{x}{2}}\right]_{-1}^{1}=2\left(\sqrt{e}-\dfrac{1}{\sqrt{e}}\right)$

問題7 (1) $x=\int v\,dt=\int(\sin t+\sin 2t)dt$

$=-\cos t-\dfrac{1}{2}\cos 2t+C$

$t=0$ のとき $x=0$ であるから

$0=-1-\dfrac{1}{2}+C$ よって $C=\dfrac{3}{2}$

ゆえに $x=-\cos t-\dfrac{1}{2}\cos 2t+\dfrac{3}{2}$

(2) $s=\int_{0}^{1}|v|\,dt=\int_{0}^{1}|\sin t+\sin 2t|dt$

$0\leqq t\leqq 1$ のとき $\sin t+\sin 2t\geqq 0$

よって $s=\int_{0}^{1}(\sin t+\sin 2t)dt$

$=\left[-\cos t-\dfrac{1}{2}\cos 2t\right]_{0}^{1}$

$=-\cos 1-\dfrac{1}{2}\cos 2+\dfrac{3}{2}$

問題8 $f'(x)=\int(-1)dx=-x+C_1$

$f'(0)=1$ であるから $1=C_1$
よって $f'(x)=-x+1$

$f(x)=\int(-x+1)dx=-\dfrac{x^2}{2}+x+C_2$

$f(0)=0$ であるから $0=C_2$

したがって，求める関数は $f(x)=-\dfrac{x^2}{2}+x$

演習問題A （本冊 $p.265$）

問題1 $y=e^x$ を微分す
ると $y'=e^x$
よって，点Aにおける
曲線Cの接線の方程式
は $y-1=e^0(x-0)$
すなわち
$y=x+1$ …… ①
点Bにおける曲線Cの接線の方程式は
$y-e=e^1(x-1)$
すなわち $y=ex$ …… ②
2直線①，②の交点の x 座標は $x+1=ex$
を解いて $x=\dfrac{1}{e-1}$
この値を k とおく。

$S=\int_{0}^{k}\{e^x-(x+1)\}dx+\int_{k}^{1}(e^x-ex)dx$

$=\left[e^x-\dfrac{x^2}{2}-x\right]_{0}^{k}+\left[e^x-\dfrac{e}{2}x^2\right]_{k}^{1}$

$=\dfrac{e-1}{2}k^2-k+\dfrac{e}{2}-1$

$=\dfrac{e-1}{2}\cdot\dfrac{1}{(e-1)^2}-\dfrac{1}{e-1}+\dfrac{e}{2}-1$

$=\dfrac{e^2-3e+1}{2(e-1)}$

問題2 $0\leqq t\leqq\dfrac{\pi}{2}$ のとき，
常に $y\geqq 0$ である。
また，曲線と x 軸との
交点においては
$2\sin t\cos t=0$
したがって $t=0,\ \dfrac{\pi}{2}$

$t=0$ のとき $x=2$, $t=\dfrac{\pi}{2}$ のとき $x=0$
であり，$dx=(4\cos t)(-\sin t)dt$ であるから

$S=\int_{0}^{2}y\,dx$

$=\int_{\frac{\pi}{2}}^{0}2\sin t\cos t(4\cos t)(-\sin t)dt$

$=2\int_{0}^{\frac{\pi}{2}}(2\sin t\cos t)^2dt$

$=2\int_{0}^{\frac{\pi}{2}}\sin^2 2t\,dt=\int_{0}^{\frac{\pi}{2}}(1-\cos 4t)dt$

$=\left[t-\dfrac{\sin 4t}{4}\right]_{0}^{\frac{\pi}{2}}=\dfrac{\pi}{2}$

問題3 2つの曲線
$y=\sin x,\ y=\sin 2x$
は，右の図のように
なる。
よって

$V=\pi\int_{0}^{\frac{\pi}{3}}\sin^2 2x\,dx$

$-\pi\int_{0}^{\frac{\pi}{3}}\sin^2 x\,dx$

$=\pi\int_{0}^{\frac{\pi}{3}}\dfrac{1-\cos 4x}{2}dx-\pi\int_{0}^{\frac{\pi}{3}}\dfrac{1-\cos 2x}{2}dx$

$=\pi\left[\dfrac{x}{2}-\dfrac{\sin 4x}{8}\right]_{0}^{\frac{\pi}{3}}-\pi\left[\dfrac{x}{2}-\dfrac{\sin 2x}{4}\right]_{0}^{\frac{\pi}{3}}$

$=\dfrac{3\sqrt{3}}{16}\pi$

問題4 題意の回転体は，曲線 $y=e^x-e$，y 軸，x 軸で囲まれた部分を x 軸の周りに1回転させてできる回転体と合同である。

よって

$$V=\pi\int_0^1(e^x-e)^2dx$$

$$=\pi\int_0^1(e^{2x}-2e^{x+1}+e^2)dx$$

$$=\pi\left[\frac{1}{2}e^{2x}-2e^{x+1}+e^2x\right]_0^1$$

$$=\left(-\frac{e^2}{2}+2e-\frac{1}{2}\right)\pi$$

問題5 カテナリー $y=\dfrac{a}{2}(e^{\frac{x}{a}}+e^{-\frac{x}{a}})$ は，y 軸に関して対称であるから，$x_1>0$ としてよい。

$$1+\left(\frac{dy}{dx}\right)^2=1+\left(\frac{1}{2}e^{\frac{x}{a}}-\frac{1}{2}e^{-\frac{x}{a}}\right)^2$$

$$=\left\{\frac{1}{2}(e^{\frac{x}{a}}+e^{-\frac{x}{a}})\right\}^2$$

ここで，$e^{\frac{x}{a}}+e^{-\frac{x}{a}}>0$ であるから

$$\sqrt{1+\left(\frac{dy}{dx}\right)^2}=\frac{1}{2}(e^{\frac{x}{a}}+e^{-\frac{x}{a}})$$

よって　$l=\displaystyle\int_0^{x_1}\frac{1}{2}(e^{\frac{x}{a}}+e^{-\frac{x}{a}})dx$

また　$S=\displaystyle\int_0^{x_1}\frac{a}{2}(e^{\frac{x}{a}}+e^{-\frac{x}{a}})dx$

したがって，$S=al$ が成り立つ。

問題6 (1) $y=ax+a^2$ より　$y'=a$
よって　　　$\boldsymbol{y=xy'+(y')^2}$
(2) $y=(a+bx)e^x$ より
$$y'=be^x+(a+bx)e^x$$
すなわち　$y'=be^x+y$　……①
また　　　$y''=be^x+y'$　……②
①，② より　$y'-y''=y-y'$
よって　　　$\boldsymbol{y''-2y'+y=0}$

問題7 [1] 定数関数 $y=0$ は明らかに解である。

[2] $y\neq0$ のとき　$\dfrac{1}{y}\cdot\dfrac{dy}{dx}=\cos x$

よって　$\displaystyle\int\frac{dy}{y}=\int\cos x\,dx$

ゆえに　$\log|y|=\sin x+C$（C は任意定数）

よって　$y=\pm e^C e^{\sin x}$

$\pm e^C=A$ とおくと，A は0以外の任意の値をとる。

よって　　　$y=Ae^{\sin x}$（$A\neq0$）

[1] における解 $y=0$ は，$y=Ae^{\sin x}$ で $A=0$ として得られる。

以上より，求める解は

$$\boldsymbol{y=Ae^{\sin x}}\text{（}\boldsymbol{A}\text{ は任意定数）}$$

演習問題B　（本冊 $p.266$）

問題8 △ABC の面積は

$$\frac{1}{2}\cdot(2a+9)\cdot4=2(2a+9)$$

直線 AB の方程式は

$$y=-2x$$

である。

よって，△ABC の内部で曲線 $y=\sin^2\dfrac{\pi x}{2}$ より下方にある部分の面積は

$$\int_0^3\left\{\sin^2\frac{\pi x}{2}-(-2x)\right\}dx$$

$$=\int_0^3\left(\frac{1-\cos\pi x}{2}+2x\right)dx$$

$$=\left[\frac{x}{2}-\frac{\sin\pi x}{2\pi}+x^2\right]_0^3$$

$$=\frac{21}{2}$$

よって，与えられた条件から　$2a+9=\dfrac{21}{2}$

これを解くと　$\boldsymbol{a=\dfrac{3}{4}}$

問題9 (1) $V(a)$

$$=\frac{1}{3}\cdot\pi\cdot1^2\cdot1$$

$$+\pi\int_1^a\left(\frac{1}{x}\right)^2dx$$

$$-\frac{1}{3}\cdot\pi\left(\frac{1}{a}\right)^2\cdot a$$

$$=\frac{\pi}{3}+\pi\left[-\frac{1}{x}\right]_1^a-\frac{\pi}{3a}$$

$$=\pi\left(\frac{4}{3}-\frac{4}{3a}\right)=\frac{4}{3}\pi\left(1-\frac{1}{a}\right)$$

(2) $\displaystyle\lim_{a\to\infty}V(a)=\lim_{a\to\infty}\frac{4}{3}\pi\left(1-\frac{1}{a}\right)=\frac{4}{3}\pi$

問題10 (1) $\displaystyle\int_0^9 v\,dt=\int_0^4(t-3)\,dt+\int_4^9\frac{2}{\sqrt{t}}\,dt$

$$=\left[\frac{t^2}{2}-3t\right]_0^4+\left[4\sqrt{t}\,\right]_4^9$$

$$=0$$

よって，求める x 座標は **0**

(2) $0\leqq t\leqq4$ のとき，$t=t_1$ における P の位置の x 座標は

$$\int_0^{t_1}v\,dt=\int_0^{t_1}(t-3)\,dt$$

$$=\left[\frac{t^2}{2}-3t\right]_0^{t_1}=\frac{t_1{}^2}{2}-3t_1$$

$4\leqq t\leqq15$ のとき，$t=t_1$ における P の位置の x 座標は

$$\int_0^{t_1}v\,dt=\int_0^4(t-3)\,dt+\int_4^{t_1}\frac{2}{\sqrt{t}}\,dt$$

$$=\left[\frac{t^2}{2}-3t\right]_0^4+\left[4\sqrt{t}\,\right]_4^{t_1}$$

$$=4\sqrt{t_1}-12$$

よって，出発して t 秒後の P の x 座標は

$$x=\begin{cases}\dfrac{t^2}{2}-3t & (0\leqq t\leqq4)\\[2mm]4\sqrt{t}-12 & (4\leqq t\leqq15)\end{cases}$$

横軸が t，縦軸が x のグラフをかくと

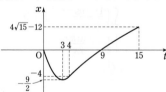

グラフから，x は $t=3$ で最小値 $-\dfrac{9}{2}$，

$t=15$ で最大値 $4\sqrt{15}-12$

をとることがわかる。

$4\sqrt{15}-12<4\sqrt{16}-12=4$ であるから

$$\left|-\frac{9}{2}\right|>\left|4\sqrt{15}-12\right|$$

よって，求める時刻は　**$t=3$**，

そのときの P の x 座標は　$-\dfrac{9}{2}$

問題11 (1) 接点 P の座標を $(x,\ y)$ とすると，接線の方程式は

$$Y-y=y'(X-x)$$

曲線 C の接線は常に x 軸と交わるから　$y'\neq0$

接線の方程式で $Y=0$ とおくと

$$0-y=y'(X-x)$$

これを X について解いて

$$X=x-\frac{y}{y'}$$

よって，点 Q の座標は　$\left(x-\dfrac{y}{y'},\ 0\right)$

また，接線の方程式で $X=0$ とおくと

$$Y-y=y'(0-x)$$

これを Y について解いて　$Y=y-xy'$

よって，点 R の座標は　$(0,\ y-xy')$

接点 P は線分 QR を $2:1$ に内分するから，P の座標を Q，R の座標から求めると

$$\left(\frac{1}{3}\left(x-\frac{y}{y'}\right),\ \frac{2}{3}(y-xy')\right)$$

x 座標について　$x=\dfrac{1}{3}\left(x-\dfrac{y}{y'}\right)$

これを整理すると　$2xy'+y=0$

y 座標について　$y=\dfrac{2}{3}(y-xy')$

これを整理すると　$2xy'+y=0$

よって，ともに $2xy'+y=0$ となり，C の方程式が微分方程式 $2xy'+y=0$ を満たすことが示された。

(2) 曲線 C は第 1 象限にあるから

$$x\neq0,\ y\neq0$$

$2xy'+y=0$ より　$\dfrac{2}{y}\cdot\dfrac{dy}{dx}=-\dfrac{1}{x}$

よって　$2\displaystyle\int\frac{dy}{y}=-\int\frac{dx}{x}$

ゆえに

$$2\log|y|=-\log|x|+C_1\ (C_1\text{ は任意定数})$$

$$\log|xy^2|=C_1$$

$$xy^2=\pm e^{C_1}$$

曲線 C は第 1 象限にあり，$x>0$，$y>0$ であるから　$xy^2=A\ (A>0)$

曲線 C は点 $(1,\ 1)$ を通るから　$1=A$

よって　$xy^2=1$

$x>0$，$y>0$ であるから，求める方程式は

$$y=\frac{1}{\sqrt{x}}$$

総合問題

問題1 (1) 右の図で
$\angle AOC = \angle BOC = \theta$
であるから，求め
る θ' の範囲は
$$\theta < \theta' < 2\pi - \theta$$

(2) $z\bar{z} = |z|^2 = 1$
また $w\bar{w} = |w|^2 = 1$
よって
$$\alpha = \frac{(z-w)\bar{w}}{(\bar{z}-\bar{w})w} = \frac{z\bar{w}-1}{\bar{z}w-1}$$
$$= \frac{z(\bar{w}-\bar{z})}{\bar{z}(w-z)} = \frac{z(\bar{z}-\bar{w})}{\bar{z}(z-w)}$$
$$= z^2\bar{\alpha}$$

(3) (2) より，$\alpha = z^2\bar{\alpha}$ であるから，両辺に α を
かけて $\alpha^2 = |\alpha|^2 z^2$
$|\alpha|^2 > 0$ より $\arg\alpha^2 = \arg z^2$
$\arg\alpha = \angle APB$，$\arg z = \angle AOC$ より，
$0 < \arg\alpha < \pi$，$0 < \arg z < \pi$ であるから
$$\arg\alpha = \arg z$$
よって $\angle APB = \angle AOC$
したがって $\angle AOB = 2\angle AOC = 2\angle APB$

問題2 (1) $\dfrac{(a\cos\theta)x}{a^2} + \dfrac{(b\sin\theta)y}{b^2} = 1$
よって $\dfrac{\cos\theta}{a}x + \dfrac{\sin\theta}{b}y = 1$

(2) ℓ の式を変形すると
$$y = -\frac{b\cos\theta}{a\sin\theta}x + \frac{b}{\sin\theta}$$
よって $m = -\dfrac{b\cos\theta}{a\sin\theta}$
また，A, B, P の座標はそれぞれ $(-c, 0)$，
$(c, 0)$，$(a\cos\theta, b\sin\theta)$ であるから
$$m_1 = \frac{b\sin\theta}{a\cos\theta + c}, \quad m_2 = \frac{b\sin\theta}{a\cos\theta - c}$$

(3) $\tan(\gamma - \beta)$
$$= \frac{\tan\gamma - \tan\beta}{1 + \tan\gamma\tan\beta} = \frac{m - m_2}{1 + mm_2}$$
$$= \frac{-\dfrac{b\cos\theta}{a\sin\theta} - \dfrac{b\sin\theta}{a\cos\theta - c}}{1 + \left(-\dfrac{b\cos\theta}{a\sin\theta}\right)\cdot\left(\dfrac{b\sin\theta}{a\cos\theta - c}\right)}$$

$$= \frac{-b\cos\theta(a\cos\theta - c) - ab\sin^2\theta}{a\sin\theta(a\cos\theta - c) - b^2\sin\theta\cos\theta}$$
$$= \frac{-ab(\sin^2\theta + \cos^2\theta) + bc\cos\theta}{(a^2 - b^2)\sin\theta\cos\theta - ac\sin\theta}$$
ここで，$c = \sqrt{a^2 - b^2}$ より
$$\tan(\gamma - \beta) = \frac{-ab + bc\cos\theta}{c^2\sin\theta\cos\theta - ac\sin\theta}$$
$$= \frac{b(-a + c\cos\theta)}{c\sin\theta(c\cos\theta - a)}$$
$$= \frac{b}{c\sin\theta} \quad\cdots\cdots ①$$
$\tan(\gamma - \alpha)$ について，① の c を $-c$ に置き換
えればよいから
$$\tan(\gamma - \alpha) = -\frac{b}{c\sin\theta}$$
また，$\tan(\pi - \gamma + \alpha) = -\tan(\gamma - \alpha) = \dfrac{b}{c\sin\theta}$
であるから，$\tan(\gamma - \beta) = \tan(\pi - \gamma + \alpha)$ が成
り立つ。

問題3 (1) $\sqrt{x+2} = x \quad\cdots\cdots ②$
$$x + 2 = x^2$$
$$(x+1)(x-2) = 0$$
$$x = -1, 2$$
このうち，② を満たすのは $x = 2$ であるから，
正しい共有点の座標は **(2, 2)**

(2) $y = x^2 - 1$ であるから $x = -\sqrt{y+1}$
よって $g^{-1}(x) = -\sqrt{x+1}$
$y = g(x)$ と $y = g^{-1}(x)$ のグラフの共有点の x
座標は
$$x^2 - 1 = -\sqrt{x+1} \quad\cdots\cdots ③$$
$$(x^2 - 1)^2 = (-\sqrt{x+1})^2$$
$$x^4 - 2x^2 - x = 0$$
$$x(x+1)(x^2 - x - 1) = 0$$
$$x = 0, -1, \frac{1 \pm \sqrt{5}}{2}$$
このうち，③ を満たすのは
$$x = 0, -1, \frac{1 - \sqrt{5}}{2}$$
$x = 0$ のとき，交点の座標は $(0, 1)$
$x = 1$ のとき，交点の座標は $(1, 0)$
$x = \dfrac{1 - \sqrt{5}}{2}$ のとき，交点の座標は

$$\left(\frac{1-\sqrt{5}}{2},\ \frac{1-\sqrt{5}}{2}\right)$$

よって，直線 $y=x$ 上にない点は

$(0,\ 1),\ (1,\ 0)$

(3) 直線 $y=x$ に関して，点 A$(a,\ b)$ と対称な点Bの座標を $(X,\ Y)$ とおくと，傾きについて

$$1\cdot\frac{Y-b}{X-a}=-1\ \cdots\cdots\ ③$$

線分 AB の中点 $\left(\dfrac{a+X}{2},\ \dfrac{b+Y}{2}\right)$ が，直線 $y=x$ 上にあるから

$$\frac{b+Y}{2}=\frac{a+X}{2}\ \cdots\cdots\ ④$$

③，④ を連立方程式として解くと

$$X=b,\ Y=a$$

よって，点Bの座標は $(b,\ a)$

関数 $f(x)$ が 2 点 A$(a,\ b)$，B$(b,\ a)$ を通るとき $b=f(a),\ a=f(b)$

が成り立つ。この 2 式の逆関数をとると

$$f^{-1}(b)=f^{-1}(f(a)),\ f^{-1}(a)=f^{-1}(f(b))$$

すなわち $f^{-1}(b)=a,\ f^{-1}(a)=b$

となる。これは，曲線 $y=f^{-1}(x)$ が 2 点 A$(a,\ b)$，B$(b,\ a)$ を通ることを意味している。

よって，**直線 $y=x$ に対して対称な 2 点 $(a,\ b),\ (b,\ a)$ の両方を曲線 $y=f(x)$ が通る。**

問題4 (1) ① $\dfrac{11}{16}=1\cdot\dfrac{1}{2}+0\cdot\dfrac{1}{4}+1\cdot\dfrac{1}{8}+1\cdot\dfrac{1}{16}$

よって $\dfrac{11}{16}=\textbf{0.1011}_{(2)}$

② $\dfrac{3}{5}=1\cdot\dfrac{1}{2}+0\cdot\dfrac{1}{4}+0\cdot\dfrac{1}{8}+1\cdot\dfrac{1}{16}+\dfrac{3}{5}\cdot\dfrac{1}{16}$

$=1\cdot\dfrac{1}{2}+0\cdot\dfrac{1}{4}+0\cdot\dfrac{1}{8}+1\cdot\dfrac{1}{16}$

$\quad+\dfrac{1}{16}\left(1\cdot\dfrac{1}{2}+0\cdot\dfrac{1}{4}+0\cdot\dfrac{1}{8}+1\cdot\dfrac{1}{16}+\dfrac{3}{5}\cdot\dfrac{1}{16}\right)$

よって，小数部分で 1001 を繰り返すから

$$\frac{3}{5}=0.10011001\cdots\cdots=\textbf{0.}\dot{\textbf{1}}\textbf{00}\dot{\textbf{1}}_{(2)}$$

(2) $0.101_{(2)}=\dfrac{1}{2}+\dfrac{1}{2^3}=\dfrac{5}{8}$

$0.000101_{(2)}=\dfrac{1}{2^4}+\dfrac{1}{2^6}=\dfrac{5}{64}$

$0.000000101_{(2)}=\dfrac{1}{2^7}+\dfrac{1}{2^9}=\dfrac{5}{512}$

同様に考えると，$0.\dot{1}0\dot{1}_{(2)}=0.101101\cdots\cdots$ は初

項 $\dfrac{5}{8}$，公比 $\dfrac{1}{2^3}=\dfrac{1}{8}$ の無限等比数列の和となる。

$$0.101101\cdots\cdots=\sum_{n=1}^{\infty}\frac{5}{8}\cdot\left(\frac{1}{8}\right)^{n-1}$$

$\left|\dfrac{1}{8}\right|<1$ より，この無限等比数列の和は

$$\frac{\dfrac{5}{8}}{1-\dfrac{1}{8}}=\frac{5}{7}$$

よって，$0.\dot{1}0\dot{1}_{(2)}=0.101101\cdots\cdots$ は**有理数 $\dfrac{5}{7}$ である。**

(3) a が 2 進法の循環小数

$0.a_1a_2\cdots a_m\dot{b_1}b_2\cdots\dot{b_n}_{(2)}$

$(a_k,\ b_l$ は 0 または 1，$1\leqq k\leqq m,\ 1\leqq l\leqq n)$

と表せるとする。

このとき

$$x=\sum_{k=1}^{m}\frac{a_k}{2^k},\ y=\frac{1}{2^m}\sum_{l=1}^{n}\frac{b_l}{2^l}$$

とおくと

$$a=x+\sum_{i=1}^{\infty}y\cdot\left(\frac{1}{2^n}\right)^{i-1}$$

となり，x と y は有理数，$\left|\dfrac{1}{2^n}\right|<1$ より

$\displaystyle\sum_{i=1}^{\infty}y\cdot\left(\frac{1}{2^n}\right)^{i-1}$ は収束し，有理数 $\dfrac{y}{1-\left(\dfrac{1}{2^n}\right)}$ と

なるため，a は有理数となる。

よって，a の 2 進法による小数表示が循環小数で表されるとき，a は有理数である。

問題5 水流量を最大にするためには，断面積を最大にすればよい。

右上の図のように折り曲げる部分の端からの長さを r，折り曲げる角度を θ とおく。

すると，r は $0<r\leqq\dfrac{1}{2}$，θ は $0<\theta\leqq\dfrac{\pi}{2}$ で考えれば十分である。

よって，この等脚台形の面積 $S(r,\ \theta)$ の最大値を求めればよい。

$S(r,\ \theta)$

$=\{(1-2r)+(1-2r+2r\cos\theta)\}\times r\sin\theta\times\dfrac{1}{2}$

$$= (1-2r+r\cos\theta)r\sin\theta$$

ここで，θ を固定して r の 2 次関数とみなす。

$$S(r,\ \theta)$$
$$= \sin\theta\{r^2(\cos\theta-2)+r\}$$
$$= \sin\theta\left\{(\cos\theta-2)\left(r^2+\dfrac{1}{\cos\theta-2}r\right)\right\}$$
$$= \sin\theta\left\{(\cos\theta-2)\left(r+\dfrac{1}{2\cos\theta-4}\right)^2-\dfrac{\cos\theta-2}{(2\cos\theta-4)^2}\right\}$$
$$= \sin\theta(\cos\theta-2)\left(r+\dfrac{1}{2\cos\theta-4}\right)^2+\dfrac{\sin\theta}{8-4\cos\theta}$$

と変形できる。

$0<\theta\leqq\dfrac{\pi}{2}$ より $\sin\theta>0$, $\cos\theta-2<0$ より，この r の 2 次関数は上に凸である。

また $\quad -4\leqq 2\cos\theta-4<-2$

すなわち $\dfrac{1}{4}\leqq-\dfrac{1}{2\cos\theta-4}<\dfrac{1}{2}$

よって，頂点は $0<r\leqq\dfrac{1}{2}$ に存在している。

したがって，θ を固定したときの最大値は

$\dfrac{\sin\theta}{8-4\cos\theta}$ であり，このとき

$r=-\dfrac{1}{2\cos\theta-4}$ …… ① である。

これを $g(\theta)=\dfrac{\sin\theta}{8-4\cos\theta}$ $\left(0<\theta\leqq\dfrac{\pi}{2}\right)$ とおいて，$g(\theta)$ の最大値を求めればよい。

よって
$$g'(\theta)=\dfrac{\cos\theta(8-4\cos\theta)-\sin\theta\cdot 4\sin\theta}{(8-4\cos\theta)^2}$$
$$=\dfrac{8\cos\theta-4\cos^2\theta-4\sin^2\theta}{(8-4\cos\theta)^2}$$
$$=\dfrac{8\cos\theta-4}{(8-4\cos\theta)^2}$$

$g'(\theta)=0$ となるのは $\quad 8\cos\theta-4=0$

すなわち $\theta=\dfrac{\pi}{3}$

θ	0	$\cdots$	$\dfrac{\pi}{3}$	$\cdots$	$\dfrac{\pi}{2}$
$g'(\theta)$		$+$	0	$-$	
$g(\theta)$		$\nearrow$	最大	$\searrow$	

これを ① に代入すると

$$r=-\dfrac{1}{2\cos\dfrac{\pi}{3}-4}=\dfrac{1}{3}$$

以上から，両端から $\dfrac{1}{3}$ の部分を $\dfrac{\pi}{3}$ ずつ折り返して雨どいを作ればよい。

問題6 (1) $(x\sqrt{1+x^2})'$
$$=\sqrt{1+x^2}+x\cdot\dfrac{2x}{2\sqrt{1+x^2}}$$
$$=\dfrac{1+2x^2}{\sqrt{1+x^2}}$$

$$\{\log(x+\sqrt{1+x^2})\}'=\dfrac{1+\dfrac{2x}{2\sqrt{1+x^2}}}{x+\sqrt{1+x^2}}$$
$$=\dfrac{1}{\sqrt{1+x^2}}$$

よって，求める導関数は
$$\dfrac{1}{2}\left(\dfrac{1+2x^2}{\sqrt{1+x^2}}+\dfrac{1}{\sqrt{1+x^2}}\right)=\dfrac{1+x^2}{\sqrt{1+x^2}}$$
$$=\sqrt{1+x^2}$$

(2) $x^2-y^2=1$ であるから，双曲線の右側の部分は $x=\sqrt{1+y^2}$ で与えられる。

よって，Q の座標は $(\sqrt{1+b^2},\ b)$

Q から y 軸に下ろした垂線と y 軸との交点を H とすると，斜線部分の面積は曲線 BQ と 3 つの線分 OB，OH，QH で囲まれた部分の面積から，△OHQ の面積を引いたものに等しいから

$$\int_0^b\sqrt{1+y^2}\,dy-\dfrac{1}{2}b\sqrt{1+b^2}$$
$$=\left[\dfrac{1}{2}\{y\sqrt{1+y^2}+\log(y+\sqrt{1+y^2})\}\right]_0^b$$
$$-\dfrac{1}{2}b\sqrt{1+b^2}$$
$$=\dfrac{1}{2}\log(b+\sqrt{1+b^2})$$

(3) $\dfrac{\theta}{2}=\dfrac{1}{2}\log(b+\sqrt{1+b^2})$ より

$$\theta=\log(b+\sqrt{1+b^2})$$

よって $\quad e^\theta=b+\sqrt{1+b^2}$

両辺から b を引いて 2 乗すると

$$(e^\theta-b)^2=1+b^2$$

b について解くと

$$b=\dfrac{e^\theta-e^{-\theta}}{2}$$

よって $\quad\sqrt{1+b^2}=e^\theta-b=\dfrac{e^\theta+e^{-\theta}}{2}$

したがって，Q の座標は

$$\left(\frac{e^\theta+e^{-\theta}}{2},\ \frac{e^\theta-e^{-\theta}}{2}\right)$$

(4) (3) より

$$f(\theta)=\frac{e^\theta+e^{-\theta}}{2},\quad g(\theta)=\frac{e^\theta-e^{-\theta}}{2}$$

よって

$$g(\alpha)f(\beta)+f(\alpha)g(\beta)$$
$$=\frac{(e^\alpha-e^{-\alpha})(e^\beta+e^{-\beta})+(e^\alpha+e^{-\alpha})(e^\beta-e^{-\beta})}{4}$$
$$=\frac{2e^{\alpha+\beta}-2e^{-(\alpha+\beta)}}{4}$$
$$=g(\alpha+\beta)$$

また

$$f(\alpha)f(\beta)+g(\alpha)g(\beta)$$
$$=\frac{(e^\alpha+e^{-\alpha})(e^\beta+e^{-\beta})+(e^\alpha-e^{-\alpha})(e^\beta-e^{-\beta})}{4}$$
$$=\frac{2e^{\alpha+\beta}+2e^{-(\alpha+\beta)}}{4}$$
$$=f(\alpha+\beta)$$

参考 この等式は三角関数の加法定理に非常に類似している。

$f(\theta)$, $g(\theta)$ を双曲線関数といい，それぞれ $\cosh\theta$，$\sinh\theta$ で表す。

問題7 (1) 辺 BC の中点を M とする。

点 O が平面 ABC 上にあるとき，
OA＝OB＝OC＝1 より，O は △ABC の外心である。正三角形の外心と重心は一致するから，O は △ABC の重心でもある。
よって AO：OM＝2：1

したがって AM＝OA×$\dfrac{2+1}{2}$＝$\dfrac{3}{2}$

AB：AM＝2：$\sqrt{3}$ より

$$AB=AM\times\frac{2}{\sqrt{3}}=\frac{3}{2}\times\frac{2}{\sqrt{3}}=\sqrt{3}$$

すなわち **$0<x<\sqrt{3}$**

また，三角錐の対称性から，O から底面に下ろした垂線と正三角形 ABC の交点は，**正三角形 ABC の重心**と一致する。

（イには他に外心，内心，垂心もあてはまる）

(2) O から平面 ABC に下ろした垂線と正三角形 ABC の交点を G とする。
対称性から，G は正三角形 ABC の重心でもある。

OB＝1, BM＝$\dfrac{1}{2}$BC＝$\dfrac{x}{2}$

直角三角形 OBM において，三平方の定理に

より OM＝$\sqrt{1-\dfrac{x^2}{4}}$

正三角形 ABC において，

$$AM=\frac{\sqrt{3}}{2}AB=\frac{\sqrt{3}}{2}x$$

G は △ABC の重心であるから

AG：GM＝2：1

よって GM＝AM×$\dfrac{1}{2+1}$＝$\dfrac{\sqrt{3}}{6}x$

直角三角形 OGM において，三平方の定理により

$$OG=\sqrt{1-\frac{x^2}{4}-\left(\frac{\sqrt{3}}{6}x\right)^2}=\sqrt{1-\frac{x^2}{3}}$$

$\triangle ABC=\dfrac{1}{2}x^2\sin 60°=\dfrac{\sqrt{3}}{4}x^2$ より

$$V=\frac{\sqrt{3}}{4}x^2\times\sqrt{1-\frac{x^2}{3}}\times\frac{1}{3}=\frac{x^2}{12}\sqrt{3-x^2}$$

$$V'=\frac{2x}{12}\sqrt{3-x^2}+\frac{x^2}{12}\cdot\frac{1}{2}(3-x^2)^{-\frac{1}{2}}\cdot(3-x^2)'$$
$$=\frac{x}{6}\sqrt{3-x^2}+\frac{x^2}{24\sqrt{3-x^2}}\cdot(-2x)$$
$$=\frac{2x(3-x^2)-x^3}{12\sqrt{3-x^2}}$$
$$=\frac{x(2-x^2)}{4\sqrt{3-x^2}}$$

(1) より $0<x<\sqrt{3}$ であるから，$V'=0$ とおくと $x=\sqrt{2}$

このとき，$V=\dfrac{2}{12}\sqrt{3-2}=\dfrac{1}{6}$ であるから，

$0<x<\sqrt{3}$ における V の増減表は次のようになる。

x	0	$\cdots$	$\sqrt{2}$	$\cdots$	$\sqrt{3}$
V'		＋	0	－	
V		↗	$\dfrac{1}{6}$	↘	

よって，V は $x=\sqrt{2}$ のとき最大値 $\dfrac{1}{6}$ をとる。

(3) 側面の二等辺三角形の辺の比は $1:1:\sqrt{2}$ となるため，側面は**直角二等辺三角形**となる。

問題8 (1) △POA は OP＝AP＝1 の二等辺三角形であるから，A$(2\cos\theta,\ 0)$ である。
よって，2 点 AP を通る直線の方程式は

$$y=\frac{\sin\theta-0}{\cos\theta-2\cos\theta}(x-2\cos\theta)$$

すなわち　$y=(-\tan\theta)x+2\sin\theta$
である。

(2) $\text{P}(\cos\theta,\ \sin\theta)$ より，Qの座標は
$(2\cos\theta,\ 2\sin\theta)$ であり，PQ を直径とする円
C の方程式は，中心が $\left(\dfrac{3}{2}\cos\theta,\ \dfrac{3}{2}\sin\theta\right)$, 半
径が $\dfrac{1}{2}$ であることから

$$\left(x-\dfrac{3}{2}\cos\theta\right)^2+\left(y-\dfrac{3}{2}\sin\theta\right)^2=\dfrac{1}{4}$$

(3) $y=(-\tan\theta)x+2\sin\theta$ を
$\left(x-\dfrac{3}{2}\cos\theta\right)^2+\left(y-\dfrac{3}{2}\sin\theta\right)^2=\dfrac{1}{4}$ に代入する
と

$$\left(x-\dfrac{3}{2}\cos\theta\right)^2+\left\{(-\tan\theta)x+\dfrac{1}{2}\sin\theta\right\}^2=\dfrac{1}{4}$$

この式を整理すると

$$(1+\tan^2\theta)x^2-(3\cos\theta+\tan\theta\cdot\sin\theta)x$$
$$+\dfrac{9}{4}\cos^2\theta+\dfrac{1}{4}\sin^2\theta-\dfrac{1}{4}=0$$

$$\dfrac{1}{\cos^2\theta}x^2-\dfrac{3\cos^2\theta+\sin^2\theta}{\cos\theta}x+2\cos^2\theta=0$$

$$x^2-(2\cos^2\theta+1)\cos\theta\cdot x+2\cos^4\theta=0$$

$$(x-2\cos^3\theta)(x-\cos\theta)=0 \text{ より}$$

$$x=\cos\theta,\ 2\cos^3\theta$$

$0<\theta<\dfrac{\pi}{2}$ における $2\cos^3\theta=\cos\theta$ の解は

$\theta=\dfrac{\pi}{4}$ であり，このとき，直線 AP と円 C は

接し，$R\left(\dfrac{\sqrt{2}}{2},\ \dfrac{\sqrt{2}}{2}\right)$ である。

一方，$0<\theta<\dfrac{\pi}{4}$, $\dfrac{\pi}{4}<\theta<\dfrac{\pi}{2}$ のとき，異なる
2 つの共有点をもつ。$\text{P}(\cos\theta,\ \sin\theta)$ と R は
異なることから，R の座標は
$(2\cos^3\theta,\ 2\sin^3\theta)$ である。

これは，$\theta=\dfrac{\pi}{4}$ のときの点 $\left(\dfrac{\sqrt{2}}{2},\ \dfrac{\sqrt{2}}{2}\right)$ を
含む。

(4) 点 $R(x,\ y)$ とおくと
$$x=2\cos^3\theta,\quad y=2\sin^3\theta$$
このとき，$\dfrac{dx}{d\theta}=-6\sin\theta\cos^2\theta$,

$\dfrac{dy}{d\theta}=6\sin^2\theta\cos\theta$ より

$\dfrac{dy}{dx}=-\dfrac{\sin\theta}{\cos\theta}=-\tan\theta$ であるから

$$y-2\sin^3\theta=-\tan\theta(x-2\cos^3\theta)$$
すなわち

$$y=(-\tan\theta)x+2\cos^2\theta\sin\theta+2\sin^3\theta$$
$$=(-\tan\theta)x+2\sin\theta$$
である。

(5) (1), (4) より，直線 AP と点 R における曲線
D の接線 ℓ は一致する。

したがって，直線 AP は曲線 D の常に下側に
あることから，θ が変化するときの直線 AP
の通過する部分は，曲線 D の下側にあること
が分かる。

一方，点 P は原点が中心，半径が 1 の円周上
を動くことから，線分 OP は図の四分円の部
分を通過する。

以上により，中折れ扉 OA が通過するのは図
の斜線部分（境界線を含む）である。

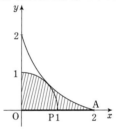

(6) 中折れ扉を開け閉めするために必要なスペ
ースの面積は
$$x\geqq0 \text{ かつ } y\geqq0 \text{ かつ}$$
$0\leqq x\leqq\dfrac{\sqrt{2}}{2}$ のとき，中心が原点で半径が 1 の
円の内部（境界線を含む），$\dfrac{\sqrt{2}}{2}\leqq x\leqq2$ のとき,
曲線 D の下部（境界線を含む）である。

そこで，$S\left(\dfrac{\sqrt{2}}{2},\ \dfrac{\sqrt{2}}{2}\right)$ とし，線分 OS の左
側と右側に分けて計算をすると，左側は半径
1 の円の $\dfrac{1}{8}$ であり，右側は $x\geqq0$, $y\geqq0$, 曲
線 D によって囲まれた部分の面積の半分であ
るから，次のようになる。

$$S=\pi\times\dfrac{1}{8}+\dfrac{1}{2}\int_0^2 y\,dx$$

$$=\dfrac{\pi}{8}+\dfrac{1}{2}\int_{\frac{\pi}{2}}^0 2\sin^3\theta\cdot(-6\sin\theta\cos^2\theta)\,d\theta$$

$$=\dfrac{\pi}{8}+6\int_0^{\frac{\pi}{2}}\sin^4\theta\cos^2\theta\,d\theta$$

ここで

$$\sin^4\theta\cos^2\theta$$
$$=\sin^2\theta(\sin^2\theta\cos^2\theta)$$
$$=\frac{1-\cos 2\theta}{2}\cdot\frac{1}{4}\sin^2 2\theta$$
$$=\frac{1}{8}(\sin^2 2\theta-\cos 2\theta\sin^2 2\theta)$$
$$=\frac{1}{8}\left(\frac{1-\cos 4\theta}{2}-\cos 2\theta\sin^2 2\theta\right)$$
$$=\frac{1}{16}(1-\cos 4\theta-2\cos 2\theta\sin^2 2\theta)$$

であるから

$$\int_0^{\frac{\pi}{2}}\frac{1}{16}(1-\cos 4\theta-2\cos 2\theta\sin^2 2\theta)d\theta$$
$$=\frac{1}{16}\left[\theta-\frac{1}{4}\sin 4\theta-\frac{2}{3}\cdot\frac{1}{2}\sin^3 2\theta\right]_0^{\frac{\pi}{2}}$$
$$=\frac{1}{16}\times\frac{\pi}{2}=\frac{\pi}{32}$$

よって

$$S=\frac{\pi}{8}+6\times\frac{\pi}{32}=\frac{\pi}{8}+\frac{3}{16}\pi=\frac{5}{16}\pi<\frac{\pi}{3}$$

21816 A

ISBN978-4-410-21816-3

新課程
体系数学 5(上) 解答編

数研出版
https://www.chart.co.jp